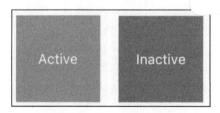

图 2-8　状态管理示例

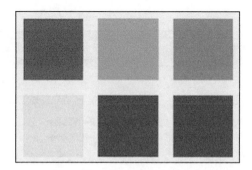

图 4-16　Flow 示例

Hello world你好

图 5-7　Transform 变换不影响组件位置

图 5-12　自定义剪裁区域示例

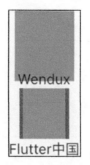

Wendux
Flutter中国

图 5-14　适配示例

标题
标题

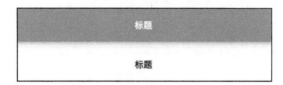

图 7-4　前景色自适应的 NavBar

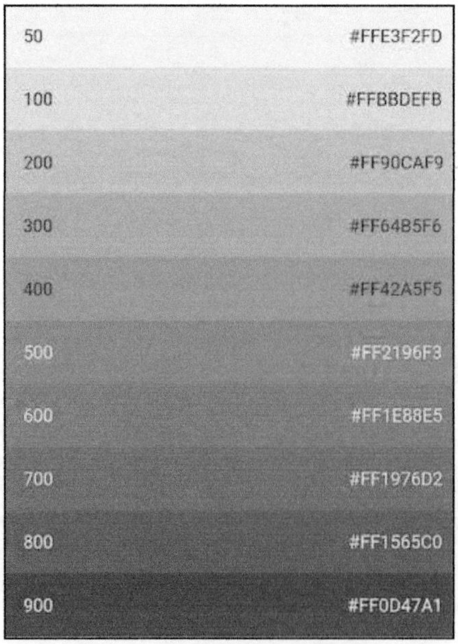

50
#FFE3F2FD
100
#FFBBDEFB
200
#FF90CAF9
300
#FF64B5F6
400
#FF42A5F5
500
#FF2196F3
600
#FF1E88E5
700
#FF1976D2
800
#FF1565C0
900
#FF0D47A1

图 7-5　MaterialColor 示例

图 7-6 青色主题

图 7-7 蓝色主题

AnimatedDecoratedBox

图 9-7 AnimatedDecoratedBox 点击前

AnimatedDecoratedBox

图 9-8 AnimatedDecoratedBox 过渡过程中的一帧

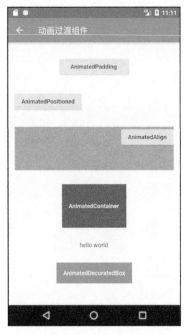

图 9-9　动画过渡组件示例

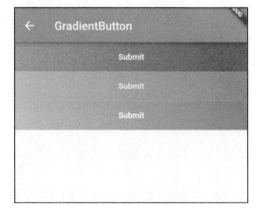

图 10-1　渐变按钮示例

图 15-8　主题切换页

Flutter实战
第2版

杜文 编著

机械工业出版社
China Machine Press

图书在版编目（CIP）数据

Flutter 实战 / 杜文编著 . —2 版 . —北京：机械工业出版社，2022.11（2024.4 重印）
（移动应用开发技术丛书）
ISBN 978-7-111-71865-9

I. ① F…　II. ①杜…　III. ①移动终端 – 应用程序 – 程序设计　IV. ① TN929.53

中国版本图书馆 CIP 数据核字（2022）第 198758 号

Flutter 实战　第 2 版

出版发行：机械工业出版社（北京市西城区百万庄大街 22 号　邮政编码：100037）

责任编辑：赵亮宇　　　　　　　　　　　　　　责任校对：陈　越　　刘雅娜

印　　刷：固安县铭成印刷有限公司　　　　　　版　　次：2024 年 4 月第 2 版第 2 次印刷

开　　本：186mm×240mm　1/16　　　　　　　印　　张：35.25　插　　页：2

书　　号：ISBN 978-7-111-71865-9　　　　　　定　　价：129.00 元

客服电话：（010）88361066　68326294

转眼间从《Flutter 实战》第 1 版电子版发布到现在已经接近两年时间，这两年中，第 1 版实体书出版并成为 Flutter 技术类畅销书之一，其电子版官网 UV 用户数超过 60 万，日访问量长期稳定在 3500 人左右。当然，取得如此成绩最主要的一个原因是这两年 Flutter 技术热度持续提高，整个 Flutter 生态和社区也发生了翻天覆地的变化，主要体现在：

❑ Flutter 稳定版发布到了 3.0，现在已经支持移动端、Web 端和 PC 端，通过 Flutter 开发的应用程序能够轻松地在各个平台迁移并获得很好的性能。

❑ Flutter 在 GitHub Star 数上排名已经进入了前 20，在跨端框架中排名第一。

❑ 全球很多公司，比如 Google、微软、阿里巴巴、字节跳动、百度、京东等，都已经在商业项目中使用 Flutter，已经有很多成功案例。

❑ Flutter 第三方库数量持续保持高速增长，有越来越多的人为 Flutter 生态贡献代码。Flutter 相关的教程、图书数量也在高速增长。

综上，可见 Flutter 技术从第一个测试版发布到现在，在短短 3 年多时间获得了巨大的成功，主要原因是：使用 Flutter 既能保持很高的开发效率，又能获得良好的性能。根据近几年的实践数据，Flutter 相比原生开发，效能提高近一倍，而性能方面可以接近原生开发。

正是因为 Flutter 技术发展太快，《Flutter 实战》第 1 版中的部分内容已经过时，在读者朋友们的催促下，才有了第 2 版。

第 2 版的变化

相较第 1 版，本书主要有以下变化：

❑ 基于 Flutter 3.0 编写。

❑ 修改和重构了 60% 的内容，添加了更多的示例，对部分章节的顺序进行了调整，使学习的梯度更加合理，以期能够循序渐进地帮助读者了解 Flutter。

□ 进阶篇对 Flutter 技术中相对深入但很重要的内容进行了详细介绍，比如与 Sliver 布局协议、渲染相关的 Layer，以及通过定义 RenderObject 的方式来定义组件。

□ 在介绍 Flutter 核心技术原理时，添加了很多实例来帮助读者理解 Flutter 的布局、绘制等原理。

□ 聚焦于 Flutter 技术本身，删除了一些和具体平台相关的内容，比如 Android 和 iOS 的插件开发，以及如何进行原生 +Flutter 混合开发等。这些内容读者可以去 Flutter 官网查找相应教程。

□ 电子版中添加了一些动图。

□ 修改了第 1 版中的一些错误。

本书结构

本书由浅入深地介绍 Flutter 技术原理，分为三篇，共 15 章，各篇的主要内容如下。

□ 入门篇（第 1 ～ 5 章），包括 Flutter 技术的出现背景和简介、Flutter 的各种 Widget 以及如何构建 UI（User Interface，用户界面）。通过学习本篇内容，读者可以掌握如何使用 Flutter 来构建 UI 界面。

□ 进阶篇（第 6 ～ 14 章），包括可滚动组件、事件机制、动画、自定义组件、文件和网络、国际化以及 Flutter 核心原理等。通过学习本篇内容，读者可以对 Flutter 整体构建及原理有一个深入的认识。

□ 实例篇（第 15 章），本篇主要通过一个简版的 GitHub App 来将前面介绍的内容串起来，让开发者对一个完整的 Flutter App 开发流程有所了解。

因为 Flutter 的很多知识点是相互交织的，很难将它们彻底划分开，所以本书中难免会出现一些相互引用的场景，比如在入门篇介绍进度指示器时会用到在进阶篇才介绍的动画相关知识。对于这种情况，会在相应的章节进行说明。读者可以直接跳读相应知识点后再返回，也可以先有个印象，待学习到后面相关章节时再回头来看。

本书特色

我在大学时读过侯捷（真名侯俊杰）写的一些 C++ 相关的书籍，在他的《深入浅出 MFC》一书中，有一句话让我印象非常深刻："唯有深入，方能浅出。"我非常认同这句话，对于一门技术，只有了解得深入，才能用浅显、通俗的语言描述出来。我在写作本书时，深入浅出就是一个主要目标。所以，本书的目标不仅是想告诉读者如何使用 Flutter，而且也非常关注各个知识点的底层实现以及设计思想。从本书章节划分上来看，入门篇为"浅出"，进阶篇则是"深入"。另外，由于 PC 客户端开发、移动开发、Web 开发这些经验我都有，而 Flutter 本质上是一个 UI 系统，而 UI 系统的设计和实现在"大前端"开发下有很多相通之处，所以在阐述本书中的一些知识点时，我也会对比一些其他 UI 系统（主要是 Android 或 Web）的相应实现，以便有相关开发经验的读者对比理解。

读者对象

- ❑ 至少熟悉一种编程语言的读者。
- ❑ 接触过 PC 客户端开发、移动开发或 Web 前端开发的读者。
- ❑ 有一定编程基础的读者。

关于随书源代码

- ❑ 随书源代码网址：https://github.com/wendux/flutter_in_action_2。
- ❑ 由于本书实例中实现了不少通用性较强的组件，为了方便复用，我将通用性较强的组件都添加到了 Flukit 开源项目中，这是我维护的一个 Flutter 开源组件库，项目地址是 https://github.com/flutterchina/flukit 。

勘误

由于 Flutter SDK 在不断更新，本书中的部分内容（如类的继承关系、参数等）可能会与新版本的 Flutter 不一致，建议读者以最新的 Flutter SDK 为准。另外，由于水平有限，书中难免有错误之处，如果发现错误，可以在本书 GitHub 项目 issue 列表中反馈，地址是 https://github.com/flutterchina/flutter-in-action-2nd/issues。另外，你也可以关注本书电子版（https://book.flutterchina.club），电子版中会定期修正错误并更新内容。

致谢

感谢一直以来支持 Flutter 中文网、Flutter 开源项目的朋友以及所有对本书提过 PR（Pull Request）的同学；感谢请作者喝过咖啡的同学；感谢第 1 版的读者，正是因为有你们天天督促我更新，我才有动力；最后，感谢所有支持我的人。

目 录 *Contents*

第一篇 *Part 1*

入 门 篇

Chapter 1 第 1 章

起　步

1.1　移动开发技术简介

本节主要介绍移动开发技术的进化历程，使读者了解 Flutter 技术出现的背景。笔者认为，了解一门新技术出现的背景是非常重要的，因为只有了解它之前是什么样子的，才能理解为什么会是现在这样。

1.1.1　原生开发与跨平台技术

1. 原生开发

原生应用程序是指某一个移动平台（比如 iOS 或安卓）所特有的应用，使用相应平台支持的开发工具和语言，并直接调用系统提供的 SDK API。比如 Android 原生应用就是指使用 Java 或 Kotlin 语言直接调用 Android SDK 开发的应用程序；而 iOS 原生应用就是指通过 Objective-C 或 Swift 语言直接调用 iOS SDK 开发的应用程序。原生开发有以下主要优势：

❑ 可访问平台全部功能（GPS、摄像头）。

❑ 速度快、性能高、可以实现复杂动画及绘制，整体用户体验好。

主要缺点：

❑ 平台特定，开发成本高；不同平台必须维护不同代码，人力成本随之变大。

❑ 内容固定，动态化弱，大多数情况下，有功能更新时只能发版。

在移动互联网发展初期，业务场景并不复杂，原生开发还可以应对产品需求迭代。但近几年，随着物联网时代到来、移动互联网技术日新月异，在很多业务场景中，传统的纯原生开发已经不能满足日益增长的业务需求。主要表现在：

❑ 动态化内容需求增大。当需求发生变化时，纯原生应用需要通过版本升级来更新内

容，但应用上架、审核是需要周期的，这对高速变化的互联网时代来说是很难让人接
受的，所以，对应用动态化（不发版也可以更新应用内容）的需求就变得迫在眉睫。

❑ 业务需求变化快，开发成本变高。由于原生开发一般都要维护 Android、iOS 两个开
发团队，版本迭代时，无论人力成本还是测试成本都会增加。

总结一下，纯原生开发主要面临动态化和开发成本两个问题，而针对这两个问题，诞
生了一些跨平台的动态化框架。

2. 跨平台技术简介

针对原生开发面临的问题，业界一直都在努力寻找好的解决方案，时至今日，已经有
很多跨平台框架（注意，若无特殊说明，本书中所指的"跨平台"即特指 Android 和 iOS 两
个平台），根据其原理，主要分为三类：

❑ H5 + 原生（Cordova、Ionic、微信小程序）。

❑ JavaScript 开发 + 原生渲染（React Native、Weex）。

❑ 自绘 UI + 原生（Qt for mobile、Flutter）。

在接下来的章节中我们逐个来看看这三类框架的原理及优缺点。

1.1.2 Hybrid 技术简介

1. H5 + 原生

这类框架的主要原理就是将 App 中需要动态变动的内容通过 HTML5（简称 H5）来实
现，通过原生的网页加载控件 WebView（Android）或 WKWebView（iOS）来加载（以后若
无特殊说明，我们用 WebView 来统一指代 Android 和 iOS 中的网页加载控件）。这种方案
中，H5 部分是可以随时改变而不用发版，动态化需求能满足；同时，由于 H5 代码只需要
开发一次，就能同时在 Android 和 iOS 两个平台运行，这也可以降低开发成本，也就是说，
H5 部分功能越多，开发成本就越低。我们称这种 H5 + 原生的开发模式为**混合开发**，采用
混合模式开发的 App 我们称之为**混合应用**或 **HTMLybrid App**，如果一个应用的大多数功能
都是通过 H5 实现的，我们称其为 **Web App**。

目前混合开发框架的典型代表有：Cordova、Ionic。大多数 App 中都会有一些功能是用
H5 开发的，至少到目前为止，HTMLybrid App 仍然是最通用且最成熟的跨端解决方案。

在此，我们需要提一下小程序。目前国内各家公司小程序应用层的开发技术栈是 Web
技术栈，而底层渲染方式基本都是 WebView 和原生相结合的方式。

2. 混合开发技术点

如之前所述，原生开发可以访问平台所有功能，而在混合开发中，H5 代码是运行在
WebView 中，而 WebView 实质上就是一个浏览器内核，其 JavaScript 依然运行在一个权限
受限的沙箱中，所以对于大多数系统能力都没有访问权限，如无法访问文件系统、不能使
用蓝牙等。所以，对于 H5 不能实现的功能，就需要用原生开发去实现了。

混合框架一般都会在原生代码中预先实现一些具有访问系统能力的 API，然后暴露给
WebView 以供 JavaScript 调用。这样一来，WebView 中 JavaScript 与原生 API 之间就需

要一个通信的桥梁，主要负责在 JavaScript 与原生 API 之间传递调用消息，而消息的传递必须遵守一个标准的协议，它规定了消息的格式与含义，我们把依赖于 WebView 的用于在 JavaScript 与原生之间通信并实现了某种消息传输协议的工具称为 WebView JavaScript Bridge，简称 JsBridge，它也是混合开发框架的核心。

示例：JavaScript 调用原生 API 获取手机型号

下面我们以 Android 为例，实现一个获取手机型号的原生 API 供 JavaScript 调用。在这个示例中将展示 JavaScript 调用原生 API 的流程，读者可以直观地感受一下调用流程。我们选用笔者在 GitHub 上开源的 dsBridge 作为 JsBridge 来进行通信。dsBridge 是笔者实现的一个跨平台的 JsBridge 库，此示例中只使用其同步调用功能。

❑ 首先在原生中实现获取手机型号的 API getPhoneModel：

```
class JSAPI {
  @JavascriptInterface
  public Object getPhoneModel(Object msg) {
    return Build.MODEL;
  }
}
```

❑ 将原生 API 通过 WebView 注册到 JsBridge 中：

```
import wendu.dsbridge.DWebView
...
//DWebView 继承自 WebView, 由 dsBridge 提供
DWebView dwebView = (DWebView) findViewById(R.id.dwebview);
// 注册原生 API 到 JsBridge
dwebView.addJavascriptObject(new JsAPI(), null);
```

❑ 在 JavaScript 中调用原生 API：

```
var dsBridge = require("dsbridge")
// 直接调用原生 API 'getPhoneModel'
var model = dsBridge.call("getPhoneModel");
// 打印机型
console.log(model);
```

上面的示例演示了 JavaScript 调用原生 API 的过程，一般来说，优秀的 JsBridge 也支持原生调用 JavaScript，dsBridge 也是支持的，如果你感兴趣，可以去 GitHub dsBridge 项目主页查看。

现在，我们回头来看一下，混合应用无非就是在第一步中预先实现一系列 API 供 JavaScript 调用，让 JavaScript 有访问系统功能的能力，看到这里，我相信你也可以自己实现一个混合开发框架了。

3. 小结

混合应用的优点是：动态内容可以用 H5 开发，而 H5 是 Web 技术栈，Web 技术栈生态开放且社区资源丰富，整体开发效率高。缺点是性能体验不佳，对于有复杂用户界面或动画，WebView 有时会不堪重任。

1.1.3 React Native、Weex

本节主要介绍一下 JavaScript 开发 + 原生渲染的跨平台框架原理。

React Native（简称 RN）是 Facebook（现更名为 Meta）于 2015 年 4 月开源的跨平台移动应用开发框架，是 Facebook 早先开源的 Web 框架 React 在原生移动应用平台的衍生产物，目前支持 iOS 和 Android 两个平台。RN 使用 JSX 语言（扩展后的 JavaScript，主要是可以在 JavaScript 中写 HTML 标签）和 CSS 来开发移动应用。因此，熟悉 Web 前端开发的技术人员只需有一定基础，就可以进入移动应用开发领域。

由于 RN 和 React 原理相通，并且 Flutter 在应用层也是受 React 启发，很多思想也都是相通的，因此，我们有必要深入了解一下 React 原理。React 是一个响应式的 Web 框架，我们先了解几个重要的概念：DOM 树、控件树与响应式编程。

1. DOM 树与控件树

DOM（Document Object Model，文档对象模型）是 W3C 组织推荐的处理可扩展标志语言的标准编程接口，支持以一种独立于平台和语言的方式访问和修改一个文档的内容和结构。换句话说，这是表示和处理一个 HTML 或 XML 文档的标准接口。简单来说，DOM 就是文档树，与用户界面控件树对应，在前端开发中通常指 HTML 对应的渲染树，但广义的 DOM 也可以指 Android 中的 XML 布局文件对应的控件树，而术语 **DOM 操作**就是指直接来操作渲染树（或控件树），因此，可以看到其实 DOM 树和控件树是等价的概念，只不过前者常用于 Web 开发中，而后者常用于原生开发中。

2. 响应式编程

React 中提出一个重要思想：状态改变则 UI 随之自动改变。而 React 框架本身就是响应用户状态改变的事件而执行重新构建用户界面的工作，这就是典型的 响应式 编程范式，下面我们总结一下 React 中的响应式原理：

❑ 开发者只需关注状态转移（数据），当状态发生变化，React 框架会自动根据新的状态重新构建 UI。

❑ React 框架在接收到用户状态改变的通知后，会根据当前渲染树结合最新的状态改变，通过 Diff 算法计算出树中变化的部分，然后只更新变化的部分（DOM 操作），从而避免整棵树的重构，提高性能。

值得注意的是，在第二步中，状态变化后 React 框架并不会立即去计算并渲染 DOM 树的变化部分，相反，React 会在 DOM 树的基础上建立一个抽象层，即**虚拟 DOM** 树，对数据和状态所做的任何改动，都会被自动且高效地同步到虚拟 DOM，最后再批量同步到真实 DOM 中，而不是每次改变都去操作一下 DOM。

为什么不能每次改变都直接去操作 DOM 树？这是因为在浏览器中每一次 DOM 操作都有可能引起浏览器的重绘或回流（重新排版布局，确定 DOM 节点的大小和位置）：

❑ 如果 DOM 只是外观风格发生变化，如颜色变化，会导致浏览器重绘界面。

❑ 如果 DOM 树的结构发生变化，如尺寸、布局、节点隐藏等导致，浏览器就需要回流。浏览器的重绘和回流都是成本比较高的操作，如果每一次改变都直接对 DOM 进行操作，这会带来性能问题，而批量操作只会触发一次 DOM 更新，会有更高的性能。

🎯 思考题 ｜ Diff 操作和 DOM 批量更新难道不应该是浏览器的职责吗？放在第三方框架中去做合不合适？

---

3. React Native

上文已经提到 React Native 是 React 在原生移动应用平台的衍生产物，那么两者主要的区别是什么呢？其实，主要的区别在于虚拟 DOM 映射的对象是什么。React 中虚拟 DOM 最终会映射为浏览器 DOM 树，而 React Native 中虚拟 DOM 会通过 JavaScriptCore 映射为原生控件。

JavaScriptCore 是一个 JavaScript 解释器，它在 React Native 中主要有两个作用：

❑ 为 JavaScript 提供运行环境。

❑ 是 JavaScript 与原生应用之间通信的桥梁，作用和 JsBridge 一样。事实上，在 iOS 中，很多 JsBridge 的实现都是基于 JavaScriptCore 的。

而 React Native 中将虚拟 DOM 映射为原生控件的过程主要分两步：

❑ 布局消息传递，将虚拟 DOM 布局信息传递给原生。

❑ 原生根据布局信息，通过对应的原生控件进行渲染。

至此，React Native 便实现了跨平台。相对于混合应用，由于 React Native 是原生控件渲染的，所以性能会比 H5 好一些，同时 React Native 提供了很多原生组件对应的 Web 组件，大多数情况下开发者只需要使用 Web 技术栈就能开发出 App。可以发现，这样也就做到了维护一份代码，便可以跨平台了。

4. Weex

Weex 是阿里巴巴于 2016 年发布的跨平台移动端开发框架，其原理和 React Native 类似，底层都是通过原生渲染的，不同的是应用层开发语法（即 DSL，Domain Specific Language）：Weex 支持 Vue 语法和 Rax 语法，Rax 的 DSL 语法是基于 React JSX 语法而创造的，而 RN 的 DSL 是基于 React 的，不支持 Vue。

5. 小结

JavaScript 开发 + 原生渲染的方式主要优点如下：

❑ 采用 Web 开发技术栈，社区庞大、上手快、开发成本相对较低。

❑ 原生渲染的性能与 H5 相比提高很多。

❑ 动态化较好，支持热更新。

不足之处具体如下：

❑ 渲染时需要 JavaScript 和原生之间通信，在某些场景（如拖动）下可能会因为通信频繁而产生卡顿。

❑ JavaScript 为脚本语言，执行时需要解释执行（这种执行方式通常称为 JIT，即 Just In Time，指在执行时实时生成机器码），执行效率和编译类语言（编译类语言的执行方式为 AOT，即 Ahead Of Time，指在代码执行前已经将源码进行了预处理，这种预处理通常情况下是将源码编译为机器码或某种中间码）仍有差距。

❑ 由于渲染依赖原生控件，不同平台的控件需要单独维护，并且当系统更新时，社区控件可能会滞后；除此之外，其控件系统也会受到原生 UI 系统限制，例如，在 Android 中手势冲突消歧规则是固定的，这在使用不同人写的控件嵌套时，手势冲突问题将会变得非常棘手。这就会导致如果需要自定义原生渲染组件，开发和维护成本过高。

1.1.4　QT Mobile

在介绍 QT 之前，我们先介绍一下"自绘 UI ＋原生"跨平台技术。

1. 自绘 UI ＋原生

我们看看最后一种跨平台技术：自绘 UI ＋原生。这种技术的思路是：通过在不同平台实现一个统一接口的渲染引擎来绘制 UI，而不依赖系统原生控件，所以可以做到使不同平台 UI 具有一致性。

注意，自绘引擎解决的是 UI 的跨平台问题，如果涉及其他系统能力调用，依然要涉及原生开发。这种平台技术的优点如下：

❑ 性能高。由于自绘引擎是直接调用系统 API 来绘制 UI 的，所以性能和原生控件接近。

❑ 灵活、组件库易维护、UI 外观保真度和一致性高。由于 UI 渲染不依赖原生控件，也就不需要根据不同平台的控件单独维护一套组件库，所以代码容易维护。由于组件库是同一套代码、同一个渲染引擎，所以在不同平台，组件显示外观可以做到高保真和具有高一致性；另外，由于不依赖原生控件，也就不会受原生布局系统的限制，这样布局系统会非常灵活。

这种平台技术的不足之处如下：

❑ 动态性不足。为了保证 UI 绘制性能，自绘 UI 系统一般都会采用 AOT 模式编译其发布包，所以应用发布后，不能像 Hybrid 和 React Native 那些使用 JavaScript（JIT）作为开发语言的框架那样动态下发代码。

❑ 应用开发效率低。QT 使用 C++ 作为开发语言，而编程效率会直接影响 App 开发效率，C++ 作为一门静态语言，在 UI 开发方面灵活性不及 JavaScript 这样的动态语言，另外，C++ 需要开发者手动管理内存分配，没有 JavaScript 及 Java 中的垃圾回收（GC）机制。

Flutter 实现了一套自绘引擎，并拥有一套自己的 UI 布局系统，且同时在开发效率上有了很大突破。不过，自绘制引擎的思路并不是什么新概念，Flutter 并不是第一个尝试这么做的，在它之前有一个典型的代表，即大名鼎鼎的 QT。

2. QT 简介

QT 是一个于 1991 年由 Qt Company 开发的跨平台 C++ 图形用户界面应用程序开发框架。2008 年，Qt Company 被诺基亚公司收购，QT 也因此成为诺基亚旗下的编程语言工具。2012 年，QT 被 Digia 收购。2014 年 4 月，跨平台集成开发环境 QT Creator 3.1.0 正式发布，实现了对于 iOS 的完全支持，新增 WinRT、Beautifier 等插件，废弃了无 Python 接口的 GDB 调试支持，集成了基于 Clang 的 C/C++ 代码模块，并对 Android 支持做出了调整，至此实现了全面支持 iOS、Android、WP，它提供给应用程序开发者构建图形用户界面所需的所有功能。

但是，QT 虽然在 PC 端获得了巨大成功，备受社区追捧，然而其在移动端却表现不佳，在近几年，虽然偶尔能听到 QT 的声音，但一直很弱，无论 QT 本身技术如何、设计思想如何，但事实上终究是败了，究其原因，笔者认为主要有以下四点：

第一，QT 移动开发社区太小，学习资料不足，生态不好。

第二，官方推广不利，支持不够。

第三，移动端发力较晚，市场已被其他动态化框架占领（Hybrid 和 React Native）。

第四，在移动开发中，C++ 开发和 Web 开发栈相比有着先天的劣势，直接结果就是 QT 开发效率太低。

基于此四点，尽管 QT 是移动端开发跨平台自绘引擎的"先驱"，但还是失败了。

1.1.5 Flutter 出世

Flutter 是 Google 发布的一个用于创建跨平台、高性能移动应用的框架。Flutter 和 QT Mobile 一样，都没有使用原生控件，相反都实现了一个自绘引擎，使用自身的布局、绘制系统。那么我们会担心，Flutter 是否也要面对 QT Mobile 面对的问题？要回答这个问题，我们先来看看 Flutter 的诞生过程：从 2017 年 Google I/O 大会上 Google 首次发布 Flutter 到 2021 年 8 月底，已经有 127K 的 Star，Star 数量 GitHub 上排名前 20。经历了 4 年多的时间，Flutter 生态系统得以快速增长，国内外有非常多的基于 Flutter 的成功案例，国内的互联网公司基本都有专门的 Flutter 团队。总之，历时 4 年，Flutter 发展飞快，已经在业界得到了广泛关注和认可，在开发者中受到了热烈欢迎，成为移动跨端开发中最受欢迎的框架之一。

现在，我们将它和 QT Mobile 做一个对比：

❑ 生态：Flutter 生态系统发展迅速，社区非常活跃，无论是开发者数量还是第三方组件数量都已经非常可观。

❑ 技术支持：现在 Google 正在大力推广 Flutter，Flutter 作者中的很多人都来自 Chromium 团队，并且在 GitHub 上的活跃度很高。从版本频繁更新也可以看出 Google 对 Flutter 投入的资源不小，所以在官方技术支持这方面，大可不必担心。

❑ 开发效率：一套代码，多端运行，并且在开发过程中 Flutter 的热重载可帮助开发者快速地进行测试、构建 UI、添加功能并更快地修复错误。在 iOS 和 Android 模拟器或真机上可以实现毫秒级热重载，并且不会丢失状态。这真的很棒，如果你是一名原生开发者，体验了 Flutter 开发流后，很可能就不想重新回去做原生了，毕竟原生开发的编译速度比较慢。

基于以上三点，相信读者和笔者一样，已经迫不及待地想要去了解一下 Flutter 了。到现在为止，我们已经对移动端开发技术有了一个全面的了解，接下来我们便要进入本书的主题，你准备好了吗？

1.1.6　小结

本章主要介绍了目前移动开发中三种跨平台技术，现在我们从框架角度对比一下它们，如表 1-1 所示。

表 1-1　跨平台技术对比

技术类型	UI 渲染方式	性能	开发效率	动态化	框架代表
H5 + 原生	WebView 渲染	一般	高	支持	Cordova、Ionic
JavaScript 开发 + 原生渲染	原生控件渲染	好	中	支持	React Native、Weex
自绘 UI + 原生	调用系统 API 渲染	好	Flutter 高，QT 低	默认不支持	QT、Flutter

上表中开发语言主要指应用层的开发语言。开发效率是指整个开发周期的效率，包括编码时间、调试时间以及排错、处理兼容性问题的时间。动态化主要指是否支持动态下发代码和是否支持热更新。值得注意的是 Flutter 的 Release 包默认是使用 Dart AOT 模式编译的，所以不支持动态化，但 Dart 还有 JIT 或 snapshot 运行方式，这些模式都是支持动态化的。

1.2　初识 Flutter

1.2.1　Flutter 简介

通过 Flutter，开发者可以使用 Dart 语言开发 App，一套代码可以同时运行在 iOS 和 Android 平台。Flutter 提供了丰富的组件、接口，开发者可以很快地为 Flutter 添加 Native（即原生开发，指基于平台原生语言来开发应用，Flutter 可以和平台原生语言混和开发）扩展。下面我们整体介绍一下 Flutter 技术的主要特点。

1. 跨平台自绘引擎

Flutter 与用于构建移动应用程序的其他大多数框架不同，因为 Flutter 既不使用 WebView，也不使用操作系统的原生控件。相反，Flutter 使用自己的高性能渲染引擎来绘制 Widget（组件）。这样不仅可以保证在 Android 和 iOS 上 UI 的一致性，也可以避免对原生控件依赖而带来的限制及高昂的维护成本。

Flutter 底层使用 Skia 作为其 2D 渲染引擎。Skia 是 Google 的一个 2D 图形处理函数库，包含字型、坐标转换以及点阵图，它们都有高效能且简洁的表现。Skia 是跨平台的，并提供了非常友好的 API，目前 Google Chrome 浏览器和 Android 均采用 Skia 作为其 2D 绘图引擎。

目前 Flutter 已经支持 iOS、Android、Web、Windows、macOS、Linux、Fuchsia（Google 新的自研操作系统）等众多平台，但本书的示例和介绍主要是基于 iOS 和 Android 平台的，其他平台读者可以自行了解。

2. 高性能

Flutter 高性能主要靠两点来保证。首先，Flutter App 采用 Dart 语言开发。Dart 在 JIT（即时编译）模式下，执行速度与 JavaScript 基本持平。但是 Dart 支持 AOT，当以 AOT 模式运行时，JavaScript 便远远追不上了。执行速度的提升对高帧率下的视图数据计算很有帮助。其次，Flutter 使用自己的渲染引擎来绘制 UI，布局数据等由 Dart 语言直接控制，所以在布局过程中不需要像 RN 那样要在 JavaScript 和 Native 之间通信，这在一些滑动和拖动的场景下具有明显优势，因为滑动和拖动过程往往都会引起布局变化，所以 JavaScript 需要和 Native 之间不停地同步布局信息，这和在浏览器中 JavaScript 频繁操作 DOM 所带来的问题是类似的，都会导致比较可观的性能开销。

3. 采用 Dart 语言开发

这个是一个很有意思但也很有争议的问题，在了解 Flutter 为什么选择了 Dart 而不是 JavaScript 之前，我们先来介绍一下之前提到过的两个概念：JIT 和 AOT。

程序主要有两种运行方式：静态编译与动态解释。静态编译的程序在执行前，程序会被提前编译为机器码（或中间字节码），通常将这种类型称为 **AOT**（Ahead Of Time），即"提前编译"；而动态解释则是在运行时将源码实时翻译为机器码来执行，通常将这种类型称为 JIT（Just-In-Time）即"即时编译"。

AOT 程序的典型代表是用 C/C++ 开发的应用，它们必须在执行前编译成机器码；而 JIT 的代表则非常多，如 JavaScript、Python 等。事实上，所有脚本语言都支持 JIT 模式。但需要注意的是 JIT 和 AOT 指的是程序运行方式，和编程语言并非强关联的，有些语言既可以以 JIT 方式运行，也可以以 AOT 方式运行，如 Python，它可以在第一次执行时编译成中间字节码，然后在之后执行时再将字节码实时转为机器码执行。也许有人会说，中间字节码并非机器码，在程序执行时仍然需要动态地将字节码转为机器码，这不应该是 JIT 吗？是这样，但通常我们区分是否为 AOT 的标准就是看代码在执行之前**是否需要编译**，只要需要编译，无论其编译产物是字节码还是机器码，都属于 AOT。在此，读者不必纠结于概念，只要能够理解其原理即可。

现在我们看看 Flutter 为什么选择 Dart 语言。笔者根据官方解释以及自己对 Flutter 的理解，总结了以下几条（因为其他跨平台框架都将 JavaScript 作为其开发语言，所以主要将 Dart 和 JavaScript 做一个对比）：

（1）开发效率高

Dart 运行时和编译器支持 Flutter 的两个关键特性的组合：

❑ **基于 JIT 的快速开发周期**：Flutter 在开发阶段采用，采用 JIT 模式，这样就避免了每次改动都要进行编译，极大地节省了开发时间。

❑ **基于 AOT 的发布包**：Flutter 在发布时可以通过 AOT 生成高效的机器码以保证应用性能，而 JavaScript 不具备这个能力。

（2）高性能

Flutter 旨在提供流畅、高保真的 UI 体验。为了实现这一点，Flutter 中需要能够在每个动画帧中运行大量的代码。这意味着需要一种既能保证高性能，也不会出现丢帧的编程语言，Dart 支持 AOT，在这一点上可以做得比 JavaScript 更好。

（3）快速内存分配

Flutter 框架使用函数式流，这使得它在很大程度上依赖于底层的内存分配器。因此，拥有一个能够有效地处理琐碎任务的内存分配器将显得十分重要，在缺乏此功能的语言中，Flutter 将无法有效地工作。当然 Chrome V8 的 JavaScript 引擎在内存分配上已经做得很好，事实上 Dart 开发团队的很多成员都是来自 Chrome 团队的，所以在内存分配上 Dart 并不能作为超越 JavaScript 的优势，而对于 Flutter 来说，它需要这样的特性，而 Dart 也正好满足而已。

❑ 类型安全和空安全

由于 Dart 是类型安全的语言，且 2.12 版本后也支持了空安全特性，因此 Dart 支持静态类型检测，可以在编译前发现一些类型的错误，并排除潜在问题，这一点对于前端开发者来说可能会更具有吸引力。与之不同的是，JavaScript 是一个弱类型语言，因此，前端社区出现了很多给 JavaScript 代码添加静态类型检测的扩展语言和工具，例如微软的 TypeScript 以及 Meta 的 Flow。相比之下，Dart 本身就支持静态类型，这是它的一个重要优势。

❑ Dart 团队就在你身边

由于有 Dart 团队的积极投入，Flutter 团队可以获得更多支持，正如 Flutter 官网所述："我们正与 Dart 社区进行密切合作，以改进 Dart 在 Flutter 中的使用。例如，当我们最初采用 Dart 时，该语言并没有提供生成原生二进制文件的工具链（这对于实现可预测的高性能具有很大的帮助），但是现在它实现了，因为 Dart 团队专门为 Flutter 构建了它。同样，Dart VM 之前已经针对吞吐量进行了优化，但团队现在正在优化 VM 的延迟时间，这对于 Flutter 的工作负载更为重要。"

本小节主要介绍了一下 Flutter 的特点，如果你感到有些点还不是很好理解，不用着急，随着日后对 Flutter 细节的了解，再回过头来看，相信你会有更深的体会。

1.2.2　Flutter 框架结构

本节我们先对 Flutter 的框架做一个整体介绍，旨在让读者心中有一个整体的印象，这对初学者来说非常重要。如果一下子便深入 Flutter 中，就会像是一个在沙漠中没有地图的人，即使可以找到一片绿洲，也不会知道下一个绿洲在哪里。因此，无论学什么技术，都要先有一张清晰的"地图"，而我们的学习过程就是"按图索骥"，这样我们才不会陷于细节而"目无全牛"。言归正传，我们看一下 Flutter 官方提供的 Flutter 框架图，如图 1-1 所示。

简单来讲，Flutter 从上到下可以分为三层：框架层（Framework）、引擎层（Engine）和嵌入层（Embedder），下面我们分别介绍。

1. 框架层

框架层是一个纯 Dart 实现的 SDK，它实现了一套基础库，自底向上，我们来简单介绍一下：

❑ 底下两层（Foundation 和 Animation、Painting、Gestures）在 Google 的一些视频中被合并为一个 Dart UI 层，对应的是 Flutter 中的 dart:ui 包，它是 Flutter Engine 暴露的底层 UI 库，提供动画、手势及绘制能力。

❑ Rendering 层，即渲染层，这一层是一个抽象的布局层，它依赖于 Dart UI 层，渲染层会构建一棵由可渲染对象的组成的渲染树，当动态更新这些对象时，渲染树会找出变化的部分，然后更新渲染。渲染层可以说是 Flutter 框架层中最核心的部分，它除了确定每个渲染对象的位置、大小之外，还要进行坐标变换、绘制（调用底层 dart:ui）。

❑ Widgets 层是 Flutter 提供的一套基础组件库，在基础组件库之上，Flutter 还提供了 Material 和 Cupertino 两种视觉风格的组件库，它们分别实现了 Material 和 iOS 设计规范。

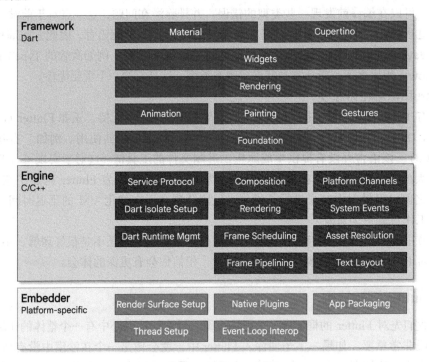

图 1-1　Flutter 框架图

Flutter 框架相对较小，因为一些开发者可能会使用到的更高层级的功能已经被拆分到不同的软件包中，使用 Dart 和 Flutter 的核心库实现，其中包括平台插件，例如 camera 和 webview，以及和平台无关的功能，例如 animations。

我们进行 Flutter 开发时，大多数时候都是和框架层打交道。

2. 引擎层

引擎层是 Flutter 的核心，该层主要用 C++ 实现，其中包括 Skia 引擎、Dart 运行时（Dart Runtime）、文字排版引擎等。在代码调用 dart:ui 库时，调用最终会走到引擎层，然后实现真正的绘制和显示。

3. 嵌入层

Flutter 最终渲染、交互时要依赖其所在平台的操作系统 API，嵌入层主要是将 Flutter

引擎"安装"到特定平台上。嵌入层采用了当前平台的语言编写，例如 Android 使用的是 Java 和 C++，iOS 和 macOS 使用的是 Objective-C 和 Objective-C++，Windows 和 Linux 使用的是 C++。Flutter 代码可以通过嵌入层，以模块方式集成到现有的应用中，也可以作为应用的主体。Flutter 本身包含了各个常见平台的嵌入层，假如以后 Flutter 要支持新的平台，则需要针对这个新的平台编写一个嵌入层。

在本小节，我们从整体上介绍了 Flutter 框架的分层，从上到下为：框架层、引擎层和嵌入层，读者一定要牢记。

1.2.3　如何学习 Flutter

本节将向大家推荐一些学习建议的资源和社区，分享一下笔者在学习 Flutter 中的一些心得，希望可以帮助你提高学习效率。

- ❏ 官网：阅读 Flutter 官网的资源是快速入门的最佳方式，同时官网也是了解最新 Flutter 发展动态的地方，因为目前 Flutter 仍然处于快速发展阶段，所以建议读者还是时不时地去官网看看有没有新的动态。
- ❏ 源码及注释：源码注释应作为学习 Flutter 的第一文档，Flutter SDK 的源码是包含在 Flutter 工程中的，并且注释非常详细且有很多示例，我们可以通过 IDE 的跳转功能快速定位到源码。实际上，Flutter 官方的组件文档就是通过注释生成的。根据笔者的经验，源码结合注释可以帮我们解决大多数问题。
- ❏ GitHub：如果遇到的问题在 StackOverflow 上也没有找到答案，可以去 GitHub flutter 项目下创建 issue。
- ❏ Gallery 源码：Gallery 是 Flutter 官方示例 App，里面有丰富的示例，读者可以在网上下载安装。Gallery 的源码在 Flutter 源码 examples 目录下。
- ❏ StackOverflow：StackOverflow 是目前全球最大的程序员问答社区，现在也是活跃度最高的 Flutter 问答社区。除了有来自世界各地的 Flutter 开发者会在 StackOverflow 上交流之外，Flutter 开发团队的成员也经常会在上面回答问题。

有了资料和社区后，对于 Flutter 的学习者来说，最重要的还是要多动手、多实践。在本书后面的章节中，希望读者能够亲自动手写一下示例。

1.2.4　小结

Flutter 框架本身有着良好的分层设计，本节旨在让读者对 Flutter 整体框架有个大概的印象，相信到现在为止，读者已经对 Flutter 有了初始印象，在正式动手开发之前，我们还需要了解一下 Flutter 的开发语言——Dart。

1.3　搭建 Flutter 开发环境

"工欲善其事，必先利其器"，本节首先会分别介绍一下在 Windows 和 macOS 下 Flutter

SDK 的安装，然后介绍 IDE 和模拟器的使用。

1.3.1 安装 Flutter

由于 Flutter 会同时构建 Android 和 iOS 两个平台的发布包，因此 Flutter 同时依赖 Android SDK 和 iOS SDK，在安装 Flutter 时也需要安装相应平台的构建工具和 SDK。下面我们分别介绍一下 Windows 和 macOS 下的环境搭建。

> **注意** 本节介绍的安装方式随着 Flutter 的升级可能会发生变化，如果下面介绍的内容在你安装 Flutter 时已经失效，请访问 Flutter 官网，按照官网最新的安装教程安装。

1. 使用镜像

由于在国内访问 Flutter 有时可能会受到限制，Flutter 官方为中国开发者搭建了临时镜像，大家可以将如下环境变量加入用户环境变量中：

```
export PUB_HOSTED_URL=https://pub.flutter-io.cn
export FLUTTER_STORAGE_BASE_URL=https://storage.flutter-io.cn
```

> **注意** 此镜像为临时镜像，并不能保证一直可用，读者可以参考 https://flutter.dev/community/china 以获得有关镜像服务器的最新动态。

2. 在 Windows 上搭建 Flutter 开发环境

（1）系统要求

要安装并运行 Flutter，你的开发环境必须满足以下最低要求：

❑ 操作系统：Windows 7 或更高版本（64-bit）。

❑ 磁盘空间：400 MB（不包括 Android Studio 的磁盘空间）。

❑ 工具：Flutter 依赖下面这些命令行工具。

- PowerShell 5.0 或更新的版本。
- Git for Windows（Git 命令行工具）。

如果已经安装 Git for Windows，请确保可以在命令提示符或 PowerShell 中运行 git 命令。

（2）获取 Flutter SDK

❑ 从 Flutter 官网下载其最新可用的安装包，下载地址为 https://flutter.dev/docs/development/tools/sdk/releases。

> **注意** Flutter 的渠道版本会不停变动，请以 Flutter 官网为准。读者可以去 Flutter GitHub 项目下去下载安装包，地址为 https://github.com/flutter/flutter/releases。

❑ 将安装包 zip 解压到你想安装 Flutter SDK 的路径（例如 C:\src\flutter）。

> **注意** 不要将 Flutter 安装到需要一些高权限的路径，如 C:\Program Files\。

（3）安装 Flutter

在 Flutter 安装目录的 flutter 文件下找到 flutter_console.bat，双击运行并启动 Flutter 命令行，接下来，你就可以在 Flutter 命令行运行 flutter 命令了。

如果想在 Windows 系统自带命令行运行 flutter 命令，则需要**更新环境变量**，添加以下环境变量到用户 PATH：

❑ 在开始菜单的搜索功能中输入 "env"，然后选择编辑系统环境变量。

❑ 在 "用户变量" 下检查是否有名为 Path 的条目：

● 如果该条目存在，则追加 Flutter，使用 "；" 作为分隔符。

● 如果该条目不存在，则创建一个新用户变量 Path，然后将 flutter\bin 的全路径作为它的值。

❑ 重启 Windows 以应用此更改。

在 Flutter 命令行运行如下命令来查看是否还需要安装其他依赖，如果需要，安装它们：

```
flutter doctor
```

该命令检查你的环境并在命令行窗口中显示报告。Dart SDK 已经打包在 Flutter SDK 里了，没有必要单独安装 Dart。仔细检查命令行输出以获取可能需要安装的其他软件或进一步需要执行的任务。例如：

```
[-] Android toolchain - develop for Android devices
 · Android SDK at D:\Android\sdk
 X Android SDK is missing command line tools; download from https://goo.gl/
   XxQghQ
 · Try re-installing or updating your Android SDK,
   visit https://flutter.dev/setup/#android-setup for detailed instructions.
```

第一次运行 flutter 命令（如 flutter doctor）时，它会下载它自己的依赖项并自行编译。以后再运行就会快得多。缺失的依赖需要安装一下，安装完成后再运行 flutter doctor 命令来验证是否安装成功。

（4）Android 设置

Flutter 依赖于 Android Studio 的全量安装。Android Studio 不仅可以管理 Android 平台依赖、SDK 版本等，而且它也是 Flutter 开发推荐的 IDE 之一（当然，你也可以使用其他编辑器或 IDE，我们将会在后面讨论）。

安装 Android Studio：

❑ 下载并安装 Android Studio，下载地址：https://developer.android.com/studio/index.html。

❑ 启动 Android Studio，然后执行 "Android Studio 安装向导"。这将安装最新的 Android SDK、Android SDK 平台工具和 Android SDK 构建工具，这些是用 Flutter 进行 Android 开发所需要的。

（5）安装遇到问题

如果在安装过程中遇到问题，可以先去 Flutter 官网查看一下安装方式是否发生变化，或者在网上搜索一下解决方案。

3. 在 macOS 上搭建 Flutter 开发环境

在 masOS 下可以同时进行 Android 和 iOS 设备的测试。

（1）系统要求

要安装并运行 Flutter，你的开发环境必须满足以下最低要求：

❑ 操作系统：macOS（64-bit）。

❑ 磁盘空间：700 MB（不包括 Xcode 或 Android Studio 的磁盘空间）。

❑ 工具：Flutter 依赖下面这些命令行工具。

- bash、mkdir、rm、git、curl、unzip、which

（2）获取 Flutter SDK

❑ 去 Flutter 官网下载其最新可用的安装包，官网地址：https://flutter.dev/sdk-archive/#macos。

❑ 解压安装包到你想安装的目录，例如：

```
cd ~/development
unzip ~/Downloads/flutter_macos_v0.5.1-beta.zip
```

❑ 添加 Flutter 相关工具到 PATH 中：

```
export PATH='pwd'/flutter/bin:$PATH
```

此代码只能暂时针对当前命令行窗口设置 PATH 环境变量，要想永久将 Flutter 添加到 PATH 中，请参考"更新环境变量"部分。

（3）运行 flutter doctor 命令

这一步和 Windows 下步骤一致，不再赘述。

（4）更新环境变量

将 Flutter 添加到 PATH 中，可以在任何终端会话中运行 flutter 命令。

对于所有终端会话，永久修改此变量的步骤是和特定计算机系统相关的。通常，你会在打开新窗口时将设置环境变量的命令添加到执行的文件中。例如：

❑ 确定你的 Flutter SDK 的目录记为 FLUTTER_INSTALL_PATH，你将在后面配置中用到。

❑ 打开（或创建）$HOME/.bash_profile。在你的计算机上文件路径和文件名可能不同。

❑ 添加以下路径：

```
export PATH=[FLUTTER_INSTALL_PATH]/flutter/bin:$PATH
```

例如，笔者的 Flutter 安装目录是 ~/code/flutter_dir，那么代码为：

```
export PATH=~/code/flutter_dir/flutter/bin:$PATH
```

❑ 运行 source $HOME/.bash_profile 刷新当前终端窗口。

📷 注
意　如果你使用的终端是 zsh，终端启动时 ~/.bash_profile 将不会被加载，解决办法就是修改 ~/.zshrc，在其中添加 source ~/.bash_profile。

❑ 验证 flutter/bin 是否已经在 PATH 中：

```
echo $PATH
```

（5）安装 Xcode

要为 iOS 开发 Flutter 应用程序，你需要 Xcode 的最新版本：

❑ 安装 Xcode 最新版本。

❑ 配置 Xcode 命令行工具以使用新安装的 Xcode 版本 sudo xcode-select --switch /Applications/ Xcode.app/Contents/Developer。对于大多数情况，当你想要使用最新版本的 Xcode 时，这是正确的路径。如果你需要使用不同的版本，请指定相应路径。

❑ 确保 Xcode 许可协议是通过打开一次 Xcode 或通过命令 sudo xcodebuild -license 确认过了。

使用 Xcode，你可以在 iOS 设备或模拟器上运行 Flutter 应用程序。

（6）安装 Android Studio

和 Windows 一样，要在 Android 设备上构建并运行 Flutter 程序，都需要先安装 Android Studio，读者可以先自行下载并安装 Android Studio，在此不再赘述。

4. 升级 Flutter

（1）Flutter SDK 分支

Flutter SDK 有多个分支，如 beta、dev、master、stable，其中 stable 分支为稳定分支（日后有新的稳定版本发布后可能也会有新的稳定分支，如 1.0.0），dev 和 master 为开发分支，安装 Flutter 后，你可以运行 flutter channel 命令查看所有分支，如笔者本地运行后，结果如下：

```
Flutter channels:
  beta
  dev
* master
```

带"*"号的分支即为本地的 Flutter SDK 跟踪的分支，要切换分支，可以使用 flutter channel beta 或 flutter channel master，Flutter 官方建议跟踪稳定分支，但也可以跟踪 master 分支，这样可以查看最新的变化，但这样稳定性要低得多。

（2）升级 Flutter SDK 和依赖包

要升级 Flutter SDK，只需要一句命令，如下：

```
flutter upgrade
```

该命令会同时更新 Flutter SDK 和你的 flutter 项目依赖包。如果你只想更新项目依赖包（不包括 Flutter SDK），可以使用如下命令：

❑ flutter packages get：获取项目所有的依赖包。

❑ flutter packages upgrade：获取项目所有依赖包的最新版本。

1.3.2 IDE 配置与使用

理论上可以使用任何文本编辑器与命令行工具来构建 Flutter 应用程序。不过 Flutter 官方建议使用 Android Studio 和 VS Code 之一以获得更好的开发体验。Flutter 官方提供了这两款编辑器插件，通过 IDE 和插件可获得代码补全、语法高亮、Widget 编辑辅助、运行和调试支持等功能，可以帮助我们极大地提高开发效率。下面我们分别介绍一下 Android Studio 和 VS Code 的配置及使用（关于 Android Studio 和 VS Code，读者可以在其官网获得最新的安装，由于安装比较简单，故不再赘述）。

1. Android Studio 配置与使用

由于 Android Studio 是基于 IntelliJ IDEA 开发的，因此读者也可以使用 IntelliJ IDEA。

（1）安装 Flutter 和 Dart 插件

需要安装两个插件：

❑ Flutter 插件：支持 Flutter 开发工作流（运行、调试、热重载等）。

❑ Dart 插件：提供代码分析（输入代码时进行验证、代码补全等）。

安装步骤：

❑ 启动 Android Studio。

❑ 打开插件首选项（macOS 中选择 Preferences → Plugins，Windows 中选择 File → Settings → Plugins）。

❑ 选择 Browse repositories...，选择 flutter 插件并单击 install。

❑ 重启 Android Studio 后插件生效。

接下来，让我们用 Android Studio 创建一个 Flutter 项目，然后运行它，并体验"热重载"。

（2）创建 Flutter 应用

❑ 选择 File → New Flutter Project。

❑ 选择 Flutter application 作为 project 类型，然后单击 Next。

❑ 输入项目名称（如 myapp），然后单击 Next。

❑ 单击 Finish。

❑ 等待 Android Studio 安装 SDK 并创建项目。

上述命令创建一个 Flutter 项目，项目名为 myapp，其中包含一个使用 Material 组件的简单演示应用程序。

在项目目录中，你的应用程序代码位于 lib/main.dart。

（3）运行应用程序

❑ 定位到 Android Studio 工具栏，如图 1-2 所示。

图 1-2　Android Studio 工具栏

❑ 在 Target selector 中，选择一个运行该应用的 Android 设备。如果没有列出可用设备，请选择 Tools → Android → AVD Manager，并在那里创建一个。

❑ 在工具栏中单击 Run 图标。

❑ 如果一切正常，你应该在你的设备或模拟器上看到启动的应用程序，如图 1-3 所示。

（4）体验热重载

Flutter 可以通过**热重载（hot reload）**实现快速开发。热重载就是无须重启应用程序就能实时加载修改后的代码，并且不会丢失状态。简单地对代码进行更改，然后告诉 IDE 或命令行工具你需要重新加载（单击 reload 按钮），就会在你的设备或模拟器上看到更改。具体步骤如下：

❑ 打开 lib/main.dart 文件。

❑ 将字符串 'You have pushed the button this many times:' 更改为 'You have clicked the button this many times:'。

❑ 不要按"停止"按钮，让你的应用继续运行。

❑ 要查更改，请调用 Save (.docx-s / ctrl-s)，或者单击热重载按钮（带有闪电图标的按钮）。

你会立即在运行的应用程序中看到更新的字符串。

图 1-3 应用首页

2. VS Code 的配置与使用

VS Code 是一个轻量级编辑器，支持 Flutter 运行和调试。

（1）安装 Flutter 插件

❑ 启动 VS Code。

❑ 调用 View → Command Palette...。

❑ 输入 install，然后选择 Extensions: Install Extension action。

❑ 在搜索框输入 flutter，在搜索结果列表中选择 Flutter，然后单击 Install。

❑ 选择 OK 重新启动 VS Code。

❑ 验证配置。

  • 调用 View → Command Palette...。

  • 输入 doctor，然后选择 Flutter: Run Flutter Doctor。

  • 查看 OUTPUT 窗口中的输出是否有问题。

（2）创建 Flutter 应用

❑ 启动 VS Code。

❑ 调用 View → Command Palette...。

❑ 输入 flutter，然后选择 Flutter: New Project。

❑ 输入 Project 名称（如 myapp），然后按 Enter 键。

❑ 指定放置项目的位置，然后按蓝色的确定按钮。

❑ 等待项目创建继续，并显示 main.dart 文件。

（3）体验热重载

❑ 打开 lib/main.dart 文件。

❑ 将字符串 'You have pushed the button this many times:' 更改为 'You have clicked the button this many times:'。

- 不要按"停止"按钮，让你的应用继续运行。
- 要查看你的更改，直接保存（cmd+s/ctrl+s），或者单击热重载按钮（绿色圆形箭头按钮）即可。

你会立即在运行的应用程序中看到更新的字符串。

1.3.3 连接设备运行 Flutter 应用

Windows 下只支持为 Android 设备构建并运行 Flutter 应用，而 macOS 同时支持 iOS 和 Android 设备。下面分别介绍如何连接 Android 和 iOS 设备来运行 Flutter 应用。

1. 连接 Android 模拟器

要准备在 Android 模拟器上运行并测试 Flutter 应用，请按照以下步骤操作：

- 启动 Android Studio → Tools → Android → AVD Manager 并选择 Create Virtual Device。
- 选择一个设备并选择 Next。
- 为要模拟的 Android 版本选择一个或多个系统镜像，然后选择 Next。建议使用 x86 或 x86_64 image。
- 在 Emulated Performance 下选择 Hardware - GLES 2.0 以启用硬件加速。
- 验证 AVD 配置是否正确，然后选择 Finish。

有关上述步骤的详细信息，请参阅 Managing AVDs。

- 在 Android Virtual Device Manager 中，单击工具栏中的 Run。模拟器启动并显示所选操作系统版本或设备的启动画面。
- 运行 flutter run 以启动设备。连接的设备名是 Android SDK built for <platform>，其中 platform 表示芯片系列，如 x86。

2. 连接 Android 真机设备

要准备在 Android 设备上运行并测试 Flutter 应用，需要使用 Android 4.1（API level 16）或更高版本的 Android 设备。

- 在 Android 设备上启用 开发人员选项 和 USB 调试。详细说明可在 Android 文档中找到。
- 使用 USB 将手机插入计算机。如果设备出现调试授权提示，请授权你的计算机可以访问该设备。
- 在命令行运行 flutter devices 命令以验证 Flutter 识别你连接的 Android 设备。
- 运行 flutter run 启动应用程序。

在默认情况下，Flutter 使用的 Android SDK 版本是基于你的 adb 工具版本。如果想让 Flutter 使用不同版本的 Android SDK，则必须将该 ANDROID_HOME 环境变量设置为相应的 SDK 安装目录。

3. 连接 iOS 模拟器

要准备在 iOS 模拟器上运行并测试 Flutter 应用，请按以下步骤操作：

1）在你的 MAC 上，通过 Spotlight 或以下命令找到模拟器：

```
open -a Simulator
```

2）通过检查模拟器 Hardware → Device 菜单中的设置，确保模拟器正在使用 64 位设备（iPhone 5s 或更高版本）。

3）根据你的计算机屏幕大小，模拟高清屏 iOS 设备可能会溢出屏幕。可以在模拟器的 Window → Scale 菜单下设置设备比例。

4）运行 flutter run 启动 Flutter 应用程序。

4. 连接 iOS 真机设备

要将 Flutter 应用安装到 iOS 真机设备，需要用到一些额外的工具和一个 Apple 账户，还需要在 Xcode 中进行一些设置。

❑ 安装 homebrew（如果已经安装了 brew，可跳过此步骤）。

❑ 打开终端并运行如下这些命令：

```
brew update
brew install --HEAD libimobiledevice
brew install ideviceinstaller ios-deploy cocoapods
pod setup
```

如果这些命令中的任何一个失败并出现错误，请运行 brew doctor 并按照说明解决问题。

❑ 遵循 Xcode 签名流程来配置项目：

- 在你的 Flutter 项目目录中通过 open ios/Runner.xcworkspace 打开默认的 Xcode Workspace。
- 在 Xcode 中，选择导航面板左侧的 Runner 项目。
- 在 Runner target 设置页面中，确保在 General → Signing → Team 下选择你的开发团队。当你选择一个团队时，Xcode 会创建并下载开发证书，向你的设备注册你的账户，并创建和下载配置文件（如果需要）。
- 要开始你的第一个 iOS 开发项目，可能需要使用你的 Apple ID 登录 Xcode，如图 1-4 所示。

任何 Apple ID 都支持开发和测试，但若想将应用分发到 App Store，就必须注册 Apple 开发者计划，有关详情读者可以自行了解。

❑ 当第一次连接真机设备进行 iOS 开发时，需要同时信任你的 Mac 和该设备上的开发证书。首次将 iOS 设备连接到 Mac 时，请在对话框中选择 Trust，如图 1-5 所示。

然后，转到 iOS 设备上的设置菜单，选择常规→设备管理并信任证书。

❑ 如果 Xcode 中的自动签名失败，请验证项目的 General → Identity → Bundle Identifier 值是否唯一，如图 1-6 所示。

❑ 运行 flutter run 启动 Flutter 应用程序。

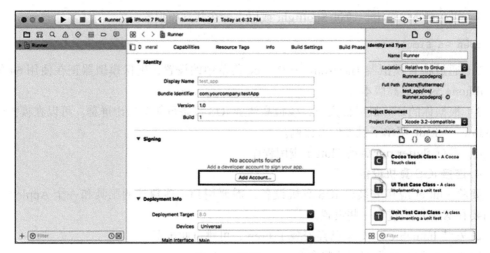

图 1-4 登录 Xcode

图 1-5 添加信任

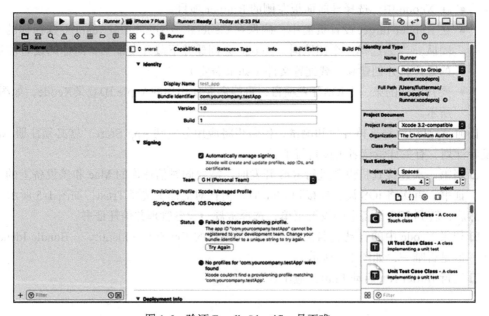

图 1-6 验证 Bundle Identifier 是否唯一

1.3.4　常见配置问题

Android Studio 问题

（1）*缺少依赖库问题*

缺少依赖库是 Android 最常遇见的问题之一，错误如图 1-7 所示，此时单击超链接即可自动跳转到安装页面。

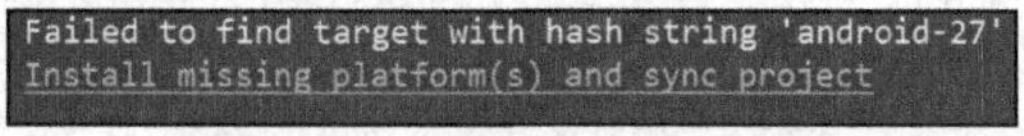

```
Failed to find target with hash string 'android-27'
Install missing platform(s) and sync project
```

图 1-7　缺少依赖报错

安装之后重新运行即可，如图 1-8 所示。

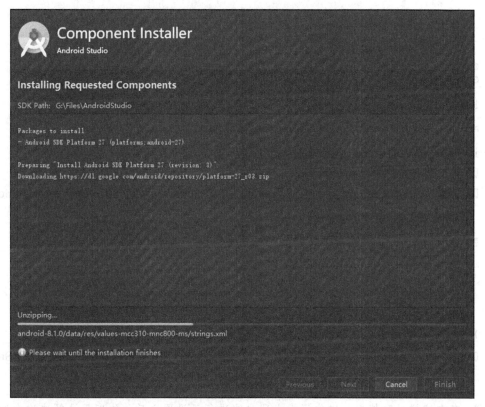

图 1-8　安装依赖

（2）*连接不上 Android Repository*

这也是最常见的问题之一，当你发现自己无法下载部分依赖时，请优先考虑这种情况。进入 File → Settings → Appearance & Behavior → System Settings → Android SDK → SDK Update Sites 列表，可以看到此时的 Android Repository 无法连接，如图 1-9 所示。

这是由于要去 Google 下载 Android SDK，但在国内目前无法访问 Google。

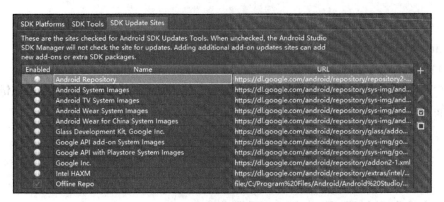

图 1-9 下载依赖失败

（3）Android 包配置问题

一般格式为：

```
Could not HEAD **
Could not Get **
```

例如：

```
Android Studio Could not GET gradle-3.2.0.pom
```

这一类问题是由于无法连接到 Maven 库造成的，解决方法如下：

❑ 进入当前所在项目名 /android。

❑ 打开 build.gradle，找到下面这一部分，并添加 maven{url 'http://maven.aliyun.com/ nexus/content/groups/public/'}。

```
allprojects {
    repositories {
        google()
        jcenter()
        maven {url 'http://maven.aliyun.com/nexus/content/groups/public/'} // 添加这
            一句
    }
}
```

❑ 进入 File/ Settings/ Build，Execution，Deployment/ BuildTools/ Gradle/ Android Studio 中，勾选 Enable embedded Maven repository，重启 Android Studio 即可解决。

> 注意 存在这样一种情况，当你根据上述步骤进行了设置之后，依旧无法解决这个问题，并有类似于 Could not HEAD maven.aliyun.com 的报错信息，请检查 C:\Users\{user_name}\.gradle\gradle.properties 是否有设置代理。删除后问题即可解决。

（4）Hot Reload 热重载失效问题

在给 Terminal 之类的终端模拟器设置代理之后，会导致热重载失效，此时调用 Save (.docx-s / ctrl-s)将不会进行热重载，热重载按钮（带有闪电图标的按钮）也不会显示，将代理移除即可解决。

另外，有些情况下热重载是不生效的，比如修改了 main 函数、修改了全局静态方法等，读者可以认为 Hot Reload 只会重新构建整个 Widget 树，如果变动不在构建 Widget 树的过程中，Hot Reload 就不会起作用，这时直接重启 App 即可。

1.4　Dart 语言简介

在之前我们已经介绍过 Dart 语言的相关特性，读者可以翻看一下，如果已经熟悉 Dart 语法，可以跳过本节，如果还不了解 Dart，也不用担心，按照笔者的经验，如果你有过其他编程语言经验（尤其是 Java 或 JavaScript）的话，会非常容易上手。当然，如果你是 iOS 开发者，也不用担心，Dart 中也有一些与 Swift 比较相似的特性，如命名参数等，笔者当时学习 Dart 时，也只是花了一个小时，看完 Dart 官网的 Language Tour 就开始动手写 Flutter 了，所以不用怕。

在笔者看来，Dart 在设计时应该是同时借鉴了 Java 和 JavaScript，同时又引入了一些现代编程语言的特性，如空安全，除此之外还有一些独创的语法，比如级联操作符。总之，熟悉之后，你会发现 Dart 是一门非常有意思的编程语言！

Dart 在静态语法方面和 Java 非常相似，如类型定义、函数声明、泛型等，而在动态特性方面又和 JavaScript 很像，如函数式特性、异步支持等。除了融合 Java 和 JavaScript 语言之所长之外，Dart 也具有一些其他很有表现力的语法，如可选命名参数、".."（级联运算符）、"?."（条件成员访问运算符）以及 "??"（判空赋值运算符）。其实，对编程语言了解比较多的读者会发现，Dart 不仅有 Java 和 JavaScript 的特点，它还具有其他编程语言中的身影，如命名参数在 Objective-C 和 Swift 中早就很普遍，而 "??" 操作符在 PHP 7.0 语法中就已经存在了，因此我们可以看到 Google 对 Dart 语言寄予厚望，想把 Dart 打造成一门集百家之所长的编程语言。

接下来，我们先对 Dart 语法做一个简单的介绍，然后再将 Dart 与 JavaScript 和 Java 做一个简要对比，方便读者更好地理解。

🎫 注意　由于本书并非专门介绍 Dart 语言的书籍，因此本章主要会介绍一下在 Flutter 开发中常用的语法特性，如果想更多地了解 Dart，读者可以去 Dart 官网学习，现在互联网上 Dart 的相关资料已经很多了。另外，Dart 2.14 已经正式发布，所以本书所有示例均采用 Dart 2.14 语法。

1.4.1　变量声明

1. var 关键字

类似于 JavaScript 中的 var，它可以接收任何类型的变量，但最大的不同是 Dart 中 var 变量一旦赋值，类型便会确定，不能再改变其类型，例如：

```
var t = "hi world";
```

```
// 下面的代码在 Dart 中会报错，因为变量 t 的类型已经确定为 String,
// 类型一旦确定后则不能再更改
t = 1000;
```

上面的代码在 JavaScript 是没有问题的，前端开发者需要注意一下，之所以有此差异，是因为 Dart 本身是一个强类型语言，任何变量都是有确定类型的，在 Dart 中，当用 var 声明一个变量后，Dart 在编译时会根据第一次赋值数据的类型来推断其类型，编译结束后其类型就已经被确定，而 JavaScript 是纯粹的弱类型脚本语言，var 只是变量的声明方式而已。

2. dynamic 和 Object

Object 是 Dart 所有对象的根基类，也就是说在 Dart 中所有类型都是 Object 的子类（包括 Function 和 Null），所以任何类型的数据都可以赋值给 Object 声明的对象。dynamic 与 Object 声明的变量都可以赋值任意对象，且后期可以改变赋值的类型，这和 var 是不同的，比如：

```
dynamic t;
Object x;
t = "hi world";
x = 'Hello Object';
// 下面代码没有问题
t = 1000;
x = 1000;
```

dynamic 与 Object 的不同之处是 dynamic 声明的对象编译器会提供所有可能的组合，而 Object 声明的对象只能使用 Object 的属性与方法，否则编译器会报错，比如：

```
dynamic a;
Object b = "";
main() {
  a = "";
  printLengths();
}

printLengths() {
  // 正常
print(a.length);
  // 报错 The getter 'length' is not defined for the class 'Object'
  print(b.length);
}
```

dynamic 的这个特点使得我们在使用它时要格外注意，这很容易引入一个运行时错误，比如下面代码在编译时不会报错，而在运行时会报错：

```
print(a.xx); //a 是字符串，没有 "xx" 属性，编译时不会报错，运行时会报错
```

3. final 和 const

如果你从未打算更改一个变量，那么使用 final 或 const，不是 var，也不是一个类型。一个 final 变量只能被设置一次，两者的区别在于，const 变量是一个编译时常量（编译时直接替换为常量值），final 变量在第一次使用时被初始化。被 final 或者 const 修饰的变量，变量类型可以省略，比如：

```
// 可以省略 String 这个类型声明
final str = "hi world";
//final String str = "hi world";
const str1 = "hi world";
//const String str1 = "hi world";
```

4. 空安全（null-safety）

Dart 中一切都是对象，这意味着如果我们定义一个数字，在初始化它之前如果使用了它，假如没有某种检查机制，则不会报错，比如：

```
test() {
  int i;
  print(i*8);
}
```

在 Dart 引入空安全之前，上面的代码在执行前不会报错，但会触发一个运行时错误，原因是 i 的值为 null。但现在有了空安全，定义变量时我们可以指定变量是可空还是不可空。

```
int i = 8; // 默认为不可空，必须在定义时初始化
int? j; // 定义为可空类型，对于可空变量，我们在使用前必须判空

// 如果我们预期变量不能为空，但在定义时不能确定其初始值，则可以加上 late 关键字，表示会稍后初始
//   化，但是在正式使用它之前必须保证初始化过了，否则会报错
late int k;
k=9;
```

如果一个变量我们定义为可空类型，在某些情况下即使我们给它赋值过了，但是预处理器仍然有可能识别不出，这时我们就要显式（通过在变量后面加一个"!"符号）地告诉预处理器它已经不是 null 了，比如：

```
class Test{
  int? i;
  Function? fun;
  say(){
    if(i!=null) {
      print(i! * 8); // 因为已经判过空，所以能走到这，i 必不为 null，如果没有显式申明，则
                     IDE 会报错
    }
    if(fun!=null){
      fun!(); // 同上
    }
  }
}
```

上面的代码中如果函数变量可空，那么调用的时候可以用语法糖：

```
fun?.call() //fun 不为空时则会被调用
```

1.4.2 函数

Dart 是一种真正的面向对象的语言，所以既是函数也是对象，并且有一个类型 Function。这意味着函数可以赋值给变量或作为参数传递给其他函数，这是函数式编程的典型特征。

1. 函数声明

```
bool isNoble(int atomicNumber) {
  return _nobleGases[atomicNumber] != null;
}
```

Dart 函数声明如果没有显式声明返回值类型时会默认当作 dynamic 处理，注意，函数返回值没有类型推断：

```
typedef bool CALLBACK();

// 不指定返回类型，此时默认为 dynamic，不是 bool
isNoble(int atomicNumber) {
  return _nobleGases[atomicNumber] != null;
}

void test(CALLBACK cb){
    print(cb());
}
// 报错，isNoble 不是 bool 类型
test(isNoble);
```

对于只包含一个表达式的函数，可以使用简写语法：

```
bool isNoble (int atomicNumber)=> true ;
```

2. 函数作为变量

```
var say = (str){
  print(str);
};
say("hi world");
```

3. 函数作为参数传递

```
void execute(var callback) {
  callback();//callback 类型为函数
}
execute(() => print("xxx"))
  // 调用 execute，将箭头函数作为参数传递
```

（1）可选的位置参数
包装一组函数参数，用 [] 标记为可选的位置参数，并放在参数列表的最后面：

```
String say(String from, String msg, [String? device]) {
  var result = '$from says $msg';
  if (device != null) {
    result = '$result with a $device';
  }
  return result;
}
```

下面是一个不带可选参数调用这个函数的例子：

```
say('Bob', 'Howdy'); // 结果是: Bob says Howdy
```

下面是用第三个参数调用这个函数的例子：

```
say('Bob', 'Howdy', 'smoke signal'); // 结果是: Bob says Howdy with a smoke signal
```

（2）可选的命名参数

定义函数时，使用 {param1, param2, ...}，放在参数列表的最后面，用于指定命名参数。例如：

```
// 设置[bold]和[hidden]标志
void enableFlags({bool bold, bool hidden}) {
  //...
}
```

调用函数时，可以使用指定命名参数。例如：

```
paramName: value
enableFlags(bold: true, hidden: false);
```

在 Flutter 中，可选命名参数使用得非常多。

 注意 不能同时使用可选的位置参数和可选的命名参数。

1.4.3　mixin

Dart 是不支持多继承的，但是它支持 mixin，简单来讲，mixin 可以"组合"多个类，我们通过一个例子来理解。

定义一个 Person 类，实现吃饭、说话、走路和写代码功能，同时定义一个 Dog 类，实现吃饭和走路功能：

```
class Person {
  say() {
    print('say');
  }
}

mixin Eat {
  eat() {
    print('eat');
  }
}

mixin Walk {
  walk() {
    print('walk');
  }
}

mixin Code {
  code() {
    print('key');
```

```
   }
 }

class Dog with Eat, Walk{}
class Man extends Person with Eat, Walk, Code{}
```

我们定义了几个 mixin，然后通过 with 关键字将它们组合成不同的类。有一点需要注意：如果多个 mixin 中有同名方法，执行 with 时，会默认使用最后面的 mixin，mixin 方法中可以通过 super 关键字调用之前 mixin 或类中的方法。这里只介绍 mixin 最基本的特性，关于 mixin 更详细的内容，读者可以自行搜索。

1.4.4 异步支持

Dart 类库有非常多的返回 Future 或者 Stream 对象的函数。这些函数被称为**异步函数**：它们只会在设置好一些耗时操作（比如 IO 操作）之后返回，而不是等到这个操作完成。

async 和 await 关键词支持了异步编程，允许你写出和同步代码很像的异步代码。

1. Future

Future 与 JavaScript 中的 Promise 非常相似，表示一个异步操作的最终完成（或失败）及其结果值的表示。简单来说，它就是用于处理异步操作的，异步处理成功了就执行成功的操作，失败了就捕获错误或者停止后续操作。一个 Future 只会对应一个结果，要么成功，要么失败。

由于本身功能较多，这里我们只介绍其常用的 API 及特性。还有，请记住，Future 的所有 API 的返回值仍然是一个 Future 对象，所以可以很方便地进行链式调用。

（1）Future.then

为了方便演示，在本例中我们使用 Future.delayed 创建了一个延时任务（实际场景会是一个真正的耗时任务，比如一次网络请求），即 2 秒后返回结果字符串 " hi world!"，然后我们在 then 中接收异步结果并打印结果，代码如下：

```
Future.delayed(Duration(seconds: 2),(){
  return "hi world!";
}).then((data){
  print(data);
});
```

（2）Future.catchError

如果异步任务发生错误，我们可以在 catchError 中捕获错误，我们将上面的示例改为：

```
Future.delayed(Duration(seconds: 2),(){
  //return "hi world!";
  throw AssertionError("Error");
}).then((data){
  // 执行成功会走到这里
  print("success");
}).catchError((e){
  // 执行失败会走到这里
```

```
  print(e);
});
```

在本示例中，我们在异步任务中抛出了一个异常，then 的回调函数将不会被执行，取而代之的是 catchError 回调函数将被调用。但是，并不是只有 catchError 回调才能捕获错误，then 方法还有一个可选参数 onError，我们也可以用它来捕获异常：

```
Future.delayed(Duration(seconds: 2), () {
  //return "hi world!";
   throw AssertionError("Error");
}).then((data) {
  print("success");
}, onError: (e) {
  print(e);
});
```

（3）Future.whenComplete

有些时候，我们会遇到无论异步任务执行成功或失败都需要做一些事的场景，比如在网络请求前弹出加载对话框，在请求结束后关闭对话框。对于这种场景，有两种解决方法，第一种是分别在 then 或 catch 中关闭对话框，第二种就是使用 Future 的 whenComplete 回调，我们将上面的示例改一下：

```
Future.delayed(Duration(seconds: 2),(){
  //return "hi world!";
  throw AssertionError("Error");
}).then((data){
  // 执行成功会走到这里
  print(data);
}).catchError((e){
  // 执行失败会走到这里
  print(e);
}).whenComplete((){
  // 无论成功或失败都会走到这里
});
```

（4）Future.wait

有些时候，我们需要等待多个异步任务都执行结束后才进行一些操作，比如我们有一个界面，需要先分别从两个网络接口获取数据，获取成功后，我们需要将两个接口数据进行特定的处理后再显示到 UI 界面上，应该怎么做？答案是使用 Future.wait，它接受一个 Future 数组参数，只有数组中所有 Future 都执行成功后，才会触发 then 的成功回调，只要有一个 Future 执行失败，就会触发错误回调。下面，我们通过模拟 Future.delayed 来模拟两个数据获取的异步任务，等两个异步任务都执行成功时，将两个异步任务的结果拼接打印出来，代码如下：

```
Future.wait([
  //2 秒后返回结果
  Future.delayed(Duration(seconds: 2), () {
    return "hello";
```

```
  }),
  //4秒后返回结果
  Future.delayed(Duration(seconds: 4), () {
    return " world";
  })
]).then((results){
  print(results[0]+results[1]);
}).catchError((e){
  print(e);
});
```

执行上面的代码，4秒后你会在控制台中看到"hello world"。

2. async/await

Dart 中的 async/await 和 JavaScript 中的 async/await 功能是一样的：异步任务串行化。如果你已经了解 JavaScript 中 async/await 的用法，可以直接跳过本节。

（1）回调地狱

如果代码中有大量异步逻辑，并且出现大量异步任务依赖其他异步任务的结果时，必然会出现 Future.then 回调中套回调的情况。举个例子，比如现在有一个需求场景是用户先登录，登录成功后会获得用户 ID，然后通过用户 ID 再去请求用户个人信息，获取到用户个人信息后，为了使用方便，我们需要将其缓存到本地文件系统，代码如下：

```
// 先分别定义各个异步任务
Future<String> login(String userName, String pwd){
  ...
  //用户登录
};
Future<String> getUserInfo(String id){
  ...
  // 获取用户信息
};
Future saveUserInfo(String userInfo){
  ...
  // 保存用户信息
};
```

接下来，执行整个任务流：

```
login("alice","*******").then((id){
  // 登录成功后通过, id获取用户信息
  getUserInfo(id).then((userInfo){
    // 获取用户信息后保存
    saveUserInfo(userInfo).then((){
      // 保存用户信息, 接下来执行其他操作
      ...
    });
  });
})
```

可以感受一下，如果业务逻辑中有大量异步依赖的情况，将会出现上面这种在回调里面套回调的情况，过多的嵌套会导致代码可读性下降以及出错率提高，并且非常难维护，

这个问题被形象地称为**回调地狱**（Callback Hell）。回调地狱问题在之前的 JavaScript 中非常突出，但随着 ECMAScript 标准发布后，这个问题得到了非常好的解决，而解决回调地狱问题的两大神器正是 ECMAScript6 引入的 Promise，以及 ECMAScript7 引入的 async/await。Dart 几乎完全平移了 JavaScript 中的这两者：Future 相当于 Promise，而 async/await 连名字都没改。接下来我们看看通过 Future 和 async/await 如何消除上面示例中的嵌套问题。

（2）消除回调地狱

消除回调地狱主要有两种方式：

❑ 使用 Future 消除

```
login("alice","******").then((id){
    return getUserInfo(id);
}).then((userInfo){
    return saveUserInfo(userInfo);
}).then((e){
  // 执行接下来的操作
}).catchError((e){
  // 错误处理
  print(e);
});
```

正如上文所述，Future 的所有 API 的返回值仍然是一个 Future 对象，所以可以很方便地进行链式调用，如果在 then 中返回的是一个 Future，那么该 Future 会执行，执行结束后会触发后面的 then 回调，这样依次向下，就避免了层层嵌套。

❑ 使用 async/await 消除

通过 Future 回调中再返回 Future 的方式虽然能避免层层嵌套，但是还是有一层回调，有没有一种方式能够让我们可以像写同步代码那样来执行异步任务而不使用回调的方式？答案是肯定的，这就要使用 async/await 了，下面我们先直接看代码，然后再解释，代码如下：

```
task() async {
  try{
    String id = await login("alice","******");
    String userInfo = await getUserInfo(id);
    await saveUserInfo(userInfo);
    // 执行接下来的操作
  } catch(e){
    // 错误处理
    print(e);
  }
}
```

❑ async 用来表示函数是异步的，定义的函数会返回一个 Future 对象，可以使用 then 方法添加回调函数。

❑ await 后面是一个 Future，表示等待该异步任务完成，异步完成后才会往下执行；await 必须出现在 async 函数内部。

可以看到，我们通过 async/await 将一个异步流用同步的代码表示出来了。

注意 其实，无论是在 JavaScript 还是 Dart 中，async/await 都只是一个语法糖，编译器或解释器最终都会将其转化为一个 Promise（Future）的调用链。

1.4.5 Stream

Stream 也用于接收异步事件数据，和 Future 不同的是，它可以接收多个异步操作的结果（成功或失败）。也就是说，在执行异步任务时，可以通过多次触发成功或失败事件来传递结果数据或错误异常。Stream 常用于会多次读取数据的异步任务场景，如网络内容下载、文件读写等。举个例子：

```
Stream.fromFutures([
  //1 秒后返回结果
  Future.delayed(Duration(seconds: 1), () {
    return "hello 1";
  }),
  // 抛出一个异常
  Future.delayed(Duration(seconds: 2),(){
    throw AssertionError("Error");
  }),
  //3 秒后返回结果
  Future.delayed(Duration(seconds: 3), () {
    return "hello 3";
  })
]).listen((data){
  print(data);
}, onError: (e){
  print(e.message);
},onDone: (){

});
```

上面的代码依次会输出：

```
I/flutter (17666): hello 1
I/flutter (17666): Error
I/flutter (17666): hello 3
```

代码很简单，就不赘述了。

思考题 既然 Stream 可以接收多次事件，那能不能用 Stream 来实现一个订阅者模式的事件总线？

1.4.6 Dart 和 Java 及 JavaScript 对比

通过上面的介绍，相信你对 Dart 应该有了一个初步印象，由于笔者平时也使用 Java 和 JavaScript，下面笔者根据自己的经验，结合 Java 和 JavaScript 谈一下自己的看法。

之所以将 Dart 与 Java 和 JavaScript 对比，是因为这两者分别是强类型语言和弱类型语言的典型代表，并且 Dart 语法中很多地方也都借鉴了 Java 和 JavaScript。

1. Dart 与 Java

客观地讲，Dart 在语法层面确实比 Java 更有表现力。在 VM 层面，Dart VM 在内存回收和吞吐量方面都进行了反复的优化，但具体的性能对比，笔者没有找到相关测试数据，但在笔者看来，只要 Dart 语言能流行，VM 的性能就不用担心，毕竟 Google 在 Go、JavaScript（v8）、Dalvik（Android 上的 Java VM）上已经有了很多技术积淀。值得注意的是 Dart 在 Flutter 中已经可以将 GC（垃圾回收）做到 10ms 以内，所以 Dart 和 Java 相比，决胜因素并不会在性能方面。而在语法层面，Dart 要比 Java 更有表现力，最重要的是 Dart 对函数式编程的支持要远强于 Java（目前只停留在 Lambda 表达式），而 Dart 目前真正的不足是**生态**，但笔者相信，随着 Flutter 的逐渐火热，会回过头来反推 Dart 生态加速发展，对于 Dart 来说，现在需要的是时间。

2. Dart 与 JavaScript

JavaScript 的弱类型一直被诟病，所以 TypeScript（JavaScript 语言的超集，语法兼容 JavaScript，但添加了"类型"）。笔者使用过的脚本语言（Python、PHP）中，JavaScript 无疑是动态化支持最好的脚本语言，比如在 JavaScript 中，可以在任何时候给任何对象动态地扩展属性，对于精通 JavaScript 的高手来说，这无疑是一把利剑。但是，任何事物都有两面性，认为 JavaScript 的这种动态性糟糕透了，太过灵活反而导致代码很难预期，无法限制不被期望的修改。毕竟有些人总是对自己或别人写的代码不放心，他们希望能够让代码变得可控，并期望有一套静态类型检查系统来帮助自己减少错误。正因如此，在 Flutter 中，Dart 几乎放弃了脚本语言动态化的特性，如不支持反射、不支持动态创建函数等。并且 Dart 从 2.0 开始强制开启了类型检查（strong mode），原先的检查模式（checked mode）和可选类型（optional type）将淡出，所以在类型安全这个层面来说，Dart 和 TypeScript、CoffeeScript 是差不多的，所以单从动态性来看，Dart 并不具备什么明显优势，但综合起来看，Dart 既能进行服务端脚本开发，也能进行 App、Web 开发，这就是其优势了！

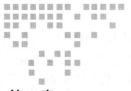

Chapter 2 | 第2章

第一个 Flutter 应用

2.1 计数器应用示例

用 Android Studio 和 VS Code 创建的 Flutter 应用模板默认是一个简单的计数器示例。本节先仔细讲解一下这个计数器 Demo 的源码，让读者对 Flutter 应用程序结构有个基本了解，然后在随后的小节中将会基于此示例，一步一步添加一些新的功能来介绍 Flutter 应用的其他概念与技术。

对于接下来的示例，希望读者可以跟着笔者一起亲自动手写一下，这样不仅可以加深印象，而且也会对介绍的概念与技术有更真切的体会。如果你还不是很熟悉 Dart 语言或者没有移动开发经验，不用担心，只要你熟悉面向对象和基本编程概念（如变量、循环和条件控制），就可以完成本示例。

2.1.1 创建 Flutter 应用模板

1. 创建应用

通过 Android Studio 或 VS Code 创建一个新的 Flutter 工程，命名为 first_flutter_app。创建好后就会得到一个默认的计数器应用示例。

> **注意** 默认计数器示例可能随着编辑器 Flutter 插件的版本变化而变化，本例中会介绍计数器示例的全部代码，所以不会对本示例产生影响。

我们先运行创建的工程，效果如图 2-1 所示。

该计数器示例中，每单击一次右下角带 "+" 号的悬浮按钮，屏幕中央的数字就会加 1。

在这个示例中，主要 Dart 代码在 lib/main.dart 文件中，下面是它的源码：

```
class MyApp extends StatelessWidget {
  @override
  Widget build(BuildContext context) {
    return MaterialApp(
      title: 'Flutter Demo',
      theme: ThemeData(
        primarySwatch: Colors.blue,
      ),
      home: MyHomePage(title: 'Flutter Demo Home Page'),
    );
  }
}

class MyHomePage extends StatefulWidget {
  MyHomePage({Key? key, required this.title}) :
    super(key: key);
  final String title;

  @override
  _MyHomePageState createState() => _MyHomePageState();
}

class _MyHomePageState extends State<MyHomePage> {
  int _counter = 0;

  void _incrementCounter() {
    setState(() {
      _counter++;
    });
  }

  @override
  Widget build(BuildContext context) {
    return Scaffold(
      appBar: AppBar(
        title: Text(widget.title),
      ),
      body: Center(
        child: Column(
          mainAxisAlignment: MainAxisAlignment.center,
          children: <Widget>[
            Text('You have pushed the button this many times:'),
            Text(
              '$_counter',
              style: Theme.of(context).textTheme.headline4,
            ),
          ],
        ),
      ),
      floatingActionButton: FloatingActionButton(
        onPressed: _incrementCounter,
        tooltip: 'Increment',
        child: Icon(Icons.add),
```

图 2-1　计数器示例

```
      ),//This trailing comma makes auto-formatting nicer for build methods.
    );
  }
}
```

2. 模板代码分析

下面我们分析一下生成的代码。

（1）导入包

```
import 'package:flutter/material.dart';
```

此行代码的作用是导入 Material UI 组件库。Material 是一种标准的移动端和 Web 端的视觉设计语言，Flutter 默认提供了一套丰富的 Material 风格的 UI 组件。

（2）应用入口

```
void main() => runApp(MyApp());
```

❑ 与 C/C++、Java 类似，Flutter 应用中 main 函数为应用程序的入口。main 函数中调用了 runApp 方法，它的功能是启动 Flutter 应用。runApp 接受一个 Widget 参数，在本示例中它是一个 MyApp 对象，MyApp 是 Flutter 应用的根组件。

读者现在只需知道 runApp 是 Flutter 应用的入口即可，关于 Flutter 应用的启动流程，我们会在进阶篇中详细介绍。

❑ main 函数使用了 => 符号，这是 Dart 中单行函数或方法的简写。

（3）应用结构

```
class MyApp extends StatelessWidget {
  @override
  Widget build(BuildContext context) {
    return MaterialApp(
      // 应用名称
      title: 'Flutter Demo',
      theme: ThemeData(
        // 蓝色主题
        primarySwatch: Colors.blue,
      ),
      // 应用首页路由
      home: MyHomePage(title: 'Flutter Demo Home Page'),
    );
  }
}
```

❑ MyApp 类代表 Flutter 应用，它继承了 StatelessWidget 类，这也就意味着应用本身也是一个 Widget。

❑ 在 Flutter 中，大多数内容都是 Widget（后同"组件"或"部件"），包括对齐（Align）、填充（Padding）、手势处理（GestureDetector）等，它们都以 Widget 的形式提供。

❑ Flutter 在构建页面时，会调用组件的 build 方法，Widget 的主要工作是提供一个 build 方法来描述如何构建 UI 界面（通常是通过组合、拼装其他基础 Widget 实现）。

❑ MaterialApp 是 Material 库中提供的 Flutter App 框架，通过它可以设置应用的名称、主题、语言、首页及路由列表等。MaterialApp 也是一个 Widget。

❑ home 为 Flutter 应用的首页，它也是一个 Widget。

2.1.2　首页

1. 初识 Widget

```
class MyHomePage extends StatefulWidget {
  MyHomePage({Key? key, required this.title}) : super(key: key);
  final String title;

  @override
  _MyHomePageState createState() => _MyHomePageState();
}

class _MyHomePageState extends State<MyHomePage> {
  ...
}
```

MyHomePage 是应用的首页，它继承自 StatefulWidget 类，表示它是一个有状态的组件（Stateful Widget）。关于 Stateful Widget 我们将在 2.2 节仔细介绍，现在我们只需要明确有状态的组件（Stateful Widget）和无状态的组件（Stateless Widget）有两点不同：

❑ Stateful Widget 可以拥有状态，这些状态在 Widget 生命周期中是可以变的，而 Stateless Widget 是不可变的。

❑ Stateful Widget 至少由两个类组成：
- 一个 StatefulWidget 类。
- 一个 State 类。StatefulWidget 类本身是不变的，但是 State 类中持有的状态在 Widget 生命周期中可能会发生变化。

_MyHomePageState 类是 MyHomePage 类对应的状态类。看到这里，读者可能已经发现，和 MyApp 类不同，MyHomePage 类中并没有 build 方法，取而代之的是，build 方法被挪到了 _MyHomePageState 方法中，至于为什么这么做，先留个疑问，在分析完完整代码后再来解答。

2. State 类

（1）_MyHomePageState 类解析

接下来我们看看 _MyHomePageState 中都包含什么。

❑ 组件的状态。

由于我们只需要维护一个点击次数计数器，因此定义一个 _counter 状态：

```
int _counter = 0; //用于记录单击按钮的总次数
```

_counter 为保存屏幕右下角带 "+" 号按钮单击次数的状态。

❑ 设置状态的自增函数。

```
void _incrementCounter() {
  setState(() {
    _counter++;
  });
}
```

当单击按钮时，会调用此函数，该函数的作用是先自增 _counter，然后调用
setState 方法。setState 方法的作用是通知 Flutter 框架有状态发生了改变，Flutter 框
架收到通知后，会执行 build 方法来根据新的状态重新构建界面。Flutter 对此方法做
了优化，使重新执行变得很快，所以你可以重新构建任何需要更新的东西，而无须
分别去修改各个 Widget。

❑ 构建 UI 界面的 build 方法

构建 UI 界面的逻辑在 build 方法中，当 MyHomePage 第一次创建时，_MyHome-
PageState 类会被创建，当初始化完成后，Flutter 框架会调用 Widget 的 build 方法来
构建 Widget 树，最终将 Widget 树渲染到设备屏幕上。所以，我们看看 _MyHome-
PageState 的 build 方法中都做了什么：

```
Widget build(BuildContext context) {
  return Scaffold(
    appBar: AppBar(
      title: Text(widget.title),
    ),
    body: Center(
      child: Column(
        mainAxisAlignment: MainAxisAlignment.center,
        children: <Widget>[
          Text('You have pushed the button this many times:'),
          Text(
            '$_counter',
            style: Theme.of(context).textTheme.headline4,
          ),
        ],
      ),
    ),
    floatingActionButton: FloatingActionButton(
      onPressed: _incrementCounter,
      tooltip: 'Increment',
      child: Icon(Icons.add),
    ),
  );
}
```

- Scaffold 是 Material 库中提供的页面脚手架，它提供了默认的导航栏、标题和
  包含主屏幕 Widget 树（后同"组件树"或"部件树"）的 body 属性，组件
  树可以很复杂。本书后面的示例中，路由默认都是通过 Scaffold 创建的。
- body 的组件树中包含了一个 Center 组件，Center 可以将其子组件树对齐到
  屏幕中心。此例中，Center 子组件是一个 Column 组件，Column 的作用是将
  其所有子组件沿屏幕垂直方向依次排列。此例中 Column 子组件是两个 Text，

第一个 Text 显示固定文本 "You have pushed the button this many times:"，第二个 Text 显示 _counter 状态的数值。

- floatingActionButton 是页面右下角的带 "+" 的悬浮按钮，它的 onPressed 属性接受一个回调函数，代表它被点击后的处理器。本例中直接将 _incrementCounter 方法作为其处理函数。

现在，我们将整个计数器执行流程串起来：当右下角的 floatingActionButton 按钮被点击之后，会调用 _incrementCounter 方法。在 _incrementCounter 方法中，首先会自增 _counter 计数器（状态），然后 setState 会通知 Flutter 框架状态发生变化，接着，Flutter 框架会调用 build 方法以新的状态重新构建 UI，最终显示在设备屏幕上。

（2）为什么要将 build 方法放在 State 中，而不是放在 StatefulWidget 中

现在，我们回答之前提出的问题：为什么 build 方法放在 State（而不是 StatefulWidget）中？这主要是为了提高开发的灵活性。如果将 build 方法放在 StatefulWidget 中，则会有两个问题：

☐ 状态访问不便。

试想一下，如果我们的 StatefulWidget 有很多状态，而每次状态改变都要调用 build 方法，由于状态是保存在 State 中的，如果 build 方法在 StatefulWidget 中，那么 build 方法和状态分别在两个类中，构建时读取状态将会很不方便！试想一下，如果真的将 build 方法放在 StatefulWidget 中，由于构建用户界面过程需要依赖 State，因此 build 方法将必须加一个 State 参数，大概是下面这样：

```
Widget build(BuildContext context, State state){
  //state.counter
  ...
}
```

这样的话就只能将 State 的所有状态声明为公开状态，这样才能在 State 类外部访问状态！但是，将状态设置为公开后，状态将不再具有私密性，这就会导致对状态的修改变得不可控。但如果将 build 方法放在 State 中的话，构建过程不仅可以直接访问状态，而且也无须公开私有状态，这会非常方便。

☐ 继承 StatefulWidget 不便。

例如，Flutter 中有一个动画 Widget 的基类 AnimatedWidget，它继承自 Stateful-Widget 类。AnimatedWidget 中引入了一个抽象方法 build(BuildContext context)，继承自 AnimatedWidget 的动画 Widget 都要实现这个 build 方法。现在设想一下，如果 StatefulWidget 类中已经有了一个 build 方法，正如上面所述，此时 build 方法需要接收一个 State 对象，这就意味着 AnimatedWidget 必须将自己的 State 对象（记为 _animatedWidgetState）提供给其子类，因为子类需要在其 build 方法中调用父类的 build 方法，代码可能如下：

```
class MyAnimationWidget extends AnimatedWidget{
```

```
@override
Widget build(BuildContext context, State state){
    // 由于子类要用到 AnimatedWidget 的状态对象 _animatedWidgetState,
    // 因此 AnimatedWidget 必须通过某种方式将其状态对象 _animatedWidgetState
    // 暴露给其子类
    super.build(context, _animatedWidgetState)
}
}
```

这样很显然是不合理的，具体原因如下：

- AnimatedWidget 的状态对象是 AnimatedWidget 内部实现细节，不应该暴露给外部。
- 如果要将父类状态暴露给子类，那么必须有一种传递机制，而做这一套传递机制是无意义的，因为父子类之间状态的传递和子类本身逻辑是无关的。

综上所述，可以发现，对于 StatefulWidget，将 build 方法放在 State 中，可以给开发带来很大的灵活性。

2.2 Widget 简介

2.2.1 Widget 概念

在前面的介绍中，我们知道在 Flutter 中几乎所有的对象都是 Widget。与原生开发中"控件"不同的是，Flutter 中的 Widget 的概念更广泛，它不仅可以表示 UI 元素，也可以表示一些功能性的组件，例如用于手势检测的 GestureDetector、用于 App 主题数据传递的 Theme 等，而原生开发中的控件通常只是指 UI 元素。在后面的内容中，我们在描述 UI 元素时可能会用到"控件""组件"这样的概念，读者需要知道它们就是 Widget，只是在不同场景下的不同表述而已。由于 Flutter 主要就是用于构建用户界面的，因此在大多数时候，读者可以认为 Widget 就是一个控件，不必纠结于概念。

Flutter 中是通过 Widget 嵌套 Widget 的方式来构建 UI 和进行实践处理的，所以记住，Flutter 中万物皆为 Widget。

2.2.2 Widget 接口

在 Flutter 中，Widget 的功能是"描述一个 UI 元素的配置信息"，意思是 Widget 其实并不是表示最终绘制在设备屏幕上的显示元素，所谓的配置信息就是 Widget 接收的参数，比如对于 Text 来讲，文本的内容、对齐方式、文本样式都是它的配置信息。下面我们先来看一下 Widget 类的声明：

```
@immutable // 不可变的
abstract class Widget extends DiagnosticableTree {
    const Widget({ this.key });

    final Key? key;
```

```
@protected
@factory
Element createElement();

@override
String toStringShort() {
  final String type = objectRuntimeType(this, 'Widget');
  return key == null ? type : '$type-$key';
}

@override
void debugFillProperties(DiagnosticPropertiesBuilder properties) {
  super.debugFillProperties(properties);
  properties.defaultDiagnosticsTreeStyle = DiagnosticsTreeStyle.dense;
}

@override
@nonVirtual
bool operator ==(Object other) => super == other;

@override
@nonVirtual
int get hashCode => super.hashCode;

static bool canUpdate(Widget oldWidget, Widget newWidget) {
  return oldWidget.runtimeType == newWidget.runtimeType
      && oldWidget.key == newWidget.key;
}
...
}
```

- ❑ @immutable：代表 Widget 是不可变的，这会限制 Widget 中定义的属性（即配置信息）必须是不可变的（final）。为什么不允许 Widget 中定义的属性变化呢？这是因为 Flutter 中如果属性发生变化，则会重新构建 Widget 树，即重新创建 Widget 实例来替换旧的 Widget 实例，所以允许 Widget 的属性变化是没有意义的，因为一旦 Widget 的属性变了就会被替换。这也是为什么 Widget 中定义的属性必须是 final。

- ❑ Widget 类：继承自 DiagnosticableTree，DiagnosticableTree 即"诊断树"，主要作用是提供调试信息。

- ❑ key：这个 key 属性类似于 React/Vue 中的 key，主要的作用是决定是否在下一次构建时复用旧的 Widget，决定的条件在 canUpdate 方法中。

- ❑ createElement()：正如前文所述"一个 Widget 可以对应多个 Element"，Flutter 框架在构建 UI 树时，会先调用此方法生成对应节点的 Element 对象。此方法是 Flutter 框架隐式调用的，在我们的开发过程中基本不会调用到。

- ❑ debugFillProperties(...)：复写父类的方法，主要是设置诊断树的一些特性。

- ❑ canUpdate(...)：一个静态方法，它主要用于在 Widget 树重新构建时复用旧的 Widget，其实具体来说，应该是是否用新的 Widget 对象去更新旧 UI 树上所对应的 Element 对象的配置。通过其源码我们可以看到，只要 newWidget 与 oldWidget 的

runtimeType 和 key 同时相等，就会用 new widget 去更新 Element 对象的配置，否则就会创建新的 Element。

有关 key 和 Widget 复用的细节将会在本书后面进阶篇深入讨论，读者现在只需要知道，为 Widget 显式添加 key 的话可能（但不一定）会使 UI 在重新构建时变得高效，读者目前可以先忽略此参数，后面用到时会详细解释。

另外，Widget 类本身是一个抽象类，其中最核心的就是定义了 createElement() 接口，在 Flutter 开发中，我们一般都不用直接继承 Widget 类来实现一个新组件，相反，我们通常会通过继承 StatelessWidget 或 StatefulWidget 来间接继承 Widget 类来实现。StatelessWidget 和 StatefulWidget 都直接继承自 Widget 类，而这两个类也正是 Flutter 中非常重要的两个抽象类，它们引入了两种 Widget 模型，接下来我们将重点介绍一下这两个类。

2.2.3　Flutter 中的四棵树

既然 Widget 只是描述一个 UI 元素的配置信息，那么真正的布局、绘制是由谁来完成的呢？ Flutter 框架的处理流程是这样的：

❑ 根据 Widget 树生成一个 Element 树，Element 树中的节点都继承自 Element 类。
❑ 根据 Element 树生成 Render 树（渲染树），渲染树中的节点都继承自 RenderObject 类。
❑ 根据渲染树生成 Layer 树，然后上屏显示，Layer 树中的节点都继承自 Layer 类。

真正的布局和渲染逻辑在 Render 树中，Element 是 Widget 和 RenderObject 的黏合剂，可以理解为一个中间代理。我们通过一个例子来说明，假设有如下 Widget 树：

```
Container(// 一个容器 Widget
  color: Colors.blue,// 设置容器背景色
  child: Row(// 可以将子 Widget 沿水平方向排列
    children: [
      Image.network('https://www.example.com/1.png'),// 显示图片的 Widget
      const Text('A'),
    ],
  ),
);
```

如果 Container 设置了背景色，Container 内部会创建一个新的 ColoredBox 来填充背景，相关逻辑如下：

```
if (color != null)
  current = ColoredBox(color: color!, child: current);
```

而 Image 内部会通过 RawImage 来渲染图片，Text 内部会通过 RichText 来渲染文本，所以最终的 Widget 树、Element 树、Render 树结构如图 2-2 所示。

这里需要注意：

❑ 三棵树中，Widget Tree 和 Element Tree 是一一对应的，但并不和 Render Tree 一一对应。比如 StatelessWidget 和 StatefulWidget 都没有对应的 RenderObject。
❑ 渲染树在上屏前会生成一棵 Layer 树，这将在进阶篇介绍，在前面的章节中读者只

需要记住以上三棵树即可。

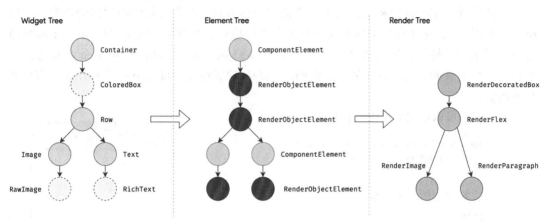

图 2-2 Flutter 框架的三棵树

2.2.4 StatelessWidget

1. 简介

在之前的章节中，我们已经简单介绍过 StatelessWidget，StatelessWidget 相对比较简单，它继承自 Widget 类，重写了 createElement() 方法：

```
@override
StatelessElement createElement() => StatelessElement(this);
```

StatelessElement 间接继承自 Element 类，与 StatelessWidget 相对应（作为其配置数据）。

StatelessWidget 用于不需要维护状态的场景，它通常在 build 方法中通过嵌套其他 Widget 来构建 UI，在构建过程中会递归地构建其嵌套的 Widget。我们看一个简单的例子：

```
class Echo extends StatelessWidget  {
  const Echo({
    Key? key,
    required this.text,
    this.backgroundColor = Colors.grey,// 默认为灰色
  }):super(key:key);

  final String text;
  final Color backgroundColor;

  @override
  Widget build(BuildContext context) {
    return Center(
      child: Container(
        color: backgroundColor,
        child: Text(text),
      ),
    );
  }
}
```

上面的代码实现了一个回显字符串的 Echo Widget。

按照惯例，Widget 的构造函数参数应使用命名参数，命名参数中必须传的参数要添加 required 关键字，这样有利于静态代码分析器进行检查；在继承 Widget 时，第一个参数通常应该是 Key。另外，如果 Widget 需要接收子 Widget，那么 child 或 children 参数通常应被放在参数列表的最后。同样是按照惯例，Widget 的属性应尽可能被声明为 final，防止被意外改变。

然后我们可以通过如下方式使用它：

```
Widget build(BuildContext context) {
    return Echo(text: "hello world");
}
```

运行后效果如图 2-3 所示。

2. Context

build 方法有一个 context 参数，它是 BuildContext 类的一个实例，表示当前 widget 在 Widget 树中的上下文，每一个 widget 都会对应一个 context 对象（因为每一个 widget 都是 Widget 树上的一个节点）。实际上，context 是当前 widget 在 Widget 树中的位置执行"相关操作"的一个句柄（handle），比如它提供了从当前 widget 开始向上遍历 Widget 树以及按照 widget 类型查找父级 widget 的方法。下面是在子树中获取父级 widget 的一个示例：

图 2-3　StatelessWidget 示例

```
class ContextRoute extends StatelessWidget  {
  @override
  Widget build(BuildContext context) {
    return Scaffold(
      appBar: AppBar(
        title: Text("Context 测试 "),
      ),
      body: Container(
        child: Builder(builder: (context) {
          // 在 Widget 树中向上查找最近的父级 'Scaffold' widget
          Scaffold scaffold = context.findAncestorWidgetOfExactType<Scaffold>();
          // 直接返回 AppBar 的 title, 此处实际上是
            Text("Context 测试 ")
          return (scaffold.appBar as AppBar).
            title;
        }),
      ),
    );
  }
}
```

运行后效果如图 2-4 所示。

图 2-4　通过 Context 查找父 Widget

> **注意** 对于 BuildContext，读者现在可以先做了解，随着本书后面内容的展开，也会用到 Context 的一些方法，读者可以通过具体的场景对其有直观的认识。关于 BuildContext 的更多内容，我们也将在后面深入介绍。

2.2.5　StatefulWidget

和 StatelessWidget 一样，StatefulWidget 也继承自 Widget 类，并重写了 createElement() 方法，不同的是返回的 Element 对象并不相同；另外，StatefulWidget 类中添加了一个新的接口 createState()。

下面我们看看 StatefulWidget 的类定义：

```
abstract class StatefulWidget extends Widget {
  const StatefulWidget({ Key key }) : super(key: key);

  @override
  StatefulElement createElement() => StatefulElement(this);

  @protected
  State createState();
}
```

❑ StatefulElement 间接继承自 Element 类，与 StatefulWidget 相对应（作为其配置数据）。StatefulElement 中可能会多次调用 createState() 来创建状态（State）对象。

❑ createState() 用于创建和 StatefulWidget 相关的状态，它在 StatefulWidget 的生命周期中可能会被多次调用。例如，当一个 StatefulWidget 同时插入 Widget 树的多个位置时，Flutter 框架就会调用该方法为每一个位置生成一个独立的 State 实例，其实，本质上就是一个 StatefulElement 对应一个 State 实例。

而在 StatefulWidget 中，State 对象和 StatefulElement 具有一一对应的关系，所以在 Flutter 的 SDK 文档中，可以经常看到"从树中移除 State 对象"或"插入 State 对象到树中"这样的描述，此时的树指通过 Widget 树生成的 Element 树。Flutter 的 SDK 文档中经常会提到"树"，我们可以根据语境来判断到底指的是哪棵树。其实，无论是哪棵树，最终的目标都是为了描述 UI 的结构和绘制信息，所以在 Flutter 中遇到"树"的概念时，若无特别说明，我们都可以理解为"一棵构成用户界面的节点树"。读者不必纠结于这些概念，理解其内涵即可。

2.2.6　State

1. 简介

一个 StatefulWidget 类会对应一个 State 类，State 表示与其对应的 StatefulWidget 要维护的状态，State 中保存的状态信息可以：

❑ 在 widget 构建时被同步读取。

❑ 在 widget 生命周期中可以被改变，当 State 被改变时，可以手动调用其 setState() 方

法通知 Flutter 框架状态发生改变，Flutter 框架在收到消息后，会重新调用其 build
方法重新构建 widget 树，从而达到更新 UI 的目的。

State 中有两个常用属性：

❑ widget，表示与该 State 实例关联的 widget 实例，由 Flutter 框架动态设置。注意，这
种关联并非永久的，因为在应用生命周期中，UI 树上的某一个节点的 widget 实例在
重新构建时可能会变化，但 State 实例只会在第一次插入树中时被创建，当在重新构
建时，如果 widget 被修改了，Flutter 框架会动态设置State. widget 为新的 widget 实例。

❑ context。StatefulWidget 对应的 BuildContext，作用与 StatelessWidget 的 BuildContext
相同。

2. State 生命周期

理解 State 的生命周期对 Flutter 开发非常重要，为了加深读者印象，本节通过一个实例
来演示一下 State 的生命周期。在接下来的示例中，我们仍然以计数器功能为例，实现一个
计数器 CounterWidget 组件，单击它可以使计数器加 1，因为要保存计数器的数值状态，所
以我们应继承 StatefulWidget，代码如下：

```
class CounterWidget extends StatefulWidget {
  const CounterWidget({Key? key, this.initValue = 0});

  final int initValue;

  @override
  _CounterWidgetState createState() => _CounterWidgetState();
}
```

CounterWidget 接收一个 initValue 整型参数，它表示计数器的初始值。下面我们看一下
State 的代码：

```
class _CounterWidgetState extends State<CounterWidget> {
  int _counter = 0;

  @override
  void initState() {
    super.initState();
    // 初始化状态
    _counter = widget.initValue;
    print("initState");
  }

  @override
  Widget build(BuildContext context) {
    print("build");
    return Scaffold(
      body: Center(
        child: TextButton(
          child: Text('$_counter'),
          // 单击后计数器自增
          onPressed: () => setState(
            () => ++_counter,
```

```
        ),
      ),
    ),
  );
}

@override
void didUpdateWidget(CounterWidget oldWidget) {
  super.didUpdateWidget(oldWidget);
  print("didUpdateWidget ");
}

@override
void deactivate() {
  super.deactivate();
  print("deactivate");
}

@override
void dispose() {
  super.dispose();
  print("dispose");
}

@override
void reassemble() {
  super.reassemble();
  print("reassemble");
}

@override
void didChangeDependencies() {
  super.didChangeDependencies();
  print("didChangeDependencies");
}
}
```

接下来，我们创建一个新路由，在新路由中只显示一个 CounterWidget：

```
class StateLifecycleTest extends StatelessWidget {
  const StateLifecycleTest({Key? key}) : super(key: key);

  @override
  Widget build(BuildContext context) {
    return CounterWidget();
  }
}
```

我们运行应用并打开该路由页面，在新路由页打开后，屏幕中央就会出现一个数字 0，然后在控制台输出日志：

```
I/flutter ( 5436): initState
I/flutter ( 5436): didChangeDependencies
I/flutter ( 5436): build
```

可以看到，在 StatefulWidget 插入 Widget 树时，首先 initState 方法会被调用。

然后我们单击 ⚡ 按钮热重载，控制台输出日志如下：

```
I/flutter ( 5436): reassemble
I/flutter ( 5436): didUpdateWidget
I/flutter ( 5436): build
```

可以看到此时 initState 和 didChangeDependencies 都没有被调用，而此时 didUpdateWidget 被调用。

接下来，我们在 Widget 树中移除 CounterWidget，将 StateLifecycleTest 的 build 方法改为：

```
Widget build(BuildContext context) {
  // 移除计数器
  //return CounterWidget ();
  // 随便返回一个 Text()
  return Text("xxx");
}
```

然后热重载，日志如下：

```
I/flutter ( 5436): reassemble
I/flutter ( 5436): deactive
I/flutter ( 5436): dispose
```

我们可以看到，当 CounterWidget 从 Widget 树中移除时，deactive 和 dispose 会依次被调用。

下面我们来看看各个回调函数：

❑ initState：当 widget 第一次插入 Widget 树时会被调用，对于每一个 State 对象，Flutter 框架只会调用一次该回调，所以，通常在该回调中做一些一次性的操作，如状态初始化、订阅子树的事件通知等。不能在该回调中调用 BuildContext.dependOnInheritedWidgetOfExactType（该方法用于在 Widget 树上获取离当前 widget 最近的一个父级 InheritedWidget，关于 InheritedWidget，我们将在后面的章节中介绍），原因是在初始化完成后，Widget 树中的 InheritFrom widget 也可能会发生变化，所以正确的做法应该在 build() 方法或 didChangeDependencies() 中调用它。

❑ didChangeDependencies()：当 State 对象的依赖发生变化时会被调用，例如在之前 build() 中包含了一个 InheritedWidget（在第 7 章介绍），然后在之后的 build() 中 Inherited widget 发生了变化，那么此时 InheritedWidget 的子 widget 的 didChangeDependencies() 回调都会被调用。典型的场景是当系统语言 Locale 或应用主题改变时，Flutter 框架会通知 Widget 调用此回调。需要注意，组件第一次被创建后，挂载的时候（包括重创建）对应的 didChangeDependencies 也会被调用。

❑ build()：此回调读者现在应该已经相当熟悉了，它主要用于构建 Widget 子树，会在如下场景被调用：

● 在调用 initState() 之后。
● 在调用 didUpdateWidget() 之后。
● 在调用 setState() 之后。

- 在调用 didChangeDependencies() 之后。
- 在 State 对象从树中一个位置移除后（会调用 deactivate）又重新插入到树的其他位置之后。

❑ reassemble()：此回调是专门为了开发调试而提供的，在热重载（hot reload）时会被调用，此回调在 Release 模式下永远不会被调用。

❑ didUpdateWidget ()：在 widget 被重新构建时，Flutter 框架会调用 widget.canUpdate 来检测 Widget 树中同一位置的新旧节点，然后决定是否需要更新，如果 widget.canUpdate 返回 true，则会调用此回调。正如之前所述，widget.canUpdate 会在新旧 widget 的 key 和 runtimeType 同时相等时返回 true，也就是说在在新旧 widget 的 key 和 runtimeType 同时相等时，didUpdateWidget() 就会被调用。

❑ deactivate()：当 State 对象从树中被移除时，会调用此回调。在一些场景下，Flutter 框架会将 State 对象重新插入树中，如包含此 State 对象的子树在树的一个位置移动到另一个位置时（可以通过 GlobalKey 来实现）。如果移除后没有重新插入树中，则紧接着会调用 dispose() 方法。

❑ dispose()：当 State 对象从树中被永久移除时调用，通常在此回调中释放资源。

StatefulWidget 的生命周期如图 2-5 所示。

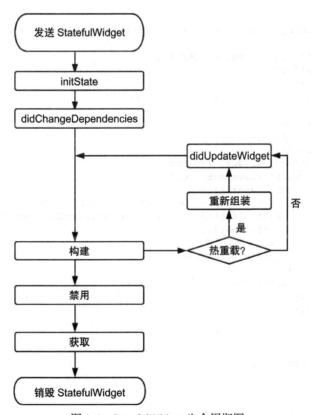

图 2-5　StatefulWidget 生命周期图

> 🔍 **注意** 在继承 StatefulWidget 重写其方法时，对于包含 @mustCallSuper 标注的父类方法，都要在子类方法中调用父类方法。

2.2.7　在 Widget 树中获取 State 对象

因为 StatefulWidget 的具体逻辑都在其 State 中，所以很多时候，我们需要获取 Stateful-Widget 对应的 State 对象来调用一些方法，比如 Scaffold 组件对应的状态类 ScaffoldState 中就定义了打开 SnackBar（路由页底部提示条）的方法。我们有两种方法在子 Widget 树中获取父级 StatefulWidget 的 State 对象。

1. 通过 context 获取

context 对象有一个 findAncestorStateOfType() 方法，该方法可以从当前节点沿着 Widget 树向上查找指定类型的 StatefulWidget 对应的 State 对象。下面是打开 SnackBar 的示例：

```
class GetStateObjectRoute extends StatefulWidget {
  const GetStateObjectRoute({Key? key}) : super(key: key);

  @override
  State<GetStateObjectRoute> createState() => _GetStateObjectRouteState();
}

class _GetStateObjectRouteState extends State<GetStateObjectRoute> {
  @override
  Widget build(BuildContext context) {
    return Scaffold(
      appBar: AppBar(
        title: Text("子树中获取 State 对象"),
      ),
      body: Center(
        child: Column(
          children: [
            Builder(builder: (context) {
              return ElevatedButton(
                onPressed: () {
                  // 查找父级最近的 Scaffold 对应的 ScaffoldState 对象
                  ScaffoldState _state = context.findAncestorStateOfType<Scaffol
                    dState>()!;
                  // 打开抽屉菜单
                  _state.openDrawer();
                },
                child: Text('打开抽屉菜单 1'),
              );
            }),
          ],
        ),
      ),
      drawer: Drawer(),
    );
  }
}
```

一般来说，如果 StatefulWidget 的状态是私有的（不应该向外部暴露），那么我们的代码中就不应该去直接获取其 State 对象；如果 StatefulWidget 的状态是希望暴露出的（通常还有一些组件的操作方法），我们则可以去直接获取其 State 对象。但是通过 context. findAncestorStateOfType 获取 StatefulWidget 的状态的方法是通用的，我们并不能在语法层面指定 StatefulWidget 的状态是否私有，所以在 Flutter 开发中便有了一个默认的约定：如果 StatefulWidget 的状态是希望暴露出的，应当在 StatefulWidget 中提供一个 of 静态方法来获取其 State 对象，开发者便可以直接通过该方法来获取；如果 State 不希望暴露，则不提供 of 方法。这个约定在 Flutter SDK 里随处可见。所以，上面示例中的 Scaffold 也提供了一个 of 方法，我们其实是可以直接调用它的：

```
Builder(builder: (context) {
  return ElevatedButton(
    onPressed: () {
      // 直接通过 of 静态方法来获取 ScaffoldState
      ScaffoldState _state=Scaffold.of(context);
      // 打开抽屉菜单
      _state.openDrawer();
    },
    child: Text('打开抽屉菜单2'),
  );
}),
```

又比如我们想显示 snack bar 的话，可以通过下面的代码调用：

```
Builder(builder: (context) {
  return ElevatedButton(
    onPressed: () {
      ScaffoldMessenger.of(context).showSnackBar(
        SnackBar(content: Text("我是SnackBar")),
      );
    },
    child: Text('显示SnackBar'),
  );
}),
```

上面的示例运行后，单击"显示 SnackBar"，效果如图 2-6 所示。

2. 通过 GlobalKey

Flutter 还有一种通用的获取 State 对象的方法——通过 GlobalKey 来获取！步骤分两步：

1）给目标 StatefulWidget 添加 GlobalKey。

```
// 定义一个 globalKey，由于 GlobalKey 要保持全局唯一性，我们
  使用静态变量存储
static GlobalKey<ScaffoldState> _globalKey=
  GlobalKey();
...
Scaffold(
```

图 2-6　显示 SnackBar

```
  key: _globalKey,// 设置 key
  ...
)
```

2）通过 GlobalKey 来获取 State 对象。

```
_globalKey.currentState.openDrawer()
```

GlobalKey 是 Flutter 提供的一种在整个 App 中引用 element 的机制。如果一个 widget 设置了 GlobalKey，那么便可以通过 globalKey.currentWidget 获得该 widget 对象，通过 globalKey.currentElement 获得 widget 对应的 element 对象；如果当前 widget 是 StatefulWidget，则可以通过 globalKey.currentState 来获得该 widget 对应的 state 对象。

> **注意** 使用 GlobalKey 开销较大，如果有其他可选方案，应尽量避免使用它。另外，同一个 GlobalKey 在整个 Widget 树中必须是唯一的，不能重复。

2.2.8　通过 RenderObject 自定义 Widget

StatelessWidget 和 StatefulWidget 都是用于组合其他组件的，它们本身没有对应的 RenderObject。Flutter 组件库中的很多基础组件都不是通过 StatelessWidget 和 StatefulWidget 来实现的，比如 Text 、Column、Align 等，就好比搭积木，StatelessWidget 和 StatefulWidget 可以将积木搭成不同的样子，但前提是得有积木，而这些积木都是通过自定义 RenderObject 来实现的。实际上 Flutter 最原始的定义组件的方式就是通过定义 RenderObject 来实现，而 StatelessWidget 和 StatefulWidget 只是提供两个帮助类。下面我们简单演示一下通过 RenderObject 定义组件的方式：

```
class CustomWidget extends LeafRenderObjectWidget{
  @override
  RenderObject createRenderObject(BuildContext context) {
    // 创建 RenderObject
    return RenderCustomObject();
  }
  @override
  void updateRenderObject(BuildContext context, RenderCustomObject  renderObject) {
    // 更新 RenderObject
    super.updateRenderObject(context, renderObject);
  }
}

class RenderCustomObject extends RenderBox{

  @override
  void performLayout() {
    // 实现布局逻辑
  }

  @override
  void paint(PaintingContext context, Offset offset) {
```

```
    // 实现绘制
  }
}
```

如果组件不会包含子组件，则可以直接继承自 LeafRenderObjectWidget，它是 Render-ObjectWidget 的子类，而 RenderObjectWidget 继承自 Widget，我们可以看一下它的实现：

```
abstract class LeafRenderObjectWidget extends RenderObjectWidget {
  const LeafRenderObjectWidget({ Key? key }) : super(key: key);

  @override
  LeafRenderObjectElement createElement() => LeafRenderObjectElement(this);
}
```

很简单，就是帮 Widget 实现了 createElement 方法，它会为组件创建一个类型为 LeafRenderObjectElement 的 Element 对象。如果自定义的 Widget 可以包含子组件，则可以根据子组件的数量来选择继承 SingleChildRenderObjectWidget 或 MultiChildRenderObjectWidget，它们也实现了 createElement() 方法，返回不同类型的 Element 对象。

然后我们重写了 createRenderObject 方法，它是 RenderObjectWidget 中定义的方法，该方法被组件对应的 Element 调用（构建渲染树时），用于生成渲染对象。我们的主要任务就是来实现 createRenderObject 返回的渲染对象类，本例中是 RenderCustomObject。updateRenderObject 方法在组件树状态发生变化但不需要重新创建 RenderObject 时用于更新组件渲染对象的回调。

RenderCustomObject 类继承自 RenderBox，而 RenderBox 继承自 RenderObject，我们需要在 RenderCustomObject 中实现布局、绘制、事件响应等逻辑，关于如何实现这些逻辑，涉及的知识点会贯穿本书，现在先不要着急，我们会在后面的章节中逐步介绍。

2.2.9　Flutter SDK 内置组件库介绍

Flutter 提供了一套丰富、强大的基础组件，在基础组件库之上 Flutter 又提供了一套 Material 风格（Android 默认的视觉风格）和一套 Cupertino 风格（iOS 视觉风格）的组件库。要使用基础组件库，需要先导入：

```
import 'package:flutter/widgets.dart';
```

下面我们介绍一下常用的组件。

1. 基础组件

❑ Text：该组件可以让你创建一个带格式的文本。

❑ Row、Column：这些具有弹性空间的布局类 widget 可以让你在水平（Row）和垂直（Column）方向上创建灵活的布局。其设计基于 Web 开发中的 Flexbox 布局模型。

❑ Stack：取代线性布局[⊖]，Stack 允许子 Widget 堆叠，你可以使用 Positioned 来定位它们相对于 Stack 的上下左右四条边的位置。Stack 是基于 Web 开发中的绝对定位

　　⊖　和 Android 中的 FrameLayout 相似。

（absolute positioning）布局模型设计的。

❑ Container：Container 可以让你创建矩形视觉元素。Container 可以装饰一个 BoxDecoration，如 background、一个边框或者一个阴影。Container 也可以具有边距（margin）、填充（padding）和应用于其大小的约束（constraint）。另外，Container 可以使用矩阵在三维空间中对其进行变换。

2. Material 组件

Flutter 提供了一套丰富的 Material 组件，它可以帮助我们构建遵循 Material Design 规范的应用程序。Material 应用程序以 MaterialApp 组件开始，该组件在应用程序的根部创建了一些必要的组件，比如 Theme 组件，它用于配置应用的主题。是否使用 MaterialApp 完全是可选的，但是使用它是一个很好的做法。在之前的示例中，我们已经使用过多个 Material 组件了，如 Scaffold、AppBar、TextButton 等。要使用 Material 组件，需要先引入它：

```
import 'package:flutter/material.dart';
```

3. Cupertino 组件

Flutter 也提供了一套丰富的 Cupertino 风格的组件，尽管目前还没有 Material 组件那么丰富，但是它仍在不断完善中。值得一提的是在 Material 组件库中有一些组件可以根据实际运行平台来切换表现风格，比如 MaterialPageRoute，在路由切换时，如果是 Android 系统，它将会使用 Android 系统默认的页面切换动画（从底向上）；如果是 iOS 系统，它会使用 iOS 系统默认的页面切换动画（从右向左）。由于在前面的示例中还没有 Cupertino 组件的示例，下面我们实现一个简单的 Cupertino 组件风格的页面：

```
// 导入 Cupertino Widget 库
import 'package:flutter/cupertino.dart';

class CupertinoTestRoute extends StatelessWidget {
  @override
  widget build(BuildContext context) {
    return CupertinoPageScaffold(
      navigationBar: CupertinoNavigationBar(
        middle: Text("Cupertino Demo"),
      ),
      child: Center(
        child: CupertinoButton(
          color: CupertinoColors.activeBlue,
          child: Text("Press"),
          onPressed: () {}
        ),
      ),
    );
  }
}
```

图 2-7 是在 iPhoneX 上的页面效果截图。

图 2-7　Cupertino 组件示例

2.2.10　小结

Flutter 的 Widget 类型分为 StatefulWidget 和 StatelessWidget 两种，读者需要深入理解它们的区别。widget 将是我们构建 Flutter 应用的基石。

Flutter 提供了丰富的组件，在实际的开发中我们可以根据需要随意使用它们，而不必担心引入过多组件库会让你的应用安装包变大，这不是 web 开发，dart 在编译时只会编译你使用了的代码。由于 Material 和 Cupertino 都是在基础组件库之上的，所以如果我们的应用中引入了这两者之一，则不需要再引入 flutter/ widgets.dart 了，因为它们内部已经引入过了。

另外需要说明一点，本章后面章节的示例中会使用一些布局类组件，如 Scaffold、Row、Column 等，这些组件将在第 4 章中详细介绍，读者可以先不用关注。

2.3　状态管理

2.3.1　简介

响应式的编程框架中都会有一个永恒的主题——"状态（State）管理"，无论是在 React/Vue（两者都是支持响应式编程的 Web 开发框架）还是 Flutter 中，所讨论的问题和解决问题的思想都是一致的。所以，如果你对 React/Vue 的状态管理有了解，可以跳过本节。言归正传，我们想一个问题，StatefulWidget 的状态应该被谁管理？ Widget 本身？ 父 Widget？ 都会？还是另一个对象？答案是取决于实际情况！以下是管理状态的最常见的方法：

❑ Widget 管理自己的状态。

❑ Widget 管理子 Widget 状态。

❑ 混合管理（父 Widget 和子 Widget 都管理状态）。

如何决定使用哪种管理方法？下面是官方给出的一些原则，可以帮助你做决定：

❑ 如果状态是用户数据，如复选框的选中状态、滑块的位置，则该状态最好由父 Widget 管理。

❑ 如果状态是有关界面外观效果的，例如颜色、动画，那么状态最好由 Widget 本身来管理。

❑ 如果某一个状态是不同 Widget 共享的，那么最好由它们共同的父 Widget 管理。

在 Widget 内部管理状态，封装性会好一些，而在父 Widget 中管理会比较灵活。有些时候，如果不确定到底该怎么管理状态，那么首选是在父 Widget 中管理（灵活性会显得更重要一些）。

接下来我们将通过创建三个简单示例 TapboxA、TapboxB 和 TapboxC 来说明管理状态的不同方式。这些例子的功能是相似的——创建一个盒子，当点击它时，盒子背景会在绿色与灰色之间切换。状态 _active 用于确定颜色：绿色表示为 true，灰色表示为 false，如图 2-8 所示。

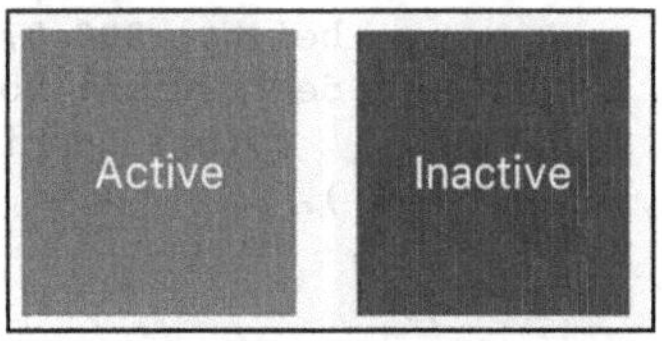

图 2-8　状态管理示例（见彩插）

下面的例子将使用 GestureDetector 来识别点击事件，关于该 GestureDetector 的详细内容，我们将在第 8 章中介绍。

2.3.2 Widget 管理自身状态

我们实现一个 TapboxA，在它对应的 TapboxAState 类中实现如下功能：

❑ 管理 TapboxA 的状态。

❑ 定义 _active：确定盒子当前颜色的布尔值。

❑ 定义 _handleTap() 函数，该函数在点击该盒子时更新 _active，并调用 setState() 更新 UI。

❑ 实现 Widget 的所有交互式行为。

```
//TapboxA 管理自身状态

//----------------------- TapboxA ----------------------------------

class TapboxA extends StatefulWidget {
  TapboxA({Key? key}) : super(key: key);

  @override
  _TapboxAState createState() => _TapboxAState();
}

class _TapboxAState extends State<TapboxA> {
  bool _active = false;

  void _handleTap() {
    setState(() {
      _active = !_active;
    });
  }

  Widget build(BuildContext context) {
    return GestureDetector(
      onTap: _handleTap,
      child: Container(
        child: Center(
          child: Text(
            _active ? 'Active' : 'Inactive',
            style: TextStyle(fontSize: 32.0, color: Colors.white),
          ),
        ),
        width: 200.0,
        height: 200.0,
        decoration: BoxDecoration(
          color: _active ? Colors.lightGreen[700] : Colors.grey[600],
        ),
      ),
    );
  }
}
```

2.3.3 父 Widget 管理子 Widget 的状态

对于父 Widget 来说，管理状态并告诉其子 Widget 何时更新通常是比较好的方式。例如，IconButton 是一个图标按钮，但它是一个无状态的 Widget，因为我们认为父 Widget 需要知道该按钮是否被点击来采取相应的处理。

在以下示例中，TapboxB 通过回调将其状态导出到其父组件，状态由父组件管理，因此它的父组件为 StatefulWidget。但是由于 TapboxB 不管理任何状态，所以 TapboxB 为 StatelessWidget。

ParentWidgetState 类：

❑ 为 TapboxB 管理 _active 状态。

❑ 实现 _handleTapboxChanged()，当盒子被点击时调用的方法。

❑ 当状态改变时，调用 setState() 更新 UI。

TapboxB 类：

❑ 继承 StatelessWidget 类，因为所有状态都由其父组件处理。

❑ 当检测到点击时，它会通知父组件。

```
//ParentWidget 为 TapboxB 管理状态

//----------------------- ParentWidget -------------------------------

class ParentWidget extends StatefulWidget {
  @override
  _ParentWidgetState createState() => _ParentWidgetState();
}

class _ParentWidgetState extends State<ParentWidget> {
  bool _active = false;

  void _handleTapboxChanged(bool newValue) {
    setState(() {
      _active = newValue;
    });
  }

  @override
  Widget build(BuildContext context) {
    return Container(
      child: TapboxB(
        active: _active,
        onChanged: _handleTapboxChanged,
      ),
    );
  }
}

//----------------------- TapboxB -------------------------------

class TapboxB extends StatelessWidget {
```

```
TapboxB({Key? key, this.active: false, required this.onChanged})
    : super(key: key);

final bool active;
final ValueChanged<bool> onChanged;

void _handleTap() {
  onChanged(!active);
}

Widget build(BuildContext context) {
  return GestureDetector(
    onTap: _handleTap,
    child: Container(
      child: Center(
        child: Text(
          active ? 'Active' : 'Inactive',
          style: TextStyle(fontSize: 32.0, color: Colors.white),
        ),
      ),
      width: 200.0,
      height: 200.0,
      decoration: BoxDecoration(
        color: active ? Colors.lightGreen[700] : Colors.grey[600],
      ),
    ),
  );
}
}
```

2.3.4 混合状态管理

对于一些组件来说，混合管理的方式会非常有用。在这种情况下，组件自身管理一些内部状态，而父组件管理一些其他外部状态。

在下面的 TapboxC 示例中，当手指按下时，盒子的周围会出现一个深绿色的边框，手指抬起时，边框消失。点击完成后，盒子的颜色改变。TapboxC 将其 _active 状态导出到其父组件中，但在内部管理其 _highlight 状态。这个例子有两个状态对象 _ParentWidgetState 和 _TapboxCState。

_ParentWidgetState 类：

❑ 管理 _active 状态。

❑ 实现 _handleTapboxChanged()，当盒子被点击时调用。

❑ 当点击盒子并且 _active 状态改变时调用 setState() 更新 UI。

_TapboxCState 对象：

❑ 管理 _highlight 状态。

❑ GestureDetector 监听所有 tap 事件。当用户点下时，它添加高亮（深绿色边框）；当用户释放时，会移除高亮。

❑ 当按下、抬起或者取消点击时更新 _highlight 状态，调用 setState() 更新 UI。

❑ 当点击时，将状态的改变传递给父组件。

```
//-------------------------- ParentWidget --------------------------

class ParentWidgetC extends StatefulWidget {
  @override
  _ParentWidgetCState createState() => _ParentWidgetCState();
}

class _ParentWidgetCState extends State<ParentWidgetC> {
  bool _active = false;

  void _handleTapboxChanged(bool newValue) {
    setState(() {
      _active = newValue;
    });
  }

  @override
  Widget build(BuildContext context) {
    return Container(
      child: TapboxC(
        active: _active,
        onChanged: _handleTapboxChanged,
      ),
    );
  }
}

//-------------------------- TapboxC --------------------------

class TapboxC extends StatefulWidget {
  TapboxC({Key? key, this.active: false, required this.onChanged})
      : super(key: key);

  final bool active;
  final ValueChanged<bool> onChanged;

  @override
  _TapboxCState createState() => _TapboxCState();
}

class _TapboxCState extends State<TapboxC> {
  bool _highlight = false;

  void _handleTapDown(TapDownDetails details) {
    setState(() {
      _highlight = true;
    });
  }

  void _handleTapUp(TapUpDetails details) {
    setState(() {
      _highlight = false;
    });
```

```
  }

  void _handleTapCancel() {
    setState(() {
      _highlight = false;
    });
  }

  void _handleTap() {
    widget.onChanged(!widget.active);
  }

  @override
  Widget build(BuildContext context) {
    // 在按下时添加绿色边框，当抬起时，取消高亮
    return GestureDetector(
      onTapDown: _handleTapDown, // 处理按下事件
      onTapUp: _handleTapUp, // 处理抬起事件
      onTap: _handleTap,
      onTapCancel: _handleTapCancel,
      child: Container(
        child: Center(
          child: Text(
            widget.active ? 'Active' : 'Inactive',
            style: TextStyle(fontSize: 32.0, color: Colors.white),
          ),
        ),
        width: 200.0,
        height: 200.0,
        decoration: BoxDecoration(
          color: widget.active ? Colors.lightGreen[700] : Colors.grey[600],
          border: _highlight
              ? Border.all(
                  color: Colors.teal[700],
                  width: 10.0,
                )
              : null,
        ),
      ),
    );
  }
}
```

    另一种实现可能会将高亮状态导出到父组件，但同时保持 _active 状态为内部状态，但如果你要将该 TapBox 给其他人使用，可能没有什么意义。开发人员只会关心该框是否处于 Active 状态，而不在乎高亮显示是如何管理的，所以应该让 TapBox 内部处理这些细节。

2.3.5 全局状态管理

    当应用中一些跨组件（包括跨路由）的状态需要同步时，上面介绍的方法便很难奏效了。比如我们有一个设置页，在里面可以设置应用的语言，为了让设置实时生效，我们期望在语言状态发生改变时，App 中依赖应用语言的组件能够重新构建一下，但这些依赖应

用语言的组件和设置页并不在一起，所以这种情况用上面的方法很难管理。这时，正确的做法是通过一个全局状态管理器来处理这种相距较远的组件之间的通信。目前主要有两种办法：

- 实现一个全局的事件总线，将语言状态改变对应为一个事件，然后在 App 中依赖应用语言的组件的 initState 方法中订阅语言改变的事件。当用户在设置页切换语言后，我们发布语言改变事件，而订阅了此事件的组件就会收到通知，收到通知后调用 setState(...) 方法重新构建一下自身即可。
- 使用一些专门用于状态管理的包，如 Provider、Redux，读者可以在 pub 上查看其详细信息。

本书将在第 7 章中介绍 Provider 包的实现原理及用法，同时也将会在第 8 章中实现一个全局事件总线，读者有需要时可以直接查阅。

2.4 路由管理

路由（Route）在移动开发中通常指页面（Page），这与 Web 开发中单页应用的 Route 概念是相同的，Route 在 Android 中通常指一个 Activity，在 iOS 中指一个 ViewController。所谓路由管理，就是管理页面之间如何跳转，通常也可称之为导航管理。Flutter 中的路由管理和原生开发类似，无论是 Android 还是 iOS，导航管理都会维护一个路由栈，路由入栈（push）操作对应打开一个新页面操作，路由出栈（pop）操作对应页面关闭操作，而路由管理主要是指如何来管理路由栈。

2.4.1 一个简单示例

我们在 2.1 节中，计数器示例的基础上，做如下修改：

1）创建一个新路由，命名为 NewRoute：

```
class NewRoute extends StatelessWidget {
  @override
  Widget build(BuildContext context) {
    return Scaffold(
      appBar: AppBar(
        title: Text("New route"),
      ),
      body: Center(
        child: Text("This is new route"),
      ),
    );
  }
}
```

新路由继承自 StatelessWidget，界面很简单，在页面中间显示一句"This is new route"。

2）在 _MyHomePageState.build 方法中的 Column 的子 Widget 中添加一个按钮（TextButton）：

```
Column(
  mainAxisAlignment: MainAxisAlignment.center,
  children: <Widget>[
    ... // 省略无关代码
    TextButton(
      child: Text("open new route"),
      onPressed: () {
        // 导航到新路由
        Navigator.push(
          context,
          MaterialPageRoute(builder: (context) {
            return NewRoute();
          }),
        );
      },
    ),
  ],
)
```

我们添加了一个打开新路由的按钮，单击该按钮后就会打开新的路由页面，效果如图 2-9
和图 2-10 所示。

图 2-9　添加打开新路由页按钮

图 2-10　新路由页

2.4.2　MaterialPageRoute

MaterialPageRoute 继承自 PageRoute 类，PageRoute 类是一个抽象类，表示占有整个
屏幕空间的一个模态路由页面，它还定义了路由构建及切换时过渡动画的相关接口及属性。
MaterialPageRoute 是 Material 组件库提供的组件，它可以针对不同平台，实现与平台页面
切换动画风格一致的路由切换动画：

❑ 对于 Android，当打开新页面时，新的页面会从屏幕底部滑动到屏幕顶部；当关闭页
　　面时，当前页面会从屏幕顶部滑动到屏幕底部后消失，同时上一个页面会显示到屏

幕上。
- 对于 iOS，当打开页面时，新的页面会从屏幕右侧边缘一直滑动到屏幕左边，直到新页面全部显示到屏幕上，而上一个页面则会从当前屏幕滑动到屏幕左侧而消失；当关闭页面时，正好相反，当前页面会从屏幕右侧滑出，同时上一个页面会从屏幕左侧滑入。

下面我们介绍一下 MaterialPageRoute 构造函数中各个参数的意义：

```
MaterialPageRoute({
  WidgetBuilder builder,
  RouteSettings settings,
  bool maintainState = true,
  bool fullscreenDialog = false,
})
```

- builder 是一个 WidgetBuilder 类型的回调函数，它的作用是构建路由页面的具体内容，返回值是一个 widget。我们通常要实现此回调，返回新路由的实例。
- settings 包含路由的配置信息，如路由名称、是否是初始路由（首页）。
- maintainState：默认情况下，当入栈一个新路由时，原来的路由仍然会被保存在内存中，如果想在路由没用的时候释放其所占用的所有资源，可以设置 maintainState 为 false。
- fullscreenDialog 表示新的路由页面是否是一个全屏的模态对话框，在 iOS 中，如果 fullscreenDialog 为 true，那么新页面将会从屏幕底部滑入（而不是水平方向）。

> 注意 如果想自定义路由切换动画，可以自己继承 PageRoute 来实现，我们将在后面介绍动画时实现一个自定义的路由组件。

2.4.3 Navigator

Navigator 是一个路由管理组件，它提供了打开和退出路由页的方法。Navigator 通过一个栈来管理活动路由集合。通常当前屏幕显示的页面就是栈顶的路由。Navigator 提供了一系列方法来管理路由栈，在此我们只介绍其中最常用的两个方法：

1. Future push(BuildContext context, Route route)

将给定的路由入栈（即打开新的页面），返回值是一个 Future 对象，用以接收新路由出栈（即关闭）时的返回数据。

2. bool pop(BuildContext context，[result])

将栈顶路由出栈，result 为页面关闭时返回给上一个页面的数据。

Navigator 中还有很多其他方法，如 Navigator.replace、Navigator.popUntil 等，详情请参考 API 文档或 SDK 源码注释，在此不再赘述。下面我们还需要介绍一下路由相关的另一个概念——命名路由。

3. 实例方法

Navigator 类中第一个参数为 context 的静态方法都对应一个 Navigator 的实例方法，比如

Navigator.push(BuildContext context，Route route) 等价于 Navigator.of(context).push(Route route)，下面命名路由相关的方法也是一样的。

2.4.4　路由传值

很多时候，在路由跳转时我们需要带一些参数，比如打开商品详情页时，我们需要带一个商品 id，这样商品详情页才知道展示哪个商品信息；又比如我们在填写订单时需要选择收货地址，打开地址选择页并选择地址后，可以将用户选择的地址返回到订单页等。下面我们通过一个简单的示例来演示新旧路由如何传参。

创建一个 TipRoute 路由，它接收一个提示文本参数，负责将传入它的文本显示在页面上，另外，在 TipRoute 中我们添加一个"返回"按钮，点击后在返回上一个路由的同时会带上一个返回参数，下面我们看一下实现代码。

TipRoute 实现代码如下：

```
class TipRoute extends StatelessWidget {
  TipRoute({
    Key key,
    required this.text, // 接收一个 text 参数
  }) : super(key: key);
  final String text;

  @override
  Widget build(BuildContext context) {
    return Scaffold(
      appBar: AppBar(
        title: Text(" 提示 "),
      ),
      body: Padding(
        padding: EdgeInsets.all(18),
        child: Center(
          child: Column(
            children: <Widget>[
              Text(text),
              ElevatedButton(
                onPressed: () => Navigator.pop(context, " 我是返回值 "),
                child: Text(" 返回 "),
              )
            ],
          ),
        ),
      ),
    );
  }
}
```

下面是打开新路由 TipRoute 的代码：

```
class RouterTestRoute extends StatelessWidget {
  @override
  Widget build(BuildContext context) {
```

```
    return Center(
      child: ElevatedButton(
        onPressed: () async {
          // 打开 'TipRoute'，并等待返回结果
          var result = await Navigator.push(
            context,
            MaterialPageRoute(
              builder: (context) {
                return TipRoute(
                  // 路由参数
                  text: " 我是提示 xxxx",
                );
              },
            ),
          );
          // 输出 'TipRoute' 路由返回结果
          print(" 路由返回值：$result");
        },
        child: Text(" 打开提示页 "),
      ),
    );
  }
}
```

运行上面的代码，单击 RouterTestRoute 页的 "打开提示页" 按钮，会打开 TipRoute 页，运行效果如图 2-11 所示。

对于上述代码，需要说明如下两点：

1）提示文案 "我是提示 ××××" 是通过 TipRoute 的 text 参数传递给新路由页的。我们可以通过等待 Navigator. push(...) 返回的 Future 来获取新路由的返回数据。

图 2-11　路由传参示例

2）在 TipRoute 页中有两种方式可以返回到上一页；第一种方式是直接单击导航栏中的返回箭头，第二种方式是单击页面中的 "返回" 按钮。这两种返回方式的区别是前者不会返回数据给上一个路由，而后者会。下面是分别单击页面中的返回按钮和导航栏返回箭头后，RouterTestRoute 页中 print 方法在控制台输出的内容：

```
I/flutter (27896)：路由返回值：我是返回值
I/flutter (27896)：路由返回值：null
```

上面介绍的是非命名路由的传参方式，命名路由的传参方式会有所不同，我们会在下面介绍命名路由时说明。

2.4.5　命名路由

所谓 "命名路由"（Named Route），即有名字的路由，我们可以先给路由设置一个名字，然后就可以通过路由名字直接打开新的路由了，这为路由管理带来了一种直观、简单的方式。

1. 路由表

要想使用命名路由，必须先提供并注册一个路由表（routing table），这样应用程序才知道

哪个名字与哪个路由组件相对应。其实注册路由表就是给路由起名字，路由表的定义如下：

```
Map<String, WidgetBuilder> routes;
```

它是一个 Map，key 为路由的名字，是一个字符串；value 是一个 builder 回调函数，用于生成相应的路由 Widget。我们在通过路由名字打开新路由时，应用会根据路由名字在路由表中查找到对应的 WidgetBuilder 回调函数，然后调用该回调函数生成路由 Widget 并返回。

2. 注册路由表

路由表的注册方式很简单，我们回到之前"计数器"的示例，然后在 MyApp 类的 build 方法中找到 MaterialApp，添加 routes 属性，代码如下：

```
MaterialApp(
  title: 'Flutter Demo',
  theme: ThemeData(
    primarySwatch: Colors.blue,
  ),
  // 注册路由表
  routes:{
    "new_page":(context) => NewRoute(),
    ... // 省略其他路由注册信息
  } ,
  home: MyHomePage(title: 'Flutter Demo Home Page'),
);
```

现在我们就完成了路由表的注册。上面的代码中 home 路由并没有使用命名路由，如果我们也想将 home 注册为命名路由应该怎么做呢？其实很简单，直接看代码：

```
MaterialApp(
  title: 'Flutter Demo',
  initialRoute:"/", // 名为 "/" 的路由作为应用的 home（首页）
  theme: ThemeData(
    primarySwatch: Colors.blue,
  ),
  // 注册路由表
  routes:{
    "new_page":(context) => NewRoute(),
    "/":(context) => MyHomePage(title: 'Flutter Demo Home Page'), // 注册首页路由
  }
);
```

可以看到，我们只需要在路由表中注册一下 MyHomePage 路由，然后将其名字作为 MaterialApp 的 initialRoute 属性值即可，该属性决定应用的初始路由页是哪一个命名路由。

3. 通过路由名打开新路由页

要通过路由名称来打开新路由，可以使用 Navigator 的 pushNamed 方法：

```
Future pushNamed(BuildContext context, String routeName,{Object arguments})
```

Navigator 除了 pushNamed 方法，还有 pushReplacementNamed 等其他管理命名路由的方法，读者可以自行查看 API 文档。接下来我们通过路由名来打开新的路由页，修改 TextButton 的 onPressed 回调代码，改为：

```
onPressed: () {
  Navigator.pushNamed(context, "new_page");
  //Navigator.push(context,
  //  MaterialPageRoute(builder: (context) {
  //  return NewRoute();
  //}));
},
```

热重载应用，再次点击 open new route 按钮，依然可以打开新的路由页。

4. 命名路由参数传递

在 Flutter 最初的版本中，命名路由是不能传递参数的，后来才支持了参数。下面展示命名路由如何传递并获取路由参数：

我们先注册一个路由，代码如下：

```
routes:{
    "new_page":(context) => EchoRoute(),
  },
```

在路由页通过 RouteSetting 对象获取路由参数，代码如下：

```
class EchoRoute extends StatelessWidget {

  @override
  Widget build(BuildContext context) {
    // 获取路由参数
    var args=ModalRoute.of(context).settings.arguments;
    ... // 省略无关代码
  }
}
```

在打开路由时传递参数，代码如下：

```
Navigator.of(context).pushNamed("new_page", arguments: "hi");
```

5. 适配

假设我们也想将上面路由传参示例中的 TipRoute 路由页注册到路由表中，以便也可以通过路由名来打开它。但是，由于 TipRoute 接收一个 text 参数，我们如何在不改变 TipRoute 源码的前提下适配这种情况？其实很简单，代码如下：

```
MaterialApp(
  ... // 省略无关代码
  routes: {
    "tip2": (context){
      return TipRoute(text: ModalRoute.of(context)!.settings.arguments);
    },
  },
);
```

2.4.6 路由生成钩子

假设我们要开发一个电商 App，当用户没有登录时可以看店铺、商品等信息，但交易记录、购物车、用户个人信息等页面需要登录后才能看。为了实现上述功能，我们需要在打开每一个路由页前判断用户登录状态！如果每次打开路由前我们都需要去判断一下将会非常麻烦，那有什么更好的办法吗？

MaterialApp 有一个 onGenerateRoute 属性，它在打开命名路由时可能会被调用，之所以说可能，是因为当调用 Navigator.pushNamed(...) 打开命名路由时，如果指定的路由名在路由表中已注册，则会调用路由表中的 builder 函数来生成路由组件；如果路由表中没有注册，才会调用 onGenerateRoute 来生成路由。onGenerateRoute 回调签名如下：

```
Route<dynamic> Function(RouteSettings settings)
```

有了 onGenerateRoute 回调，要实现上面控制页面权限的功能就非常容易：我们放弃使用路由表，取而代之的是提供一个 onGenerateRoute 回调，然后在该回调中进行统一的权限控制，例如：

```
MaterialApp(
    ... // 省略无关代码
    onGenerateRoute:(RouteSettings settings){
        return MaterialPageRoute(builder: (context){
           String routeName = settings.name;
         // 如果访问的路由页需要登录，但当前未登录，则直接返回登录页路由，
         // 引导用户登录；其他情况下则正常打开路由
      }
    );
  }
);
```

 注意 onGenerateRoute 只会对命名路由生效。

2.4.7 小结

本节先介绍了 Flutter 中路由管理、传参的方式，然后着重介绍了命名路由的相关内容。在此需要说明一点，由于命名路由只是一种可选的路由管理方式，在实际开发中，读者心中可能会犹豫到底使用哪种路由管理方式。在此，根据笔者经验，建议读者统一使用命名路由的管理方式，这将会带来如下好处：

1）语义化更明确。

2）代码更好维护；如果使用匿名路由，则必须在调用 Navigator.push 的地方创建新路由页，这样不仅需要导入新路由页的 Dart 文件，而且这样的代码将会非常分散。

3）可以通过 onGenerateRoute 做一些全局的路由跳转前置处理逻辑。

综上所述，笔者比较建议使用命名路由，当然这并不是什么金科玉律，读者可以根据自己的偏好或实际情况来决定。

另外，还有一些关于路由管理的内容我们没有介绍，比如路由 MaterialApp 中还有 navigatorObservers 和 onUnknownRoute 两个回调属性，前者可以监听所有路由跳转动作，

后者在打开一个不存在的命名路由时会被调用，由于这些功能并不常用，而且也比较简单，我们便不再花费篇幅来介绍了，读者可以自行查看 API 文档。

2.5 包管理

2.5.1 简介

在软件开发中，很多时候有一些公共的库或 SDK 可能会被很多项目用到，因此，将这些代码单独抽到一个独立模块，然后哪个项目需要使用时再直接集成这个模块，便可大大提高开发效率。很多编程语言或开发工具都支持这种"模块共享"机制，如 Java 语言中这种独立模块会被打成一个 jar 包，Android 中被打包成 aar 包，Web 开发中被打包成 npm 包等。为了方便表述，我们将这种可共享的独立模块统一称为"包"（Package）。

一个 App 在实际开发中往往会依赖很多包，而这些包通常都有交叉依赖、版本依赖等，如果由开发者手动管理应用中的依赖包将会非常麻烦。因此，各种开发生态或编程语言官方通常都会提供一些包管理工具，比如在 Android 中提供了 Gradle 来管理依赖，在 iOS 用 Cocoapods 或 Carthage 来管理依赖，在 Node 中通过 npm 管理等。而在 Flutter 开发中也有自己的包管理工具。本节我们主要介绍一下 Flutter 如何使用配置文件 pubspec.yaml（位于项目根目录）来管理第三方依赖包。

YAML 是一种直观、可读性高并且容易被人类阅读的文件格式，和 xml 或 Json 相比，它的语法简单并且非常容易解析，所以 YAML 常用于配置文件，Flutter 也是用 YAML 文件作为其配置文件。Flutter 项目默认的配置文件是 pubspec.yaml，我们看一个简单的示例：

```
name: flutter_in_action
description: First Flutter Application.

version: 1.0.0+1

dependencies:
  flutter:
    sdk: flutter
  cupertino_icons: ^0.1.2

dev_dependencies:
  flutter_test:
    sdk: flutter

flutter:
  uses-material-design: true
```

下面我们逐一解释一下各个字段的意义：

1）name：应用或包名称。

2）description：应用或包的描述、简介。

3）version：应用或包的版本号。

4）dependencies：应用或包依赖的其他包或插件。

5）dev_dependencies：开发环境依赖的工具包（而不是 Flutter 应用本身依赖的包）。

6）flutter：Flutter 相关的配置选项。

如果我们的 Flutter 应用本身依赖某个包，则需要将所依赖的包添加到 dependencies 下，接下来我们通过一个例子来演示如何添加、下载并使用第三方包。

2.5.2　Pub 仓库

Pub（https://pub.dev/）是 Google 官方的 Dart Packages 仓库，类似于 node 中的 npm 仓库、Android 中的 jcenter。我们可以在 Pub 上面查找需要的包和插件，也可以向 Pub 发布包和插件。在后面的章节中将介绍如何向 Pub 发布我们的包和插件。

2.5.3　示例

接下来，我们实现一个显示随机字符串的 Widget。有一个名为 english_words 的开源软件包，其中包含数千个常用的英文单词以及一些实用功能。我们首先在 Pub 上找到 english_words 这个包（如图 2-12 所示），确定其最新的版本号和是否支持 Flutter。

我们看到 english_words 包最新的版本是 4.0.0，并且支持 Flutter，接下来：

1）将 english_words 添加到依赖项列表，如下：

```
dependencies:
  flutter:
    sdk: flutter
  # 新添加的依赖
  english_words: ^4.0.0
```

图 2-12　Pub 上的包信息

2）下载包。在 Android Studio 的编辑器视图中查看 pubspec.yaml 时（如图 2-13 所示），单击右上角的 Pub get。

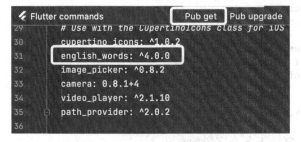

图 2-13　在 YAML 中添加包依赖

这会将依赖包安装到你的项目。我们可以在控制台中看到以下内容：

```
flutter packages get
```

```
Running "flutter packages get" in flutter_in_action...
Process finished with exit code 0
```

我们也可以在控制台定位到当前工程目录，然后手动运行 flutter packages get 命令来下载依赖包。另外，需要注意 dependencies 和 dev_dependencies 的区别，前者的依赖包将作为 App 的源码的一部分参与编译，生成最终的安装包。而后者的依赖包只是作为开发阶段的一些工具包，主要用于帮助我们提高开发、测试的效率，比如 Flutter 的自动化测试包等。

3）引入 english_words 包。

```
import 'package:english_words/english_words.dart';
```

在输入时，Android Studio 会自动提供有关库导入的建议选项。导入后该行代码将会显示为灰色，表示导入的库尚未使用。

4）使用 english_words 包来生成随机字符串。

```
class RandomWordsWidget extends StatelessWidget {
  @override
  Widget build(BuildContext context) {
    // 生成随机字符串
      final wordPair = WordPair.random();
      return Padding(
        padding: const EdgeInsets.all(8.0),
        child: Text(wordPair.toString()),
      );
  }
}
```

我们将 RandomWordsWidget 添加到 _MyHomePageState.build 的 Column 的子 Widget 中。

```
Column(
  mainAxisAlignment: MainAxisAlignment.center,
  children: <Widget>[
    ... // 省略无关代码
    RandomWordsWidget(),
  ],
)
```

5）如果应用程序正在运行，请使用热重载按钮（⚡图标）更新正在运行的应用程序。每次单击热重载或保存项目时，都会在正在运行的应用程序中随机选择不同的单词对。这是因为单词对是在 build 方法内部生成的。每次热更新时，build 方法都会被执行，运行效果如图 2-14 所示。

2.5.4　其他依赖方式

上文所述的依赖方式是依赖 Pub 仓库的。但我们还可以依赖本地包和 git 仓库。

图 2-14　热重载

（1）依赖本地包

如果我们正在本地开发一个包，包名为 pkg1，则可以通过下面的方式依赖：

```
dependencies:
  pkg1:
        path: ../../code/pkg1
```

路径可以是相对的，也可以是绝对的。

（2）依赖 git 仓库

你也可以依赖存储在 git 仓库中的包。如果软件包位于仓库的根目录中，请使用以下语法：

```
dependencies:
  pkg1:
    git:
      url: git://github.com/xxx/pkg1.git
```

上面假定包位于 git 仓库的根目录中。如果不是这种情况，可以使用 path 参数指定相对位置，例如：

```
dependencies:
  package1:
    git:
      url: git://github.com/flutter/packages.git
      path: packages/package1
```

上面介绍的这些依赖方式是 Flutter 开发中常用的，但还有一些其他依赖方式，完整的内容读者可以自行查看：https://www.dartlang.org/tools/pub/dependencies。

2.5.5　小结

本节介绍了 Flutter 中包管理、引用、下载的整体流程，我们将在后面的章节中介绍如何开发并发布自己的包。

2.6　资源管理

Flutter App 安装包中会包含代码和 asset（资源）两部分。asset 是会打包到程序安装包中的，可在运行时访问。常见类型的 asset 包括静态数据（例如，JSON 文件）、配置文件、图标和图片等。

2.6.1　指定 assets

和包管理一样，Flutter 也使用 pubspec.yaml 文件来管理应用程序所需的资源，举个例子：

```
flutter:
  assets:
```

```
    - assets/my_icon.png
    - assets/background.png
```

assets 指定应包含在应用程序中的文件，每个 asset 都通过相对于 pubspec.yaml 文件所在的文件系统路径来标识自身的路径。asset 的声明顺序是无关紧要的，asset 的实际目录可以是任意文件夹（在本示例中是 assets 文件夹）。

在构建期间，Flutter 将 asset 放置到称为 asset bundle 的特殊存档中，应用程序可以在运行时读取它们（但不能修改）。

2.6.2　asset 变体

构建过程支持"asset 变体（variant）"的概念：不同版本的 asset 可能会显示在不同的上下文中。在 pubspec.yaml 的 assets 部分中指定 asset 路径时，构建过程中，会在相邻子目录中查找具有相同名称的任何文件。这些文件随后会与指定的 asset 一起被包含在 asset bundle 中。

例如，如果应用程序目录中有以下文件：

❑ .../pubspec.yaml

❑ .../graphics/my_icon.png

❑ .../graphics/background.png

❑ .../graphics/dark/background.png

❑ ...

然后，pubspec.yaml 文件中只需包含：

```
flutter:
  assets:
    - graphics/background.png
```

那么，这两个 graphics/background.png 和 graphics/dark/background.png 都将包含在你的 asset bundle 中。前者被认为是 _main asset_（主资源），后者被认为是一种变体（variant）。

在选择匹配当前设备分辨率的图片时，Flutter 会使用到 asset 变体（见下文）。

2.6.3　加载 asset

你的应用可以通过 AssetBundle 对象访问其 asset。有两种主要方法允许从 asset bundle 中加载字符串或图片（二进制）文件。

1. 加载文本 asset

❑ 通过 rootBundle 对象加载：每个 Flutter 应用程序都有一个 rootBundle 对象，通过它可以轻松访问主资源包，直接使用 package:flutter/services.dart 中全局静态的 rootBundle 对象来加载 asset 即可。

❑ 通过 DefaultAssetBundle 加载：建议使用 DefaultAssetBundle 来获取当前 BuildContext 的 AssetBundle。这种方法不是使用应用程序构建的默认 asset bundle，而是使父级

Widget 在运行时动态替换的不同的 AssetBundle，这对于本地化或测试场景很有用。

通常，可以使用 DefaultAssetBundle.of() 在应用运行时来间接加载 asset（例如 JSON 文件），而在 Widget 上下文之外，或其他 AssetBundle 句柄不可用时，可以使用 rootBundle 直接加载这些 asset，例如：

```
import 'dart:async' show Future;
import 'package:flutter/services.dart' show rootBundle;

Future<String> loadAsset() async {
  return await rootBundle.loadString('assets/config.json');
}
```

2. 加载图片

类似于原生开发，Flutter 也可以为当前设备加载适合其分辨率的图像。

（1）声明分辨率相关的图片 asset

AssetImage 可以将 asset 的请求逻辑映射到最接近当前设备像素比例（dpi）的 asset。为了使这种映射起作用，必须根据特定的目录结构来保存 asset：

❑ .../image.png

❑ .../Mx/image.png

❑ .../Nx/image.png

❑ ...

其中 M 和 N 是数字标识符，对应于其中包含的图像的分辨率，也就是说，它们指定不同设备像素比例的图片。

主资源默认对应于 1.0 倍的分辨率图片。看一个例子：

❑ .../my_icon.png

❑ .../2.0x/my_icon.png

❑ .../3.0x/my_icon.png

在设备像素比率为 1.8 的设备上，.../2.0x/my_icon.png 将被选择。对于 2.7 的设备像素比率，.../3.0x/my_icon.png 将被选择。

如果未在 Image Widget 上指定渲染图像的宽度和高度，那么 Image Widget 将占用与主资源相同的屏幕空间大小。也就是说，如果 .../my_icon.png 的大小是 72 像素 × 72 像素，那么 .../3.0x/my_icon.png 的大小应该是 216 像素 × 216 像素，但如果未指定宽度和高度，它们都将渲染为 72 像素 × 72 像素（以逻辑像素为单位）。

pubspec.yaml 中 asset 部分中的每一项都应与实际文件相对应，但主资源项除外。当主资源缺少某个资源时，会按分辨率从低到高的顺序去选择，也就是说 1x 中没有的话会在 2x 中找，2x 中还没有的话就在 3x 中找。

（2）加载图片

要加载图片，可以使用 AssetImage 类。例如，我们可以从上面的 asset 声明中加载背景图片：

```
Widget build(BuildContext context) {
  return DecoratedBox(
    decoration: BoxDecoration(
      image: DecorationImage(
        image: AssetImage('graphics/background.png'),
      ),
    ),
  );
}
```

注意，AssetImage 并非一个 Widget，它实际上是一个 ImageProvider，有些时候你可能期望直接得到一个显示图片的 Widget，那么你可以使用 Image.asset() 方法，例如：

```
Widget build(BuildContext context) {
  return Image.asset('graphics/background.png');
}
```

使用默认的 asset bundle 加载资源时，内部会自动处理分辨率等，这些处理对开发者来说是法无感知的。（如果使用一些更低级别的类，如 ImageStream 或 ImageCache 时，你会注意到有与缩放相关的参数。）

（3）依赖包中的资源图片

要加载依赖包中的图像，必须给 AssetImage 提供 package 参数。

例如，假设你的应用程序依赖于一个名为 my_icons 的包，它具有如下目录结构：

❑ .../pubspec.yaml

❑ .../icons/heart.png

❑ .../icons/1.5x/heart.png

❑ .../icons/2.0x/heart.png

❑ ...

然后加载图像，使用：

```
AssetImage('icons/heart.png', package: 'my_icons')
```

或

```
Image.asset('icons/heart.png', package: 'my_icons')
```

🔍 **注意** 包在使用本身的资源时也应该加上 package 参数来获取。

（4）打包包中的 asset

如果在 pubspec.yaml 文件中声明了期望的资源，它将会打包到相应的 package 中。特别是，包本身使用的资源必须在 pubspec.yaml 中指定。

包也可以选择在其 lib/ 文件夹中包含未在其 pubspec.yaml 文件中声明的资源。在这种情况下，对于要打包的图片，应用程序必须在 pubspec.yaml 中指定包含哪些图像。例如，一个名为 fancy_backgrounds 的包可能包含以下文件：

❏ .../lib/backgrounds/background1.png

❏ .../lib/backgrounds/background2.png

❏ .../lib/backgrounds/background3.png

要包含第一张图像,必须在 pubspec.yaml 的 assets 部分中声明它:

```
flutter:
  assets:
    - packages/fancy_backgrounds/backgrounds/background1.png
```

lib/ 是隐含的,所以它不应该包含在资产路径中。

3. 特定平台 asset

上面的资源都是 Flutter 应用中的,这些资源只有在
Flutter 框架运行之后才能使用,如果要给我们的应用设置
App 图标或者添加启动图,那就必须使用特定平台的 asset。

(1)设置 App 图标

更新 Flutter 应用程序启动图标的方式与在本机 Android
或 iOS 应用程序中更新启动图标的方式相同。

❏ Android

在 Flutter 项目的根目录中,导航到 .../android/
app/src/main/res 目录,里面包含了各种资源文件
夹(如 mipmap-hdpi 已包含占位符图像 ic_launcher.
png,见图 2-15)。只需按照 Android 开发人员指南
中的说明将其替换为所需的资源,并遵守每种屏幕
密度(dpi)的建议图标大小标准。

图 2-15 设置 App 图标(Android)

> **注意** 如果重命名 .png 文件,则还必须在 AndroidManifest.xml 的 <application> 标签的
> android:icon 属性中更新名称。

❏ iOS

在 Flutter 项目的根目录中导航到 .../ios/Runner。该目录中 Assets.xcassets/AppIcon.
appiconset 已经包含占位符图片(见图 2-16),只需将它们替换为适当大小的图片,保
留原始文件名称。

(2)更新启动页

在加载 Flutter 框架时,Flutter 会使用本地平台机制绘制启动页,如图 2-17 所示。此启
动页将持续到 Flutter 渲染应用程序的第一帧时。

> **注意** 这意味着如果你不在应用程序的 main() 方法中调用 runApp 函数(或者更具体地说,
> 如果你不调用 window.render 去响应 window.onDrawFrame)的话,启动屏幕将永远
> 持续显示。

图 2-16　设置 App 图标（iOS）

图 2-17　应用启动页

❏ Android

要将启动屏幕（splash screen）添加到你的 Flutter 应用程序，请导航至 .../android/app/src/ main。在 res/drawable/launch_background.xml 中，通过自定义 drawable 来实现自定义启动界面（你也可以直接换一张图片）。

❏ iOS

要将图片添加到启动屏幕（splash screen）的中心，请导航至 .../ios/Runner。在 Assets. xcassets/LaunchImage.imageset 中拖入图片，并命名为 LaunchImage.png、LaunchImage@2x.png、LaunchImage@3x.png。如果你使用不同的文件名，还必须更新同一目录中的 Contents.json 文件，图片的具体尺寸可以查看苹果官方的标准。

你也可以通过打开 Xcode 完全自定义 storyboard。在 Project Navigator 中导航到 Runner/ Runner，然后通过打开 Assets.xcassets 拖入图片，或者通过在 LaunchScreen.storyboard 中使用 Interface Builder 进行自定义，如图 2-18 所示。

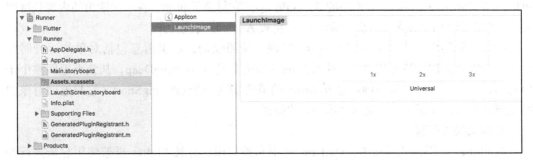

图 2-18　在 Xcode 中设置启动页

2.6.4 平台共享 assets

如果我们采用的是 Flutter+ 原生的开发模式,那么可能会存在 Flutter 和原生需要共享资源的情况,比如 Flutter 项目中已经有了一张图片 A,如果原生代码中也要使用 A,我们可以将 A 复制一份到原生项目的特定目录,这样的话虽然功能可以实现,但是最终的应用程序包会变大,因为包含了重复的资源,为了解决这个问题,Flutter 提供了一种 Flutter 和原生之间共享资源的方式,由于实现上需要涉及平台相关的原生代码,故本书不做展开,读者有需要的话可以自行查阅官方文档。

2.7 调试 Flutter 应用

有各种各样的工具和功能来帮助调试 Flutter 应用程序。

2.7.1 日志与断点

1. debugger() 声明

当使用 Dart Observatory(或另一个 Dart 调试器,例如 IntelliJ IDE 中的调试器)时,可以使用该 debugger() 语句插入编程式断点。要使用这个,你必须添加 import 'dart:developer'; 到相关文件顶部。

debugger() 语句采用一个可选 when 参数,我们可以指定该参数仅在特定条件为真时中断,如下所示:

```
void someFunction(double offset) {
  debugger(when: offset > 30.0);
  //...
}
```

2. print、debugPrint、flutter logs

Dart print() 功能将输出到系统控制台,我们可以使用 flutter logs 来查看它(基本上是一个包装 adb logcat)。

如果你一次输出太多,那么 Android 有时会丢弃一些日志行。为了避免这种情况,我们可以使用 Flutter 的 foundation 库中的 debugPrint()。它封装了 print,将一次输出的内容长度限制在一个级别(内容过多时会分批输出),避免被 Android 内核丢弃。

Flutter 框架中的许多类都有 toString 实现。按照惯例,输出信息包括对象的运行时类型、类名以及关键字段等信息。树中使用的一些类也具有 toStringDeep,从该点返回整个子树的多行描述。一些具有详细信息 toString 的类会实现一个 toStringShort,它只返回对象的类型或其他非常简短(一个或两个单词)的描述。

3. 调试模式断言

在 Flutter 应用调试过程中,Dart assert 语句被启用,并且 Flutter 框架使用它来执行许多运行时检查来验证是否违反一些不可变的规则。当某个规则被违反时,就会在控制台打印错误日志，并带上一些上下文信息来帮助追踪问题的根源。

要关闭调试模式并使用发布模式，请使用 flutter run --release 运行我们的应用程序。这也关闭了 Observatory 调试器。一个中间模式（可以关闭除 Observatory 之外的所有调试辅助工具称为 profile mode），用 --profile 替代 --release 即可。

4. 断点

开发过程中，断点是最实用的调试工具之一，我们以 Android Studio 为例，如图 2-19 所示。

我们在第 93 行打了一个断点，一旦代码执行到这一行就会暂停，这时我们可以看到当前上下文所有变量的值，然后可以选择一步一步地执行代码。关于如何通过 IDE 来打断点，网上的教程很多，读者可以自行搜索。

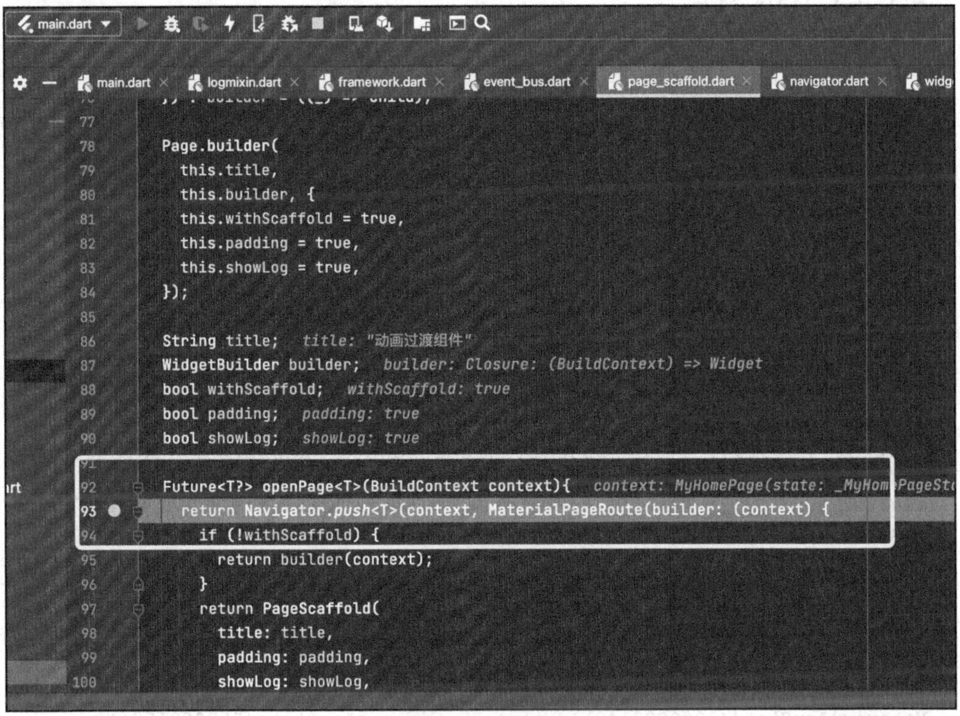

图 2-19 断点调试

2.7.2 调试应用程序层

Flutter 框架的每一层都提供了将其当前状态或事件转储（dump）到控制台（使用 debugPrint）的功能。

1. Widget 树

要转储 Widget 树的状态，请调用 debugDumpApp()。只要应用程序已经构建了至少一次（即在调用 build() 之后的任何时间），我们可以在应用程序未处于构建阶段（即不在

build() 方法内调用）的任何时间调用此方法（在调用 runApp() 之后）。

下面举例说明，应用程序代码如下：

```
import 'package:flutter/material.dart';

void main() {
  runApp(
    MaterialApp(
      home: AppHome(),
    ),
  );
}

class AppHome extends StatelessWidget {
  @override
  Widget build(BuildContext context) {
    return Material(
      child: Center(
        child: TextButton(
          onPressed: () {
            debugDumpApp();
          },
          child: Text('Dump App'),
        ),
      ),
    );
  }
}
```

输出内容（精确的细节会根据框架的版本、设备的大小等而变化）如下所示：

```
I/flutter ( 6559): WidgetsFlutterBinding - CHECKED MODE
I/flutter ( 6559): RenderObjectToWidgetAdapter<RenderBox>([GlobalObjectKey
  RenderView(497039273)]; renderObject: RenderView)
I/flutter ( 6559): └MaterialApp(state: _MaterialAppState(1009803148))
I/flutter ( 6559):  └ScrollConfiguration()
I/flutter ( 6559):    └AnimatedTheme(duration: 200ms; state: _
  AnimatedThemeState(543295893; ticker inactive; ThemeDataTween(ThemeData(Bright
  ness.light Color(0xff2196f3) etc...) → null)))
I/flutter ( 6559):     └Theme(ThemeData(Brightness.light Color(0xff2196f3)
  etc...))
I/flutter ( 6559):       └WidgetsApp([GlobalObjectKey _
  MaterialAppState(1009803148)]; state: _WidgetsAppState(552902158))
I/flutter ( 6559):        └CheckedModeBanner()
I/flutter ( 6559):         └Banner()
I/flutter ( 6559):          └CustomPaint(renderObject: RenderCustomPaint)
I/flutter ( 6559):           └DefaultTextStyle(inherit: true; color:
  Color(0xd0ff0000); family: "monospace"; size: 48.0; weight: 900; decoration:
  double Color(0xffffff00) TextDecoration.underline)
I/flutter ( 6559):            └MediaQuery(MediaQueryData(size: Size(411.4, 683.4),
  devicePixelRatio: 2.625, textScaleFactor: 1.0, padding: EdgeInsets(0.0, 24.0,
  0.0, 0.0)))
I/flutter ( 6559):             └LocaleQuery(null)
I/flutter ( 6559):              └Title(color: Color(0xff2196f3))
... #省略剩余内容
```

这是一个"扁平化"的树，显示了通过各种构建函数投影的所有 Widget（如果你在 Widget 树的根中调用 toStringDeepwidget，这将是你获得的树）。你会看到很多在你的应用源代码中没有出现的 Widget，因为它们是被框架中 Widget 的 build() 函数插入的。例如，InkFeature 是 Material Widget 的一个实现细节。

当按钮从被按下变为被释放时，debugDumpApp() 被调用，TextButton 对象同时调用 setState()，并将自己标记为 dirty。我们还可以查看已注册了哪些手势监听器，在这种情况下，一个单一的 GestureDetector 被列出，并且监听 tap 手势（tap 是 TapGestureDetector 的 toStringShort 函数输出的）。

如果我们编写自己的 Widget，则可以通过覆盖 debugFillProperties() 来添加信息。将 DiagnosticsProperty 对象作为方法参数并调用父类方法。该函数是该 toString 方法用来填充小部件描述信息的。

2. 渲染树

如果我们尝试调试布局问题，那么 Widget 树可能不够详细。在这种情况下，我们可以通过调用 debugDumpRenderTree() 转储渲染树。正如 debugDumpApp()，除布局或绘制阶段外，我们可以随时调用此函数。作为一般规则，从 frame 回调或事件处理器中调用它是最佳解决方案。

要调用 debugDumpRenderTree()，需要添加如下代码到我们的源文件。

```
import'package:flutter/rendering.dart';
```

上面这个小例子的输出结果如下所示：

```
I/flutter ( 6559): RenderView
I/flutter ( 6559): │ debug mode enabled - android
I/flutter ( 6559): │ window size: Size(1080.0, 1794.0) (in physical pixels)
I/flutter ( 6559): │ device pixel ratio: 2.625 (physical pixels per logical
  pixel)
I/flutter ( 6559): │ configuration: Size(411.4, 683.4) at 2.625x (in logical
  pixels)
I/flutter ( 6559): │
I/flutter ( 6559): └─child: RenderCustomPaint
I/flutter ( 6559): │ creator: CustomPaint ← Banner ← CheckedModeBanner ←
I/flutter ( 6559): │       WidgetsApp-[GlobalObjectKey _
  MaterialAppState(1009803148)] ←
I/flutter ( 6559): │       Theme ← AnimatedTheme ← ScrollConfiguration ←
  MaterialApp ←
I/flutter ( 6559): │ [root]
I/flutter ( 6559): │ parentData: <none>
I/flutter ( 6559): │ constraints: BoxConstraints(w=411.4, h=683.4)
I/flutter ( 6559): │ size: Size(411.4, 683.4)
... # 省略
```

上面结果是根 RenderObject 对象的 toStringDeep 函数的输出。

当调试布局问题时，关键要看的是 size 和 constraints 字段。约束沿着树向下传递，尺寸向上传递。

如果我们编写自己的渲染对象，则可以通过覆盖 debugFillProperties() 将信息添加到转储。将 DiagnosticsProperty 对象作为方法的参数，并调用父类方法。

3. Layer 树

读者可以理解为渲染树是可以分层的，而最终绘制需要将不同的层合成起来，而 Layer 则是绘制时需要合成的层，如果我们尝试调试合成问题，则可以使用 debugDumpLayerTree()。对于上面的例子，它会输出：

```
I/flutter : TransformLayer
I/flutter : │ creator: [root]
I/flutter : │ offset: Offset(0.0, 0.0)
I/flutter : │ transform:
I/flutter : │   [0] 3.5,0.0,0.0,0.0
I/flutter : │   [1] 0.0,3.5,0.0,0.0
I/flutter : │   [2] 0.0,0.0,1.0,0.0
I/flutter : │   [3] 0.0,0.0,0.0,1.0
I/flutter : │
I/flutter : ├─ child 1: OffsetLayer
I/flutter : │ │ creator: RepaintBoundary ← _FocusScope ← Semantics ← Focus-
[GlobalObjectKey MaterialPageRoute(560156430)]  ← _ModalScope-[GlobalKey
328026813] ← _OverlayEntry-[GlobalKey 388965355] ← Stack ← Overlay-[GlobalKey
625702218] ← Navigator-[GlobalObjectKey _MaterialAppState(859106034)] ← Title
← ...
I/flutter : │ │ offset: Offset(0.0, 0.0)
I/flutter : │ │
I/flutter : │ └─ child 1: PictureLayer
I/flutter : │
I/flutter : └─ child 2: PictureLayer
```

上述结果是根 Layer 的 toStringDeep 输出的。

根部的变换是应用设备像素比的变换。在这种情况下，每个逻辑像素代表 3.5 个设备像素。

RepaintBoundary Widget 在渲染树的层中创建了一个 RenderRepaintBoundary。这用于减少需要重绘的需求量。

4. 语义树

我们还可以调用 debugDumpSemanticsTree() 获取语义树（呈现给系统可访问性 API 的树）的转储。要使用此功能，必须首先启用辅助功能，例如启用系统辅助工具或 SemanticsDebugger（下面讨论）。

对于上面的例子，它的输出结果如下：

```
I/flutter : SemanticsNode(0; Rect.fromLTRB(0.0, 0.0, 411.4, 683.4))
I/flutter : ├SemanticsNode(1; Rect.fromLTRB(0.0, 0.0, 411.4, 683.4))
I/flutter : │ └SemanticsNode(2; Rect.fromLTRB(0.0, 0.0, 411.4, 683.4);
canBeTapped)
I/flutter : └SemanticsNode(3; Rect.fromLTRB(0.0, 0.0, 411.4, 683.4))
I/flutter : └SemanticsNode(4; Rect.fromLTRB(0.0, 0.0, 82.0, 36.0);
canBeTapped; "Dump App")
```

5. 调度

要找出相对于帧的开始 / 结束事件发生的位置，可以切换 debugPrintBeginFrameBanner

和 debugPrintEndFrameBanner 布尔值以将帧的开始和结束打印到控制台。

例如：

```
I/flutter : ▇▇▇▇▇▇▇▇▇  Frame 12        30s 437.086ms ▇▇▇▇▇▇▇
I/flutter : Debug print: Am I performing this work more than once per frame?
I/flutter : Debug print: Am I performing this work more than once per frame?
I/flutter : ▇▇▇▇▇▇▇▇▇▇▇▇▇▇▇▇▇▇▇▇▇▇▇▇▇▇▇▇▇▇▇▇▇▇
```

debugPrintScheduleFrameStacks 还可以用来打印导致当前帧被调度的调用堆栈。

6. 可视化调试

我们也可以通过设置 debugPaintSizeEnabled 为 true 来以可视方式调试布局问题。这是来自 rendering 库的布尔值。它可以在任何时候启用，并在为 true 时影响绘制。设置它的最简单方法是在 void main() 的顶部设置。

当它被启用时，所有的盒子都会得到一个明亮的深青色边框，padding（来自 Widget，如 Padding）显示为浅蓝色，子 Widget 周围有一个深蓝色框，对齐方式（来自 Widget 如 Center 和 Align）显示为黄色箭头，空白（如没有任何子节点的 Container）以灰色显示。

debugPaintBaselinesEnabled 做了类似的事情，但对于具有基线的对象，文字基线以绿色显示，表意（ideographic）基线以橙色显示。

debugPaintPointersEnabled 标志打开一个特殊模式，任何正在点击的对象都会以深青色突出显示。这可以帮助我们确定某个对象是否以某种不正确的方式进行 hit 测试（Flutter 检测点击的位置是否有能响应用户操作的 Widget），例如，如果它实际上超出了其父项的范围，首先不会考虑通过 hit 测试。

如果我们尝试调试合成图层，例如以确定是否以及在何处添加 RepaintBoundary Widget，则可以使用 debugPaintLayerBordersEnabled 标志，该标志用橙色或轮廓线标出每个层的边界，或者使用 debugRepaintRainbowEnabled 标志，只要它们重绘时，这会使该层被一组旋转色所覆盖。

所有这些标志只能在调试模式下工作。通常，Flutter 框架中以 debug... 开头的任何内容都只能在调试模式下工作。

7. 调试动画

调试动画最简单的方法是减慢它们的速度。为此，请将 timeDilation 变量（在 scheduler 库中）设置为大于 1.0 的数字，例如 50.0。最好在应用程序启动时只设置一次。如果我们在运行中更改它，尤其是在动画运行时将其值改小，则在观察时可能会出现倒退，这可能会导致断言命中，并且这通常会干扰我们的开发工作。

8. 调试性能问题

要了解我们的应用程序导致重新布局或重新绘制的原因，可以分别设置 debugPrint-MarkNeedsLayoutStacks 和 debugPrintMarkNeedsPaintStacks 标志。每当渲染盒被要求重新布局和重新绘制时，这些都会将堆栈跟踪记录到控制台。如果这种方法对我们有用，那么可以使用 services 库中的 debugPrintStack() 方法按需打印堆栈痕迹。

9. 统计应用启动时间

要收集有关 Flutter 应用程序启动所需时间的详细信息，可以在运行 flutter run 时使用 trace-startup 和 profile 选项，代码如下：

```
$ flutter run --trace-startup --profile
```

跟踪输出保存为 start_up_info.json，在 Flutter 工程目录的 build 目录下。输出列出了从应用程序启动到这些跟踪事件（以微秒捕获）所用的时间：

❑ 进入 Flutter 引擎时。

❑ 展示应用第一帧时。

❑ 初始化 Flutter 框架时。

❑ 完成 Flutter 框架初始化时。

示例代码如下：

```
{
  "engineEnterTimestampMicros": 96025565262,
  "timeToFirstFrameMicros": 2171978,
  "timeToFrameworkInitMicros": 514585,
  "timeAfterFrameworkInitMicros": 1657393
}
```

10. 跟踪 Dart 代码性能

要执行自定义性能跟踪和测量 Dart 任意代码段的 wall/CPU 时间（类似于在 Android 上使用 systrace）。使用 dart:developer 的 Timeline 工具来包含你想测试的代码块，例如：

```
Timeline.startSync('interesting function');
//iWonderHowLongThisTakes();
Timeline.finishSync();
```

然后打开你应用程序的 Observatory timeline 页面，在 Recorded Streams 中选择 Dart 复选框，并执行你想测量的功能。

刷新页面将在 Chrome 的跟踪工具中显示应用按时间顺序排列的 timeline 记录。

请确保运行 flutter run 时带有 --profile 标志，以确保运行时性能特征与我们的最终产品差异最小。

2.7.3 DevTools

Flutter DevTools 是 Flutter 可视化调试工具，如图 2-20 所示。它将各种调试工具和能力集成在一起，并提供可视化调试界面，它的功能很强大，掌握它会对我们开发和优化 Flutter 应用有很大帮助。由于 Flutter DevTools 功能很多，这里不做专门介绍，读者可以去 Flutter 官网查看相关教程。

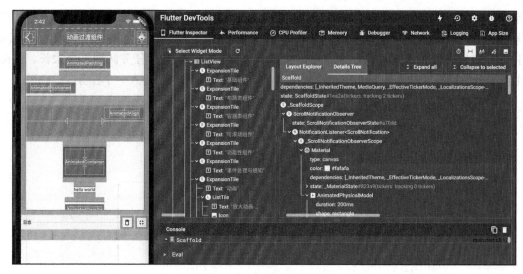

图 2-20　Flutter DevTools

2.8　Flutter 异常捕获

在介绍 Flutter 异常捕获之前必须先了解一下 Dart 单线程模型，只有了解了 Dart 的代码执行流程，我们才能知道该在什么地方去捕获异常。

2.8.1　Dart 单线程模型

在 Java 和 Objective-C（以下简称 OC）中，如果程序发生异常且没有被捕获，那么程序将会终止，但是这在 Dart 或 JavaScript 中则不会！究其原因，这和它们的运行机制有关系。Java 和 OC 都是多线程模型的编程语言，任意一个线程触发异常且该异常未被捕获时，就会导致整个进程退出。但 Dart 和 JavaScript 不会，它们都是单线程模型，运行机制很相似（但有区别），下面我们通过 Dart 官方提供的 Dart 单线程模型来看看 Dart 的运行原理，如图 2-21 所示。

Dart 在单线程中是以消息循环机制来运行的，其中包含两个任务队列，一个是微任务队列（microtask queue），另一个叫作事件队列（event queue）。从图中可以发现，微任务队列的执行优先级高于事件队列。

现在我们来介绍一下 Dart 线程运行过程，如图 2-21 中所示，入口函数 main() 执行完后，消息循环机制便启动了。首先会按照先进先出的顺序逐个执行微任务队列中的任务，事件任务执行完毕后程序便会退出，但是在事件任务执行的过程中也可以插入新的微任务和事件任务，在这种情况下，整个线程的执行过程便是一直在循环，不会退出，而 Flutter 中，主线程的执行过程正是如此，永不终止。

在 Dart 中，所有的外部事件任务都在事件队列中，如 IO、计时器、点击以及绘制事件等，而微任务通常来源于 Dart 内部，并且微任务非常少，之所以如此，是因为微任务队列优先级高，如果微任务太多，执行时间总和就会过久，事件队列任务的延迟也就越久，对于 GUI 应用来说，最直观的表现就是比较卡，所以必须得保证微任务队列不会太长。值得注意的是，我们可以通过 Future.microtask(...) 方法向微任务队列插入一个任务。

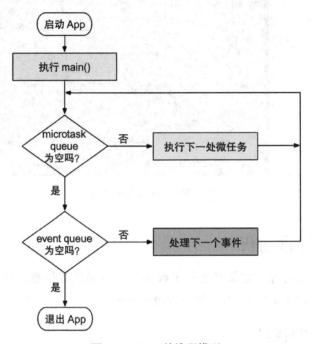

图 2-21   Dart 单线程模型

在事件循环中，当某个任务发生异常并没有被捕获时，程序并不会退出，而直接导致的结果是当前任务的后续代码不会被执行了，也就是说一个任务中的异常是不会影响其他任务执行的。

2.8.2 Flutter 异常捕获

Dart 中可以通过 try/catch/finally 来捕获代码块异常，这和其他编程语言类似，如果读者不清楚，可以查看 Dart 语言文档，不再赘述，下面我们看看 Flutter 中的异常捕获。

1. Flutter 框架异常捕获

Flutter 框架为我们在很多关键的方法进行了异常捕获。这里举一个例子，当我们的布局发生越界或不合规范时，Flutter 就会自动弹出一个错误界面，这是因为 Flutter 已经在执行 build 方法时添加了异常捕获，最终的源码如下：

```
@override
void performRebuild() {
  ...
    try {
```

```
        // 执行 build 方法
        built = build();
    } catch (e, stack) {
        // 有异常时则弹出错误提示
        built = ErrorWidget.builder(_debugReportException('building $this', e,
            stack));
    }
    ...
}
```

可以看到，在发生异常时，Flutter 默认的处理方式是弹出一个 ErrorWidget，但如果我们想自己捕获异常并上报到报警平台的话应该怎么做？我们进入 _debugReportException() 方法看一看。

```
FlutterErrorDetails _debugReportException(
    String context,
    dynamic exception,
    StackTrace stack, {
    InformationCollector informationCollector
}) {
    // 构建错误详情对象
    final FlutterErrorDetails details = FlutterErrorDetails(
        exception: exception,
        stack: stack,
        library: 'widgets library',
        context: context,
        informationCollector: informationCollector,
    );
    // 报告错误
    FlutterError.reportError(details);
    return details;
}
```

我们发现，错误是通过 FlutterError.reportError 方法上报的，继续跟踪：

```
static void reportError(FlutterErrorDetails details) {
    ...
    if (onError != null)
        onError(details); // 调用了 onError 回调
}
```

我们发现 onError 是 FlutterError 的一个静态属性，它有一个默认的处理方法 dumpError-ToConsole，到这里就清晰了，如果我们想自己上报异常，只需要提供一个自定义的错误处理回调即可，代码如下：

```
void main() {
    FlutterError.onError = (FlutterErrorDetails details) {
        reportError(details);
    };
    ...
}
```

这样我们就可以处理那些 Flutter 为我们捕获的异常了，接下来看看如何捕获其他异常。

2. 其他异常捕获与日志收集

在 Flutter 中，还有一些 Flutter 没有捕获的异常，如调用空对象方法异常、Future 中的异常。在 Dart 中，异常分两类：同步异常和异步异常，同步异常可以通过 try/catch 捕获，而异步异常则比较麻烦，下面的代码是捕获不了 Future 的异常的：

```
try{
  Future.delayed(Duration(seconds: 1)).then((e) => Future.error("xxx"));
}catch (e){
  print(e)
}
```

Dart 中有一个 runZoned(...) 方法，可以给执行对象指定一个 Zone。Zone 表示一个代码执行的环境范围，为了方便理解，读者可以将 Zone 类比为一个代码执行沙箱，不同沙箱之间是隔离的，沙箱可以捕获、拦截或修改一些代码行为，如 Zone 中可以捕获日志输出、Timer 创建、微任务调度的行为，同时 Zone 也可以捕获所有未处理的异常。下面我们看看 runZoned(...) 方法定义：

```
R runZoned<R>(R body(), {
  Map zoneValues,
  ZoneSpecification zoneSpecification,
})
```

参数说明如下：

❑ zoneValues：Zone 的私有数据，可以通过实例 zone[key] 获取，可以理解为每个"沙箱"的私有数据。

❑ zoneSpecification：Zone 的一些配置，可以自定义一些代码行为，比如拦截日志输出和错误等，举个例子，代码如下：

```
runZoned(
  () => runApp(MyApp()),
  zoneSpecification: ZoneSpecification(
    // 拦截 print
    print: (Zone self, ZoneDelegate parent, Zone zone, String line) {
      parent.print(zone, "Interceptor: $line");
    },
    // 拦截未处理的异步错误
    handleUncaughtError: (Zone self, ZoneDelegate parent, Zone zone,
                          Object error, StackTrace stackTrace) {
      parent.print(zone, '${error.toString()} $stackTrace');
    },
  ),
);
```

这样一来，我们 App 中所有调用 print 方法输出日志的行为都会被拦截，通过这种方式，我们也可以在应用中记录日志，等到应用触发未捕获的异常时，将异常信息和日志统一上报。

另外，我们还拦截了未被捕获的异步错误，这样一来，结合上面的 FlutterError.onError，我们就可以捕获 Flutter 应用错误并进行上报了！

3. 最终的错误上报代码

最终的异常捕获和上报代码大致如下：

```
void collectLog(String line){
    ... // 收集日志
}
void reportErrorAndLog(FlutterErrorDetails details){
    ... // 上报错误和日志逻辑
}

FlutterErrorDetails makeDetails(Object obj, StackTrace stack){
    ...// 构建错误信息
}

void main() {
  var onError = FlutterError.onError; // 先将 onerror 保存起来
  FlutterError.onError = (FlutterErrorDetails details) {
    onError?.call(details); // 调用默认的 onError
    reportErrorAndLog(details); // 上报
  };
  runZoned(
  () => runApp(MyApp()),
  zoneSpecification: ZoneSpecification(
    // 拦截 print
    print: (Zone self, ZoneDelegate parent, Zone zone, String line) {
      collectLog(line);
      parent.print(zone, "Interceptor: $line");
    },
    // 拦截未处理的异步错误
    handleUncaughtError: (Zone self, ZoneDelegate parent, Zone zone,
                          Object error, StackTrace stackTrace) {
      reportErrorAndLog(details);
      parent.print(zone, '${error.toString()} $stackTrace');
    },
  ),
  );
}
```

基 础 组 件

本章介绍一下 Flutter 中常用的一些基础 Widget，由于大多数 Widget 的属性都比较多，我们在介绍 Widget 时会着重介绍常用的属性，而不会像 API 文档一样对所有属性都介绍，关于属性的详细信息请参考 Flutter SDK 文档。

3.1 文本及样式

3.1.1 Text

Text 用于显示简单样式文本，它包含一些控制文本显示样式的属性，一个简单的例子如下：

```
Text("Hello world",
  textAlign: TextAlign.left,
);

Text("Hello world! I'm Jack. "*4,
  maxLines: 1,
  overflow: TextOverflow.ellipsis,
);

Text("Hello world",
  textScaleFactor: 1.5,
);
```

运行效果如图 3-1 所示。

图 3-1　Text 示例

□ textAlign：文本的对齐方式；可以选择左对齐、右对齐还是居中。注意，对齐的参考系是 Text Widget 本身。本例中虽然是指定了居中对齐，但因为 Text 文本内容宽度不足一行，Text 的宽度和文本内容长度相等，那么这时指定对齐方式是没有意义的，只有 Text 宽度大于文本内容长度时指定此属性才有意义。下面我们指定一个较长的字符串：

```
Text("Hello world "*6, // 字符串重复 6 次
  textAlign: TextAlign.center,
);
```

运行效果如图 3-2 所示。

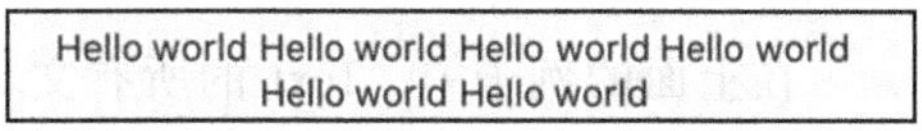

字符串内容超过一行，Text 宽度等于屏幕宽度，第二行文本便会居中显示。

Hello world Hello world Hello world Hello world
Hello world Hello world

图 3-2　Text 居中对齐示例

- ❑ maxLines、overflow：指定文本显示的最大行数，默认情况下，文本是自动折行的，如果指定此参数，则文本最多不会超过指定的行。如果有多余的文本，可以通过 overflow 来指定截断方式，默认是直接截断，本例中指定的截断方式是 TextOverflow.ellipsis，它会将多余文本截断后以省略符"..."表示。TextOverflow 的其他截断方式请参考 SDK 文档。
- ❑ textScaleFactor：代表文本相对于当前字体大小的缩放因子，相对于去设置文本的样式 style 属性的 fontSize，使用 textScaleFactor 更快捷。该属性的默认值可以通过 MediaQueryData.textScaleFactor 获得，如果没有 MediaQuery，那么默认值将为 1.0。

3.1.2　TextStyle

TextStyle 用于指定文本显示的样式，如颜色、字体、粗细、背景等。我们看一个示例：

```
Text("Hello world",
  style: TextStyle(
    color: Colors.blue,
    fontSize: 18.0,
    height: 1.2,
    fontFamily: "Courier",
    background: Paint()..color=Colors.yellow,
    decoration:TextDecoration.underline,
    decorationStyle: TextDecorationStyle.dashed
  ),
);
```

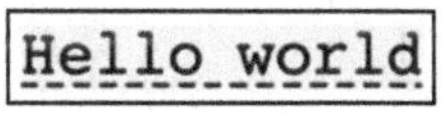

Hello world

图 3-3　TextStyle 示例

效果如图 3-3 所示。

此示例只展示了 TextStyle 的部分属性，它还有一些其他属性，属性名基本都是自解释的，在此不再赘述，读者可以查阅 SDK 文档。值得注意的是以下属性。

- ❑ height：该属性用于指定行高，但它并不是一个绝对值，而是一个因子，具体的行高等于 fontSize*height。
- ❑ fontFamily：因为不同平台默认支持的字体集不同，所以在手动指定字体时一定要先在不同的平台测试一下。

❑ fontSize：该属性和 Text 的 textScaleFactor 都用于控制字体大小。但是有两个主要
区别。
- fontSize 可以精确指定字体大小，而 textScaleFactor 只能通过缩放比例来控制。
- textScaleFactor 主要用于当系统字体大小设置改变时对 Flutter 应用字体进行全局
调整，而 fontSize 通常用于单个文本，字体大小不会跟随系统字体大小变化。

3.1.3 TextSpan

在上面的例子中，Text 的所有文本内容只能采用同一种样式，如果我们需要对一个
Text 内容的不同部分按照不同的样式显示，这时就可以使用 TextSpan，它代表文本的一个
"片段"。我们看一看 TextSpan 的定义：

```
const TextSpan({
  TextStyle style,
  Sting text,
  List<TextSpan> children,
  GestureRecognizer recognizer,
});
```

其中 style 和 text 属性代表该文本片段的样式和内容。children 是一个 TextSpan 的数组，
也就是说 TextSpan 可以包括其他 TextSpan。而 recognizer 用于对该文本片段上的手势进行
识别处理。下面我们看一个效果（见图 3-4），然后用 TextSpan 实现它。

实现源码如下：

```
Text.rich(TextSpan(
  children: [
    TextSpan(
      text: "Home: "
    ),
    TextSpan(
      text: "https://flutterchina.club",
      style: TextStyle(
        color: Colors.blue
      ),
      recognizer: _tapRecognizer
    ),
  ]
))
```

Home: https://flutterchina.club

图 3-4 TextSpan 示例

对上述代码的说明如下：

❑ 在上面的代码中，我们通过 TextSpan 实现了一个基础文本片段和一个链接片段，然后
通过 Text.rich 方法将 TextSpan 添加到 Text 中，之所以可以这样做，是因为 Text 其实
就是 RichText 的一个包装，而 RichText 是可以显示多种样式（富文本）的 Widget。

❑ _tapRecognizer，它是点击链接后的一个处理器（代码已省略），关于手势识别的更
多内容，我们将在后面单独介绍。

3.1.4　DefaultTextStyle

在 Widget 树中，文本的样式默认是可以被继承的（子类文本类组件未指定具体样式时可以使用 Widget 树中父级设置的默认样式），因此，如果在 Widget 树的某一个节点处设置一个默认的文本样式，那么该节点的子树中所有文本都会默认使用这个样式，而 DefaultTextStyle 正是用于设置默认文本样式的。下面我们看一个例子：

```
DefaultTextStyle(
  //1. 设置文本默认样式
  style: TextStyle(
    color:Colors.red,
    fontSize: 20.0,
  ),
  textAlign: TextAlign.start,
  child: Column(
    crossAxisAlignment: CrossAxisAlignment.start,
    children: <Widget>[
      Text("hello world"),
      Text("I am Jack"),
      Text("I am Jack",
        style: TextStyle(
          inherit: false, //2. 不继承默认样式
          color: Colors.grey
        ),
      ),
    ],
  ),
);
```

上面代码中，我们首先设置了一个默认的文本样式，即字体为 20 像素（逻辑像素），颜色为红色。然后通过 DefaultTextStyle 设置给了子树 Column 节点处，这样一来，Column 的所有子孙 Text 默认都会继承该样式，除非 Text 显示指定不继承样式，如代码中注释 2。示例运行效果如图 3-5 所示。

图 3-5　DefaultTextStyle 示例

3.1.5　字体

可以在 Flutter 应用程序中使用不同的字体。例如，我们可能会使用设计人员创建的自定义字体，或者其他第三方字体，如 Google Fonts 中的字体。本节将介绍如何为 Flutter 应用配置字体，并在渲染文本时使用它们。

在 Flutter 中使用字体分两步完成。首先在 pubspec.yaml 中声明它们，以确保它们会打包到应用程序中。然后通过 TextStyle 属性使用字体。

1. 在 asset 中声明

要将字体文件打包到应用中，与使用其他资源一样，要先在 pubspec.yaml 中声明它。然后将字体文件复制到在 pubspec.yaml 中指定的位置，例如：

```
flutter:
```

```
fonts:
  - family: Raleway
    fonts:
      - asset: assets/fonts/Raleway-Regular.ttf
      - asset: assets/fonts/Raleway-Medium.ttf
        weight: 500
      - asset: assets/fonts/Raleway-SemiBold.ttf
        weight: 600
  - family: AbrilFatface
    fonts:
      - asset: assets/fonts/abrilfatface/AbrilFatface-Regular.ttf
```

2. 使用字体

```
// 声明文本样式
const textStyle = const TextStyle(
  fontFamily: 'Raleway',
);

// 使用文本样式
var buttonText = const Text(
  "Use the font for this text",
  style: textStyle,
);
```

3. Package 中的字体

要使用 Package 中定义的字体，**必须提供 package 参数**。例如，假设上面的字体声明位于 my_package 包中。创建 TextStyle 的过程如下：

```
const textStyle = const TextStyle(
  fontFamily: 'Raleway',
  package: 'my_package', // 指定包名
);
```

如果在 package 包内部使用它自己定义的字体，也应该在创建文本样式时指定 package 参数，如上例所示。

一个包也可以只提供字体文件而不需要在 pubspec.yaml 中声明。这些文件应该存放在包的 lib/ 文件夹中。字体文件不会自动绑定到应用程序中，应用程序可以在声明字体时有选择地使用这些字体。假设一个名为 my_package 的包中有一个字体文件：

```
lib/fonts/Raleway-Medium.ttf
```

然后，应用程序可以声明一个字体，如下面的示例代码所示：

```
flutter:
  fonts:
    - family: Raleway
      fonts:
        - asset: assets/fonts/Raleway-Regular.ttf
        - asset: packages/my_package/fonts/Raleway-Medium.ttf
          weight: 500
```

其中 lib/ 是隐含的，所以它不应该包含在 asset 路径中。

在这种情况下，由于应用程序本地定义了字体，因此在创建 TextStyle 时可以不指定 package 参数，代码如下：

```
const textStyle = const TextStyle(
  fontFamily: 'Raleway',
);
```

3.2 按钮

Material 组件库中提供了多种按钮组件，如 ElevatedButton、TextButton、OutlineButton 等，它们都是直接或间接对 RawMaterialButton 组件的包装和定制（内部都使用了 Raw-MaterialButton），所以大多数属性都和 RawMaterialButton 一样。在介绍各个按钮时我们先介绍其默认外观。按钮的外观大都可以通过属性来自定义，我们在后面统一介绍这些属性。另外，所有 Material 库中的按钮都有如下相同点：

❑ 按下时都会有"水波动画"（又称"涟漪动画"，就是点击时按钮上会出现水波扩散的动画）。

❑ 有一个 onPressed 属性来设置点击回调，当按钮按下时会执行该回调，如果不提供该回调，则按钮会处于禁用状态，禁用状态不响应用户点击。

3.2.1 ElevatedButton

ElevatedButton 即"漂浮"按钮，它默认带有阴影和灰色背景。按下后，阴影会变大，如图 3-6 所示。

图 3-6 ElevatedButton 示例

使用 ElevatedButton 非常简单，例如：

```
ElevatedButton(
  child: Text("normal"),
  onPressed: () {},
);
```

3.2.2 TextButton

TextButton 即文本按钮，默认背景透明并不带阴影。按下后会有背景色，如图 3-7 所示。

使用 TextButton 也很简单，代码如下：

图 3-7 TextButton 示例

```
TextButton(
  child: Text("normal"),
  onPressed: () {},
)
```

3.2.3 OutlineButton

OutlineButton 默认有一个边框，不带阴影且背景透明。按下后，边框颜色会变亮、同时出现背景和阴影（较弱），如图 3-8 所示。

使用 OutlineButton 也很简单，代码如下：

```
OutlineButton(
  child: Text("normal"),
  onPressed: () {},
)
```

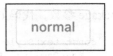

图 3-8　OutlineButton 示例

3.2.4　IconButton

IconButton 是一个可点击的 Icon，不包括文字，默认没有背景，点击后会出现背景，如图 3-9 所示。

代码如下：

```
IconButton(
  icon: Icon(Icons.thumb_up),
  onPressed: () {},
)
```

图 3-9　IconButton 示例

3.2.5　带图标的按钮

ElevatedButton、TextButton、OutlineButton 都有一个 icon 构造函数，通过它可以轻松创建带图标的按钮，如图 3-10 所示。

代码如下：

```
ElevatedButton.icon(
  icon: Icon(Icons.send),
  label: Text("发送"),
  onPressed: _onPressed,
),
OutlineButton.icon(
  icon: Icon(Icons.add),
  label: Text("添加"),
  onPressed: _onPressed,
),
TextButton.icon(
  icon: Icon(Icons.info),
  label: Text("详情"),
  onPressed: _onPressed,
),
```

图 3-10　带图标的按钮

3.3　图片及 ICON

3.3.1　图片

Flutter 中，我们可以通过 Image 组件来加载并显示图片，Image 的数据源可以是 asset、文件、内存以及网络。

1. ImageProvider

ImageProvider 是一个抽象类，主要定义了图片数据获取的接口 load()，从不同的数据源获取图片需要实现不同的 ImageProvider，如 AssetImage 是实现了从 Asset 中加载图片的 ImageProvider，而 NetworkImage 是实现了从网络加载图片的 ImageProvider。

2. Image

Image Widget 有一个必选的 image 参数，它对应一个 ImageProvider。下面我们分别演示一下如何从 asset 和网络加载图片。

（1）从 asset 中加载图片

❑ 在工程根目录下创建一个 images 目录，并将图片 avatar.png 复制到该目录。

❑ 在 pubspec.yaml 中的 flutter 部分添加如下代码：

```
assets:
  - images/avatar.png
```

📷 **注意** 由于 YAML 文件对缩进严格，因此必须严格按照每一层两个空格的方式进行缩进，此处 assets 前面应该有两个空格。

❑ 加载该图片，代码如下：

```
Image(
  image: AssetImage("images/avatar.png"),
  width: 100.0
);
```

Image 也提供了一个快捷的构造函数 Image.asset，用于从 asset 中加载、显示图片，代码如下：

```
Image.asset("images/avatar.png",
  width: 100.0,
)
```

（2）从网络加载图片

```
Image(
  image: NetworkImage(
    "https://avatars2.githubusercontent.com/u/20411648?s=460&v=4"),
  width: 100.0,
)
```

Image 也提供了一个快捷的构造函数 Image.network 用于从网络加载、显示图片，代码如下。

```
Image.network(
  "https://avatars2.githubusercontent.com/u/20411648?s=460&v=4",
  width: 100.0,
)
```

运行上面两个示例，图片加载成功后如图 3-11 所示。

（3）参数

Image 在显示图片时定义了一系列参数，通过这些参数我们可以控

图 3-11　Image 示例

制图片的显示外观、大小、混合效果等。我们看一下 Image 的主要参数：

```
const Image({
  ...
  this.width, // 图片的宽度
  this.height, // 图片高度
  this.color, // 图片的混合色值
  this.colorBlendMode, // 混合模式
  this.fit,// 缩放模式
  this.alignment = Alignment.center, // 对齐方式
  this.repeat = ImageRepeat.noRepeat, // 重复方式
  ...
})
```

对代码中的参数说明如下：

❑ width、height：用于设置图片的宽、高，当不指定宽高时，图片会根据当前父容器的限制尽可能地显示其原始大小，如果只设置 width、height 中的一个，那么另一个属性默认会按比例缩放，但可以通过下面介绍的 fit 属性来指定适应规则。

❑ fit：该属性用于在图片的显示空间和图片本身大小不同时指定图片的适应模式。适应模式在 BoxFit 中定义，它是一个枚举类型，有如下值。

● fill：会拉伸填充满显示空间，图片本身长宽比会发生变化，图片会变形。

● cover：会按图片的长宽比放大后居中填满显示空间，图片不会变形，超出显示空间部分会被剪裁。

● contain：这是图片的默认适应规则，图片会在保证图片本身长宽比不变的情况下缩放以适应当前显示空间，图片不会变形。

● fitWidth：图片的宽度会缩放到显示空间的宽度，高度会按比例缩放，然后居中显示，图片不会变形，超出显示空间的部分会被剪裁。

● fitHeight：图片的高度会缩放到显示空间的高度，宽度会按比例缩放，然后居中显示，图片不会变形，超出显示空间的部分会被剪裁。

● none：图片没有适应策略，会在显示空间内显示图片，如果图片比显示空间大，则显示空间只会显示图片中间部分。

一图胜万言！我们对一个宽高相同的头像图片应用不同的 fit 值，效果如图 3-12 所示。

❑ color 和 colorBlendMode：在图片绘制时可以对每一个像素进行颜色混合处理，color 指定混合色，而 colorBlendMode 指定混合模式，下面是一个简单的示例：

```
Image(
```

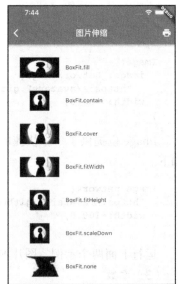

图 3-12　Image 中不同的 fit 效果示例

```
  image: AssetImage("images/avatar.png"),
  width: 100.0,
  color: Colors.blue,
  colorBlendMode: BlendMode.difference,
);
```

运行效果如图 3-13 所示。

❑ repeat：当图片本身大小小于显示空间时，指定图片
的重复规则。简单示例代码如下：

```
Image(
  image: AssetImage("images/avatar.png"),
  width: 100.0,
  height: 200.0,
  repeat: ImageRepeat.repeatY ,
)
```

图 3-13　Image colorBlendMode
效果示例

运行后效果如图 3-14 所示。

完整的示例代码如下：

```
import 'package:flutter/material.dart';

class ImageAndIconRoute extends StatelessWidget {
  @override
  Widget build(BuildContext context) {
    var img=AssetImage("imgs/avatar.png");
    return SingleChildScrollView(
      child: Column(
        children: <Image>[
          Image(
            image: img,
            height: 50.0,
            width: 100.0,
            fit: BoxFit.fill,
          ),
          Image(
            image: img,
            height: 50,
            width: 50.0,
            fit: BoxFit.contain,
          ),
          Image(
            image: img,
            width: 100.0,
            height: 50.0,
            fit: BoxFit.cover,
          ),
          Image(
            image: img,
            width: 100.0,
            height: 50.0,
            fit: BoxFit.fitWidth,
          ),
          Image(
```

图 3-14　ImageRepeat 效果示例

```
          image: img,
          width: 100.0,
          height: 50.0,
          fit: BoxFit.fitHeight,
        ),
        Image(
          image: img,
          width: 100.0,
          height: 50.0,
          fit: BoxFit.scaleDown,
        ),
        Image(
          image: img,
          height: 50.0,
          width: 100.0,
          fit: BoxFit.none,
        ),
        Image(
          image: img,
          width: 100.0,
          color: Colors.blue,
          colorBlendMode: BlendMode.difference,
          fit: BoxFit.fill,
        ),
        Image(
          image: img,
          width: 100.0,
          height: 200.0,
          repeat: ImageRepeat.repeatY ,
        )
      ].map((e){
        return Row(
          children: <Widget>[
            Padding(
              padding: EdgeInsets.all(16.0),
              child: SizedBox(
                width: 100,
                child: e,
              ),
            ),
            Text(e.fit.toString())
          ],
        );
      }).toList()
    ),
  );
}
}
```

3. Image 缓存

Flutter 框架对加载过的图片是有缓存的，关于 Image 缓存的详细内容及原理，我们将会在后面进阶部分深入介绍。

3.3.2　ICON

在 Flutter 中，可以像进行 Web 开发一样使用 iconfont。iconfont 即 "字体图标"，它是将图标做成字体文件，然后通过指定不同的字符来显示不同的图片。

在字体文件中，每一个字符都对应一个位码，而每一个位码对应一个显示字形，不同的字体就是指字形不同，即字符对应的字形是不同的。而在 iconfont 中，只是将位码对应的字形做成了图标，所以不同的字符最终会渲染成不同的图标。

在 Flutter 开发中，iconfont 和图片相比有如下优势：

❑ 体积小：可以减小安装包大小。

❑ 矢量的：iconfont 都是矢量图标，放大不会影响其清晰度。

❑ 可以应用文本样式：可以像文本一样改变字体图标的颜色、大小、对齐方式等。

❑ 可以通过 TextSpan 和文本混用。

1. 使用 Material Design 字体图标

Flutter 默认包含了一套 Material Design 的字体图标，在 pubspec.yaml 文件中的配置如下：

```
flutter:
  uses-material-design: true
```

Material Design 的所有图标可以在其官网查看：https://material.io/tools/icons/。

我们看一个简单的例子，代码如下：

```
String icons = "";
//accessible: 0xe03e
icons += "\uE03e";
//error:  0xe237
icons += " \uE237";
//fingerprint: 0xe287
icons += " \uE287";

Text(
  icons,
  style: TextStyle(
    fontFamily: "MaterialIcons",
    fontSize: 24.0,
    color: Colors.green,
  ),
);
```

上述代码的运行效果如图 3-15 所示。

通过这个示例可以看到，使用图标就像使用文本一样，但是这种方式需要我们提供每个图标的码点，这对开发者并不友好，所以，Flutter 封装了 IconData 和 Icon 来专门显示字体图标，上面的例子也可以用如下方式实现：

图 3-15　字体图标示例

```
Row(
  mainAxisAlignment: MainAxisAlignment.center,
  children: <Widget>[
```

```
    Icon(Icons.accessible,color: Colors.green),
    Icon(Icons.error,color: Colors.green),
    Icon(Icons.fingerprint,color: Colors.green),
  ],
)
```

Icons 类中包含了所有 Material Design 图标的 IconData 静态变量定义。

2. 使用自定义字体图标

我们也可以使用自定义字体图标。iconfont.cn 上有很多字体图标素材,我们可以选择自己需要的图标打包下载后,生成一些不同格式的字体文件,在 Flutter 中,我们使用 ttf 格式即可。

假设我们的项目中需要使用一个书籍图标和微信图标,我们打包下载后导入,实现步骤具体如下:

1)导入字体图标文件;这一步和导入字体文件相同,假设我们的字体图标文件保存在项目根目录下,路径为 fonts/iconfont.ttf,代码如下:

```
fonts:
  - family: myIcon   #指定一个字体名
    fonts:
      - asset: fonts/iconfont.ttf
```

2)为了使用方便,我们定义一个 MyIcons 类,功能和 Icons 类一样:将字体文件中的所有图标都定义成静态变量,代码如下:

```
class MyIcons{
  // 书籍图标
  static const IconData book = const IconData(
    0xe614,
    fontFamily: 'myIcon',
    matchTextDirection: true
  );
  // 微信图标
  static const IconData wechat = const IconData(
    0xec7d,
    fontFamily: 'myIcon',
    matchTextDirection: true
  );
}
```

3)使用以下代码:

```
Row(
  mainAxisAlignment: MainAxisAlignment.center,
  children: <Widget>[
    Icon(MyIcons.book,color: Colors.purple),
    Icon(MyIcons.wechat,color: Colors.green),
  ],
)
```

完成上述步骤后,运行效果如图 3-16 所示。

图 3-16 自定义字体图标示例

3.4 单选开关和复选框

3.4.1 简介

Material 组件库中提供了 Material 风格的单选开关 Switch 和复选框 Checkbox，虽然它们都是继承自 StatefulWidget，但它们本身不会保存当前选中状态，选中状态都是由父组件来管理的。当 Switch 或 Checkbox 被点击时，会触发它们的 onChanged 回调，我们可以在此回调中处理选中状态改变逻辑。下面看一个简单的例子，代码如下：

```
class SwitchAndCheckBoxTestRoute extends StatefulWidget {
  @override
  _SwitchAndCheckBoxTestRouteState createState() => _SwitchAndCheckBoxTestRouteS
    tate();
}

class _SwitchAndCheckBoxTestRouteState extends State<SwitchAndCheckBoxTestRoute> {
  bool _switchSelected=true; // 维护单选开关状态
  bool _checkboxSelected=true;// 维护复选框状态
  @override
  Widget build(BuildContext context) {
    return Column(
      children: <Widget>[
        Switch(
          value: _switchSelected,// 当前状态
          onChanged:(value){
            // 重新构建页面
            setState(() {
              _switchSelected=value;
            });
          },
        ),
        Checkbox(
          value: _checkboxSelected,
          activeColor: Colors.red, // 选中时的颜色
          onChanged:(value){
            setState(() {
              _checkboxSelected=value;
            });
          },
        )
      ],
    );
  }
}
```

在上面的代码中，因为需要维护 Switch 和 Checkbox 的选中状态，所以 SwitchAndCheckBoxTestRoute 继承自 StatefulWidget。在其 build 方法中分别构建了一个 Switch 和 Checkbox，初始状态都为选中状态，当用户点击时，会将状态置反，然后回调用 setState() 通知 Flutter 框架重新构建 UI，效果如图 3-17 所示。

图 3-17 单选开关、复选框示例

3.4.2 属性及外观

Switch 和 Checkbox 属性比较简单，读者可以查看 API 文档，它们都有一个 activeColor 属性，用于设置激活态的颜色。至于大小，到目前为止，Checkbox 的大小是固定的，无法自定义，而 Switch 只能定义宽度，高度也是固定的。值得一提的是 Checkbox 有一个属性 tristate，表示是否为三态，其默认值为 false，这时 Checkbox 有两种状态，即"选中"和"未选中"，对应的 value 的值为 true 和 false；如果 tristate 的值为 true，那么 value 的值会增加一个状态 null，读者可以自行测试。

3.4.3 注意

通过 Switch 和 Checkbox 我们可以看到，虽然它们本身是与状态（是否选中）关联的，但却不是自己来维护状态，而是需要父组件来管理状态，然后当用户点击时，再通过事件通知给父组件，这样是合理的，因为 Switch 和 Checkbox 是否选中本就和用户数据关联，而这些用户数据也不可能是私有状态。我们在自定义组件时也应该思考哪种状态的管理方式最为合理。

3.5 输入框及表单

Material 组件库中提供了输入框组件 TextField 和表单组件 Form。下面我们分别介绍一下。

3.5.1 TextField

TextField 用于文本输入，它提供了很多属性，我们先简单介绍一下主要属性的作用，然后通过几个示例来演示一下关键属性的用法。

```
const TextField({
  ...
  TextEditingController controller,
  FocusNode focusNode,
  InputDecoration decoration = const InputDecoration(),
  TextInputType keyboardType,
  TextInputAction textInputAction,
  TextStyle style,
  TextAlign textAlign = TextAlign.start,
  bool autofocus = false,
  bool obscureText = false,
  int maxLines = 1,
  int maxLength,
  this.maxLengthEnforcement,
  ToolbarOptions? toolbarOptions,
  ValueChanged<String> onChanged,
  VoidCallback onEditingComplete,
  ValueChanged<String> onSubmitted,
  List<TextInputFormatter> inputFormatters,
  bool enabled,
```

```
  this.cursorWidth = 2.0,
  this.cursorRadius,
  this.cursorColor,
  this.onTap,
  ...
})
```

下面是对上述代码段的参数说明。

☐ controller：编辑框的控制器，通过它可以设置 / 获取编辑框的内容、选择编辑内容、监听编辑文本改变事件。大多数情况下我们都需要显式提供一个 controller 来与文本框交互。如果没有提供 controller，则 TextField 内部会自动创建一个。

☐ focusNode：用于控制 TextField 是否占有当前键盘的输入焦点。它是我们和键盘交互的一个句柄（handle）。

☐ InputDecoration：用于控制 TextField 的外观显示，如提示文本、背景颜色、边框等。

☐ keyboardType：用于设置该输入框默认的键盘输入类型，取值如表 3-1 所示。

表 3-1 TextInputType 枚举

值	含义
text	文本输入键盘
multiline	多行文本，需要和 maxLines 配合使用（设为 null 或大于 1）
number	数字；会弹出数字键盘
phone	优化后的电话号码输入键盘；会弹出数字键盘并显示 * #
datetime	优化后的日期输入键盘；Android 上会显示 : -
emailAddress	优化后的电子邮件地址；会显示 @ .
url	优化后的 URL 输入键盘；会显示 / .

☐ textInputAction：键盘动作按钮图标（即回车键位图标），它是一个枚举值，有多个可选值，全部的取值列表读者可以查看 API 文档，下面是当值为 TextInputAction.search 时，原生 Android 系统下键盘的样式，如图 3-18 所示。

☐ style：正在编辑的文本样式。

☐ textAlign：输入框内编辑文本在水平方向的对齐方式。

☐ autofocus：是否自动获取焦点。

☐ obscureText：是否隐藏正在编辑的文本，如用于输入密码的场景等，文本内容会用"•"替换。

☐ maxLines：输入框的最大行数，默认为 1；如果为 null，则无行数限制。

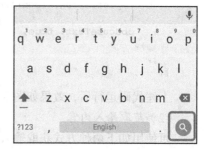

图 3-18 Android 键盘搜索模式

☐ maxLength 和 maxLengthEnforcement：maxLength 代表输入框文本的最大长度，设置后输入框右下角会显示输入的文本计数。maxLength-Enforcement 决定当输入文本长度超过 maxLength 时如何处理，如截断、超出等。

☐ toolbarOptions：长按或鼠标右击时出现的菜单，包括 copy、cut、paste 以及 selectAll。

- onChange：输入框内容改变时的回调函数。注意，内容改变事件也可以通过 controller 来监听。
- onEditingComplete 和 onSubmitted：这两个回调都是在输入框输入完成时触发的，比如按了键盘的完成键（对号图标）或搜索键。不同的是两个回调签名不同，onSubmitted 回调是 ValueChanged<String> 类型，它接收当前输入内容作为参数，而 onEditingComplete 不接收参数。
- inputFormatters：用于指定输入格式；当用户输入内容改变时，会根据指定的格式来校验。
- enable：如果为 false，则输入框会被禁用，禁用状态下不能响应输入事件，同时显示禁用态样式（在其 decoration 中定义）。
- cursorWidth、cursorRadius 和 cursorColor：这三个属性是用于自定义输入框光标宽度、圆角和颜色的。

示例：登录输入框

（1）布局

我们实现一个登录表单：

```
Column(
  children: <Widget>[
    TextField(
      autofocus: true,
      decoration: InputDecoration(
        labelText: "用户名",
        hintText: "用户名或邮箱",
        prefixIcon: Icon(Icons.person)
      ),
    ),
    TextField(
      decoration: InputDecoration(
        labelText: "密码",
        hintText: "您的登录密码",
        prefixIcon: Icon(Icons.lock)
      ),
      obscureText: true,
    ),
  ],
);
```

上述代码运行后，效果如图 3-19 所示。

（2）获取输入内容

可使用如下两种方式获取输入内容。

- 定义两个变量，用于保存用户名和密码，然后在 onChange 触发时，各自保存一下输入内容。
- 通过 controller 直接获取。

图 3-19 登录输入框示例

第一种方式比较简单，这里不再举例说明，我们来重点看一下第二种方式，这里以用户名输入框举例。

定义一个 controller，代码如下：

```
// 定义一个 controller
TextEditingController _unameController = TextEditingController();
```

然后设置输入框 controller，代码如下：

```
TextField(
  autofocus: true,
  controller: _unameController, // 设置 controller
  ...
)
```

通过 controller 获取输入框内容，代码如下：

```
print(_unameController.text)
```

（3）监听文本变化

监听文本变化也有如下两种方式。

❑ 设置 onChange 回调，代码如下：

```
TextField(
  autofocus: true,
  onChanged: (v) {
    print("onChange: $v");
  }
)
```

❑ 通过 controller 监听，代码如下：

```
@override
void initState() {
  // 监听输入改变
  _unameController.addListener((){
    print(_unameController.text);
  });
}
```

将这两种方式相比较，onChanged 是专门用于监听文本变化，而 controller 的功能却多一些，除了能监听文本变化外，它还可以设置默认值、选择文本，下面我们来看一个例子。

创建一个 controller，代码如下：

```
TextEditingController _selectionController =  TextEditingController();
```

设置默认值，并从第三个字符开始选中后面的字符，代码如下：

```
_selectionController.text="hello world!";
_selectionController.selection=TextSelection(
  baseOffset: 2,
  extentOffset: _selectionController.text.length
);
```

设置 controller，代码如下：

```
TextField(
  controller: _selectionController,
)
```

上述代码运行效果如图 3-20 所示。

图 3-20　输入框内容选中示例

（4）控制焦点

焦点可以通过 FocusNode 和 FocusScopeNode 来控制，默认情况下，焦点由 FocusScope 来管理，它代表焦点控制范围，可以在这个范围内通过 FocusScopeNode 在输入框之间移动焦点、设置默认焦点等。我们可以通过 FocusScope.of(context) 来获取 Widget 树中默认的 FocusScopeNode。下面看一个示例，在此示例中创建两个 TextField，第一个自动获取焦点，然后创建两个按钮，按钮功能如下。

❑ 点击第一个按钮可以将焦点从第一个 TextField 挪到第二个 TextField。

❑ 点击第二个按钮可以关闭键盘。

我们要实现的效果如图 3-21 所示。

示例代码如下：

```
class FocusTestRoute extends StatefulWidget {
  @override
  _FocusTestRouteState createState() => _
    FocusTestRouteState();
}

class _FocusTestRouteState extends State<
  FocusTestRoute> {
  FocusNode focusNode1 = FocusNode();
  FocusNode focusNode2 = FocusNode();
  FocusScopeNode? focusScopeNode;

  @override
  Widget build(BuildContext context) {
    return Padding(
      padding: EdgeInsets.all(16.0),
      child: Column(
        children: <Widget>[
          TextField(
            autofocus: true,
            focusNode: focusNode1,// 关联 focusNode1
            decoration: InputDecoration(
                labelText: "input1"
            ),
          ),
          TextField(
            focusNode: focusNode2,// 关联 focusNode2
            decoration: InputDecoration(
                labelText: "input2"
            ),
          ),
          Builder(builder: (ctx) {
```

图 3-21　输入框焦点控制示例

```
            return Column(
              children: <Widget>[
                ElevatedButton(
                  child: Text(" 移动焦点 "),
                  onPressed: () {
                    // 将焦点从第一个 TextField 移到第二个 TextField
                    // 这是第一种写法: FocusScope.of(context).requestFocus
                      (focusNode2);
                    // 这是第二种写法
                    if(null == focusScopeNode){
                      focusScopeNode = FocusScope.of(context);
                    }
                    focusScopeNode.requestFocus(focusNode2);
                  },
                ),
                ElevatedButton(
                  child: Text(" 隐藏键盘 "),
                  onPressed: () {
                    // 当所有编辑框都失去焦点时键盘就会收起
                    focusNode1.unfocus();
                    focusNode2.unfocus();
                  },
                ),
              ],
            );
          },
        ),
      ],
    ),
  );
}

}
```

FocusNode 和 FocusScopeNode 还有一些其他的方法，详情可以查看 API 文档。

（5）监听焦点状态改变事件

FocusNode 继承自 ChangeNotifier，通过 FocusNode 可以监听焦点的改变事件，示例代码如下：

```
...
// 创建 focusNode
FocusNode focusNode = FocusNode();
...
//focusNode 绑定输入框
TextField(focusNode: focusNode);
...
// 监听焦点变化
focusNode.addListener((){
    print(focusNode.hasFocus);
});
```

获得焦点时 focusNode.hasFocus 值为 true，失去焦点时为 false。

（6）自定义样式

虽然我们可以通过 decoration 属性来定义输入框样式，下面以自定义输入框下划线颜色为例来介绍一下：

```
TextField(
  decoration: InputDecoration(
    labelText: "请输入用户名",
    prefixIcon: Icon(Icons.person),
    // 未获得焦点下划线设为灰色
    enabledBorder: UnderlineInputBorder(
      borderSide: BorderSide(color: Colors.grey),
    ),
    // 获得焦点下划线设为蓝色
    focusedBorder: UnderlineInputBorder(
      borderSide: BorderSide(color: Colors.blue),
    ),
  ),
),
```

在上述代码中，我们直接通过 InputDecoration 的 enabledBorder 和 focusedBorder 来分别设置输入框在未获取焦点和获得焦点后的下划线颜色。另外，我们也可以通过主题来自定义输入框的样式，下面我们探索一下如何在不使用 enabledBorder 和 focusedBorder 的情况下来自定义下划线颜色。

由于 TextField 在绘制下划线时使用的颜色是主题色里面的 hintColor，但提示文本颜色也是用的 hintColor，如果我们直接修改 hintColor，那么下划线和提示文本的颜色都会变。值得高兴的是 decoration 中可以设置 hintStyle，它可以覆盖 hintColor，并且主题中可以通过 inputDecorationTheme 来设置输入框默认的 decoration。所以我们可以通过主题来自定义，代码如下：

```
Theme(
  data: Theme.of(context).copyWith(
      hintColor: Colors.grey[200], // 定义下划线颜色
      inputDecorationTheme: InputDecorationTheme(
          labelStyle: TextStyle(color: Colors.grey),// 定义 label 字体样式
          hintStyle: TextStyle(color: Colors.grey, fontSize: 14.0)// 定义提示文本样式
      )
  ),
  child: Column(
    children: <Widget>[
      TextField(
        decoration: InputDecoration(
            labelText: "用户名",
            hintText: "用户名或邮箱",
            prefixIcon: Icon(Icons.person)
        ),
      ),
      TextField(
        decoration: InputDecoration(
            prefixIcon: Icon(Icons.lock),
            labelText: "密码",
```

```
        hintText: "您的登录密码",
        hintStyle: TextStyle(color: Colors.grey, fontSize: 13.0)
      ),
      obscureText: true,
    )
  ],
 )
)
```

上述代码运行效果如图 3-22 所示。

我们成功地自定义了下划线颜色和提问文字样式，细心的读者可能已经发现，通过这种方式自定义后，输入框在获取焦点时，labelText 不会高亮显示了，正如图 3-22 中的 "用户名" 本应该显示蓝色，但现在却显示为灰色，并且我们还是无法定义下划线宽度。另

图 3-22 自定义输入框样式示例 1

一种灵活的方式是直接隐藏掉 TextField 本身的下划线，然后通过 Container 去嵌套定义样式，代码如下：

```
Container(
  child: TextField(
    keyboardType: TextInputType.emailAddress,
    decoration: InputDecoration(
      labelText: "Email",
      hintText: "电子邮件地址",
      prefixIcon: Icon(Icons.email),
      border: InputBorder.none // 隐藏下划线
    )
  ),
  decoration: BoxDecoration(
    // 下划线浅灰色，宽度1像素
    border: Border(bottom: BorderSide(color: Colors.grey[200], width: 1.0))
  ),
)
```

上述代码运行效果如图 3-23 所示。

通过这种组件组合的方式，也可以定义背景圆角等。一般来说，优先通过 decoration 来自定义样式，如果 decoration 实现不了，再用 widget 组合的方式。

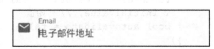

图 3-23 自定义输入框样式示例 2

> 思考题 在这个示例中，下划线的颜色是固定的，所以获得焦点后颜色仍然为灰色，如何实现点击后下划线也变色呢？

3.5.2 表单

在实际业务中正式向服务器提交数据前，都会对各个输入框数据进行合法性校验，但是对每一个 TextField 都分别进行校验将会是一件很麻烦的事。还有，如果用户想清除一组 TextField 的内容，除了一个一个清除，有没有什么更好的办法呢？为此，Flutter 提供了一

个 Form 组件，它可以对输入框进行分组，然后进行一些统一操作，如输入内容校验、输入框重置和输入内容保存等。

1. Form

Form 继承自 StatefulWidget 对象，它对应的状态类为 FormState。我们先看一看 Form 类的定义，代码如下：

```
Form({
  required Widget child,
  bool autovalidate = false,
  WillPopCallback onWillPop,
  VoidCallback onChanged,
})
```

代码参数说明：

❑ autovalidate：是否自动校验输入内容；当为 true 时，每一个子 FormField 内容发生变化时都会自动校验合法性，并直接显示错误信息。否则，需要通过调用 FormState.validate() 来手动校验。

❑ onWillPop：决定 Form 所在的路由是否可以直接返回（如点击返回按钮），该回调返回一个 Future 对象，如果 Future 的最终结果是 false，则当前路由不会返回；如果为 true，则会返回到上一个路由。此属性通常用于拦截返回按钮。

❑ onChanged：Form 的任意一个子 FormField 内容发生变化时会触发此回调。

2. FormField

Form 的子孙元素必须是 FormField 类型，FormField 是一个抽象类，定义几个属性，FormState 内部通过它们来完成操作，FormField 部分定义如下：

```
const FormField({
  ...
  FormFieldSetter<T> onSaved, // 保存回调
  FormFieldValidator<T>  validator, // 验证回调
  T initialValue, // 初始值
  bool autovalidate = false, // 是否自动校验
})
```

为了方便使用，Flutter 提供了一个 TextFormField 组件，它继承自 FormField 类，也是 TextField 的一个包装类，所以除了 FormField 定义的属性之外，它还包括 TextField 的属性。

3. FormState

FormState 为 Form 的 State 类，可以通过 Form.of() 或 GlobalKey 获得。我们可以通过它来对 Form 的子孙 FormField 进行统一操作。我们看看其常用的三个方法：

❑ FormState.validate()：调用此方法后，会调用 Form 子孙 FormField 的 validate 回调，如果有一个校验失败，则返回 false，所有校验失败项都会返回用户返回的错误提示。

❑ FormState.save()：调用此方法后，会调用 Form 子孙 FormField 的 save 回调，用于保存表单内容

❑ FormState.reset()：调用此方法后，会将子孙 FormField 的内容清空。

4. 示例

我们修改一下上面用户登录的示例，在提交之前就校验，校验内容如下：

❑ 用户名不能为空，如果为空，则提示"用户名不能为空"。

❑ 密码不能少于6位，如果小于6位，则提示"密码不能少于6位"。

完整代码具体如下：

```dart
import 'package:flutter/material.dart';

class FormTestRoute extends StatefulWidget {
  @override
  _FormTestRouteState createState() => _FormTestRouteState();
}

class _FormTestRouteState extends State<FormTestRoute> {
  TextEditingController _unameController = TextEditingController();
  TextEditingController _pwdController = TextEditingController();
  GlobalKey _formKey = GlobalKey<FormState>();

  @override
  Widget build(BuildContext context) {
    return Form(
      key: _formKey, // 设置globalKey，用于后面获取FormState
      autovalidateMode: AutovalidateMode.onUserInteraction,
      child: Column(
        children: <Widget>[
          TextFormField(
            autofocus: true,
            controller: _unameController,
            decoration: InputDecoration(
              labelText: "用户名",
              hintText: "用户名或邮箱",
              icon: Icon(Icons.person),
            ),
            // 校验用户名
            validator: (v) {
              return v!.trim().isNotEmpty ? null : "用户名不能为空";
            },
          ),
          TextFormField(
            controller: _pwdController,
            decoration: InputDecoration(
              labelText: "密码",
              hintText: "您的登录密码",
              icon: Icon(Icons.lock),
            ),
            obscureText: true,
            // 校验密码
            validator: (v) {
              return v!.trim().length > 5 ? null : "密码不能少于6位";
            },
          ),
          // 登录按钮
          Padding(
```

```
        padding: const EdgeInsets.only(top: 28.0),
        child: Row(
          children: <Widget>[
            Expanded(
              child: ElevatedButton(
                child: Padding(
                  padding: const EdgeInsets.all(16.0),
                  child: Text(" 登录 "),
                ),
                onPressed: () {
                  // 通过 _formKey.currentState 获取 FormState 后,
                  // 调用 validate() 方法校验用户名密码是否合法, 校验
                  // 通过后再提交数据
                  if ((_formKey.currentState as FormState).validate()) {
                    // 验证通过提交数据
                  }
                },
              ),
            ),
          ],
        ),
      )
    ],
  ),
);
    }
  }
```

代码运行后效果如图 3-24 所示。

注意，登录按钮的 onPressed 方法中不能通过 Form.
of(context) 来获取 FormState，原因是此处的 context 为
FormTestRoute 的 context，而 Form.of(context) 是根据所指
定的 context 向根去查找，而 FormState 是在 FormTestRoute
的子树中，所以不行。正确的做法是通过 Builder 来构建登
录按钮，Builder 会将 widget 节点的 context 作为回调参数，
代码如下：

图 3-24　表单预验证示例

```
Expanded(
  // 通过 Builder 来获取 ElevatedButton 所在 widget 树
    的真正 context(Element)
    child:Builder(builder: (context){
    return ElevatedButton(
      ...
      onPressed: () {
        // 由于本 widget 也是 Form 的子代 widget, 所以可以通过如下方式获取 FormState
        if(Form.of(context).validate()){
          // 验证通过提交数据
        }
      },
    );
  })
)
```

其实 context 正是操作 Widget 所对应的 Element 的一个接口，由于 Widget 树对应的 Element 都是不同的，所以 context 也都是不同的，有关 context 的更多内容会在进阶篇中详细讨论。Flutter 中有很多 of(context) 之类的方法，读者在使用时一定要注意 context 是否正确。

3.6 进度指示器

Material 组件库中提供了两种进度指示器：LinearProgressIndicator 和 CircularProgress-Indicator，它们都可以同时用于精确的进度指示和模糊的进度指示。精确进度通常用于任务进度可以计算和预估的情况，比如文件下载；而模糊进度则适用于用户任务进度无法准确获得的情况，如下拉刷新、数据提交等。

3.6.1 LinearProgressIndicator

LinearProgressIndicator 是一个线性、条状的进度条，定义代码如下：

```
LinearProgressIndicator({
  double value,
  Color backgroundColor,
  Animation<Color> valueColor,
  ...
})
```

上述代码中的参数说明如下：

❑ value：value 表示当前的进度，取值范围为 [0,1]；当 value 为 null 时，则指示器会执行一个循环动画（模糊进度）；当 value 不为 null 时，指示器为一个具体进度的进度条。

❑ backgroundColor：指示器的背景色。

❑ valueColor：指示器的进度条颜色。值得注意的是，该值类型是 Animation<Color>，这允许我们对进度条的颜色指定动画。如果不需要对进度条的颜色执行动画，换言之，我们想对进度条应用一种固定的颜色，则可以通过 AlwaysStoppedAnimation 来指定。

示例代码如下：

```
// 模糊进度条（会执行一个动画）
LinearProgressIndicator(
  backgroundColor: Colors.grey[200],
  valueColor: AlwaysStoppedAnimation(Colors.blue),
),
// 进度条显示50%
LinearProgressIndicator(
  backgroundColor: Colors.grey[200],
  valueColor: AlwaysStoppedAnimation(Colors.blue),
  value: .5,
)
```

示例代码运行效果如图 3-25 所示。

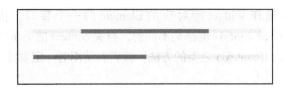

图 3-25　LinearProgressIndicator 示例

　　第一个进度条在执行循环动画：蓝色条一直在移动，而第二个进度条是静止的，停在 50% 的位置。

3.6.2　CircularProgressIndicator

CircularProgressIndicator 是一个圆形进度条，定义代码如下：

```
CircularProgressIndicator({
  double value,
  Color backgroundColor,
  Animation<Color> valueColor,
  this.strokeWidth = 4.0,
  ...
})
```

前三个参数和 LinearProgressIndicator 相同，不再赘述。strokeWidth 表示圆形进度条的粗细。示例代码如下：

```
//模糊进度条（会执行一个旋转动画）
CircularProgressIndicator(
  backgroundColor: Colors.grey[200],
  valueColor: AlwaysStoppedAnimation(Colors.blue),
),
//进度条显示 50%，会显示一个半圆
CircularProgressIndicator(
  backgroundColor: Colors.grey[200],
  valueColor: AlwaysStoppedAnimation(Colors.blue),
  value: .5,
),
```

代码运行效果如图 3-26 所示。

图 3-26　CircularProgressIndicator 示例

　　第一个进度条会执行旋转动画，而第二个进度条是静止的，它停在 50% 的位置。

3.6.3 自定义尺寸

我们可以发现 LinearProgressIndicator 和 CircularProgressIndicator 并没有提供设置圆形进度条尺寸的参数；如果我们希望 LinearProgressIndicator 的线细一些，或者希望 Circular-ProgressIndicator 的圆大一些，该怎么做？

其实，LinearProgressIndicator 和 CircularProgressIndicator 都是取父容器的尺寸作为绘制的边界的。知道了这一点，我们便可以通过尺寸限制类 Widget，如 ConstrainedBox、SizedBox（我们将在第 5 章中介绍）来指定尺寸，代码如下：

```
// 线性进度条高度指定为 3
SizedBox(
  height: 3,
  child: LinearProgressIndicator(
    backgroundColor: Colors.grey[200],
    valueColor: AlwaysStoppedAnimation(Colors.blue),
    value: .5,
  ),
),
// 圆形进度条直径指定为 100
SizedBox(
  height: 100,
  width: 100,
  child: CircularProgressIndicator(
    backgroundColor: Colors.grey[200],
    valueColor: AlwaysStoppedAnimation(Colors.blue),
    value: .7,
  ),
),
```

代码运行效果如图 3-27 所示。

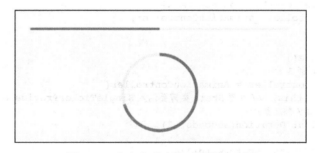

图 3-27　自定义进度指示器尺寸示例

注意，如果 CircularProgressIndicator 显示空间的宽高不同，则会显示为椭圆。代码如下：

```
// 宽高不等
SizedBox(
  height: 100,
  width: 130,
  child: CircularProgressIndicator(
    backgroundColor: Colors.grey[200],
```

```
      valueColor: AlwaysStoppedAnimation(Colors.blue),
      value: .7,
    ),
  ),
```

代码的运行效果如图 3-28 所示。

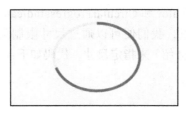

图 3-28　椭圆形进度指示器示例

3.6.4　进度色动画

前面介绍过可以通过 valueColor 对进度条颜色做动画，关于动画，我们将在后面专门的章节详细介绍，这里先给出一个例子，读者在了解了 Flutter 动画一章后再回过头来看。

我们实现一个进度条在 3 秒内从灰色变成蓝色的动画，代码如下：

```
import 'package:flutter/material.dart';

class ProgressRoute extends StatefulWidget {
  @override
  _ProgressRouteState createState() => _ProgressRouteState();
}

class _ProgressRouteState extends State<ProgressRoute>
    with SingleTickerProviderStateMixin {
  AnimationController _animationController;

  @override
  void initState() {
    // 动画执行时间 3 秒
    _animationController = AnimationController(
        vsync: this, //注意 State 类需要混入 SingleTickerProviderStateMixin (提供动画
          帧计时 / 触发器)
        duration: Duration(seconds: 3),
      );
    _animationController.forward();
    _animationController.addListener(() => setState(() => {}));
    super.initState();
  }

  @override
  void dispose() {
    _animationController.dispose();
    super.dispose();
  }
```

```
@override
Widget build(BuildContext context) {
  return SingleChildScrollView(
    child: Column(
      children: <Widget>[
        Padding(
        padding: EdgeInsets.all(16),
        child: LinearProgressIndicator(
          backgroundColor: Colors.grey[200],
          valueColor: ColorTween(begin: Colors.grey, end: Colors.blue)
            .animate(_animationController), // 从灰色变成蓝色
          value: _animationController.value,
        ),
      );
    ],
    ),
  );
}
}
```

3.6.5　自定义进度指示器样式

对于定制进度指示器风格样式，可以通过 CustomPainter Widget 来自定义绘制逻辑，实际上 LinearProgressIndicator 和 CircularProgressIndicator 也正是通过 CustomPainter 来实现外观绘制的。关于 CustomPainter，我们将在第 10 章中详细介绍。

flutter_spinkit 包提供了多种风格的模糊进度指示器，读者若是感兴趣，可以参考。

布局类组件

4.1 布局类组件简介

布局类组件都会包含一个或多个子组件，不同的布局类组件对子组件排列（layout）方式不同，如表 4-1 所示。

表 4-1   三类 Widget 布局类组件

Widget	说明	用途
LeafRenderObjectWidget	非容器类组件基类	Widget 树的叶子节点，用于没有子节点的 Widget，通常基础组件都属于这一类，如 Image
SingleChildRenderObjectWidget	单子组件基类	包含一个子 Widget，如 ConstrainedBox、DecoratedBox 等
MultiChildRenderObjectWidget	多子组件基类	包含多个子 Widget，一般都有一个 children 参数，接受一个 Widget 数组，如 Row、Column、Stack 等

布局类组件就是指直接或间接继承（包含）SingleChildRenderObjectWidget 和 Multi-ChildRenderObjectWidget 的 Widget，它们一般都会有一个 child 或 children 属性用于接收子 Widget。我们看一下继承关系 Widget > RenderObjectWidget > (Leaf/SingleChild/MultiChild) RenderObjectWidget。

RenderObjectWidget 类中定义了创建、更新 RenderObject 的方法，子类必须实现它们。关于 RenderObject 我们现在只需要知道它是最终布局、渲染 UI 界面的对象即可，也就是说，对于布局类组件来说，其布局算法都是通过对应的 RenderObject 对象来实现的，所以读者如果对接下来介绍的某个布局类组件的原理感兴趣，可以查看其对应的 RenderObject 的实现，比如 Stack（层叠布局）对应的 RenderObject 对象就是 RenderStack，而层叠布局的实现就在 RenderStack 中。

在本章中，为了让读者对布局类 Widget 有快速的认识，我们并不会深入介绍 RenderObject

的细节。在学习本章时，读者的重点是掌握不同布局组件的布局特点，具体原理和细节等我们对 Flutter 整体入门后，感兴趣的话再去研究。

4.2 布局原理与约束

尺寸限制类容器用于限制容器大小，Flutter 中提供了多种这样的容器，如 Constrained-Box、SizedBox、UnconstrainedBox、AspectRatio 等，本节将介绍一些常用的。

4.2.1 Flutter 布局模型

Flutter 中有两种布局模型：
- 基于 RenderBox 的盒模型布局。
- 基于 Sliver（RenderSliver）按需加载列表布局。

两种布局方式在细节上略有差异，但大体流程相同，布局流程如下：
- 上层组件向下层组件传递约束（constraints）条件。
- 下层组件确定自己的大小，然后告诉上层组件。注意下层组件的大小必须符合父组件的约束。
- 上层组件确定下层组件相对于自身的偏移和确定自身的大小（大多数情况下会根据子组件的大小来确定自身的大小）。

例如，父组件传递给子组件的约束是"最大宽高不能超过 100，最小宽高为 0"，如果我们给子组件设置宽高都为 200，则子组件最终的大小是 100×100，因为任何时候，子组件都必须先遵守父组件的约束，在此基础上再应用子组件约束（相当于父组件的约束和自身的大小求一个交集）。

本节我们主要看一下盒模型布局，然后会在第 6 章中介绍 Sliver 布局模型。盒模型布局组件有两个特点：
- 组件对应的渲染对象都继承自 RenderBox 类。在后文中如果提到某个组件是 RenderBox，则指它是基于盒模型布局的，而不是说组件是 RenderBox 类的实例。
- 在布局过程中父级传递给子级的约束信息由 BoxConstraints 描述。

4.2.2 BoxConstraints

BoxConstraints 是盒模型布局过程中父渲染对象传递给子渲染对象的约束信息，包含最大宽高信息，子组件大小需要在约束的范围内，BoxConstraints 默认的构造函数如下：

```
const BoxConstraints({
  this.minWidth = 0.0, //最小宽度
  this.maxWidth = double.infinity, //最大宽度
  this.minHeight = 0.0, //最小高度
  this.maxHeight = double.infinity //最大高度
})
```

它包含 4 个属性，BoxConstraints 还定义了一些便捷的构造函数，用于快速生成特定限制规则的 BoxConstraints，如 BoxConstraints.tight(Size size)，它可以生成固定宽高的限制；BoxConstraints.expand() 可以生成一个尽可能大的用以填充另一个容器的 BoxConstraints。除此之外还有一些其他的便捷函数，读者可以查看类定义。另外我们在后面深入介绍布局原理时还会讨论 Constraints，在这里，读者只需知道父级组件是通过 BoxConstraints 来描述对子组件可用的空间范围即可。

> 约定　为了描述方便，如果我们说一个组件不约束其子组件或者取消对子组件约束时，是指对子组件约束的最大宽高为无限大，而最小宽高为 0，相当于子组件完全可以自己根据需要的空间来确定自己的大小。

下面我们介绍一些常用的通过约束限制子组件大小的组件。

4.2.3　ConstrainedBox

ConstrainedBox 用于对子组件添加额外的约束。例如，如果你想让子组件的最小高度是 80 像素，你可以使用 const BoxConstraints(minHeight: 80.0) 作为子组件的约束。

示例

我们先定义一个 redBox，它是一个背景颜色为红色的盒子，不指定它的宽度和高度：

```
Widget redBox = DecoratedBox(
  decoration: BoxDecoration(color: Colors.red),
);
```

我们实现一个最小高度为 50，宽度尽可能大的红色容器：

```
ConstrainedBox(
  constraints: BoxConstraints(
    minWidth: double.infinity, // 宽度尽可能大
    minHeight: 50.0 // 最小高度为 50 像素
  ),
  child: Container(
    height: 5.0,
    child: redBox ,
  ),
)
```

上述代码的运行效果如图 4-1 所示。

可以看到，我们虽然将 Container 的高度设置为 5 像素，但是最终却是 50 像素，这正是 ConstrainedBox 的最小高度限制生效了。如果将 Container 的高度设置为 80 像素，那么最终红色区域的高度也会是 80 像素，因

图 4-1　ConstrainedBox 示例

为在此示例中，ConstrainedBox 只限制了最小高度，并未限制最大高度。

4.2.4 SizedBox

SizedBox 用于给子元素指定固定的宽高，代码如下：

```
SizedBox(
  width: 80.0,
  height: 80.0,
  child: redBox
)
```

代码运行效果如图 4-2 所示。

实际上 SizedBox 只是 ConstrainedBox 的一个定制，上面的代码
等价于如下代码：

图 4-2 SizedBox 示例

```
ConstrainedBox(
  constraints: BoxConstraints.tightFor(width: 80.0,height: 80.0),
  child: redBox,
)
```

而 BoxConstraints.tightFor(width: 80.0,height: 80.0) 等价于如下代码：

```
BoxConstraints(minHeight: 80.0,maxHeight: 80.0,minWidth: 80.0,maxWidth: 80.0)
```

而实际上 ConstrainedBox 和 SizedBox 都是通过 RenderConstrainedBox 来渲染的，我们可以看到 ConstrainedBox 和 SizedBox 的 createRenderObject() 方法返回的都是一个 RenderConstrainedBox 对象：

```
@override
RenderConstrainedBox createRenderObject(BuildContext context) {
  return RenderConstrainedBox(
    additionalConstraints: ...,
  );
}
```

4.2.5 多重限制

如果某一个组件有多个父级 ConstrainedBox 限制，那么最终会是哪个生效？我们看一个例子，代码如下：

```
ConstrainedBox(
  constraints: BoxConstraints(minWidth: 60.0, minHeight: 60.0), //父
  child: ConstrainedBox(
    constraints: BoxConstraints(minWidth: 90.0, minHeight: 20.0),//子
    child: redBox,
  ),
)
```

上面我们有父子两个 ConstrainedBox，它们的约束条件不同，运行后效果如图 4-3 所示。

最终显示效果是宽 90，高 60，也就是说是子 ConstrainedBox 的 minWidth 生效，而 minHeight 是父 ConstrainedBox 生效。单凭这个例子，我们还总结不出什么规律，我们将上例中父子约束条件换一下：

```
ConstrainedBox(
    constraints: BoxConstraints(minWidth: 90.0, minHeight: 20.0),
    child: ConstrainedBox(
        constraints: BoxConstraints(minWidth: 60.0, minHeight: 60.0),
        child: redBox,
    )
)
```

代码运行效果如图 4-4 所示。

图 4-3　多重限制示例 1　　　　　　　　图 4-4　多重限制示例 2

最终的显示效果仍然是宽 90，高 60，效果相同，但意义不同，因为此时 minWidth 生效的是父 ConstrainedBox，而 minHeight 是子 ConstrainedBox 生效。

通过上面的示例，我们发现有多重限制时，对于 minWidth 和 minHeight 来说，是取父子中相应数值较大的。实际上，只有这样才能保证父限制与子限制不冲突。

思考题 对于 maxWidth 和 maxHeight，多重限制的策略是什么样的呢？

4.2.6　UnconstrainedBox

虽然任何时候子组件都必须遵守其父组件的约束，但前提条件是它们必须是父子关系，假如有一个组件 A，它的子组件是 B，B 的子组件是 C，则 C 必须遵守 B 的约束，同时 B 必须遵守 A 的约束，但是 A 的约束不会直接约束到 C，除非 B 将 A 对它自己的约束透传给了 C。利用这个原理，就可以实现一个这样的 B 组件：

❑ B 组件中在布局 C 时不约束 C（可以为无限大）。

❑ C 根据自身真实的空间占用来确定自身的大小。

❑ B 在遵守 A 的约束的前提下结合子组件的大小确定自身大小。

而这个 B 组件就是 UnconstrainedBox 组件，也就是说 UnconstrainedBox 的子组件将不再受到约束，大小完全取决于自己。一般情况下，我们会很少直接使用此组件，但在"去除"多重限制的时候也许会有帮助，我们看一下下面的代码：

```
ConstrainedBox(
    constraints: BoxConstraints(minWidth: 60.0, minHeight: 100.0), // 父
    child: UnconstrainedBox( //" 去除 " 父级限制
        child: ConstrainedBox(
            constraints: BoxConstraints(minWidth: 90.0, minHeight: 20.0),// 子
            child: redBox,
        ),
    )
)
```

在上面的代码中，如果没有中间的 UnconstrainedBox，那么根据上面所述的多重限制规则，最终将显示一个 90×100 的红色框。但是由于 UnconstrainedBox "去除" 了父 ConstrainedBox 的限制，则最终会按照子 ConstrainedBox 的限制来绘制 redBox，即 90×20，如图 4-5 所示。

图 4-5 UnconstrainedBox 示例

但是请注意，UnconstrainedBox 对父组件限制的 "去除" 并非真正的去除：上面例子中虽然红色区域的大小是 90×20，但上方仍然有 80 的空白空间。也就是说父限制的 minHeight(100.0) 仍然是生效的，只不过它不影响最终子元素 redBox 的大小，但仍然还是占有相应的空间，可以认为此时的父 ConstrainedBox 是作用于子 UnconstrainedBox 上，而 redBox 只受子 ConstrainedBox 限制，这一点请读者务必注意。

那么有什么方法可以彻底去除父 ConstrainedBox 的限制吗？答案是否定的！请牢记，**任何时候子组件都必须遵守其父组件的约束**，所以在此提示读者，在定义一个通用的组件时，如果要对子组件指定约束，那么一定要注意，因为一旦指定约束条件，子组件自身就不能违反约束。

在实际开发中，当我们发现已经使用 SizedBox 或 ConstrainedBox 给子元素指定了固定宽高，但是仍然没有效果时，几乎可以断定：已经有父组件指定了约束！举个例子，如 Material 组件库中的 AppBar（导航栏）的右侧菜单中，我们使用 SizedBox 指定了 loading 按钮的大小，代码如下：

```
AppBar(
  title: Text(title),
  actions: <Widget>[
    SizedBox(
      width: 20,
      height: 20,
      child: CircularProgressIndicator(
        strokeWidth: 3,
        valueColor: AlwaysStoppedAnimation(Colors.white70),
      ),
    )
  ],
)
```

上面代码运行后，效果如图 4-6 所示。

我们会发现右侧 loading 按钮的大小并没有发生变化，这正是因为 AppBar 中已经指定了 actions 按钮的约束条件，所以我们要自定义 loading 按钮的大小，就必须通过 UnconstrainedBox 来 "去除" 父元素的限制，代码如下：

图 4-6 导航栏自定义 Loading 大小 1

```
AppBar(
  title: Text(title),
  actions: <Widget>[
    UnconstrainedBox(
      child: SizedBox(
```

```
      width: 20,
      height: 20,
      child: CircularProgressIndicator(
        strokeWidth: 3,
        valueColor: AlwaysStoppedAnimation(Colors.white70),
      ),
    ),
  )
  ],
)
```

代码运行后效果如图 4-7 所示。

生效了！实际上将 UnconstrainedBox 换成 Center
或者 Align 也是可以的，至于为什么，我们会在本书
后面布局原理相关的章节中解释。

图 4-7 导航栏自定义 Loading 大小 2

另外，需要注意，UnconstrainedBox 虽然在其子组件布局时可以取消约束（子组件可以
为无限大），但是 UnconstrainedBox 自身是受其父组件约束的，所以当 UnconstrainedBox 随
着其子组件变大后，**如果 UnconstrainedBox 的大小超过其父组件约束时，也会导致溢出
报错**，比如：

```
Column(
  children: <Widget>[
    UnconstrainedBox(
      alignment: Alignment.topLeft,
      child: Padding(
        padding: const EdgeInsets.all(16),
        child: Row(children: [Text('xx' * 30)]),
      ),
    ),
  ]
```

运行效果如图 4-8 所示。

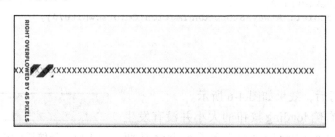

图 4-8 显示溢出

文本已经超过屏幕宽度，溢出了。

4.2.7 其他约束类容器

除了上面介绍的这些常用的尺寸限制类容器外，还有一些其他的尺寸限制类容
器，比如 AspectRatio，它可以指定子组件的长宽比，LimitedBox 用于指定最大宽高，

FractionallySizedBox 可以根据父容器宽高的百分比来设置子组件宽高等，由于这些容器使用起来都比较简单，此处不再赘述，读者可以自行了解。

4.3 线性布局

所谓线性布局，即指沿水平或垂直方向排列子组件。Flutter 中通过 Row 和 Column 来实现线性布局，类似于 Android 中的 LinearLayout 控件。Row 和 Column 都继承自 Flex，我们将在 4.4 节中详细介绍 Flex。

4.3.1 主轴和纵轴

对于线性布局，有主轴和纵轴之分，如果布局是沿水平方向的，那么主轴就是指水平方向，而纵轴即垂直方向；如果布局沿垂直方向，那么主轴就是指垂直方向，而纵轴就是水平方向。在线性布局中，有两个定义对齐方式的枚举类 MainAxisAlignment 和 CrossAxisAlignment，分别代表主轴对齐和纵轴对齐。

4.3.2 Row

Row 可以沿水平方向排列其子 Widget。定义如下：

```
Row({
  ...
  TextDirection textDirection,
  MainAxisSize mainAxisSize = MainAxisSize.max,
  MainAxisAlignment mainAxisAlignment = MainAxisAlignment.start,
  VerticalDirection verticalDirection = VerticalDirection.down,
  CrossAxisAlignment crossAxisAlignment = CrossAxisAlignment.center,
  List<Widget> children = const <Widget>[],
})
```

❑ textDirection：表示水平方向子组件的布局顺序（是从左往右还是从右往左），默认为系统当前 Locale 环境的文本方向（如中文、英语都是从左往右，而阿拉伯语是从右往左）。

❑ mainAxisSize：表示 Row 在主轴（水平）方向占用的空间，默认是 MainAxisSize.max，表示尽可能多地占用水平方向的空间，此时无论子 Widget 实际占用多少水平空间，Row 的宽度始终等于水平方向的最大宽度；而 MainAxisSize.min 表示尽可能少地占用水平空间，当子组件没有占满水平剩余空间时，Row 的实际宽度等于所有子组件占用的水平空间。

❑ mainAxisAlignment：表示子组件在 Row 所占用的水平空间内的对齐方式，如果 mainAxisSize 的值为 MainAxisSize.min，则此属性无意义，因为子组件的宽度等于 Row 的宽度。只有当 mainAxisSize 的值为 MainAxisSize.max 时，此属性才有意义，MainAxisAlignment.start 表示沿 textDirection 的初始方向对齐，如果 textDirection 取

值为 TextDirection.ltr，则 MainAxisAlignment.start 表示左对齐，textDirection 取值为 TextDirection.rtl，则 表 示 右 对 齐。而 MainAxisAlignment.end 和 MainAxisAlignment. start 正 好 相 反。MainAxisAlignment.center 表 示 居 中 对 齐。读 者 可 以 这 么 理 解：textDirection 是 mainAxisAlignment 的参考系。

❑ verticalDirection：表示 Row 纵轴（垂直）的对齐方向，默认是 VerticalDirection.down，表示从上到下。

❑ crossAxisAlignment：表示子组件在纵轴方向的对齐方式，Row 的高度等于子组件中最高的子元素高度，它的取值和 MainAxisAlignment 一样（包含 start、end、center 三个值），不同的是 crossAxisAlignment 的参考系是 verticalDirection，即 verticalDirection 的值为 VerticalDirection.down 时，crossAxisAlignment.start 指 顶 部 对 齐，verticalDirection 的值为 VerticalDirection.up 时，crossAxisAlignment.start 指底部对齐；而 crossAxis-Alignment.end 和 crossAxisAlignment.start 正好相反。

❑ children：子组件数组。

示例

请阅读下面的代码，先想象一下运行的结果：

```
Column(
  // 测试 Row 对齐方式，排除 Column 默认居中对齐的干扰
  crossAxisAlignment: CrossAxisAlignment.start,
  children: <Widget>[
    Row(
      mainAxisAlignment: MainAxisAlignment.center,
      children: <Widget>[
        Text(" hello world "),
        Text(" I am Jack "),
      ],
    ),
    Row(
      mainAxisSize: MainAxisSize.min,
      mainAxisAlignment: MainAxisAlignment.center,
      children: <Widget>[
        Text(" hello world "),
        Text(" I am Jack "),
      ],
    ),
    Row(
      mainAxisAlignment: MainAxisAlignment.end,
      textDirection: TextDirection.rtl,
      children: <Widget>[
        Text(" hello world "),
        Text(" I am Jack "),
      ],
    ),
    Row(
      crossAxisAlignment: CrossAxisAlignment.start,
      verticalDirection: VerticalDirection.up,
      children: <Widget>[
        Text(" hello world ", style: TextStyle(fontSize: 30.0),),
```

```
        Text(" I am Jack "),
      ],
    ),
  ],
);
```

实际运行结果如图 4-9 所示。

第一个 Row 很简单，默认为居中对齐；第二个
Row 由于 mainAxisSize 值为 MainAxisSize.min，Row 的
宽度等于两个 Text 的宽度和，所以对齐是无意义的，
所以会从左往右显示；第三个 Row 设置 textDirection
的值为 TextDirection.rtl，所以子组件会从右向左排列，
而此时 MainAxisAlignment.end 表示左对齐，所以最终

图 4-9　线性布局示例

显示的结果就是图中第三行的样子；第四个 Row 测试的是纵轴的对齐方式，由于两个子 Text
字体不一样，所以其高度也不同，我们指定了 verticalDirection 值为 VerticalDirection.up，即
从低向顶排列，而此时 crossAxisAlignment 值为 CrossAxisAlignment.start，表示底对齐。

4.3.3　Column

Column 可以在垂直方向排列其子组件。参数和 Row 一样，不同的是布局方向为垂直，
主轴纵轴正好相反，读者可类比 Row 来理解，下面看一个例子，代码如下：

```
import 'package:flutter/material.dart';

class CenterColumnRoute extends StatelessWidget {
  @override
  Widget build(BuildContext context) {
    return Column(
      crossAxisAlignment: CrossAxisAlignment.center,
      children: <Widget>[
        Text("hi"),
        Text("world"),
      ],
    );
  }
}
```

代码运行效果如图 4-10 所示。

对上述代码运行结果的解释说明如下：

❑ 由于我们没有指定 Column 的 mainAxisSize，所
　以使用默认值 MainAxisSize.max，则 Column 会
　在垂直方向占用尽可能多的空间，此例中会占满
　整个屏幕高度。

图 4-10　Column 示例

❑ 由于我们指定了 crossAxisAlignment 属性为 CrossAxisAlignment.center，那么子项在
　Column 纵轴方向（此时为水平方向）会居中对齐。注意，在水平方向对齐是有边界

的，总宽度为 Column 占用空间的实际宽度，而实际的宽度取决于子项中宽度最大的 Widget。在本例中，Column 有两个子 Widget，而显示 world 的 Text 宽度最大，所以 Column 的实际宽度则为 Text("world") 的宽度，所以居中对齐后 Text("hi") 会显示在 Text("world") 的中间部分。

实际上，Row 和 Column 都只会在主轴方向占用尽可能大的空间，而纵轴的长度则取 决于它们最大子元素的长度。如果想让本例中的两个文本控件在整个手机屏幕中间对齐， 有两种方法：

❑ 将 Column 的宽度指定为屏幕宽度；这很简单，我们可以通过 ConstrainedBox 或 SizedBox（我们将在后面章节中专门介绍这两个 Widget）来强制更改宽度限制，例 如如下代码：

```
ConstrainedBox(
  constraints: BoxConstraints(minWidth: double.infinity),
  child: Column(
    crossAxisAlignment: CrossAxisAlignment.center,
    children: <Widget>[
      Text("hi"),
      Text("world"),
    ],
  ),
);
```

将 minWidth 设为 double.infinity，可以使宽度占用尽可能多的空间。

❑ 使用 center 组件，我们将在后面章节中介绍。

4.3.4　特殊情况

如果 Row 里面嵌套 Row，或者 Column 里面再嵌套 Column，那么只有最外面的 Row 或 Column 会占用尽可能大的空间，里面的 Row 或 Column 所占用的空间为实际大小，下 面以 Column 为例进行说明，代码如下：

```
Container(
  color: Colors.green,
  child: Padding(
    padding: const EdgeInsets.all(16.0),
    child: Column(
      crossAxisAlignment: CrossAxisAlignment.start,
      mainAxisSize: MainAxisSize.max, // 有效，外层 Colum 高度为整个屏幕
      children: <Widget>[
        Container(
          color: Colors.red,
          child: Column(
            mainAxisSize: MainAxisSize.max,// 无效，内层 Colum 高度为实际高度
            children: <Widget>[
              Text("hello world "),
              Text("I am Jack "),
            ],
          ),
```

```
        )
      ],
    ),
  ),
);
```

代码运行效果如图 4-11 所示。

如果要让里面的 Column 占满外部的 Column，可以使用 Expanded 组件，示例代码如下：

```
Expanded(
  child: Container(
    color: Colors.red,
    child: Column(
      mainAxisAlignment: MainAxisAlignment.center, // 垂直方向居中对齐
      children: <Widget>[
        Text("hello world "),
        Text("I am Jack "),
      ],
    ),
  ),
)
```

运行效果如图 4-12 所示。

图 4-11　Column 嵌套示例

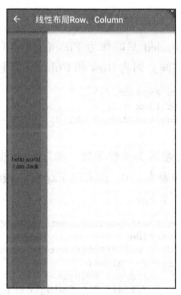

图 4-12　Column 和 Expanded 组件示例

我们将在介绍弹性布局时详细介绍 Expanded。

4.4　弹性布局

弹性布局（Flex）允许子组件按照一定比例来分配父容器空间。弹性布局的概念在其他

UI 系统中也都存在，如 H5 中的弹性盒子布局，Android 中 的 FlexboxLayout 等。Flutter 中的弹性布局主要通过 Flex 和 Expanded 配合实现。

4.4.1　Flex

　　Flex 组件可以沿着水平或垂直方向排列子组件，如果你知道主轴方向，使用 Row 或 Column 会方便一些，因为 Row 和 Column 都继承自 Flex，参数基本相同，所以能使用 Flex 的地方基本上都可以使用 Row 或 Column。Flex 本身功能是很强大的，它也可以和 Expanded 组件配合实现弹性布局。接下来我们只讨论 Flex 和弹性布局相关的属性（其他属性已经在介绍 Row 和 Column 时介绍过了）。

```
Flex({
  ...
  required this.direction, // 弹性布局的方向，Row 默认为水平方向，Column 默认为垂直方向
  List<Widget> children = const <Widget>[],
})
```

　　Flex 继承自 MultiChildRenderObjectWidget，对应的 RenderObject 为 RenderFlex，RenderFlex 中实现了其布局算法。

4.4.2　Expanded

　　Expanded 只能作为 Flex 的孩子（否则会报错），它可以按比例"扩伸"Flex 子组件所占用的空间。因为 Row 和 Column 都继承自 Flex，所以 Expanded 也可以作为它们的孩子。

```
const Expanded({
  int flex = 1,
  required Widget child,
})
```

　　flex 参数为弹性系数，如果为 0 或 null，则 child 是没有弹性的，即不会被扩伸占用的空间。如果大于 0，所有的 Expanded 按照其 flex 的比例来分割主轴的全部空闲空间。下面我们看一个例子：

```
class FlexLayoutTestRoute extends StatelessWidget {
  @override
  Widget build(BuildContext context) {
    return Column(
      children: <Widget>[
        //Flex 的两个子 widget 按 1：2 来占据水平空间
        Flex(
          direction: Axis.horizontal,
          children: <Widget>[
            Expanded(
              flex: 1,
              child: Container(
                height: 30.0,
                color: Colors.red,
              ),
```

```
        ),
        Expanded(
          flex: 2,
          child: Container(
            height: 30.0,
            color: Colors.green,
          ),
        ),
      ],
    ),
    Padding(
      padding: const EdgeInsets.only(top: 20.0),
      child: SizedBox(
        height: 100.0,
        //Flex的三个子Widget，在垂直方向按2：1：1来占用100像素的空间
        child: Flex(
          direction: Axis.vertical,
          children: <Widget>[
            Expanded(
              flex: 2,
              child: Container(
                height: 30.0,
                color: Colors.red,
              ),
            ),
            Spacer(
              flex: 1,
            ),
            Expanded(
              flex: 1,
              child: Container(
                height: 30.0,
                color: Colors.green,
              ),
            ),
          ],
        ),
      ),
    ),
  ],
);
}
}
```

运行效果如图4-13所示。

示例中Spacer的功能是占用指定比例的空间，实际上它只是Expanded的一个包装类，Spacer的源代码如下：

```
class Spacer extends StatelessWidget {
  const Spacer({Key? key, this.flex = 1})
    : assert(flex != null),
      assert(flex > 0),
      super(key: key);
```

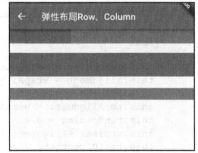

图4-13 弹性布局示例

```
    final int flex;

    @override
    Widget build(BuildContext context) {
      return Expanded(
        flex: flex,
        child: const SizedBox.shrink(),
      );
    }
}
```

4.4.3 小结

弹性布局比较简单，唯一需要注意的就是 Row、Column 以及 Flex 的关系。

4.5 流式布局

在介绍 Row 和 Colum 时，如果子 Widget 超出屏幕范围，则会报溢出错误，示例代码如下：

```
Row(
  children: <Widget>[
    Text("xxx"*100)
  ],
);
```

运行效果如图 4-14 所示。

可以看到，右边溢出部分报错。这是因为 Row 默认只有一行，如果超出屏幕不会折行。我们把超出屏幕显示范围会自动折行的布局称为流式布局。Flutter 中通过 Wrap 和 Flow 来支持流式布局，将上例中的 Row 换成 Wrap 后溢出部分则会自动折行，下面我们分别介绍 Wrap 和 Flow。

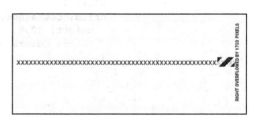

图 4-14　溢出示例

4.5.1 Wrap

下面是 Wrap 的定义，代码如下：

```
Wrap({
  ...
  this.direction = Axis.horizontal,
  this.alignment = WrapAlignment.start,
  this.spacing = 0.0,
  this.runAlignment = WrapAlignment.start,
  this.runSpacing = 0.0,
  this.crossAxisAlignment = WrapCrossAlignment.start,
  this.textDirection,
  this.verticalDirection = VerticalDirection.down,
```

```
    List<Widget> children = const <Widget>[],
})
```

我们可以看到 Wrap 的很多属性在 Row（包括 Flex 和 Column）中也有，如 direction、crossAxisAlignment、textDirection、verticalDirection 等，这些参数的意义是相同的，我们不再重复介绍，读者可以查阅前面介绍 Row 的部分。读者可以认为 Wrap 和 Flex（包括 Row 和 Column）除了超出显示范围后 Wrap 会折行外，其他行为基本相同。下面我们看一下 Wrap 特有的几个属性，具体如下：

❑ spacing：主轴方向子 Widget 的间距。

❑ runSpacing：纵轴方向的间距。

❑ runAlignment：纵轴方向的对齐方式。

下面看一个示例子，代码如下：

```
Wrap(
  spacing: 8.0, // 主轴（水平）方向间距
  runSpacing: 4.0, // 纵轴（垂直）方向间距
  alignment: WrapAlignment.center, // 沿主轴方向居中
  children: <Widget>[
    Chip(
      avatar: CircleAvatar(backgroundColor: Colors.blue, child: Text('A')),
      label: Text('Hamilton'),
    ),
    Chip(
      avatar: CircleAvatar(backgroundColor: Colors.blue, child: Text('M')),
      label: Text('Lafayette'),
    ),
    Chip(
      avatar: CircleAvatar(backgroundColor: Colors.blue, child: Text('H')),
      label: Text('Mulligan'),
    ),
    Chip(
      avatar: CircleAvatar(backgroundColor: Colors.blue, child: Text('J')),
      label: Text('Laurens'),
    ),
  ],
)
```

运行效果如图 4-15 所示。

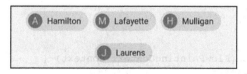

图 4-15 Wrap 示例

4.5.2 Flow

我们一般很少会使用 Flow，因为它过于复杂，需要自己实现子 Widget 的位置转换，在

很多场景下首先要考虑的是 Wrap 是否满足需求。Flow 主要用于一些需要自定义布局策略或性能要求较高（如动画中）的场景。Flow 具有如下优点：

❑ 性能好。Flow 是一个对子组件尺寸以及位置调整非常高效的控件在对子组件进行位置调整的时候，Flow 用转换矩阵对这一过程进行了优化：在 Flow 定位过后，如果子组件的尺寸或者位置发生了变化，在 FlowDelegate 中的 paintChildren() 方法中调用 context.paintChild 进行重绘，而 context.paintChild 在重绘时使用了转换矩阵，并没有实际调整组件位置。

❑ 灵活。由于我们需要自己实现 FlowDelegate 的 paintChildren() 方法，因此需要自己计算每一个组件的位置，所以可以自定义布局策略。

同时，Flow 也有如下缺点：

❑ 使用复杂。

❑ Flow 不能自适应子组件大小，必须通过指定父容器大小，或者通过实现 TestFlowDelegate 的 getSize 返回固定大小。

示例

我们对六个色块进行自定义流式布局，示例代码如下：

```
Flow(
  delegate: TestFlowDelegate(margin: EdgeInsets.all(10.0)),
  children: <Widget>[
    Container(width: 80.0, height:80.0, color: Colors.red,),
    Container(width: 80.0, height:80.0, color: Colors.green,),
    Container(width: 80.0, height:80.0, color: Colors.blue,),
    Container(width: 80.0, height:80.0, color: Colors.yellow,),
    Container(width: 80.0, height:80.0, color: Colors.brown,),
    Container(width: 80.0, height:80.0, color: Colors.purple,),
  ],
)
```

实现 TestFlowDelegate，代码如下：

```
class TestFlowDelegate extends FlowDelegate {
  EdgeInsets margin;

  TestFlowDelegate({this.margin = EdgeInsets.zero});

  double width = 0;
  double height = 0;

  @override
  void paintChildren(FlowPaintingContext context) {
    var x = margin.left;
    var y = margin.top;
    // 计算每一个子 Widget 的位置
    for (int i = 0; i < context.childCount; i++) {
      var w = context.getChildSize(i)!.width + x + margin.right;
      if (w < context.size.width) {
        context.paintChild(i, transform: Matrix4.translationValues(x, y, 0.0));
        x = w + margin.left;
```

```
    } else {
      x = margin.left;
      y += context.getChildSize(i)!.height + margin.top + margin.bottom;
      // 绘制子 Widget( 有优化 )
      context.paintChild(i, transform: Matrix4.translationValues(x, y, 0.0));
      x += context.getChildSize(i)!.width + margin.left + margin.right;
    }
  }
}

@override
Size getSize(BoxConstraints constraints) {
  // 指定 Flow 的大小，简单起见我们让宽度尽可能大，但高度指定为 200，
  // 实际开发中我们需要根据子元素所占用的具体宽高来设置 Flow 的大小
  return Size(double.infinity, 200.0);
}

@override
bool shouldRepaint(FlowDelegate oldDelegate) {
  return oldDelegate != this;
}
}
```

运行效果如图 4-16 所示。

可以看到我们主要的任务就是实现 paintChildren，它的主要任务是确定每个子 Widget 的位置。由于 Flow 不能自适应子 Widget 的大小，因此我们通过在 getSize 返回一个固定大小来指定 Flow 的大小。

图 4-16　Flow 示例（见彩插）

> 注意　如果我们需要自定义布局策略，一般首选的方式是通过直接继承 RenderObject，然后重写 performLayout 的方式实现，具体方式我们会在 14.4 节介绍。

4.6　层叠布局

层叠布局和 Web 中的绝对定位、Android 中的 Frame 布局是相似的，子组件可以根据距父容器四个角的位置来确定自身的位置。层叠布局允许子组件按照代码中声明的顺序堆叠起来。Flutter 中使用 Stack 和 Positioned 这两个组件来配合实现绝对定位。Stack 允许子组件堆叠，而 Positioned 用于根据 Stack 的四个角来确定子组件的位置。

4.6.1　Stack

Stack 组件的定义如下：

```
Stack({
  this.alignment = AlignmentDirectional.topStart,
  this.textDirection,
  this.fit = StackFit.loose,
```

```
  this.clipBehavior = Clip.hardEdge,
  List<Widget> children = const <Widget>[],
})
```

上述代码段中的参数说明如下：

❑ alignment：此参数决定如何去对齐没有定位（没有使用 Positioned）或部分定位的子组件。所谓部分定位，在这里特指没有在某一个轴上定位：left、right 为横轴，top、bottom 为纵轴，只要包含某个轴上的一个定位属性就算在该轴上有定位。

❑ textDirection：和 Row、Wrap 的 textDirection 功能一样，都用于确定 alignment 对齐的参考系，即 textDirection 的值为 TextDirection.ltr，则 alignment 的 start 代表左，end 代表右，即从左往右的顺序；textDirection 的值为 TextDirection.rtl，则 alignment 的 start 代表右，end 代表左，即从右往左的顺序。

❑ fit：此参数用于确定没有定位的子组件如何去适应 Stack 的大小。StackFit.loose 表示使用子组件的大小，StackFit.expand 表示扩伸到 Stack 的大小。

❑ clipBehavior：此属性决定对超出 Stack 显示空间的部分如何剪裁，Clip 枚举类中定义了剪裁的方式，Clip.hardEdge 表示直接剪裁，不应用抗锯齿，更多信息可以查看源码注释。

4.6.2 Positioned

Positioned 的默认构造函数如下：

```
const Positioned({
  Key? key,
  this.left,
  this.top,
  this.right,
  this.bottom,
  this.width,
  this.height,
  required Widget child,
})
```

上述代码段中的参数说明如下：

❑ left、top 、right、bottom 分别代表离 Stack 左、上、右、底四边的距离。

❑ width 和 height 用于指定需要定位元素的宽度和高度。

注
意　Positioned 的 width、height 和其他地方的意义稍微有点区别，此处用于配合 left、top 、right、bottom 来定位组件，举个例子，在水平方向时，你只能指定 left、right、width 三个属性中的两个，如指定 left 和 width 后，right 会自动算出 (left+width)，如果同时指定三个属性则会报错，垂直方向同理。

4.6.3 示例

在下面的例子中，我们通过对几个 Text 组件的定位来演示 Stack 和 Positioned 的特性，示例代码如下：

```
// 通过 ConstrainedBox 来确保 Stack 占满屏幕
ConstrainedBox(
  constraints: BoxConstraints.expand(),
  child: Stack(
    alignment:Alignment.center, // 指定未定位或部分定位 widget 的对齐方式
    children: <Widget>[
      Container(
        child: Text("Hello world",style: TextStyle(color: Colors.white)),
        color: Colors.red,
      ),
      Positioned(
        left: 18.0,
        child: Text("I am Jack"),
      ),
      Positioned(
        top: 18.0,
        child: Text("Your friend"),
      )
    ],
  ),
);
```

代码运行效果如图 4-17 所示。

因为第一个子文本组件 Text("Hello world") 没有指定定位，并且 alignment 的值为 Alignment.center，所以它会居中显示。第二个子文本组件 Text("I am Jack") 只指定了水平方向的定位 (left)，所以属于部分定位，即垂直方向上没有定位，那么它在垂直方向的对齐方式则会按照 alignment 指定的对齐方式对齐，即垂直方向居中。对于第三个子文本组件 Text("Your friend")，和第二个 Text 原理一样，只不过是水平方向没有定位，则水平方向居中。

下面为上例中的 Stack 指定一个 fit 属性，然后将三个子文本组件的顺序调整一下，代码如下：

图 4-17 Stack、Positioned 示例 1

```
Stack(
  alignment:Alignment.center ,
  fit: StackFit.expand, // 未定位 widget 占满 Stack 整个空间
  children: <Widget>[
    Positioned(
      left: 18.0,
      child: Text("I am Jack"),
    ),
    Container(child: Text("Hello world",style: TextStyle(color: Colors.white)),
      color: Colors.red,
    ),
    Positioned(
      top: 18.0,
      child: Text("Your friend"),
```

```
      )
    ],
  ),
```

显示效果如图 4-18 所示。

从图 4-18 中可以看到，因为第二个子文本组件没有
定位，所以 fit 属性会对它起作用，就会占满 Stack。由于
Stack 子元素是堆叠的，因此第一个子文本组件被第二个
遮住了，而第三个在最上层，所以可以正常显示。

4.7 对齐与相对定位

在上一节中我们讲过通过 Stack 和 Positioned，可以
指定一个或多个子元素相对于父元素各个边的精确偏移，
并且可以重叠。但如果我们只想简单地调整一个子元素在
父元素中的位置的话，使用 Align 组件会更简单一些。

4.7.1 Align

Align 组件可以调整子组件的位置，定义代码如下：

图 4-18　Stack、Positioned 示例 2

```
Align({
  Key key,
  this.alignment = Alignment.center,
  this.widthFactor,
  this.heightFactor,
  Widget child,
})
```

上述代码段中的参数说明如下：

❑ alignment：需要一个 AlignmentGeometry 类型的值，表示子组件在父组件中的起
始位置。AlignmentGeometry 是一个抽象类，它有两个常用的子类：Alignment 和
FractionalOffset，我们将在下面的示例中详细介绍。

❑ widthFactor 和 heightFactor：用于确定 Align 组件本身宽高的属性；它们是两个缩放
因子，会分别乘以子元素的宽、高，最终的结果就是 Align 组件的宽高。如果值为
null，则组件的宽高将会占用尽可能多的空间。

1. 示例

我们先来看一个简单的例子，代码如下：

```
Container(
  height: 120.0,
  width: 120.0,
  color: Colors.blue.shade50,
  child: Align(
```

```
    alignment: Alignment.topRight,
    child: FlutterLogo(
      size: 60,
    ),
  ),
)
```

运行效果如图 4-19 所示。

FlutterLogo 是 Flutter SDK 提供的一个组件，内容就是 Flutter 的 logo。在上面的例子中，我们显式地指定了 Container 的宽、高都为 120。如果我们不显式指定宽高，而通过同时指定 widthFactor 和 heightFactor 为 2，也可以达到同样的效果，代码如下：

```
Align(
  widthFactor: 2,
  heightFactor: 2,
  alignment: Alignment.topRight,
  child: FlutterLogo(
    size: 60,
  ),
),
```

图 4-19　Align 效果示例

因为 FlutterLogo 的宽高为 60，则 Align 的最终宽高都为 2×60=120。

另外，我们通过 Alignment.topRight 将 FlutterLogo 定位在 Container 的右上角。那 Alignment.topRight 是什么呢？通过源码我们可以看到其定义如下：

```
// 右上角
static const Alignment topRight = Alignment(1.0, -1.0);
```

可以看到它只是 Alignment 的一个实例，下面我们介绍一下 Alignment。

2. Alignment

Alignment 继承自 AlignmentGeometry，表示矩形内的一个点，它有两个属性 x、y，分别表示在水平和垂直方向的偏移，Alignment 定义如下：

```
Alignment(this.x, this.y)
```

Alignment Widget 会以矩形的中心点作为坐标原点，即 Alignment(0.0, 0.0)。x、y 的值从 −1 到 1 分别代表矩形左边到右边的距离和顶部到底边的距离，因此 2 个水平（或垂直）单位则等于矩形的宽（或高），如 Alignment(−1.0, −1.0) 代表矩形的左侧顶点，而 Alignment(1.0, 1.0) 代表右侧底部终点，而 Alignment(1.0, −1.0) 则正是右侧顶点，即 Alignment.topRight。为了使用方便，矩形的原点、四个顶点，以及四条边的终点在 Alignment 类中都已经定义为了静态常量。

Alignment 可以通过其坐标转换公式将其坐标转为子元素的具体偏移坐标，代码如下：

```
(Alignment.x*childWidth/2+childWidth/2, Alignment.y*childHeight/2+childHeight/2)
```

其中，childWidth 为子元素的宽度，childHeight 为子元素高度。

现在我们再看看上面的示例，我们将 Alignment(1.0，−1.0) 代入上面的公式，可得 FlutterLogo 的实际偏移坐标正是 (60,0)。下面再举一个例子，代码如下：

```
Align(
  widthFactor: 2,
  heightFactor: 2,
  alignment: Alignment(2,0.0),
  child: FlutterLogo(
    size: 60,
  ),
)
```

我们可以先想象一下运行效果：将 Alignment(2,0.0) 代入上述坐标转换公式，可以得到 FlutterLogo 的实际偏移坐标为 (90,30)。实际运行结果如图 4-20 所示。

3. FractionalOffset

FractionalOffset 继承自 Alignment，它和 Alignment 唯一的区别就是坐标原点不同。FractionalOffset 的坐标原点为矩形的左侧顶点，这和布局系统的一致，所以理解起来会比较容易。FractionalOffset 的坐标转换公式为：

图 4-20　Alignment 效果示例

$$实际偏移 = (FractionalOffse.x \times childWidth, FractionalOffse.y \times childHeight)$$

下面看一个例子，代码如下：

```
Container(
  height: 120.0,
  width: 120.0,
  color: Colors.blue[50],
  child: Align(
    alignment: FractionalOffset(0.2, 0.6),
    child: FlutterLogo(
      size: 60,
    ),
  ),
)
```

实际运行效果如图 4-21 所示。

我们将 FractionalOffset(0.2，0.6) 代入坐标转换公式得到 FlutterLogo 的实际偏移为 (12, 36)，和实际运行效果吻合。

图 4-21　FractionalOffset 效果示例

4.7.2　Align 和 Stack 对比

可以看到，Align 和 Stack/Positioned 都可以用于指定子元素相对于父元素的偏移，但它们还是有两个主要区别：

❑ 定位参考系统不同；Stack/Positioned 定位的参考系可以是父容器矩形的四个顶点；而 Align 则需要先通过 alignment 参数来确定坐标原点，不同的 alignment 会对应不同原点，最终的偏移需要通过 alignment 的转换公式计算得出。

❑ Stack 可以有多个子元素，并且子元素可以堆叠，而 Align 只能有一个子元素，不存在堆叠。

4.7.3 Center 组件

我们在前面章节的例子中已经使用过 Center 组件来居中子元素了，现在我们正式来介绍一下它。通过查找 SDK 源码，我们看到 Center 组件定义如下：

```
class Center extends Align {
  const Center({ Key? key, double widthFactor, double heightFactor, Widget? child })
    : super(key: key, widthFactor: widthFactor, heightFactor: heightFactor,
      child: child);
}
```

可以看到 Center 继承自 Align，它比 Align 只少了一个 alignment 参数；因为 Align 的构造函数中 alignment 值为 Alignment.center，所以我们可以认为 Center 组件其实是对齐方式确定（Alignment.center）了的 Align。

上面我们讲过当 widthFactor 或 heightFactor 为 null 时，组件的宽高将会占用尽可能多的空间，这一点需要特别注意，我们通过一个示例来说明，代码如下：

```
...// 省略无关代码
DecoratedBox(
  decoration: BoxDecoration(color: Colors.red),
  child: Center(
    child: Text("xxx"),
  ),
),
DecoratedBox(
  decoration: BoxDecoration(color: Colors.red),
  child: Center(
    widthFactor: 1,
    heightFactor: 1,
    child: Text("xxx"),
  ),
)
```

运行效果如图 4-22 所示。

图 4-22 缩放因子效果对比

4.7.4 小结

本节重点介绍了 Align 组件及两种偏移类 Alignment 和 FractionalOffset，读者需要理解这两种偏移类的区别及各自的坐标转化公式。另外，在此建议读者在需要制定一些精确的偏移时应优先使用 FractionalOffset，因为它的坐标原点和布局系统相同，能更容易算出

实际偏移。然后，我们又介绍了 Align 组件和 Stack/Positioned、Center 的关系，读者可以
对比理解。另外，熟悉 Web 开发的读者可能会发现 Align 组件的特性和 Web 开发中相对定
位（position: relative）非常像，是的！在大多数时候，我们可以直接使用 Align 组件来实现
Web 中相对定位的效果，读者可以类比记忆。

4.8 LayoutBuilder、AfterLayout

4.8.1 LayoutBuilder

通过 LayoutBuilder，我们可以在布局过程中拿到父组件传递的约束信息，然后可以根
据约束信息动态地构建不同的布局。

比如我们实现一个响应式的 Column 组件 ResponsiveColumn，它的功能是当当前可用
的宽度小于 200 时，将子组件显示为一列，否则显示为两列。通过代码实现简单看一下：

```
class ResponsiveColumn extends StatelessWidget {
  const ResponsiveColumn({Key? key, required this.children}) : super(key: key);

  final List<Widget> children;

  @override
  Widget build(BuildContext context) {
    // 通过 LayoutBuilder 拿到父组件传递的约束，然后判断 maxWidth 是否小于 200
    return LayoutBuilder(
      builder: (BuildContext context, BoxConstraints constraints) {
        if (constraints.maxWidth < 200) {
          // 最大宽度小于 200，显示单列
          return Column(children: children, mainAxisSize: MainAxisSize.min);
        } else {
          // 最大宽度大于 200，显示双列
          var _children = <Widget>[];
          for (var i = 0; i < children.length; i += 2) {
            if (i + 1 < children.length) {
              _children.add(Row(
                children: [children[i], children[i + 1]],
                mainAxisSize: MainAxisSize.min,
              ));
            } else {
              _children.add(children[i]);
            }
          }
          return Column(children: _children, mainAxisSize: MainAxisSize.min);
        }
      },
    );
  }
}


class LayoutBuilderRoute extends StatelessWidget {
```

```
    const LayoutBuilderRoute({Key? key}) : super(key: key);

    @override
    Widget build(BuildContext context) {
      var _children = List.filled(6, Text("A"));
      //Column 在本示例中，水平方向的最大宽度为屏幕的宽度
      return Column(
        children: [
          // 限制宽度为 190，小于 200
          SizedBox(width: 190, child: ResponsiveColumn(children: _children)),
          ResponsiveColumn(children: _children),
          LayoutLogPrint(child:Text("xx")) // 下面介绍
        ],
      );
    }
  }
```

从上述代码中可以发现 LayoutBuilder 的使用很简单，但是不要小看它，因为它非常实
用且重要，主要有两个使用场景：

❑ 可以使用 LayoutBuilder 来根据设备的尺寸来实现响应式布局。

❑ LayoutBuilder 可以帮我们高效排查问题。比如在遇到布局问题或者想调试组件树中
某一个节点布局的约束时，LayoutBuilder 就很有用。

打印布局时的约束信息

为了便于排错，我们封装一个能打印父组件传递给子组件约束的组件，代码如下：

```
class LayoutLogPrint<T> extends StatelessWidget {
  const LayoutLogPrint({
    Key? key,
    this.tag,
    required this.child,
  }) : super(key: key);

  final Widget child;
  final T? tag; // 指定日志 tag

  @override
  Widget build(BuildContext context) {
    return LayoutBuilder(builder: (_, constraints) {
      //assert 在编译 release 版本时会被去除
      assert(() {
        print('${tag ?? key ?? child}: $constraints');
        return true;
      }());
      return child;
    });
  }
}
```

这样，我们就可以使用 LayoutLogPrint 组件树中任意位置的约束信息，例如：

```
LayoutLogPrint(child:Text("xx"))
```

控制台输出，代码如下：

```
flutter: Text("xx"): BoxConstraints(0.0<=w<=428.0, 0.0<=h<=823.0)
```

从上面的代码中可以看到 Text("xx") 的显示空间最大宽度为 428，最大高度为 823。

注意 我们的大前提是采用盒模型布局，如果是 Sliver 布局，可以使用 SliverLayoutBuiler 来打印。

完整的示例代码运行效果如图 4-23 所示。

图 4-23　LayoutBuilder 示例

4.8.2　AfterLayout

1. 获取组件大小和相对于屏幕的坐标

Flutter 是响应式 UI 框架，而命令式 UI 框架与之最大的不同就是：大多数情况下开发者只需要关注数据的变化，数据变化后框架会自动重新构建 UI 而不需要开发者手动去操作每一个组件，所以我们会发现 Widget 会被定义为不可变的（immutable），并且没有提供任何操作组件的 API，因此如果我们想在 Flutter 中获取某个组件的大小和位置就会很困难，当然大多数情况下不会有这个需求，但总有一些场景会需要，而在命令式 UI 框架中是不会存在这个问题的。

我们知道，只有当布局完成时，每个组件的大小和位置才能确定，所以获取的时机肯定是布局完成后，那布局完成的时机如何获取呢？至少事件分发肯定是在布局完成之后的，例如如下代码：

```
Builder(
  builder: (context) {
    return GestureDetector(
      child: Text('flutter@wendux'),
      onTap: () => print(context.size), // 打印 text 的大小
    );
  },
),
```

其中，context.size 可以获取当前上下文 RenderObject 的大小，对于 Builder、StatelessWidget 以及 StatefulWidget 这样没有对应 RenderObject 的组件（这些组件只是用于组合和代理组件，本身并没有布局和绘制逻辑），获取的是子代中第一个拥有 RenderObject 组件的 RenderObject 对象。

虽然事件点击时可以拿到组件大小，但有两个问题，第一是需要用户手动触发，第二是时机较晚，更多的时候我们更希望在布局一结束就去获取大小和位置信息，为了解决这个问题，笔者封装了一个 AfterLayout 组件，它可以在子组件布局完成后执行一个回调，并同时将 RenderObject 对象作为参数传递。

> 注意 AfterLayout 是笔者自定义的组件，并非 Flutter 组件库中自带组件，读者可以在随书源码中查看实现源码和示例，本节主要讲它的功能，AfterLayout 的实现原理我们将在本书后面布局原理相关章节中介绍。

示例

```
AfterLayout(
  callback: (RenderAfterLayout ral) {
    print(ral.size); // 子组件的大小
    print(ral.offset);// 子组件在屏幕中坐标
  },
  child: Text('flutter@wendux'),
),
```

上述代码运行后，控制台输出：

```
flutter: Size(105.0, 17.0)
flutter: Offset(42.5, 290.0)
```

可以看到 Text 文本的实际长度是 105，高度是 17，它的起始位置坐标是 (42.5, 290.0)。

2. 获取组件相对于某个父组件的坐标

RenderAfterLayout 类继承自 RenderBox，RenderBox 有一个 localToGlobal 方法，它可以将坐标转化为相对于指定的祖先节点的坐标，比如下面的代码可以打印出 Text('A') 在父 Container 中的坐标。

```
Builder(builder: (context) {
  return Container(
    color: Colors.grey.shade200,
    alignment: Alignment.center,
    width: 100,
```

```
      height: 100,
      child: AfterLayout(
        callback: (RenderAfterLayout ral) {
          Offset offset = ral.localToGlobal(
            Offset.zero,
            //传一个父级元素
            ancestor: context.findRenderObject(),
          );
          print('A 在 Container 中占用的空间范围为: ${offset & ral.size}');
        },
        child: Text('A'),
      ),
  );
}),
```

3. AfterLayout 实例

下面我们看一个 AfterLayout 的测试实例:

```
class AfterLayoutRoute extends StatefulWidget {
  const AfterLayoutRoute({Key? key}) : super(key: key);

  @override
  _AfterLayoutRouteState createState() => _AfterLayoutRouteState();
}

class _AfterLayoutRouteState extends State<AfterLayoutRoute> {
  String _text = 'flutter 实战 ';
  Size _size = Size.zero;

  @override
  Widget build(BuildContext context) {
    return Column(
      mainAxisSize: MainAxisSize.min,
      children: [
        Padding(
          padding: const EdgeInsets.all(8.0),
          child: Builder(
            builder: (context) {
              return GestureDetector(
                child: Text(
                  'Text1: 点我获取我的大小 ',
                  textAlign: TextAlign.center,
                  style: TextStyle(color: Colors.blue),
                ),
                onTap: () => print('Text1: ${context.size}'),
              );
            },
          ),
        ),
        AfterLayout(
          callback: (RenderAfterLayout ral) {
            print('Text2: ${ral.size}, ${ral.offset}');
          },
          child: Text('Text2: flutter@wendux'),
        ),
```

```
      Builder(builder: (context) {
        return Container(
          color: Colors.grey.shade200,
          alignment: Alignment.center,
          width: 100,
          height: 100,
          child: AfterLayout(
            callback: (RenderAfterLayout ral) {
              Offset offset = ral.localToGlobal(
                Offset.zero,
                ancestor: context.findRenderObject(),
              );
              print('A 在 Container 中占用的空间范围为：${offset & ral.size}');
            },
            child: Text('A'),
          ),
        );
      }),
      Divider(),
      AfterLayout(
        child: Text(_text),
        callback: (RenderAfterLayout value) {
          setState(() {
            // 更新尺寸信息
            _size = value.size;
          });
        },
      ),
      // 显示上面 Text 的尺寸
      Padding(
        padding: const EdgeInsets.symmetric(vertical:
          8.0),
        child: Text(
          'Text size: $_size ',
          style: TextStyle(color: Colors.blue),
        ),
      ),
      ElevatedButton(
        onPressed: () {
          setState(() {
            _text += 'flutter 实战 ';
          });
        },
        child: Text(' 追加字符串 '),
      ),
    ],
  );
 }
}
```

上述代码的运行效果如图 4-24 所示。

运行后点击 Text1 就可以在日志面板看到它的大小。点击
"追加字符串"按钮，字符串大小变化后，屏幕上也会显示（按
钮上方）。

图 4-24　AfterLayout 示例

4.8.3 Flutter 的 build 和 layout

通过观察 LayoutBuilder 的示例，我们还可以发现一个关于 Flutter 构建（build）和 布局（layout）的结论：Flutter 的 build 和 layout 是可以交错执行的，并不是严格地按照先构建再布局的顺序。比如在上例中，在 build 过程中遇到了 LayoutBuilder 组件，而 LayoutBuilder 的 builder 是在 layout 阶段执行的（layout 阶段才能取到布局过程的约束信息），在 builder 中新建了一个 Widget 后，Flutter 框架随后会调用该 Widget 的 build 方法，又进入了 build 阶段。

第 5 章 *Chapter 5*

容器类组件

5.1 填充

5.1.1 Padding

Padding 可以给其子节点添加填充（留白），和边距效果类似。我们在前面很多示例中都已经使用过它了，现在来看看它的定义，代码如下：

```
Padding({
  ...
  EdgeInsetsGeometry padding,
  Widget child,
})
```

EdgeInsetsGeometry 是一个抽象类，在开发中，我们一般都使用 EdgeInsets 类，它是 EdgeInsetsGeometry 的一个子类，定义了一些设置填充的便捷方法。

5.1.2 EdgeInsets

我们看一看 EdgeInsets 提供的便捷方法：

❑ fromLTRB（double left，double top，double right，double bottom）：分别指定四个方向的填充。

❑ all（double value）：所有方向均使用相同数值的填充。

❑ only（{left，top，right，bottom}）：可以设置具体某个方向的填充（可以同时指定多个方向）。

❑ symmetric（{ vertical，horizontal }）：用于设置对称方向的填充，vertical 指 top 和 bottom，horizontal 指 left 和 right。

5.1.3 示例

下面的示例主要展示了 EdgeInsets 的不同用法，比较简单，源代码如下：

```
class PaddingTestRoute extends StatelessWidget {
  const PaddingTestRoute({Key? key}) : super(key: key);

  @override
  Widget build(BuildContext context) {
    return Padding(
      //上下左右各添加16像素补白
      padding: const EdgeInsets.all(16),
      child: Column(
        //显式指定对齐方式为左对齐，排除对齐干扰
        crossAxisAlignment: CrossAxisAlignment.start,
        mainAxisSize: MainAxisSize.min,
        children: const <Widget>[
          Padding(
            //左边添加8像素补白
            padding: EdgeInsets.only(left: 8),
            child: Text("Hello world"),
          ),
          Padding(
            //上下各添加8像素补白
            padding: EdgeInsets.symmetric(vertical: 8),
            child: Text("I am Jack"),
          ),
          Padding(
            //分别指定四个方向的补白
            padding: EdgeInsets.fromLTRB(20, 0, 20,
              20),
            child: Text("Your friend"),
          )
        ],
      ),
    );
  }
}
```

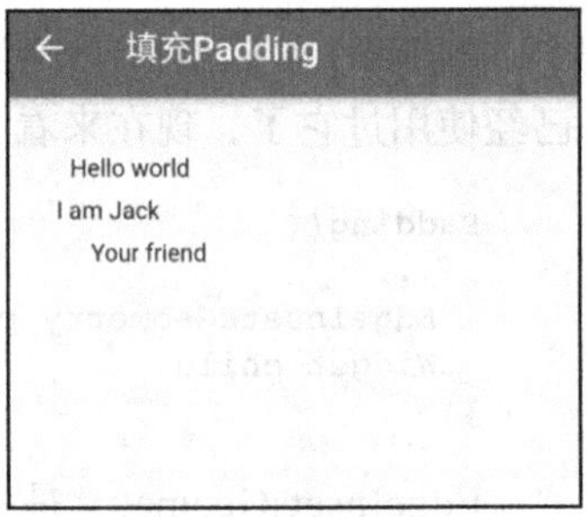

代码运行效果如图 5-1 所示。

图 5-1　Padding 示例

5.2　装饰容器

5.2.1　DecoratedBox

DecoratedBox 可以在其子组件绘制前（或后）绘制一些装饰（Decoration），如背景、边框、渐变等。DecoratedBox 的定义如下：

```
const DecoratedBox({
  Decoration decoration,
  DecorationPosition position = DecorationPosition.background,
  Widget? child
})
```

❑ decoration：代表将要绘制的装饰，它的类型为 Decoration。Decoration 是一个抽象类，它定义了一个接口 createBoxPainter()，子类的主要职责是需要通过实现它来创建一个画笔，该画笔用于绘制装饰。

❑ position：此属性决定在哪里绘制 Decoration，它接收 DecorationPosition 的枚举类型，该枚举类有两个值：

- background：在子组件之后绘制，即背景装饰。
- foreground：在子组件之上绘制，即前景。

5.2.2 BoxDecoration

我们通常会直接使用 BoxDecoration 类，它是一个 Decoration 的子类，实现了常用的装饰元素的绘制。

```
BoxDecoration({
  Color color,// 颜色
  DecorationImage image,// 图片
  BoxBorder border,// 边框
  BorderRadiusGeometry borderRadius,// 圆角
  List<BoxShadow> boxShadow,// 阴影，可以指定多个
  Gradient gradient,// 渐变
  BlendMode backgroundBlendMode,// 背景混合模式
  BoxShape shape = BoxShape.rectangle,// 形状
})
```

各个属性名都是自解释的，详情读者可以查看 API 文档。

5.2.3 实例

下面我们实现一个带阴影的背景色渐变的按钮，代码如下：

```
DecoratedBox(
  decoration: BoxDecoration(
    gradient: LinearGradient(colors:[Colors.red,Colors.orange.shade700]), // 背景渐变
    borderRadius: BorderRadius.circular(3.0), // 3 像素圆角
    boxShadow: [ // 阴影
      BoxShadow(
        color:Colors.black54,
        offset: Offset(2.0,2.0),
        blurRadius: 4.0
      )
    ]
  ),
  child: Padding(
    padding: EdgeInsets.symmetric(horizontal: 80.0, vertical: 18.0),
    child: Text("Login", style: TextStyle(color: Colors.white),),
  )
)
```

代码运行后效果如图 5-2 所示。

通过 BoxDecoration 我们实现了一个渐变按钮的外观，但此

图 5-2 DecoratedBox 示例

示例还不是一个标准的按钮，因为它还不能响应点击事件，我们将在 10.2 节中实现一个完整功能的 GradientButton。另外，上面的例子中使用了 LinearGradient 类，它用于定义线性渐变的类，Flutter 中还提供了其他渐变配置类，如 RadialGradient、SweepGradient，读者若有需要可以自行查看 API 文档。

5.3 变换

Transform 可以在其子组件绘制时对其应用一些矩阵变换来实现一些特效。Matrix4 是一个 4D 矩阵，通过它我们可以实现各种矩阵操作，下面是一个例子，代码如下：

```
Container(
  color: Colors.black,
  child: Transform(
    alignment: Alignment.topRight, // 相对于坐标系原点的对齐方式
    transform: Matrix4.skewY(0.3), // 沿 Y 轴倾斜 0.3 弧度
    child: Container(
      padding: const EdgeInsets.all(8.0),
      color: Colors.deepOrange,
      child: const Text('Apartment for rent!'),
    ),
  ),
)
```

运行效果如图 5-3 所示。

关于矩阵变换的相关内容属于线性代数范畴，本书不做讨论，读者若有兴趣可以自行了解。在本书中，我们把焦点放在 Flutter 中一些常见的变换效果上。另外，因为矩阵变化发生在绘制时，而无须重新布局和构建等过程，所以性能很好。

图 5-3　Transform 倾斜变换示例

5.3.1 平移

Transform.translate 接收一个 offset 参数，可以在绘制时沿 x、y 轴对子组件平移指定的距离，代码如下：

```
DecoratedBox(
  decoration:BoxDecoration(color: Colors.red),
  // 默认原点为左上角，左移 20 像素，向上平移 5 像素
  child: Transform.translate(
    offset: Offset(-20.0, -5.0),
    child: Text("Hello world"),
  ),
)
```

代码运行效果如图 5-4 所示。

图 5-4　Transform 平移变换示例

5.3.2 旋转

Transform.rotate 可以对子组件进行旋转变换，代码如下：

```
DecoratedBox(
  decoration:BoxDecoration(color: Colors.red),
  child: Transform.rotate(
    //旋转90度
    angle:math.pi/2 ,
    child: Text("Hello world"),
  ),
)
```

 注意 要使用 math.pi，需要先进行如下导入包操作。

```
import 'dart:math' as math;
```

代码运行效果如图 5-5 所示。

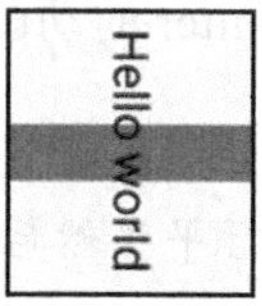

图 5-5　Transform 旋转变换示例

5.3.3　缩放

Transform.scale 可以对子组件进行缩小或放大，代码如下：

```
DecoratedBox(
  decoration:BoxDecoration(color: Colors.red),
  child: Transform.scale(
    scale: 1.5, //放大到1.5倍
    child: Text("Hello world")
  )
);
```

代码运行效果如图 5-6 所示。

Hello world

图 5-6　Transform 缩放变换示例

5.3.4　Transform 注意事项

使用 Transform 时有以下事项需要注意：

❑ Transform 的变换是应用在绘制阶段，而并不是应用在布局（layout）阶段，所以无论对子组件应用何种变化，其占用空间的大小和在屏幕上的位置都是固定不变的，因为这些是在布局阶段就确定的。下面我们具体说明，代码如下：

```
Row(
 mainAxisAlignment: MainAxisAlignment.center,
 children: <Widget>[
   DecoratedBox(
     decoration:BoxDecoration(color: Colors.red),
     child: Transform.scale(scale: 1.5,
        child: Text("Hello world")
```

```
      )
    ),
    Text(" 你好 ", style: TextStyle(color: Colors.green, fontSize: 18.0),)
  ],
)
```

代码运行效果如图 5-7 所示。

由于第一个 Text 应用变换（放大）后，其在绘制时会放大，但其占用的空间依然为红色部分，所以第二个 Text 会紧挨着红色部分，最终就会出现文字重合。

图 5-7 Transform 变换不影响
组件位置（见彩插）

❑ 由于矩阵变化只会作用在绘制阶段，因此在某些场景下，当 UI 需要变化时，可以直接通过矩阵变化来达到视觉上的 UI 改变，而不需要去重新触发 build 流程，这样会节省 layout 的开销，所以性能会比较好。如之前介绍的 Flow 组件，它内部就是用矩阵变换来更新 UI，除此之外，Flutter 的动画组件中也大量使用了 Transform 以提高性能。

思考题 使用 Transform 对其子组件先进行平移然后再旋转和先旋转再平移，两者最终的效果一样吗？为什么？

5.3.5 RotatedBox

RotatedBox 和 Transform.rotate 功能相似，它们都可以对子组件进行旋转变换，但是有一点不同：RotatedBox 的变换是在 layout 阶段，会影响在子组件中的位置和大小。我们将上面介绍 Transform.rotate 时的示例改一下，代码如下：

```
Row(
  mainAxisAlignment: MainAxisAlignment.center,
  children: <Widget>[
    DecoratedBox(
      decoration: BoxDecoration(color: Colors.red),
      // 将 Transform.rotate 换成 RotatedBox
      child: RotatedBox(
        quarterTurns: 1, // 旋转 90 度 (1/4 圈 )
        child: Text("Hello world"),
      ),
    ),
    Text(" 你好 ", style: TextStyle(color: Colors.green, fontSize: 18.0),)
  ],
),
```

代码运行效果如图 5-8 所示。

因为 RotatedBox 作用于布局阶段，所以子组件会旋转 90 度（而不只是绘制的内容），decoration 会作用到子组件所占用的实际空间上，所以最终就是图 5-8 的效果，读者可以和前面 Transform.rotate 示例对比理解。

图 5-8 RotatedBox 示例

5.4　容器组件

5.4.1　Container

我们在前面的章节示例中多次用到过 Container 组件，本节我们就详细介绍一下 Container 组件。Container 是一个组合类容器，它本身不对应具体的 RenderObject，它是 DecoratedBox、ConstrainedBox、Transform、Padding、Align 等组件组合的一个多功能容器，所以我们只需通过一个 Container 组件就可以实现同时需要装饰、变换、限制的场景。下面是 Container 的定义，代码如下：

```
Container({
  this.alignment,
  this.padding, //容器内补白，属于 decoration 的装饰范围
  Color color, //背景色
  Decoration decoration, //背景装饰
  Decoration foregroundDecoration, //前景装饰
  double width, //容器的宽度
  double height, //容器的高度
  BoxConstraints constraints, //容器大小的限制条件
  this.margin, //容器外补白，不属于 decoration 的装饰范围
  this.transform, //变换
  this.child,
  ...
})
```

Container 的大多数属性在介绍其他容器时都已经介绍过了，不再赘述，但有两点需要说明：

- 容器的大小可以通过 width、height 属性来指定，也可以通过 constraints 来指定；如果它们同时存在，则 width、height 优先。实际上 Container 内部会根据 width、height 来生成一个 constraints。
- color 和 decoration 是互斥的，如果同时设置它们则会报错！实际上，当指定 color 时，Container 内会自动创建一个 decoration。

5.4.2　实例

我们通过 Container 来实现如图 5-9 所示的卡片。
代码实现如下：

```
Container(
  margin: EdgeInsets.only(top: 50.0, left: 120.0),
  constraints: BoxConstraints.tightFor(width: 200.0,
    height: 150.0),//卡片大小
  decoration: BoxDecoration(  //背景装饰
    gradient: RadialGradient( //背景径向渐变
      colors: [Colors.red, Colors.orange],
      center: Alignment.topLeft,
      radius: .98,
    ),
```

图 5-9　Container 示例

```
boxShadow: [
  //卡片阴影
  BoxShadow(
    color: Colors.black54,
    offset: Offset(2.0, 2.0),
    blurRadius: 4.0,
  )
],
),
transform: Matrix4.rotationZ(.2),//卡片倾斜变换
alignment: Alignment.center, //卡片内文字居中
child: Text(
  //卡片文字
  "5.20", style: TextStyle(color: Colors.white, fontSize: 40.0),
),
)
```

可以看到 Container 具备多种组件的功能，通过查看 Container 源码，我们会很容易发现它正是由前面介绍过的多种组件组合而成。在 Flutter 中，Container 组件也正是组合优先于继承的实例。

5.4.3 padding 和 margin

接下来我们来研究一下 Container 组件 margin 和 padding 属性的区别，代码如下：

```
...
Container(
  margin: EdgeInsets.all(20.0), //容器外补白
  color: Colors.orange,
  child: Text("Hello world!"),
),
Container(
  padding: EdgeInsets.all(20.0), //容器内补白
  color: Colors.orange,
  child: Text("Hello world!"),
),
...
```

代码运行效果如图 5-10 所示。

可以发现，直观的感觉就是 margin 的留白是在容器外部，而 padding 的留白是在容器内部，读者需要记住这个差异。事实上，Container 内 margin 和 padding 都是通过 Padding 组件来实现的，上面的示例代码实际上等价于如下代码：

图 5-10　padding 和 margin
对比示例

```
...
Padding(
  padding: EdgeInsets.all(20.0),
  child: DecoratedBox(
    decoration: BoxDecoration(color: Colors.orange),
    child: Text("Hello world!"),
  ),
```

```
),
DecoratedBox(
  decoration: BoxDecoration(color: Colors.orange),
  child: Padding(
    padding: const EdgeInsets.all(20.0),
    child: Text("Hello world!"),
  ),
),
...
```

5.5 剪裁

5.5.1 剪裁类组件

Flutter 中提供了一些剪裁组件，用于对组件进行剪裁，如表 5-1 所示。

表 5-1　Flutter 剪裁类组件

剪裁 Widget	默认行为
ClipOval	子组件为正方形时剪裁成内贴圆形；为矩形时，剪裁成内贴椭圆形
ClipRRect	将子组件剪裁为圆角矩形
ClipRect	默认剪裁掉子组件布局空间之外的绘制内容（溢出部分剪裁）
ClipPath	按照自定义的路径剪裁

下面看一个例子，代码如下：

```
import 'package:flutter/material.dart';

class ClipTestRoute extends StatelessWidget {
  @override
  Widget build(BuildContext context) {
    // 头像
    Widget avatar = Image.asset("imgs/avatar.png", width: 60.0);
    return Center(
      child: Column(
        children: <Widget>[
          avatar, // 不剪裁
          ClipOval(child: avatar), // 剪裁为圆形
          ClipRRect( // 剪裁为圆角矩形
            borderRadius: BorderRadius.circular(5.0),
            child: avatar,
          ),
          Row(
            mainAxisAlignment: MainAxisAlignment.center,
            children: <Widget>[
              Align(
                alignment: Alignment.topLeft,
                widthFactor: .5,// 宽度设为原来宽度一半，另一半会溢出
                child: avatar,
              ),
              Text(" 你好世界 ", style: TextStyle(color: Colors.green),)
            ],
```

```
    ),
    Row(
      mainAxisAlignment: MainAxisAlignment.center,
      children: <Widget>[
        ClipRect(// 将溢出部分剪裁
          child: Align(
            alignment: Alignment.topLeft,
            widthFactor: .5,// 宽度设为原来宽度一半
            child: avatar,
          ),
        ),
        Text(" 你好世界 ",style: TextStyle(color: Colors.green))
      ],
    ),
  ],
  ),
  );
  }
}
```

运行效果如图 5-11 所示。

上面的示例代码注释比较详细，在此不再赘述。但值得一提的是最后两个 Row！它们通过 Align 设置 widthFactor 为 0.5 后，图片的实际宽度等于 60 × 0.5，即原宽度一半，但此时图片溢出部分依然会显示，所以第一个 "你好世界" 会和图片的另一部分重合，为了剪裁掉溢出部分，我们在第二个 Row 中通过 ClipRect 将溢出部分剪裁掉了。

图 5-11　剪裁效果示例

5.5.2　自定义剪裁

如果我们想剪裁子组件的特定区域，比如，在上面示例的图片中，如果我们只想截取图片中部 40 × 30 像素的范围应该怎么做？这时我们可以使用 CustomClipper 来自定义剪裁区域，实现代码如下。

首先，自定义一个 CustomClipper：

```
class MyClipper extends CustomClipper<Rect> {
  @override
  Rect getClip(Size size) => Rect.fromLTWH(10.0, 15.0, 40.0, 30.0);

  @override
  bool shouldReclip(CustomClipper<Rect> oldClipper) => false;
}
```

❑ getClip() 是用于获取剪裁区域的接口，由于图片大小是 60 × 60，我们返回剪裁区域 Rect.fromLTWH(10.0，15.0，40.0，30.0)，即图片中部 40 × 30 像素的范围。

❑ shouldReclip() 接口决定是否重新剪裁。如果在应用中，剪裁区域始终不会发生变化时应该返回 false，这样就不会触发重新剪裁，避免不必要的性能开销。如果剪裁区

　　域会发生变化（比如在对剪裁区域执行一个动画），那么变化后应该返回 true 来重新
执行剪裁。

　　然后，我们通过 ClipRect 来执行剪裁，为了看清图片实际所占用的位置，我们设置一
个红色背景，代码如下：

```
DecoratedBox(
  decoration: BoxDecoration(
    color: Colors.red
  ),
  child: ClipRect(
    clipper: MyClipper(), // 使用自定义的 clipper
    child: avatar
  ),
)
```

　　代码运行效果如图 5-12 所示。

　　可以看到我们的剪裁成功了，但是图片所占用的空间大小仍
然是 60 × 60（红色区域），这是因为组件大小是在 layout 阶段确定
的，而剪裁是在之后的绘制阶段进行的，所以不会影响组件的大
小，这和 Transform 原理是相似的。

图 5-12　自定义剪裁区域
示例（见彩插）

　　ClipPath 可以按照自定义的路径实现剪裁，它需要自定义一
个 CustomClipper<Path> 类型的 Clipper，定义方式和 MyClipper 类
似，只不过 getClip 需要返回一个 Path，不再赘述。

5.6　空间适配

5.6.1　FittedBox

　　子组件大小超出了父组件大小时，如果不经过处理的话，Flutter 中就会显示一个溢出
警告并在控制台打印错误日志，比如如下代码会导致溢出：

```
Padding(
  padding: const EdgeInsets.symmetric(vertical: 30.0),
  child: Row(children: [Text('xx'*30)]), // 文本长度超出 Row 的最大宽度会溢出
)
```

　　运行效果如图 5-13 所示。

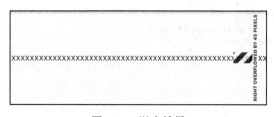

图 5-13　溢出效果

可以看到右边溢出了 45 像素。

上面只是一个例子，理论上我们经常会遇到子元素的大小超过其父容器的大小的情况，比如一张很大的图片要在一个较小的空间显示，根据 Flutter 的布局协议，父组件会将自身的最大显示空间作为约束传递给子组件，子组件应该遵守父组件的约束，如果子组件原始大小超过了父组件的约束区域，则需要进行一些缩小、裁剪或其他处理，而不同组件的处理方式是特定的，比如 Text 组件，如果它的父组件宽度固定，高度不限的话，则默认情况下 Text 会在文本到达父组件宽度的时候换行。那如果我们想让 Text 文本在超过父组件的宽度时不要换行而是字体缩小呢？还有一种情况，比如父组件的宽高固定，而 Text 文本较少，这时候我们想让文本放大以填充整个父组件空间该怎么做呢？

实际上，上面这两个问题的本质就是：子组件如何适配父组件空间。而根据 Flutter 布局协议适配算法应该在容器或布局组件的 layout 中实现，为了方便开发者自定义适配规则，Flutter 提供了一个 FittedBox 组件，定义代码如下：

```
const FittedBox({
  Key? key,
  this.fit = BoxFit.contain, // 适配方式
  this.alignment = Alignment.center, // 对齐方式
  this.clipBehavior = Clip.none, // 是否剪裁
  Widget? child,
})
```

适配原理

❑ FittedBox 在布局子组件时会忽略其父组件传递的约束，可以允许子组件无限大，即 FittedBox 传递给子组件的约束为（0<=width<=double.infinity，0<= height <=double. infinity）。

❑ FittedBox 对子组件布局结束后就可以获得子组件真实的大小。

❑ FittedBox 知道子组件的真实大小，也知道其父组件的约束，那么 FittedBox 就可以通过指定的适配方式（BoxFit 枚举中指定），让起子组件在 FittedBox 父组件的约束范围内按照指定的方式显示。

我们通过一个简单的例子说明，代码如下：

```
Widget build(BuildContext context) {
  return Center(
    child: Column(
      children: [
        wContainer(BoxFit.none),
        Text('Wendux'),
        wContainer(BoxFit.contain),
        Text('Flutter 中国 '),
      ],
    ),
  );
}

Widget wContainer(BoxFit boxFit) {
```

```
return Container(
    width: 50,
    height: 50,
    color: Colors.red,
    child: FittedBox(
        fit: boxFit,
        // 子容器超过父容器大小
        child: Container(width: 60, height: 70, color: Colors.blue),
    ),
);
}
```

运行后效果如图 5-14 所示。

因为父 Container 要比子 Container 小，所以当没有指定任何适配
方式时，子组件会按照其真实大小进行绘制，所以第一个蓝色区域会超
出父组件的空间，因而看不到红色区域。第二个我们指定的适配方式为
BoxFit.contain，含义是按照子组件的比例缩放，尽可能多地占据父组件
空间，因为子组件的长宽并不相同，所以按照比例缩放适配父组件后，
父组件能显示一部分。

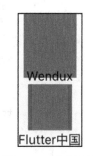

图 5-14 适配示例
（见彩插）

需要注意一点，在未指定适配方式时，虽然 FittedBox 子组件的大小
超过了 FittedBox 父 Container 的空间，但 FittedBox 自身还是要遵守其
父组件传递的约束，所以最终 FittedBox 的本身的大小是 50×50，这也
是为什么蓝色会和下面的文本重叠，因为在布局空间内，父 Container 只占 50×50 的大小，
接下来文本会紧挨着 Container 进行布局，而此时 Container 中有的子组件的大小超过了自
己，所以最终的效果就是绘制范围超出了 Container，但布局位置是正常的，所以就重叠了。
如果我们不想让蓝色超出父组件布局范围，那么可以使用 ClipRect 将超出的部分剪裁掉，
代码如下：

```
ClipRect( // 将超出子组件布局范围的绘制内容剪裁掉
    child: Container(
        width: 50,
        height: 50,
        color: Colors.red,
        child: FittedBox(
            fit: boxFit,
            child: Container(width: 60, height: 70, color: Colors.blue),
        ),
    ),
);
```

关于 BoxFit 的各种适配规则和 Image 的 fix 属性指定是一样的，读者可以查看我们在
介绍 Image 组件时关于各种适配规则对应的效果。

5.6.2 实例：单行缩放布局

比如我们有三个数据指标，需要在一行显示，因为换行的话就会将页面布局打乱，所以

换行是不能接受的。因为不同设备的屏幕宽度不同，且不同人的数据也不同，所以就会出现数据太长或屏幕太窄时三个数据无法在一行显示的情况，因此，我们希望当无法在一行显示时能够对组件进行适当的缩放以确保一行能够显示，为此我们写了一个测试 demo，代码如下：

```
@override
  Widget build(BuildContext context) {
    return Center(
      child: Column(
        children: [
          wRow(' 90000000000000000 '),
          FittedBox(child: wRow(' 90000000000000000 ')),
          wRow(' 800 '),
          FittedBox(child: wRow(' 800 ')),
          ]
        .map((e) => Padding(
            padding: EdgeInsets.symmetric(vertical: 20),
            child: e,
          ))
        .toList();,
      ),
    );
  }

  // 直接使用 Row
  Widget wRow(String text) {
    Widget child = Text(text);
    child = Row(
      mainAxisAlignment: MainAxisAlignment.spaceEvenly,
      children: [child, child, child],
    );
    return child;
  }
```

代码运行后效果如图 5-15 所示。

首先，因为我们给 Row 在主轴的对齐方式指定为 MainAxisAlignment.spaceEvenly，这会将水平方向的剩余显示空间均分成多份，穿插在每一个child 之间。

可以看到，当数字为 90000000000000000 时，三个数字的长度加起来已经超出了测试设备的屏幕宽度，所以直接使用 Row 会溢出，当给 Row 添加上 FittedBox 时，就可以按比例缩放至一行显示，实现了我们预期的效果。但是当数字没有那么大时，比如下面的 800，直接使用 Row 是可以的，但

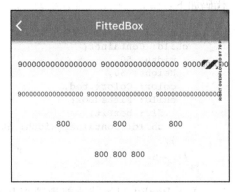

图 5-15　单行缩放示例 1

加上 FittedBox 后三个数字虽然也能正常显示，但是它们却挤在了一起，这不符合我们的期望。之所以会这样，原因其实很简单：在指定主轴对齐方式为 spaceEvenly 的情况下，Row在进行布局时会拿到父组件的约束，如果约束的 maxWidth 不是无限大的，则 Row 会根据

子组件的数量和它们的大小在主轴方向根据 spaceEvenly 填充算法来分割水平方向的长度，最终 Row 的宽度为 maxWidth ；但如果 maxWidth 为无限大，就无法再进行分割了，所以此时 Row 就会将子组件的宽度之和作为自己的宽度。

回到上面的示例中，当 Row 没有被 FittedBox 包裹时，此时父组件传给 Row 的约束的 maxWidth 为屏幕宽度，此时，Row 的宽度也就是屏幕宽度，而当被 FittedBox 包裹时，FittedBox 传给 Row 的约束的 maxWidth 为无限大（double.infinity），因此 Row 的最终宽度就是子组件的宽度之和。

父组件传递给子组件的约束可以用我们上一章中封装的 LayoutLogPrint 来打印，代码如下：

```
LayoutLogPrint(tag: 1, child: wRow(' 800 ')),
FittedBox(child: LayoutLogPrint(tag: 2, child: wRow(' 800 '))),
```

代码运行后控制台日志如下：

```
flutter: 1: BoxConstraints(0.0<=w<=396.0, 0.0<=h<=Infinity)
flutter: 2: BoxConstraints(unconstrained)
```

出现问题的原因找到了，解决的思路就很简单了，我们只需要让 FittedBox 子元素接收到的约束的 maxWidth 为屏幕宽度即可，为此我们封装了一个 SingleLineFittedBox 来替换 FittedBox 以达到我们预期的效果，实现代码如下：

```
class SingleLineFittedBox extends StatelessWidget {
 const SingleLineFittedBox({Key? key,this.child}) : super(key: key);
 final Widget? child;

  @override
  Widget build(BuildContext context) {
    return LayoutBuilder(
      builder: (_, constraints) {
        return FittedBox(
          child: ConstrainedBox(
            constraints: constraints.copyWith(
              // 让 maxWidth 使用屏幕宽度
              maxWidth: constraints.maxWidth
            ),
            child: child,
          ),
        );
      },
    );
  }
}
```

测试代码改为：

```
wRow(' 90000000000000000 '),
SingleLineFittedBox(child: wRow(' 90000000000000000 ')),
wRow(' 800 '),
SingleLineFittedBox(child: wRow(' 800 ')),
```

代码运行后效果如图 5-16 所示。

返现 800 正常显示了，但用 SingleLineFittedBox 包裹的 '90000000000000000' 的那个 Row 却溢出了！溢出的原因其实也很简单，因为我们在 SingleLineFittedBox 中将传给 Row 的 maxWidth 置为屏幕宽度后，效果和不加 SingleLineFittedBox 的效果是一样的，Row 收到父组件约束的 maxWidth 都是屏幕的宽度。但是不要放弃，只要我们稍加修改，就能实现我们的预期，代码如下：

```
class SingleLineFittedBox extends StatelessWidget {
  const SingleLineFittedBox({Key? key,this.child}) : super(key: key);
  final Widget? child;

  @override
  Widget build(BuildContext context) {
    return LayoutBuilder(
      builder: (_, constraints) {
        return FittedBox(
          child: ConstrainedBox(
            constraints: constraints.copyWith(
              minWidth: constraints.maxWidth,
              maxWidth: double.infinity,
              //maxWidth: constraints.maxWidth
            ),
            child: child,
          ),
        );
      },
    );
  }
}
```

代码很简单，我们将最小宽度（minWidth）约束指定为屏幕宽度，因为 Row 必须遵守父组件的约束，所以 Row 的宽度至少等于屏幕宽度，所以就不会出现缩在一起的情况；同时我们将 maxWidth 指定为无限大，就可以处理数字总长度超出屏幕宽度的情况。

代码重新运行后如图 5-17 所示。

可以发现无论是长数字还是短数字，我们的 SingleLineFittedBox 都可以正常工作。我们的组件库里面又多了一个组件。

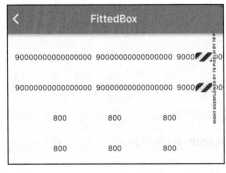

图 5-16 单行缩放示例 2

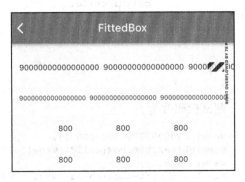

图 5-17 单行缩放示例 3

5.7　页面骨架

Material 组件库提供了丰富多样的组件，本节介绍一下最常用的 Scaffold 组件，其余的读者可以自行查看文档或 Flutter Gallery 中 Material 组件部分的示例。

> 注意　Flutter Gallery 是 Flutter 官方提供的 Flutter Demo，源码位于 flutter 源码中的 examples 目录下，笔者强烈建议用户将 Flutter Gallery 示例运行起来，它是一个很全面的 Flutter 示例应用，是非常好的参考 Demo，也是笔者学习 Flutter 的第一手资料。

5.7.1　Scaffold

一个完整的路由页可能会包含导航栏、抽屉菜单（Drawer）以及底部 Tab 导航菜单等。如果每个路由页面都需要开发者自己手动去实现这些，这会是一件非常麻烦且无聊的事。幸运的是，Flutter Material 组件库提供了一些现成的组件来减少我们的开发任务。Scaffold 是一个路由页的骨架，我们使用它可以很容易地拼装出一个完整的页面。

示例

我们实现一个页面，它包含：

❑ 一个导航栏。

❑ 导航栏右边有一个分享按钮。

❑ 有一个抽屉菜单。

❑ 有一个底部导航。

❑ 右下角有一个悬浮的动作按钮。

最终效果如图 5-18 和图 5-19 所示。

图 5-18　包含顶部和底部导航的主页

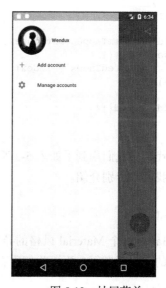

图 5-19　抽屉菜单

代码实现如下：

```
class ScaffoldRoute extends StatefulWidget {
  @override
  _ScaffoldRouteState createState() => _ScaffoldRouteState();
}

class _ScaffoldRouteState extends State<ScaffoldRoute> {
  int _selectedIndex = 1;

  @override
  Widget build(BuildContext context) {
    return Scaffold(
      appBar: AppBar( // 导航栏
        title: Text("App Name"),
        actions: <Widget>[ // 导航栏右侧菜单
          IconButton(icon: Icon(Icons.share), onPressed: () {}),
        ],
      ),
      drawer: MyDrawer(), // 抽屉
      bottomNavigationBar: BottomNavigationBar( // 底部导航
        items: <BottomNavigationBarItem>[
          BottomNavigationBarItem(icon: Icon(Icons.home), title: Text('Home')),
          BottomNavigationBarItem(icon: Icon(Icons.business), title: Text('Business')),
          BottomNavigationBarItem(icon: Icon(Icons.school), title: Text('School')),
        ],
        currentIndex: _selectedIndex,
        fixedColor: Colors.blue,
        onTap: _onItemTapped,
      ),
      floatingActionButton: FloatingActionButton( // 悬浮按钮
        child: Icon(Icons.add),
        onPressed: _onAdd
      ),
    );
  }
  void _onItemTapped(int index) {
    setState(() {
      _selectedIndex = index;
    });
  }
  void _onAdd(){
  }
}
```

上面代码中我们用到了如表 5-2 所示的组件：
下面我们来分别介绍。

表 5-2　代码中涉及的组件

组件名称	解释
AppBar	一个导航栏骨架
MyDrawer	抽屉菜单
BottomNavigationBar	底部导航栏
FloatingActionButton	漂浮按钮

5.7.2　AppBar

AppBar 是一个 Material 风格的导航栏，通过它可以设置导航栏标题、导航栏菜单、导航栏底部的 Tab 标题等。下面我们看看 AppBar 的定义：

```
AppBar({
```

```
    Key? key,
    this.leading, // 导航栏最左侧 Widget，常见为抽屉菜单按钮或返回按钮。
    this.automaticallyImplyLeading = true, // 如果 leading 为 null，是否自动实现默认的 leading
        按钮
    this.title, // 页面标题
    this.actions, // 导航栏右侧菜单
    this.bottom, // 导航栏底部菜单，通常为 Tab 按钮组
    this.elevation = 4.0, // 导航栏阴影
    this.centerTitle, // 标题是否居中
    this.backgroundColor,
    ...    // 其他属性见源码注释
})
```

如果给 Scaffold 添加了抽屉菜单，默认情况下 Scaffold 会自动将 AppBar 的 leading 设置为菜单按钮（如图 5-8 所示），点击它便可打开抽屉菜单。如果我们想自定义菜单图标，可以手动来设置 leading，代码如下：

```
Scaffold(
  appBar: AppBar(
    title: Text("App Name"),
    leading: Builder(builder: (context) {
      return IconButton(
        icon: Icon(Icons.dashboard, color: Colors.white), // 自定义图标
        onPressed: () {
          // 打开抽屉菜单
          Scaffold.of(context).openDrawer();
        },
      );
    }),
    ...
  )
)
```

代码运行效果如图 5-20 所示。

可以看到左侧菜单已经替换成功。

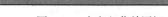

图 5-20　自定义菜单图标

代码中打开抽屉菜单的方法在 ScaffoldState 中，通过 Scaffold.of(context) 可以获取父级最近的 Scaffold 组件的 State 对象。

5.7.3　抽屉菜单 Drawer

Scaffold 的 drawer 和 endDrawer 属性可以分别接受一个 Widget 来作为页面的左、右抽屉菜单。如果开发者提供了抽屉菜单，那么当用户的手指从屏幕左（或右）侧向里滑动时便可打开抽屉菜单。本节开始部分的示例中实现了一个左抽屉菜单 MyDrawer，它的源代码如下：

```
class MyDrawer extends StatelessWidget {
  const MyDrawer({
    Key? key,
  }) : super(key: key);

  @override
  Widget build(BuildContext context) {
    return Drawer(
```

```
    child: MediaQuery.removePadding(
      context: context,
      // 移除抽屉菜单顶部默认留白
      removeTop: true,
      child: Column(
        crossAxisAlignment: CrossAxisAlignment.start,
        children: <Widget>[
          Padding(
            padding: const EdgeInsets.only(top: 38.0),
            child: Row(
              children: <Widget>[
                Padding(
                  padding: const EdgeInsets.symmetric(horizontal: 16.0),
                  child: ClipOval(
                    child: Image.asset(
                      "imgs/avatar.png",
                      width: 80,
                    ),
                  ),
                ),
                Text(
                  "Wendux",
                  style: TextStyle(fontWeight: FontWeight.bold),
                )
              ],
            ),
          ),
          Expanded(
            child: ListView(
              children: <Widget>[
                ListTile(
                  leading: const Icon(Icons.add),
                  title: const Text('Add account'),
                ),
                ListTile(
                  leading: const Icon(Icons.settings),
                  title: const Text('Manage accounts'),
                ),
              ],
            ),
          ),
        ],
      ),
    ),
  );
}
}
```

抽屉菜单通常将 Drawer 组件作为根节点，它实现了 Material 风格的菜单面板，MediaQuery.removePadding 可以移除 Drawer 默认的一些留白（比如 Drawer 默认顶部会留和手机状态栏等高的留白），读者可以尝试传递不同的参数来看看实际效果。抽屉菜单页由顶部和底部组成，顶部由用户头像和昵称组成，底部是一个菜单列表，用 ListView 实现，关于 ListView，我们将在 6.3 节中详细介绍。

5.7.4　FloatingActionButton

FloatingActionButton 是 Material 设计规范中的一种特殊 Button，通常悬浮在页面的某一个位置作为某种常用动作的快捷入口，如本节示例中页面右下角的"＋"号按钮。我们可以通过 Scaffold 的 floatingActionButton 属性来设置一个 FloatingActionButton，同时通过 floatingActionButtonLocation 属性来指定其在页面中悬浮的位置，这个比较简单，不再赘述。

5.7.5　底部 Tab 导航栏

我们可以通过 Scaffold 的 bottomNavigationBar 属性来设置底部导航，如本节开始示例所示，我们通过 Material 组件库提供的 BottomNavigationBar 和 BottomNavigationBarItem 两种组件来实现 Material 风格的底部导航栏。可以看到上面的实现代码非常简单，所以不再赘述，但是如果我们想实现如图 5-21 所示效果的底部导航栏应该怎么做呢？

Material 组件库中提供了一个 BottomAppBar 组件，它可以和 FloatingActionButton 配合实现这种"打洞"效果，源代码如下：

图 5-21　TabBar 示例

```
bottomNavigationBar: BottomAppBar(
  color: Colors.white,
  shape: CircularNotchedRectangle(), //底部导航栏打一个
    圆形的洞
  child: Row(
    children: [
      IconButton(icon: Icon(Icons.home)),
      SizedBox(), //中间位置空出
      IconButton(icon: Icon(Icons.business)),
    ],
    mainAxisAlignment: MainAxisAlignment.spaceAround, //均分底部导航栏横向空间
  ),
)
```

可以看到，上面代码中没有控制打洞位置的属性，实际上，打洞的位置取决于 FloatingActionButton 的位置，上面 FloatingActionButton 的位置为 floatingActionButtonLocation: FloatingActionButtonLocation.centerDocked，所以打洞位置在底部导航栏的正中间。

BottomAppBar 的 shape 属性决定洞的外形，CircularNotchedRectangle 实现了一个圆形的外形，我们也可以自定义外形，比如，Flutter Gallery 示例中就有一个"钻石"形状的示例，感兴趣的读者可以自行查看。

5.7.6　页面 Body

最后就是页面的 Body 部分了，Scaffold 有一个 body 属性，接收一个 Widget，我们可以传任意的 Widget，在下一章中，我们会介绍 TabBarView，它是一个可以进行页面切换的组件，在多 Tab 的 App 中，一般都会将 TabBarView 作为 Scaffold 的 Body。

第二篇 *Part 2*

进 阶 篇

第 6 章

可滚动组件

可滚动组件是非常重要的一类组件，几乎所有的 App 都会用到，因此本书会将可滚动组件作为重点来介绍。另外，从本章开始，进入本书的进阶篇，部分章节会讲得比较深，可能会略有难度，希望读者不要跳读，如果遇到问题，建议运行一下随书源码，通过代码加强理解。

6.1 可滚动组件简介

6.1.1 Sliver 布局模型

我们在 4.2 节介绍过 Flutter 有两种布局模型：

❏ 基于 RenderBox 的盒模型布局。

❏ 基于 Sliver（RenderSliver）按需加载列表布局。

之前我们主要介绍了盒模型布局组件，本章我们重点介绍基于 Sliver 的布局组件。

通常可滚动组件的子组件可能会非常多，占用的总高度也会非常大；如果要一次性将子组件全部构建出来将会非常昂贵！为此，Flutter 中提出了 Sliver（中文为"薄片"的意思）的概念，Sliver 可以包含一个或多个子组件。Sliver 的主要作用是配合：加载子组件并确定每一个子组件的布局和绘制信息，如果 Sliver 可以包含多个子组件，通常会实现按需加载模型。

只有当 Sliver 出现在视窗中时才会去构建它，这种模型也称为"基于 Sliver 的列表按需加载模型"。可滚动组件中有很多都支持基于 Sliver 的按需加载模型，如 ListView、GridView，但是也有不支持该模型的，如 SingleChildScrollView。

> 🔘 **约定** 后面如果我们说一个组件是 Sliver，则表示它是基于 Sliver 布局的组件，同理，说一个组件是 RenderBox，则代表它是基于盒模型布局的组件，并不是说它就是 RenderBox 类的实例。

Flutter 中的可滚动组件主要由三个角色组成：Scrollable、Viewport 和 Sliver。

❏ Scrollable：用于处理滑动手势，确定滑动偏移，滑动偏移变化时构建 Viewport。

❏ Viewport：显示的视窗，即列表的可视区域。

❏ Sliver：视窗里显示的元素。

具体布局过程：

❏ Scrollable 监听到用户滑动行为后，根据最新的滑动偏移构建 Viewport。

❏ Viewport 将当前视窗信息和配置信息通过 SliverConstraints 传递给 Sliver。

❏ Sliver 中对子组件（RenderBox）按需进行构建和布局，然后确认自身的位置、绘制等信息，保存在 geometry 中（一个 SliverGeometry 类型的对象）。

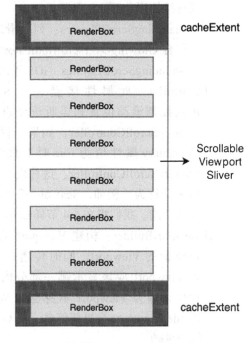

图 6-1 ListView 示意图

比如有一个 ListView，大小撑满屏幕，假设它有 100 个列表项（都是 RenderBox）且每个列表项高度相同，结构如图 6-1 所示。

图中白色区域为设备屏幕，也是 Scrollable、Viewport 和 Sliver 所占用的空间，三者所占用的空间重合，父子关系为：Sliver 的父组件为 Viewport，Viewport 的 父组件为 Scrollable。注意，ListView 中只有一个 Sliver，在 Sliver 中实现了子组件（列表项）的按需加载和布局。

其中，顶部和底部灰色的区域为 cacheExtent，它表示预渲染的高度，需要注意这是在可视区域之外，如果 RenderBox 进入这个区域内，即使它还未显示在屏幕上，也是要先进行构建的，预渲染是为了后面进入 Viewport 的时候更丝滑。cacheExtent 的默认值是 250，在构建可滚动列表时我们可以指定这个值，这个值最终会传给 Viewport。

6.1.2 Scrollable

用于处理滑动手势，确定滑动偏移，滑动偏移变化时构建 Viewport，我们看一下其关键的属性，代码如下：

```
Scrollable({
```

```
      ...
      this.axisDirection = AxisDirection.down,
      this.controller,
      this.physics,
      required this.viewportBuilder, // 后面介绍
})
```

其中：

❑ axisDirection：表示滚动方向。

❑ physics：此属性接受一个 ScrollPhysics 类型的对象，它决定可滚动组件如何响应
用户操作，比如用户滑动完抬起手指后，继续执行动画；或者滑动到边界时，如何
显示。默认情况下，Flutter 会根据具体平台分别使用不同的 ScrollPhysics 对象应用
不同的显示效果，当滑动到边界时如果继续拖动，在 iOS 上会出现弹性效果，而在
Android 上会出现微光效果。如果你想在所有平台下使用同一种效果，可以显式指定
一个固定的 ScrollPhysics，Flutter SDK 中包含了两个 ScrollPhysics 的子类，它们可
以直接使用：

  ● ClampingScrollPhysics：列表滑动到边界时将不能继续滑动，通常在 Android 中
    配合 GlowingOverscrollIndicator（实现微光效果的组件）使用。

  ● BouncingScrollPhysics：iOS 下的弹性效果。

❑ controller：此属性接受一个 ScrollController 对象。ScrollController 的主要作
用是控制滚动位置和监听滚动事件。默认情况下，Widget 树中会有一个默认的
PrimaryScrollController，如果子树中的可滚动组件没有显式地指定 controller，并
且 primary 属性值为 true 时（默认就为 true），可滚动组件会使用这个默认的
PrimaryScrollController。这种机制带来的好处是父组件可以控制子树中可滚动组件
的滚动行为，例如，Scaffold 正是使用这种机制在 iOS 中实现了点击导航栏回到顶
部的功能。我们将在 6.4 节详细介绍 ScrollController。

❑ viewportBuilder：构建 Viewport 的回调。当用户滑动时，Scrollable 会调用此回调
构建新的 Viewport，同时传递一个 ViewportOffset 类型的 offset 参数，该参数描
述 Viewport 应该显示哪一部分内容。注意重新构建 Viewport 并不是一个昂贵的
操作，因为 Viewport 本身也是 Widget，只是配置信息，Viewport 变化时对应的
RenderViewport 会更新信息，并不会随着 Widget 进行重新构建。

主轴和纵轴

在可滚动组件的坐标描述中，通常将滚动方向称为主轴，非滚动方向称为纵轴。由于
可滚动组件的默认方向一般都是沿垂直方向，所以默认情况下主轴就是指垂直方向，水平
方向同理。

6.1.3 Viewport

Viewport 比较简单，用于渲染当前视口中需要显示的 Sliver。

```
Viewport({
  Key? key,
  this.axisDirection = AxisDirection.down,
  this.crossAxisDirection,
  this.anchor = 0.0,
  required ViewportOffset offset, // 用户的滚动偏移
  // 类型为 Key，表示从什么地方开始绘制，默认是第一个元素
  this.center,
  this.cacheExtent, // 预渲染区域
  // 该参数用于配合解释 cacheExtent 的含义，也可以为主轴长度的乘数
  this.cacheExtentStyle = CacheExtentStyle.pixel,
  this.clipBehavior = Clip.hardEdge,
  List<Widget> slivers = const <Widget>[], // 需要显示的 Sliver 列表
})
```

需要注意的是：

❑ offset：该参数为 Scrollabel 构建 Viewport 时传入，它描述了 Viewport 应该显示那一
部分内容。

❑ cacheExtent 和 cacheExtentStyle：CacheExtentStyle 是一个枚举，有 pixel 和 viewport
两个取值。当 cacheExtentStyle 值为 pixel 时，cacheExtent 的值为预渲染区域的具体
像素长度；当值为 viewport 时，cacheExtent 的值是一个乘数，表示有几个 viewport
的长度，最终的预渲染区域的像素长度为：cacheExtent * viewport 的积，这在每一
个列表项都占满整个 Viewport 时比较实用，这时 cacheExtent 的值就表示前后各缓
存几个页面。

6.1.4　Sliver

Sliver 的主要作用是对子组件进行构建和布局，比如 ListView 的 Sliver 需要实现子组件
（列表项）按需加载功能，只有当列表项进入预渲染区域时才会去对它进行构建、布局和渲染。

Sliver 对应的渲染对象类型是 RenderSliver，RenderSliver 和 RenderBox 的相同点是都
继承自 RenderObject 类，不同点是在布局的时候约束信息不同。RenderBox 在布局时父组
件传递给它的约束信息对应的是 BoxConstraints，只包含最大宽高的约束；而 RenderSliver
在布局时父组件（列表）传递给它的约束对应的是 SliverConstraints。关于 Sliver 的布局协
议，我们将在本章最后一节中介绍。

6.1.5　可滚动组件的通用配置

几乎所有的可滚动组件在构造时都能指定 ScrollDirection（滑动的主轴）、reverse（滑动
方向是否反向）、controller、physics、cacheExtent，这些属性最终会透传给对应的 Scrollable
和 Viewport，这些属性我们可以认为是可滚动组件的通用属性，后续再介绍具体的可滚动
组件时将不再赘述。

reverse 表示是否按照阅读方向相反的方向滑动，如 scrollDirection 的值为 Axis.horizontal 时，即滑动方向为水平，如果阅读方向是从左到右（取决于语言环境，阿拉伯语就是从右到左）。reverse 为 true 时，那么滑动方向就是从右到左。

6.1.6 ScrollController

可滚动组件都有一个 controller 属性，通过该属性我们可以指定一个 ScrollController 来控制可滚动组件的滚动，比如可以通过 ScrollController 来同步多个组件的滑动联动。由于 ScrollController 是需要结合可滚动组件一起工作，所以在本章中，我们会在介绍完 ListView 后详细介绍 ScrollController。

6.1.7 子节点缓存

按需加载子组件在大多数场景中都能有正收益，但是有些时候也会有副作用。比如有一个页面，它由一个 ListView 组成，我们希望在页面顶部显示一块内容，这部分内容的数据需要在每次页面打开时通过网络来获取，为此我们通一个 Header 组件来实现，它是一个 StatefulWidget，会在 initState 中请求网络数据，然后将它作为 ListView 的第一个孩子。现在问题来了，因为 ListView 是按需加载子节点的，这意味着如果 Header 滑出 Viewport 的预渲染区域之外时就会被销毁，重新滑入后又会被重新构建，这样就会发起多次网络请求，不符合我们的期望，我们的预期是 Header 能够缓存不销毁。

综上所述，为了方便控制子组件在滑出可视区域后是否缓存，可滚动组件提供了一种缓存子节点的通用解决方案，它允许开发者对特定的子界限进行缓存，这个我们将在后面小节中详细介绍。

6.1.8 Scrollbar

Scrollbar 是一个 Material 风格的滚动指示器（滚动条），如果要给可滚动组件添加滚动条，只需将 Scrollbar 作为可滚动组件的任意一个父级组件即可，代码如下：

```
Scrollbar(
  child: SingleChildScrollView(
    ...
  ),
);
```

Scrollbar 和 CupertinoScrollbar 都是通过监听滚动通知来确定滚动条位置的。关于滚动通知的详细内容我们将在本章最后一节中专门介绍。

CupertinoScrollbar 是 iOS 风格的滚动条，如果你使用的是 Scrollbar，那么在 iOS 平台上它会自动切换为 CupertinoScrollbar。

6.1.9 小结

我们在本节介绍了 Flutter 中基于 Sliver 按需加载列表布局，后面的小节中会先介绍一下常用的可滚动组件（如 ListView、GridView、CustomScrollView 等），然后介绍一下 ScrollController，最后通过一个实例介绍如何自定义 Sliver。

6.2 SingleChildScrollView

6.2.1 简介

SingleChildScrollView 类似于 Android 中的 ScrollView，它只能接收一个子组件，定义如下：

```
SingleChildScrollView({
  this.scrollDirection = Axis.vertical, //滚动方向，默认是垂直方向
  this.reverse = false,
  this.padding,
  bool primary,
  this.physics,
  this.controller,
  this.child,
})
```

除了上一节我们介绍过的可滚动组件的通用属性外，我们重点关注 primary 属性：它表示是否使用 Widget 树中默认的 PrimaryScrollController（MaterialApp 组件树中已经默认包含一个 PrimaryScrollController 了）；当滑动方向为垂直方向（scrollDirection 的值为 Axis.vertical）并且没有指定 controller 时，primary 默认为 true。

需要注意的是，通常 SingleChildScrollView 只应在期望的内容不会超过屏幕太多时使用，这是因为 SingleChildScrollView 不支持基于 Sliver 的延迟加载模型，所以如果预计视口可能包含超出屏幕尺寸太多的内容时，那么使用 SingleChildScrollView 将会非常昂贵（性能差），此时应该使用一些支持 Sliver 延迟加载的可滚动组件，如 ListView。

6.2.2 示例

下面是一个将大写字母 A ～ Z 沿垂直方向显示的例子，因为垂直方向空间会超过屏幕视口高度，所以我们使用 SingleChildScrollView：

```
class SingleChildScrollViewTestRoute extends StatelessWidget {
  @override
  Widget build(BuildContext context) {
    String str = "ABCDEFGHIJKLMNOPQRSTUVWXYZ";
    return Scrollbar( //显示进度条
      child: SingleChildScrollView(
        padding: EdgeInsets.all(16.0),
        child: Center(
          child: Column(
            // 动态创建一个 List<Widget>
            children: str.split("")
              // 每一个字母都用一个 Text 显示，字号为原来的两倍
              .map((c) => Text(c, textScaleFactor: 2.0,))
```

```
                .toList(),
            ),
        ),
      ),
    );
  }
}
```

代码运行效果如图 6-2 所示。

图 6-2　SingleChildScrollView 示例

6.3　ListView

ListView 是最常用的可滚动组件之一，它可以沿一个方向线性排布所有子组件，并且支持列表项懒加载（在需要时才会创建）。

6.3.1　默认构造函数

我们看看 ListView 的默认构造函数定义代码，如下所示：

```
ListView({
  ...
  // 可滚动 Widget 公共参数
  Axis scrollDirection = Axis.vertical,
  bool reverse = false,
  ScrollController? controller,
  bool? primary,
  ScrollPhysics? physics,
  EdgeInsetsGeometry? padding,

  //ListView 各个构造函数的共同参数
  double? itemExtent,
  Widget? prototypeItem, // 列表项原型，后面解释
```

```
    bool shrinkWrap = false,
    bool addAutomaticKeepAlives = true,
    bool addRepaintBoundaries = true,
    double? cacheExtent, // 预渲染区域长度

    // 子 Widget 列表
    List<Widget> children = const <Widget>[],
})
```

上面的参数分为两组：第一组是可滚动组件的公共参数，6.1 节中已经介绍过，不再赘述；第二组是 ListView 的各个构造函数（ListView 有多个构造函数）的共同参数，我们重点看看这些参数：

❑ itemExtent：该参数如果不为 null，则会强制 children 的"长度"为 itemExtent 的值；这里的"长度"是指滚动方向上子组件的长度，也就是说如果滚动方向是垂直方向，则 itemExtent 代表子组件的高度；如果滚动方向为水平方向，则 itemExtent 代表子组件的宽度。在 ListView 中，指定 itemExtent 比让子组件自己决定自身长度的性能更好，这是因为指定 itemExtent 后，滚动系统可以提前知道列表的长度，而无须每次构建子组件时都去再计算一下，尤其是在滚动位置频繁变化时（滚动系统需要频繁去计算列表高度）。

❑ prototypeItem：如果我们知道列表中的所有列表项长度都相同但不知道具体是多少，这时可以指定一个列表项，该列表项被称为 prototypeItem（列表项原型）。指定 prototypeItem 后，可滚动组件会在布局时计算一次它沿主轴方向的长度，这样也就预先知道了所有列表项沿主轴方向的长度，所以和指定 itemExtent 一样，指定 prototypeItem 会有更好的性能。注意，itemExtent 和 prototypeItem 互斥，不能同时指定它们。

❑ shrinkWrap：该属性表示是否根据子组件的总长度来设置 ListView 的长度，默认值为 false。默认情况下，ListView 会在滚动方向尽可能多地占用空间。当 ListView 在一个无边界（滚动方向上）的容器中时，shrinkWrap 必须为 true。

❑ addAutomaticKeepAlives：该属性我们将在介绍 PageView 组件时详细解释。

❑ addRepaintBoundaries：该属性表示是否将列表项（子组件）包裹在 RepaintBoundary 组件中。读者可以先将 RepaintBoundary 理解为一个"绘制边界"，将列表项包裹在 RepaintBoundary 中可以避免列表项不必要的重绘，但是当列表项重绘的开销非常小（如一个颜色块，或者一个较短的文本）时，不添加 RepaintBoundary 反而会更高效（具体原因会在本书后面 Flutter 绘制原理相关章节中介绍）。如果用列表项自身来维护是否需要添加绘制边界组件，则此参数应该指定为 false。

📖 注意　上面这些参数并非 ListView 特有，在本章后面介绍的其他可滚动组件也可能会拥有这些参数，它们的含义是相同的。

默认构造函数有一个 children 参数，它接受一个 Widget 列表（List<Widget>）。这种方

式适合只有少量的子组件数量已知且比较少的情况，反之则应该使用 ListView.builder 按需动态构建列表项。

📷 注
意
虽然这种方式将所有 children 一次性传递给 ListView，但子组件仍然是在需要时才会加载（构建、布局、绘制），也就是说通过默认构造函数构建的 ListView 也是基于 Sliver 的列表懒加载模型。

下面是一个例子，代码如下：

```
ListView(
  shrinkWrap: true,
  padding: const EdgeInsets.all(20.0),
  children: <Widget>[
    const Text('I\'m dedicating every day to you'),
    const Text('Domestic life was never quite my style'),
    const Text('When you smile, you knock me out, I fall apart'),
    const Text('And I thought I was so smart'),
  ],
);
```

可以看到，虽然使用默认构造函数创建的列表也是懒加载的，但我们还是需要提前将 Widget 创建好，等到真正需要加载时才会对 Widget 进行布局和绘制。

6.3.2 ListView.builder

ListView.builder 适合列表项比较多或者列表项不确定的情况，下面看一下 ListView.builder 的核心参数列表：

```
ListView.builder({
  //ListView 公共参数已省略
  ...
  required IndexedWidgetBuilder itemBuilder,
  int itemCount,
  ...
})
```

❑ itemBuilder：它是列表项的构建器，类型为 IndexedWidgetBuilder，返回值为一个 Widget。当列表滚动到具体的 index 位置时，会调用该构建器构建列表项。

❑ itemCount：列表项的数量，如果为 null，则为无限列表。

下面看一个例子，代码如下：

```
ListView.builder(
  itemCount: 100,
  itemExtent: 50.0, // 强制高度为 50.0
  itemBuilder: (BuildContext context, int index) {
    return ListTile(title: Text("$index"));
  }
);
```

代码运行效果如图 6-3 所示。

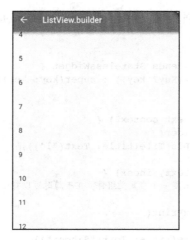

图 6-3　ListView.builder 示例

6.3.3　ListView.separated

ListView.separated 可以在生成的列表项之间添加一个分割组件，它比 ListView.builder
多了一个 separatorBuilder 参数，该参数是一个分割组件生成器。

下面我们看一个例子，为奇数行添加一条蓝色下划线，偶数行添加一条绿色下划线，
代码如下：

```
class ListView3 extends StatelessWidget {
  @override
  Widget build(BuildContext context) {
    // 下划线 Widget 预定义以供复用
    Widget divider1=Divider(color: Colors.blue,);
    Widget divider2=Divider(color: Colors.green);
    return ListView.separated(
      itemCount: 100,
      // 列表项构造器
      itemBuilder: (BuildContext context, int index) {
        return ListTile(title: Text("$index"));
      },
      // 分割器构造器
      separatorBuilder: (BuildContext context, int
        index) {
        return index%2==0?divider1:divider2;
      },
    );
  }
}
```

代码运行效果如图 6-4 所示。

图 6-4　ListView.separated 示例

6.3.4　固定高度列表

前面介绍过，给列表指定 itemExtent 或 prototypeItem 会有更高的性能，所以当我们知

道列表项的高度都相同时，强烈建议指定 itemExtent 或 prototypeItem。下面看一个示例，代码如下：

```
class FixedExtentList extends StatelessWidget {
  const FixedExtentList({Key? key}) : super(key: key);

  @override
  Widget build(BuildContext context) {
    return ListView.builder(
        prototypeItem: ListTile(title: Text("1")),
      //itemExtent: 56,
      itemBuilder: (context, index) {
        //LayoutLogPrint 是一个自定义组件，在布局时可以打印当前上下文中父组件给子组件的约束
          信息
        return LayoutLogPrint(
          tag: index,
          child: ListTile(title: Text("$index")),
        );
      },
    );
  }
}
```

因为列表项都是一个 ListTile，高度相同，但是我们不知道 ListTile 的高度是多少，所以指定了 prototypeItem，运行后，控制台打印输出如下：

```
flutter: 0: BoxConstraints(w=428.0, h=56.0)
flutter: 1: BoxConstraints(w=428.0, h=56.0)
flutter: 2: BoxConstraints(w=428.0, h=56.0)
...
```

可见 ListTile 的高度是 56，所以我们指定 itemExtent 为 56 也是可以的。但是笔者还是建议优先指定原型，这样的话在列表项布局修改后，仍然可以正常工作（前提是每个列表项的高度相同）。

如果本例中不指定 itemExtent 或 prototypeItem，我们看看控制台日志信息，如下所示：

```
flutter: 0: BoxConstraints(w=428.0, 0.0<=h<=Infinity)
flutter: 1: BoxConstraints(w=428.0, 0.0<=h<=Infinity)
flutter: 2: BoxConstraints(w=428.0, 0.0<=h<=Infinity)
...
```

可以发现，列表不知道列表项的具体高度，高度约束变为 0.0 到 Infinity。

6.3.5 ListView 原理

ListView 内部组合了 Scrollable、Viewport 和 Sliver，需要注意：

❑ ListView 中的列表项组件都是 RenderBox，并不是 Sliver 这个一定要注意。

❑ 一个 ListView 中只有一个 Sliver，对列表项进行按需加载的逻辑是 Sliver 中实现的。

❑ ListView 的 Sliver 默认是 SliverList，如果指定了 itemExtent，则会使用 SliverFixed-ExtentList；如果 prototypeItem 属性不为空，则会使用 SliverPrototypeExtentList，无

论是哪个，都实现了子组件的按需加载模型。

6.3.6 实例：无限加载列表

假设我们要从数据源异步分批拉取一些数据，然后用 ListView 展示，当滑动到列表末尾时，判断是否需要再去拉取数据，如果是，则去拉取，拉取过程中在表尾显示一个 loading，拉取成功后将数据插入列表；如果不需要再去拉取，则在表尾提示"没有更多"。代码如下：

```
import 'package:flutter/material.dart';
import 'package:english_words/english_words.dart';
import 'package:flutter/rendering.dart';

class InfiniteListView extends StatefulWidget {
  @override
  _InfiniteListViewState createState() => _InfiniteListViewState();
}

class _InfiniteListViewState extends State<InfiniteListView> {
  static const loadingTag = "##loading##"; // 表尾标记
  var _words = <String>[loadingTag];

  @override
  void initState() {
    super.initState();
    _retrieveData();
  }

  @override
  Widget build(BuildContext context) {
    return ListView.separated(
      itemCount: _words.length,
      itemBuilder: (context, index) {
        // 如果到了表尾
        if (_words[index] == loadingTag) {
          // 不足100条，继续获取数据
          if (_words.length - 1 < 100) {
            // 获取数据
            _retrieveData();
            // 加载时显示 loading
            return Container(
              padding: const EdgeInsets.all(16.0),
              alignment: Alignment.center,
              child: SizedBox(
                width: 24.0,
                height: 24.0,
                child: CircularProgressIndicator(strokeWidth: 2.0),
              ),
            );
          } else {
            // 已经加载了100条数据，不再获取数据
            return Container(
              alignment: Alignment.center,
```

```
              padding: EdgeInsets.all(16.0),
              child: Text(
                "没有更多了",
                style: TextStyle(color: Colors.grey),
              ),
            );
          }
        }
        //显示单词列表项
        return ListTile(title: Text(_words[index]));
      },
      separatorBuilder: (context, index) => Divider(height: .0),
    );
  }

  void _retrieveData() {
    Future.delayed(Duration(seconds: 2)).then((e) {
      setState(() {
        //重新构建列表
        _words.insertAll(
          _words.length - 1,
          //每次生成20个单词
          generateWordPairs().take(20).map((e) => e.asPascalCase).toList(),
        );
      });
    });
  }
}
```

代码运行后效果如图 6-5 和图 6-6 所示。

代码比较简单，读者可以参照代码中的注释理解，故不再赘述。需要说明的是，_ retrieveData() 的功能是模拟从数据源异步获取数据，我们使用 english_words 包的 generateWordPairs() 方法每次生成 20 个单词。

添加固定列表头

很多时候我们需要给列表添加一个固定表头，比如我们想实现一个商品列表，需要在列表顶部添加一个"商品列表"标题，期望的效果如图 6-7 所示。

我们按照之前的经验，写出如下代码：

```
@override
Widget build(BuildContext context) {
  return Column(children: <Widget>[
    ListTile(title:Text("商品列表")),
    ListView.builder(itemBuilder: (BuildContext context, int index) {
        return ListTile(title: Text("$index"));
    }),
  ]);
}
```

然后运行，发现并没有出现我们期望的效果，反而触发了一个异常，如下所示：

```
Error caught by rendering library, thrown during performResize().
Vertical viewport was given unbounded height ...
```

图 6-5　加载更多

图 6-6　没有更多

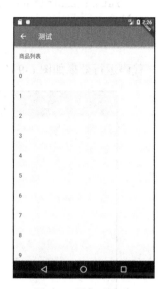

图 6-7　添加列表头

从异常信息中我们可以看到异常是 ListView 高度边界无法确定引起，所以解决的办法也很明显，我们需要给 ListView 指定边界，通过 SizedBox 指定一个列表高度看看是否生效，代码如下：

```
... // 省略无关代码
SizedBox(
  height: 400, // 指定列表高度为 400
  child: ListView.builder(
    itemBuilder: (BuildContext context, int index) {
      return ListTile(title: Text("$index"));
    },
  ),
),
...
```

代码运行效果如图 6-8 所示。

可以看到，现在没有触发异常并且列表已经显示出来了，但是我们的手机屏幕高度要大于 400，所以底部会有一些空白。那如果要实现列表铺满除表头以外的屏幕空间的效果应该怎么做？直观的方法是进行动态计算，用屏幕高度减去状态栏、导航栏、表头的高度即为剩余屏幕高度，代码如下：

```
... // 省略无关代码
SizedBox(
  //Material 设计规范中状态栏、导航栏、ListTile 高度分别为 24、56、56
```

```
height: MediaQuery.of(context).size.height-24-56-56,
child: ListView.builder(itemBuilder: (BuildContext context, int index) {
  return ListTile(title: Text("$index"));
}),
)
...
```

代码运行效果如图 6-9 所示。

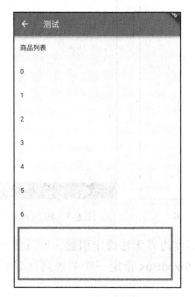

图 6-8　指定列表高度

图 6-9　动态计算列表高度

可以看到，我们期望的效果实现了，但是这种方法并不优雅，如果页面布局发生变化，比如表头布局调整导致表头高度改变，那么剩余空间的高度就得重新计算。那么有可以自动拉伸 ListView 以填充屏幕剩余空间的方法吗？当然有！答案就是 Flex。前面已经介绍过在弹性布局中，可以使用 Expanded 自动拉伸组件大小，并且我们也说过 Column 是继承自 Flex 的，所以可以直接使用 Column 和 Expanded 来实现，代码如下：

```
@override
Widget build(BuildContext context) {
  return Column(children: <Widget>[
    ListTile(title:Text(" 商品列表 ")),
    Expanded(
      child: ListView.builder(itemBuilder: (BuildContext context, int index) {
        return ListTile(title: Text("$index"));
      }),
    ),
  ]);
}
```

代码运行后，和图 6-9 一样，效果完美实现了！

6.3.7　小结

本节主要介绍了 ListView 常用的使用方式和要点，但并没有介绍 ListView.custom 方法，它需要实现一个 SliverChildDelegate 用来给 ListView 生成列表项组件，更多详情请参考 API 文档。

6.4　滚动监听及控制

在前几节中，我们介绍了 Flutter 中常用的可滚动组件，也介绍过可以用 ScrollController 来控制可滚动组件的滚动位置，本节先介绍一下 ScrollController，然后以 ListView 为例，展示一下 ScrollController 的具体用法。最后，再介绍一下路由切换时如何保存滚动位置。

6.4.1　ScrollController

ScrollController 构造函数的代码如下：

```
ScrollController({
  double initialScrollOffset = 0.0, // 初始滚动位置
  this.keepScrollOffset = true,// 是否保存滚动位置
  ...
})
```

我们介绍一下 ScrollController 常用的属性和方法：

❑ offset：可滚动组件当前的滚动位置。

❑ jumpTo(double offset)、animateTo(double offset,...)：这两个方法用于跳转到指定的位置，它们的不同之处在于，后者在跳转时会执行一个动画，而前者不会。

ScrollController 还有一些属性和方法，我们将在后面原理部分解释。

1. 滚动监听

ScrollController 间接继承自 Listenable，我们可以根据 ScrollController 来监听滚动事件，代码如下：

```
controller.addListener(()=>print(controller.offset))
```

2. 实例

我们创建一个 ListView，当滚动位置发生变化时，先打印出当前滚动位置，然后判断当前位置是否超过 1000 像素，如果超过，则在屏幕右下角显示一个"返回顶部"的按钮，单击该按钮后可以使 ListView 恢复到初始位置；如果没有超过 1000 像素，则隐藏"返回顶部"按钮。代码如下：

```
class ScrollControllerTestRoute extends StatefulWidget {
  @override
  ScrollControllerTestRouteState createState() {
    return ScrollControllerTestRouteState();
  }
```

```
  }

class ScrollControllerTestRouteState extends State<ScrollControllerTestRoute> {
  ScrollController _controller = ScrollController();
  bool showToTopBtn = false; //是否显示"返回到顶部"按钮

  @override
  void initState() {
    super.initState();
    //监听滚动事件, 打印滚动位置
    _controller.addListener(() {
      print(_controller.offset); //打印滚动位置
      if (_controller.offset < 1000 && showToTopBtn) {
        setState(() {
          showToTopBtn = false;
        });
      } else if (_controller.offset >= 1000 && showToTopBtn == false) {
        setState(() {
          showToTopBtn = true;
        });
      }
    });
  }

  @override
  void dispose() {
    //为了避免内存泄露, 需要调用 _controller.dispose
    _controller.dispose();
    super.dispose();
  }

  @override
  Widget build(BuildContext context) {
    return Scaffold(
      appBar: AppBar(title: Text("滚动控制")),
      body: Scrollbar(
        child: ListView.builder(
          itemCount: 100,
          itemExtent: 50.0, //列表项高度固定时, 显式指定高度是一个好习惯 (性能消耗小)
          controller: _controller,
          itemBuilder: (context, index) {
            return ListTile(title: Text("$index"),);
          }
        ),
      ),
      floatingActionButton: !showToTopBtn ? null : FloatingActionButton(
        child: Icon(Icons.arrow_upward),
        onPressed: () {
          //返回到顶部时执行动画
          _controller.animateTo(
            .0,
            duration: Duration(milliseconds: 200),
            curve: Curves.ease,
          );
        }
```

```
      ),
    );
  }
}
```

代码说明已经包含在注释里，运行效果如图 6-10 和图 6-11 所示。

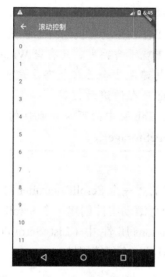

图 6-10　未显示"返回顶部"按钮

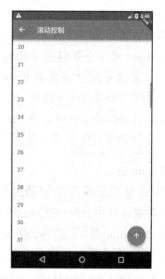

图 6-11　显示"返回顶部"按钮

由于列表项高度为 50 像素，当滑动到第 20 个列表项后，右下角"返回顶部"按钮会显示，单击该按钮，ListView 会在返回顶部的过程中执行一个滚动动画，动画时长 200 毫秒，动画曲线是 Curves.ease，关于动画的详细内容，我们将在第 9 章中详细介绍。

3. 滚动位置恢复

PageStorage 是一个用于保存页面（路由）相关数据的组件，它并不会影响子树的 UI 外观，其实，PageStorage 是一个功能型组件，它拥有一个存储桶（bucket），子树中的 Widget 可以通过指定不同的 PageStorageKey 来存储各自的数据或状态。

每次滚动结束，可滚动组件都会将滚动位置 offset 存储到 PageStorage 中，当可滚动组件重新创建时再恢复。如果 ScrollController.keepScrollOffset 为 false，则滚动位置将不会被存储，可滚动组件重新创建时会使用 ScrollController.initialScrollOffset；ScrollController.keepScrollOffset 为 true 时，可滚动组件在第一次创建时，会滚动到 initialScrollOffset 处，因为这时还没有存储过滚动位置。在接下来的滚动中就会存储、恢复滚动位置，而 initialScrollOffset 会被忽略。

当一个路由中包含多个可滚动组件时，如果你发现在进行一些跳转或切换操作后，滚动位置不能正确恢复，这时你可以通过显式指定 PageStorageKey 来分别跟踪不同的可滚动组件的位置，代码如下：

```
ListView(key: PageStorageKey(1), ... );
```

```
...
ListView(key: PageStorageKey(2), ... );
```

不同的 PageStorageKey 需要不同的值，这样才可以为不同的可滚动组件保存滚动位置。

> **注意** 一个路由中包含多个可滚动组件时，如果要分别跟踪它们的滚动位置，并非必须分别提供 PageStorageKey。这是因为 Scrollable 本身是一个 StatefulWidget，它的状态中也会保存当前滚动位置，所以，只要可滚动组件本身没有被从树上移除（detach），那么其 State 就不会被销毁（dispose），滚动位置就不会丢失。只有当 Widget 发生结构变化，导致可滚动组件的 State 销毁或重新构建时才会丢失状态，这种情况就需要显式指定 PageStorageKey，通过 PageStorage 来存储滚动位置，一个典型的场景是在使用 TabBarView 时，在 Tab 发生切换时，Tab 页中的可滚动组件的 State 就会销毁，这时如果想恢复滚动位置就需要指定 PageStorageKey。

4. ScrollPosition

ScrollPosition 是用来保存可滚动组件的滚动位置的。一个 ScrollController 对象可以同时被多个可滚动组件使用，ScrollController 会为每一个可滚动组件创建一个 ScrollPosition 对象，这些 ScrollPosition 保存在 ScrollController 的 positions 属性中（List<ScrollPosition>）。ScrollPosition 是真正保存滑动位置信息的对象，offset 只是一个便捷属性：

```
double get offset => position.pixels;
```

一个 ScrollController 虽然可以对应多个可滚动组件，但是有一些操作，如读取滚动位置 offset，则需要一对一！但是我们仍然可以在一对多的情况下，通过其他方法读取滚动位置，举个例子，假设一个 ScrollController 同时被两个可滚动组件使用，那么可以通过如下方式分别读取它们的滚动位置：

```
...
controller.positions.elementAt(0).pixels
controller.positions.elementAt(1).pixels
...
```

我们可以通过 controller.positions.length 来确定 controller 被几个可滚动组件使用。

ScrollPosition 的方法

ScrollPosition 有两个常用方法：animateTo() 和 jumpTo()，它们是真正用来控制跳转滚动位置的方法，ScrollController 的这两个同名方法，内部最终都会调用 ScrollPosition。

5. ScrollController 控制原理

ScrollController 的另外三个方法代码如下：

```
ScrollPosition createScrollPosition(
  ScrollPhysics physics,
  ScrollContext context,
  ScrollPosition oldPosition);
void attach(ScrollPosition position) ;
void detach(ScrollPosition position) ;
```

当 ScrollController 和可滚动组件关联时，可滚动组件首先会调用 ScrollController 的 createScrollPosition() 方法来创建一个 ScrollPosition 来存储滚动位置信息，接着，可滚动组件会调用 attach() 方法，将创建的 ScrollPosition 添加到 ScrollController 的 positions 属性中，这一步称为"注册位置"，只有注册后 animateTo() 和 jumpTo() 才可以被调用。

当可滚动组件被销毁时，会调用 ScrollController 的 detach() 方法，将其 ScrollPosition 对象从 ScrollController 的 positions 属性中移除，这一步称为"注销位置"，注销后 animateTo() 和 jumpTo() 将不能再被调用。

需要注意的是，ScrollController 的 animateTo() 和 jumpTo() 内部会调用所有 ScrollPosition 的 animateTo() 和 jumpTo()，以实现所有和该 ScrollController 关联的可滚动组件都滚动到指定的位置。

6.4.2 滚动监听

1. 滚动通知

Flutter Widget 树中子 Widget 可以通过发送通知（Notification）与父（包括祖先）Widget 通信。父级组件可以通过 NotificationListener 组件来监听自己关注的通知，这种通信方式类似于 Web 开发中浏览器的事件冒泡，我们在 Flutter 中沿用"冒泡"这个术语，关于通知冒泡，我们将在第 8 章中详细介绍。

可滚动组件在滚动时会发送 ScrollNotification 类型的通知，ScrollBar 正是通过监听滚动通知来实现的。通过 NotificationListener 监听滚动事件和通过 ScrollController 监听有两个主要的区别：

❑ NotificationListener 可以在可滚动组件到 Widget 树根之间的任意位置进行监听，而 ScrollController 只能和具体的可滚动组件关联后才可以。

❑ 收到滚动事件后获得的信息不同，NotificationListener 在收到滚动事件时，通知中会携带当前滚动位置和 Viewport 的一些信息，而 ScrollController 只能获取当前滚动位置。

2. 实例

下面我们监听 ListView 的滚动通知，然后显示当前滚动进度的百分比，代码如下：

```
import 'package:flutter/material.dart';

class ScrollNotificationTestRoute extends StatefulWidget {
  @override
  _ScrollNotificationTestRouteState createState() =>
      _ScrollNotificationTestRouteState();
}

class _ScrollNotificationTestRouteState
    extends State<ScrollNotificationTestRoute> {
  String _progress = "0%"; // 保存进度百分比

  @override
```

```
Widget build(BuildContext context) {
  return Scrollbar(
    //进度条
    //监听滚动通知
    child: NotificationListener<ScrollNotification>(
      onNotification: (ScrollNotification notification) {
        double progress = notification.metrics.pixels /
            notification.metrics.maxScrollExtent;
        //重新构建
        setState(() {
          _progress = "${(progress * 100).toInt()}%";
        });
        print("BottomEdge: ${notification.metrics.extentAfter == 0}");
        return false;
        //return true; //放开此行注释后，进度条将失效
      },
      child: Stack(
        alignment: Alignment.center,
        children: <Widget>[
          ListView.builder(
            itemCount: 100,
            itemExtent: 50.0,
            itemBuilder: (context, index) => ListTile(title: Text("$index")),
          ),
          CircleAvatar(
            // 显示进度百分比
            radius: 30.0,
            child: Text(_progress),
            backgroundColor: Colors.black54,
          )
        ],
      ),
    ),
  );
}
}
```

代码运行结果如图 6-12 所示。

在接收到滚动事件时，参数类型为 ScrollNotification，它包括一个 metrics 属性，它的类型是 ScrollMetrics，该属性包含当前 Viewport 及滚动位置等信息：

❑ pixels：当前滚动位置。

❑ maxScrollExtent：最大可滚动长度。

❑ extentBefore：滑出 Viewport 顶部的长度；此示例中相当于顶部滑出屏幕上方的列表长度。

❑ extentInside：Viewport 内部长度；此示例中屏幕显示的列表部分的长度。

❑ extentAfter：列表中未滑入 Viewport 部分的长度；此示例中列表底部未显示到屏幕范围部分的长度。

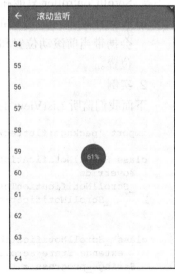

图 6-12　滚动监听通知

❑ atEdge：是否滑到了可滚动组件的边界（此示例中相当于列表顶部或底部）。
ScrollMetrics 还有一些其他属性，读者可以自行查阅 API 文档。

6.5　AnimatedList

AnimatedList 和 ListView 的功能大体相似，不同的是，AnimatedList 可以在列表中插入或删除节点时执行一个动画，在需要添加或删除列表项的场景中会提高用户体验。

AnimatedList 是一个 StatefulWidget，它对应的 State 类型为 AnimatedListState，添加和删除元素的方法位于 AnimatedListState 中，代码如下：

```
void insertItem(int index, { Duration duration = _kDuration });

void removeItem(int index, AnimatedListRemovedItemBuilder builder, { Duration
  duration = _kDuration }) ;
```

下面我们看一个示例：实现下面这样一个列表，单击底部"+"按钮时向列表追加一个列表项；单击每个列表项后面的删除按钮时，删除该列表项，添加和删除时分别执行指定的动画，运行效果如图 6-13 所示。

图 6-13　AnimatedList 示例
（扫码查看动图）

初始的时候有 5 个列表项，先单击了"+"按钮，会添加一个 6，添加过程执行渐显动画。然后单击了 4 后面的删除按钮，删除的时候执行了一个渐隐 + 收缩的合成动画。

下面是实现代码：

```
class AnimatedListRoute extends StatefulWidget {
  const AnimatedListRoute({Key? key}) : super(key: key);

  @override
  _AnimatedListRouteState createState() => _AnimatedListRouteState();
}

class _AnimatedListRouteState extends State<AnimatedListRoute> {
  var data = <String>[];
  int counter = 5;

  final globalKey = GlobalKey<AnimatedListState>();

  @override
  void initState() {
    for (var i = 0; i < counter; i++) {
      data.add('${i + 1}');
    }
    super.initState();
  }

  @override
  Widget build(BuildContext context) {
```

```dart
    return Stack(
      children: [
        AnimatedList(
          key: globalKey,
          initialItemCount: data.length,
          itemBuilder: (
            BuildContext context,
            int index,
            Animation<double> animation,
          ) {
            // 添加列表项时会执行渐显动画
            return FadeTransition(
              opacity: animation,
              child: buildItem(context, index),
            );
          },
        ),
        buildAddBtn(),
      ],
    );
  }

// 创建一个 "+" 按钮，单击后会向列表中插入一项
Widget buildAddBtn() {
  return Positioned(
    child: FloatingActionButton(
      child: Icon(Icons.add),
      onPressed: () {
        // 添加一个列表项
        data.add('${++counter}');
        // 告诉列表项有新添加的列表项
        globalKey.currentState!.insertItem(data.length - 1);
        print(' 添加 $counter');
      },
    ),
    bottom: 30,
    left: 0,
    right: 0,
  );
}

// 构建列表项
Widget buildItem(context, index) {
  String char = data[index];
  return ListTile(
    // 数字不会重复，所以作为 Key
    key: ValueKey(char),
    title: Text(char),
    trailing: IconButton(
      icon: Icon(Icons.delete),
      // 单击时删除
      onPressed: () => onDelete(context, index),
    ),
  );
}
```

```
    void onDelete(context, index) {
      // 待实现
    }
}
```

删除的时候需要通过 AnimatedListState 的 removeItem 方法来应用删除动画，具体逻辑在 onDelete 中：

```
setState(() {
  globalKey.currentState!.removeItem(
    index,
    (context, animation) {
      // 删除过程执行的是反向动画，animation.value 会从 1 变为 0
      var item = buildItem(context, index);
      print(' 删除 ${data[index]}');
      data.removeAt(index);
      // 删除动画是一个合成动画：渐隐 + 收缩列表项
      return FadeTransition(
        opacity: CurvedAnimation(
          parent: animation,
          // 让透明度变化得更快一些
          curve: const Interval(0.5, 1.0),
        ),
        // 不断缩小列表项的高度
        child: SizeTransition(
          sizeFactor: animation,
          axisAlignment: 0.0,
          child: item,
        ),
      );
    },
    duration: Duration(milliseconds: 200), // 动画时间为 200 ms
  );
});
```

代码很简单，但需要注意，我们的数据是单独在 data 中维护的，调用 AnimatedListState 的插入和移除方法知识相当于一个通知：在什么位置执行插入或移除动画，仍然是数据驱动的（响应式并非命令式）。

6.6 GridView

网格布局是一种常见的布局类型，GridView 组件正是实现了网格布局的组件，本节重点介绍一下它的用法。

6.6.1 默认构造函数

GridView 可以构建一个二维网格列表，其默认构造函数定义如下：

```
GridView({
  Key? key,
```

```
   Axis scrollDirection = Axis.vertical,
   bool reverse = false,
   ScrollController? controller,
   bool? primary,
   ScrollPhysics? physics,
   bool shrinkWrap = false,
   EdgeInsetsGeometry? padding,
   required this.gridDelegate, // 下面解释
   bool addAutomaticKeepAlives = true,
   bool addRepaintBoundaries = true,
   double? cacheExtent,
   List<Widget> children = const <Widget>[],
   ...
})
```

可以看到，GridView 和 ListView 的大多数参数都是相同的，它们的含义也都相同的，如有疑惑，读者可以翻阅 ListView 一节，在此不再赘述。我们唯一需要关注的是 gridDelegate 参数，类型是 SliverGridDelegate，它的作用是控制 GridView 子组件如何排列 (layout)。

SliverGridDelegate 是一个抽象类，定义了 GridView Layout 相关接口，子类需要通过实现它们来实现具体的布局算法。Flutter 中提供了两个 SliverGridDelegate 的子类 SliverGridDelegateWithFixedCrossAxisCount 和 SliverGridDelegateWithMaxCrossAxisExtent，我们可以直接使用，下面分别介绍一下它们。

1. SliverGridDelegateWithFixedCrossAxisCount

该子类实现了一个横轴为固定数量子元素的 layout 算法，其构造函数为：

```
SliverGridDelegateWithFixedCrossAxisCount({
  @required double crossAxisCount,
  double mainAxisSpacing = 0.0,
  double crossAxisSpacing = 0.0,
  double childAspectRatio = 1.0,
})
```

❑ crossAxisCount：横轴子元素的数量。此属性值确定后，子元素在横轴的长度就确定了，即 Viewport 横轴长度除以 crossAxisCount 的商。

❑ mainAxisSpacing：主轴方向的间距。

❑ crossAxisSpacing：横轴方向子元素的间距。

❑ childAspectRatio：子元素在横轴长度和主轴长度的比例。由于 crossAxisCount 指定后，子元素横轴长度就确定了，然后通过此参数值就可以确定子元素在主轴的长度。

可以发现，子元素的大小是通过 crossAxisCount 和 childAspectRatio 两个参数共同决定的。注意，这里的子元素指的是子组件的最大显示空间，注意确保子组件的实际大小不要超出子元素的空间。

下面看一个例子，代码如下：

```
GridView(
  gridDelegate: SliverGridDelegateWithFixedCrossAxisCount(
```

```
      crossAxisCount: 3, //横轴三个子 Widget
      childAspectRatio: 1.0 //宽高比为 1 时，子 Widget
   ),
   children:<Widget>[
     Icon(Icons.ac_unit),
     Icon(Icons.airport_shuttle),
     Icon(Icons.all_inclusive),
     Icon(Icons.beach_access),
     Icon(Icons.cake),
     Icon(Icons.free_breakfast)
   ]
);
```

代码运行效果如图 6-14 所示。

图 6-14　GridView 示例 1

2. SliverGridDelegateWithMaxCrossAxisExtent

该子类实现了一个横轴子元素为固定最大长度的 layout 算法，其构造函数代码为：

```
SliverGridDelegateWithMaxCrossAxisExtent({
  double maxCrossAxisExtent,
  double mainAxisSpacing = 0.0,
  double crossAxisSpacing = 0.0,
  double childAspectRatio = 1.0,
})
```

maxCrossAxisExtent 为子元素在横轴上的最大长度，之所以是 "最大" 长度，是因为横轴方向每个子元素的长度仍然是等分的，举个例子，如果 Viewport 的横轴长度是 450，那么当 maxCrossAxisExtent 的值在区间 [450/4，450/3) 内的话，子元素最终实际长度都为 112.5，而 childAspectRatio 所指的子元素横轴和主轴的长度比为最终的长度比。其他参数和 SliverGridDelegateWithFixedCrossAxisCount 相同。

下面我们看一个例子，代码如下：

```
GridView(
  padding: EdgeInsets.zero,
  gridDelegate: SliverGridDelegateWithMaxCrossAxisExtent(
      maxCrossAxisExtent: 120.0,
      childAspectRatio: 2.0 //宽高比为 2
  ),
  children: <Widget>[
    Icon(Icons.ac_unit),
    Icon(Icons.airport_shuttle),
    Icon(Icons.all_inclusive),
    Icon(Icons.beach_access),
    Icon(Icons.cake),
    Icon(Icons.free_breakfast),
  ],
);
```

代码运行效果如图 6-15 所示。

图 6-15　GridView 示例 2

6.6.2　GridView.count

GridView.count 构造函数内部使用了 SliverGridDelegateWithFixedCrossAxisCount，通

过它可以快速创建横轴固定数量子元素的 GridView，我们可以通过如下代码实现和上面例子相同的效果：

```
GridView.count(
  crossAxisCount: 3,
  childAspectRatio: 1.0,
  children: <Widget>[
    Icon(Icons.ac_unit),
    Icon(Icons.airport_shuttle),
    Icon(Icons.all_inclusive),
    Icon(Icons.beach_access),
    Icon(Icons.cake),
    Icon(Icons.free_breakfast),
  ],
);
```

6.6.3 GridView.extent

GridView.extent 构造函数内部使用了 SliverGridDelegateWithMaxCrossAxisExtent，我们通过它可以快速创建横轴子元素为固定最大长度的 GridView，上面的示例代码等价于：

```
GridView.extent(
    maxCrossAxisExtent: 120.0,
    childAspectRatio: 2.0,
    children: <Widget>[
      Icon(Icons.ac_unit),
      Icon(Icons.airport_shuttle),
      Icon(Icons.all_inclusive),
      Icon(Icons.beach_access),
      Icon(Icons.cake),
      Icon(Icons.free_breakfast),
    ],
  );
```

6.6.4 GridView.builder

上面我们介绍的 GridView 都需要一个 widget 数组作为其子元素，这些方式都会提前将所有子 Widget 都构建好，所以只适用于子 widget 的数量比较少时，当子 Widget 比较多时，可以通过 GridView.builder 来动态创建子 Widget。GridView.builder 必须指定的参数有两个，代码如下：

```
GridView.builder(
  ...
  required SliverGridDelegate gridDelegate,
  required IndexedWidgetBuilder itemBuilder,
)
```

其中 itemBuilder 为子 Widget 构建器。

示例

假设我们需要从一个异步数据源（如网络）分批获取一些 Icon，然后用 GridView 来展示：

```dart
class InfiniteGridView extends StatefulWidget {
  @override
  _InfiniteGridViewState createState() => _InfiniteGridViewState();
}

class _InfiniteGridViewState extends State<InfiniteGridView> {
  List<IconData> _icons = []; // 保存 Icon 数据

  @override
  void initState() {
    super.initState();
    // 初始化数据
    _retrieveIcons();
  }

  @override
  Widget build(BuildContext context) {
    return GridView.builder(
      gridDelegate: SliverGridDelegateWithFixedCrossAxisCount(
        crossAxisCount: 3, // 每行三列
        childAspectRatio: 1.0, // 显示区域宽高相等
      ),
      itemCount: _icons.length,
      itemBuilder: (context, index) {
        // 如果显示到最后一个并且 Icon 总数小于 200 时继续获取数据
        if (index == _icons.length - 1 && _icons.length < 200) {
          _retrieveIcons();
        }
        return Icon(_icons[index]);
      },
    );
  }

  // 模拟异步获取数据
  void _retrieveIcons() {
    Future.delayed(Duration(milliseconds: 200)).then((e) {
      setState(() {
        _icons.addAll([
          Icons.ac_unit,
          Icons.airport_shuttle,
          Icons.all_inclusive,
          Icons.beach_access,
          Icons.cake,
          Icons.free_breakfast,
        ]);
      });
    });
  }
}
```

❑ _retrieveIcons()：在此方法中我们通过 Future.delayed 来模拟从异步数据源获取数据，每次获取数据需要 200ms，获取成功后将新数据添加到 _icons，然后调用 setState 重

新构建。

❑ 在 itemBuilder 中，如果显示到最后一个时，判断是否需要继续获取数据，然后返回一个 Icon。

6.7 PageView 与页面缓存

6.7.1 PageView

如果要实现页面切换和 Tab 布局，可以使用 PageView 组件。需要注意，PageView 是一个非常重要的组件，因为在移动端开发中很常用，比如大多数 App 都包含 Tab 换页效果、图片轮动以及上下滑页切换视频功能等，这些都可以通过 PageView 轻松实现。

```
PageView({
  Key? key,
  this.scrollDirection = Axis.horizontal, // 滑动方向
  this.reverse = false,
  PageController? controller,
  this.physics,
  List<Widget> children = const <Widget>[],
  this.onPageChanged,

  // 每次滑动是否强制切换整个页面，如果为 false，则会根据实际的滑动距离显示页面
  this.pageSnapping = true,
  // 主要是配合辅助功能用的，后面解释
  this.allowImplicitScrolling = false,
  // 后面解释
  this.padEnds = true,
})
```

我们看一个 Tab 切换的实例，为了突出重点，我们让每个 Tab 页都只显示一个数字。

```
//Tab 页面
class Page extends StatefulWidget {
  const Page({
    Key? key,
    required this.text
  }) : super(key: key);

  final String text;

  @override
  _PageState createState() => _PageState();
}

class _PageState extends State<Page> {
  @override
  Widget build(BuildContext context) {
    print("build ${widget.text}");
    return Center(child: Text("${widget.text}", textScaleFactor: 5));
  }
}
```

我们创建一个 PageView，代码如下：

```
@override
Widget build(BuildContext context) {
  var children = <Widget>[];
  //生成 6 个 Tab 页
  for (int i = 0; i < 6; ++i) {
    children.add( Page( text: '$i'));
  }

  return PageView(
    //scrollDirection: Axis.vertical, // 滑动方向为垂直方向
    children: children,
  );
}
```

代码运行后就可以左右滑动来切换页面了，效果如图 6-16 所示。

如果将 PageView 的滑动方向指定为垂直方向（上面代码中注释部分），则会变为上下滑动切换页面。

图 6-16　PageView 示例
（扫码查看动图）

6.7.2　页面缓存

在运行上面的示例时，读者可能已经发现：每当页面切换时都会触发新页面的构建，比如从第一页滑到第二页，然后再滑回第一页时，控制台打印如下：

```
flutter: build 0
flutter: build 1
flutter: build 0
```

可见 PageView 默认并没有缓存功能，一旦页面滑出屏幕，它就会被销毁，这和我们前面讲过的 ListView/GridView 不一样，在创建 ListView/GridView 时可以手动指定 Viewport 之外多大范围内的组件需要预渲染和缓存（通过 cacheExtent 指定），只有当组件滑出屏幕后又滑出预渲染区域，组件才会被销毁，但是不幸的是 PageView 并没有 cacheExtent 参数！但是在真实的业务场景中，对页面进行缓存是很常见的一个需求，比如一个新闻 App，下面有很多频道页，如果不支持页面缓存，则一旦滑到新的频道，旧的频道页就会销毁，滑回去时又得重新请求数据和构建页面。

按道理 cacheExtent 是 Viewport 的一个配置属性，而且 PageView 也是要构建 Viewport 的，那么为什么不能透传一下这个参数呢？笔者带着这个疑问看了一下 PageView 的源码，发现在 PageView 创建 Viewport 的代码中是这样的：

```
child: Scrollable(
  ...
  viewportBuilder: (BuildContext context, ViewportOffset position) {
    return Viewport(
      //TODO(dnfield): we should provide a way to set cacheExtent
      //independent of implicit scrolling:
      //https://github.com/flutter/flutter/issues/45632
      cacheExtent: widget.allowImplicitScrolling ? 1.0 : 0.0,
```

```
        cacheExtentStyle: CacheExtentStyle.viewport,
        ...
      );
    },
  )
```

我们发现虽然 PageView 没有透传 cacheExtent，但是在 allowImplicitScrolling 为 true 时设置了预渲染区域，注意，此时的缓存类型为 CacheExtentStyle.viewport，cacheExtent 则表示缓存的长度是几个 Viewport 的宽度，cacheExtent 为 1.0，则代表前后各缓存一个页面宽度，即前后各一页。既然如此，那么我们将 PageView 的 allowImplicitScrolling 设置为 true 不就可以缓存前后两页了？我们修改代码，然后运行示例，发现在第一页时，控制台打印信息如下：

```
flutter: build 0
flutter: build 1 // 预渲染第二页
```

滑到第二页时：

```
flutter: build 0
flutter: build 1
flutter: build 2 // 预渲染第三页
```

再滑回第一页时，控制台信息不变，这也就意味着第一页缓存成功，它没有被重新构建。但是如果从第二页滑到第三页，然后再滑回第一页时，控制台又会输出 build 0，这也符合预期，因为我们之前分析的就是设置 allowImplicitScrolling 为 true 时只会缓存前后各一页，所以滑到第三页时，第一页就会销毁。

能缓存前后各一页比不能缓存好一点，但还是不能彻底解决问题。为什么 Flutter 不让开发者指定缓存策略呢？我们翻译一下源码中的注释：

Todo：我们应该提供一种独立于隐式滚动（implicit scrolling）的设置 cacheExtent 的机制。

放开 cacheExtent 透传是很简单的事情，为什么还要以后再做？是有什么难题吗？要理解这个，我们就需要看一看 allowImplicitScrolling 到底是什么了，根据文档以及注释中 issue 的链接，发现 PageView 中设置 cacheExtent 会和 iOS 中辅助功能有冲突（读者可以先不用关注），所以暂时还没有什么好的办法。看到这可能国内的很多开发者要说我们的 App 不用考虑辅助功能，既然如此，那问题很好解决，将 PageView 的源码拷贝一份，然后透传 cacheExtent 即可。

复制源码的方式虽然很简单，但毕竟不是正统做法，那有没有更通用的方法吗？有！还记得我们在本章第一节中说过"可滚动组件提供了一种通用的缓存子项的解决方案"吗，我们将在下一节重点介绍。

6.8 可滚动组件子项缓存

本节将介绍可滚动组件中缓存指定子项的通用方案。

首先回想一下，在介绍 ListView 时，有一个 addAutomaticKeepAlives 属性我们并没有介绍，如果 addAutomaticKeepAlives 为 true，则 ListView 会为每一个列表项添加一个 AutomaticKeepAlive 父组件。虽然 PageView 的默认构造函数和 PageView.builder 构造函数中没有该参数，但它们最终都会生成一个 SliverChildDelegate 来负责列表项的按需加载，而在 SliverChildDelegate 中每当列表项构建完成后，SliverChildDelegate 都会为其添加一个 AutomaticKeepAlive 父组件。下面我们就先介绍一下 AutomaticKeepAlive 组件。

6.8.1 AutomaticKeepAlive

AutomaticKeepAlive 组件的主要作用是将列表项的根 RenderObject 的 keepAlive 按需自动标记为 true 或 false。为了方便叙述，我们可以认为根 RenderObject 对应的组件就是列表项的根 Widget，代表整个列表项组件，同时我们将列表组件的 Viewport 区域 + cacheExtent（预渲染）区域称为加载区域：

- 当 keepAlive 标记为 false 时，如果列表项滑出加载区域时，列表组件将会被销毁。
- 当 keepAlive 标记为 true 时，当列表项滑出加载区域后，Viewport 会将列表组件缓存起来；当列表项进入加载区域时，Viewport 先从缓存中查找是否已经缓存，如果有则直接复用，如果没有则重新创建列表项。

那么 AutomaticKeepAlive 什么时候会将列表项的 keepAlive 标记为 true 或 false 呢？答案是开发者说了算！ Flutter 中实现了一套类似 C/S 的机制，AutomaticKeepAlive 就类似一个 Server，它的子组件可以是 Client，这样子组件想改变是否需要缓存的状态时就向 AutomaticKeepAlive 发送一个通知消息（KeepAliveNotification），AutomaticKeepAlive 收到消息后会去更改 keepAlive 的状态，如果有必要，那么同时做一些资源清理的工作（比如 keepAlive 从 true 变为 false 时，要释放缓存）。

我们基于上一节的 PageView 示例，实现页面缓存，根据上面的描述，实现思路就很简单了：让 Page 变成一个 AutomaticKeepAlive Client 即可。为了便于开发者实现，Flutter 提供了一个 AutomaticKeepAliveClientMixin，我们只需要让 PageState 混入这个 mixin，且同时添加一些必要操作即可，代码如下：

```
class _PageState extends State<Page> with AutomaticKeepAliveClientMixin {

  @override
  Widget build(BuildContext context) {
    super.build(context); // 必须调用
    return Center(child: Text("${widget.text}", textScaleFactor: 5));
  }

  @override
  bool get wantKeepAlive => true; // 是否需要缓存
}
```

代码很简单，我们只需要提供一个 wantKeepAlive，它会表示 AutomaticKeepAlive 是否需要缓存当前列表项；另外我们必须在 build 方法中调用一下 super.build(context)，该方法实现在 AutomaticKeepAliveClientMixin 中，功能就是根据当前 wantKeepAlive 的值给
AutomaticKeepAlive 发送消息，AutomaticKeepAlive 收到消息后就会开始工作，如图 6-17
所示。

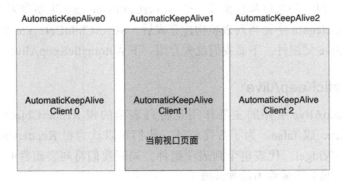

图 6-17　PageView 缓存页面

现在我们重新运行一下示例，发现每个 Page 只会构建一次，缓存成功了。

需要注意，如果我们采用 PageView.custom 构建页面时没有给列表项包装 Automatic-
KeepAlive 父组件，则上述方案不能正常工作，因为此时 Client 发出消息后找不到 Server 了。

6.8.2　KeepAliveWrapper

虽然我们可以通过 AutomaticKeepAliveClientMixin 快速实现页面缓存功能，但是通过
混入的方式实现不是很优雅，因为必须更改 Page 的代码，而修改 Page 代码具有侵入性且
不是很灵活，比如一个组件能同时在列表中和列表外使用，为了在列表中缓存它，则我们
必须实现两份。为了解决这个问题，笔者封装了一个 KeepAliveWrapper 组件，如果哪个列
表项需要缓存，只需要使用 KeepAliveWrapper 包裹一下它即可。

```
@override
Widget build(BuildContext context) {
  var children = <Widget>[];
  for (int i = 0; i < 6; ++i) {
    // 只需要用 KeepAliveWrapper 包装一下即可
    children.add(KeepAliveWrapper(child:Page( text: '$i')));
  }
  return PageView(children: children);
}
```

如下是 KeepAliveWrapper 的实现源代码：

```
class KeepAliveWrapper extends StatefulWidget {
  const KeepAliveWrapper({
    Key? key,
    this.keepAlive = true,
    required this.child,
  }) : super(key: key);
  final bool keepAlive;
```

```
  final Widget child;

  @override
  _KeepAliveWrapperState createState() => _KeepAliveWrapperState();
}

class _KeepAliveWrapperState extends State<KeepAliveWrapper>
    with AutomaticKeepAliveClientMixin {
  @override
  Widget build(BuildContext context) {
    super.build(context);
    return widget.child;
  }

  @override
  void didUpdateWidget(covariant KeepAliveWrapper oldWidget) {
    if(oldWidget.keepAlive != widget.keepAlive) {
      //keepAlive 状态需要更新，实现在 AutomaticKeepAliveClientMixin 中
      updateKeepAlive();
    }
    super.didUpdateWidget(oldWidget);
  }

  @override
  bool get wantKeepAlive => widget.keepAlive;
}
```

下面我们再在 ListView 中测试一下：

```
class KeepAliveTest extends StatelessWidget {
  const KeepAliveTest({Key? key}) : super(key: key);

  @override
  Widget build(BuildContext context) {
    return ListView.builder(itemBuilder: (_,index) {
      return KeepAliveWrapper(
          // 为 true 后会缓存所有列表项，列表项将不会销毁
          // 为 false 时，列表项滑出预加载区域后将会别销毁
          // 使用时一定要注意是否必要，因为对所有列表项都缓存的会导致更多的内存消耗
          keepAlive: true,
          child: ListItem(index: index),
      );
    });
  }
}

class ListItem extends StatefulWidget {
  const ListItem({Key? key, required this.index}) : super(key: key);
  final int index;

  @override
  _ListItemState createState() => _ListItemState();
}


class _ListItemState extends State<ListItem> {
```

```
@override
Widget build(BuildContext context) {
  return ListTile(title: Text('${widget.index}'));
}

@override
void dispose() {
  print('dispose ${widget.index}');
  super.dispose();
}
}
```

因为每一个列表项都被缓存了，所以运行后滑动列表预期日志面板不会有任何日志，如图 6-18 所示。

好，与我们的预期一致，日志面板没有日志。如果我们将 keepAlive 设置为 false，则当列表项滑出预渲染区域后会被销毁，日志面板将有输出，如图 6-19 所示。

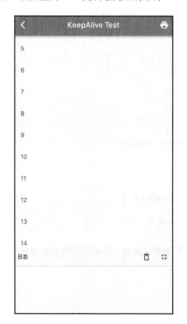

图 6-18　列表项缓存

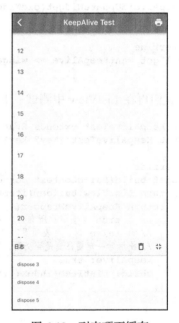

图 6-19　列表项不缓存

可见我们封装的 KeepAliveWrapper 能够正常工作，笔者将 KeepAliveWrapper 添加到了 flukit 组件库，如果需要，读者可以在 flukit 组件库中找到它。

6.9　TabBarView

TabBarView 是 Material 组件库中提供的 Tab 布局组件，通常和 TabBar 配合使用。

6.9.1　TabBarView

TabBarView 封装了 PageView，它的构造方法很简单，代码如下：

```
TabBarView({
  Key? key,
  required this.children, //Tab 页
  this.controller, //TabController
  this.physics,
  this.dragStartBehavior = DragStartBehavior.start,
})
```

TabController 用于监听和控制 TabBarView 的页面切换，通常和 TabBar 联动。如果没有指定，则会在组件树中向上查找并使用最近的一个 DefaultTabController。

6.9.2　TabBar

TabBar 为 TabBarView 的导航标题，如图 6-20 所示。

TabBar 有很多配置参数，通过这些参数可以定义 TabBar 的样式，很多属性都是在配置 indicator 和 label，拿图 6-20 来举例，label 是每个 Tab 的文本，indicator 指"历史"下面的白色下划线。

图 6-20　TabBar 示例

```
const TabBar({
  Key? key,
  required this.tabs, // 具体的 Tab 需要我们创建
  this.controller,
  this.isScrollable = false, // 是否可以滑动
  this.padding,
  this.indicatorColor,// 指示器颜色，默认是高度为 2 的一条下划线
  this.automaticIndicatorColorAdjustment = true,
  this.indicatorWeight = 2.0,// 指示器高度
  this.indicatorPadding = EdgeInsets.zero, // 指示器 padding
  this.indicator, // 指示器
  this.indicatorSize, // 指示器长度，有两个可选值，一个是 tab 的长度，一个是 label 长度
  this.labelColor,
  this.labelStyle,
  this.labelPadding,
  this.unselectedLabelColor,
  this.unselectedLabelStyle,
  this.mouseCursor,
  this.onTap,
  ...
})
```

TabBar 通常位于 AppBar 的底部，它也可以接收一个 TabController，如果需要和 TabBarView 联动，TabBar 和 TabBarView 使用同一个 TabController 即可，注意，联动时 TabBar 和 TabBarView 的孩子数量需要一致。如果没有指定 controller，则会在组件树中向上查找并使用最近的一个 DefaultTabController。另外我们要创建需要的 tab 并通过 tabs 传

给 TabBar，tab 可以是任何 Widget，不过 Material 组件库中已经实现了一个 Tab 组件，我们一般都会直接使用它，代码如下：

```
const Tab({
  Key? key,
  this.text, // 文本
  this.icon, // 图标
  this.iconMargin = const EdgeInsets.only(bottom: 10.0),
  this.height,
  this.child, // 自定义 Widget
})
```

 注意 text 和 child 是互斥的，不能同时制定。

6.9.3 实例

下面我们看一个例子，代码如下：

```
class TabViewRoute1 extends StatefulWidget {
  @override
  _TabViewRoute1State createState() => _TabViewRoute1State();
}

class _TabViewRoute1State extends State<TabViewRoute1>
    with SingleTickerProviderStateMixin {
  late TabController _tabController;
  List tabs = ["新闻", "历史", "图片"];

  @override
  void initState() {
    super.initState();
    _tabController = TabController(length: tabs.length, vsync: this);
  }

  @override
  Widget build(BuildContext context) {
    return Scaffold(
      appBar: AppBar(
        title: Text("App Name"),
        bottom: TabBar(
          controller: _tabController,
          tabs: tabs.map((e) => Tab(text: e)).toList(),
        ),
      ),
      body: TabBarView( // 构建
        controller: _tabController,
        children: tabs.map((e) {
          return KeepAliveWrapper(
            child: Container(
              alignment: Alignment.center,
              child: Text(e, textScaleFactor: 5),
```

```
        ),
      );
    }).toList(),
  ),
);
}

@override
void dispose() {
  //释放资源
  _tabController.dispose();
  super.dispose();
}
}
```

代码运行后效果如图 6-21 所示。

滑动页面时顶部的 Tab 也会跟着移动，点击顶部 Tab 时页面也会跟着切换。为了实现 TabBar 和 TabBarView 的联动，我们显式地创建了一个 TabController，由于 TabController 又需要一个 TickerProvider（vsync 参数），我们又混入了 SingleTicker-ProviderStateMixin；由于 TabController 中会执行动画，持有一些资

图 6-21　TabBarView 示例
（扫码查看动图）

源，所以我们在页面销毁时必须释放资源（dispose）。综上，我们发现创建 TabController 的过程还是比较复杂，实战中，如果需要 TabBar 和 TabBarView 联动，通常会创建一个 DefaultTabController 作为它们共同的父级组件，这样它们在执行时就会从组件树向上查找，都会使用我们指定的这个 DefaultTabController。修改后的代码实现如下：

```
class TabViewRoute2 extends StatelessWidget {
  @override
  Widget build(BuildContext context) {
    List tabs = ["新闻","历史","图片"];
    return DefaultTabController(
      length: tabs.length,
      child: Scaffold(
        appBar: AppBar(
          title: Text("App Name"),
          bottom: TabBar(
            tabs: tabs.map((e) => Tab(text: e)).toList(),
          ),
        ),
        body: TabBarView( //构建
          children: tabs.map((e) {
            return KeepAliveWrapper(
              child: Container(
                alignment: Alignment.center,
                child: Text(e, textScaleFactor: 5),
              ),
            );
          }).toList(),
        ),
      ),
    );
```

```
    }
  }
```

可以看到我们无须手动管理 Controller 的生命周期，也不需要提供 SingleTicker-
ProviderStateMixin，同时也没有其他状态需要管理，也就不需要用 StatefulWidget 了，这样
简单很多。

页面缓存

因为 TabBarView 内部封装了 PageView，如果要缓存页面，可以参考 PageView 一节中
关于页面缓存的介绍。

6.10 CustomScrollView 和 Sliver

6.10.1 CustomScrollView

前面介绍的 ListView、GridView、PageView 都是完整的可滚动组件，所谓"完整"，
是指它们都包括 Scrollable 、Viewport 和 Sliver。假如我们想要在一个页面中，同时包含多
个可滚动组件，且使它们的滑动效果能统一起来，比如我们想将已有的两个沿垂直方向滚
动的 ListView 变成一个 ListView，这样在第一个 ListView 滑动到底部时能自动接上第二个
ListView，如果尝试写一个 demo，代码如下：

```
Widget buildTwoListView() {
  var listView = ListView.builder(
    itemCount: 20,
    itemBuilder: (_, index) => ListTile(title: Text('$index')),
  );
  return Column(
    children: [
      Expanded(child: listView),
      Divider(color: Colors.grey),
      Expanded(child: listView),
    ],
  );
}
```

代码运行效果如图 6-22 所示。

页面中有两个 ListView，各占可视区域一半高度，虽然能够显
示出来，但每一个 ListView 只会响应自己可视区域中滑动，实现
不了我们想要的效果。之所以会这样，是因为两个 ListView 都有
自己独立的 Scrollable 、Viewport 和 Sliver，既然如此，我们自己创
建一个共用的 Scrollable 和 Viewport 对象，然后再将两个 ListView
对应的 Sliver 添加到这个共用的 Viewport 对象中就可以实现想要

图 6-22　合并 ListView-1
（扫码查看动图）

的效果了。如果这个工作让开发者自己来做，无疑是比较麻烦的，因此 Flutter 提供了一个
CustomScrollView 组件来帮助我们创建一个公共的 Scrollable 和 Viewport，然后它的 slivers

参数接受一个 Sliver 数组，这样就可以使用 CustomScrollView 方便地实现我们期望的功能了，代码如下：

```
Widget buildTwoSliverList() {
  //SliverFixedExtentList 是一个 Sliver，它可以生成高度相同的列表项。
  // 再次提醒，如果列表项高度相同，我们应该优先使用 SliverFixedExtentList
  // 和 SliverPrototypeExtentList，如果不同，则使用 SliverList。
  var listView = SliverFixedExtentList(
    itemExtent: 56, // 列表项高度固定
    delegate: SliverChildBuilderDelegate(
      (_,index) => ListTile(title: Text('$index')),
      childCount: 10,
    ),
  );
  // 使用
  return CustomScrollView(
    slivers: [
      listView,
      listView,
    ],
  );
}
```

图 6-23　合并 ListView-2
（扫码查看动图）

代码运行后效果图 6-23 所示，可以看到我们期望的效果实现了。

综上所述，CustomScrollView 的主要功能是提供一个公共的 Scrollable 和 Viewport 来组合多个 Sliver，CustomScrollView 的结构如图 6-24 所示。

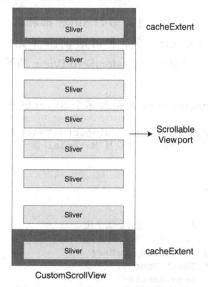

图 6-24　CustomScrollView 结构图

6.10.2 Flutter 中常用的 Sliver

之前介绍过的可滚动组件都有对应的 Sliver，如表 6-1 所示。

表 6-1 可滚动组件对应的 Sliver

Sliver 名称	功能	对应的可滚动组件
SliverList	列表	ListView
SliverFixedExtentList	高度固定的列表	ListView，指定 itemExtent 时
SliverAnimatedList	添加 / 删除列表项可以执行动画	AnimatedList
SliverGrid	网格	GridView
SliverPrototypeExtentList	根据原型生成高度固定的列表	ListView，指定 prototypeItem 时
SliverFillViewport	包含多个子组件，每个都可以填满屏幕	PageView

除了和列表对应的 Sliver 之外，还有一些用于对 Sliver 进行布局、装饰的组件，它们的子组件必须是 Sliver，我们列举几个常用的子组件，如表 6-2 所示。

还有一些其他常用的 Sliver，如表 6-3 所示。

表 6-2 常用子组件对应的 Sliver

Sliver 名称	对应的 RenderBox
SliverPadding	Padding
SliverVisibility、SliverOpacity	Visibility、Opacity
SliverFadeTransition	FadeTransition
SliverLayoutBuilder	LayoutBuilder

表 6-3 其他常用的 Sliver

Sliver 名称	说明
SliverAppBar	对应 AppBar，主要是为了在 CustomScrollView 中使用
SliverToBoxAdapter	一个适配器，可以将 RenderBox 适配为 Sliver，后面介绍
SliverPersistentHeader	滑动到顶部时可以固定住，后面介绍

Sliver 系列的 Widget 比较多，我们不会一一介绍，读者只需记住它的特点，需要时再去查看文档即可。上面之所以说大多数 Sliver 都和可滚动组件对应，是因为还有一些如 SliverPadding、SliverAppBar 等是和可滚动组件无关的，它们主要是为了结合 CustomScrollView 一起使用，这是因为 CustomScrollView 的子组件必须都是 Sliver。

1. 示例

我们看一个通过 CustomScrollView 来组合多个 Sliver 的例子：

```
// 因为本路由没有使用 Scaffold，为了让子级 Widget（如 Text）使用
//Material Design 默认的样式风格，我们使用 Material 作为本路由的根
Material(
  child: CustomScrollView(
    slivers: <Widget>[
      //AppBar，包含一个导航栏 .
      SliverAppBar(
        pinned: true, // 滑动到顶端时会固定住
        expandedHeight: 250.0,
        flexibleSpace: FlexibleSpaceBar(
          title: const Text('Demo'),
          background: Image.asset(
```

```
                "./imgs/sea.png",
                fit: BoxFit.cover,
              ),
            ),
          ),
        SliverPadding(
          padding: const EdgeInsets.all(8.0),
          sliver: SliverGrid(
            //Grid
            gridDelegate: SliverGridDelegateWithFixedCrossAxisCount(
              crossAxisCount: 2, //Grid 按两列显示
              mainAxisSpacing: 10.0,
              crossAxisSpacing: 10.0,
              childAspectRatio: 4.0,
            ),
            delegate: SliverChildBuilderDelegate(
              (BuildContext context, int index) {
                // 创建子 widget
                return Container(
                  alignment: Alignment.center,
                  color: Colors.cyan[100 * (index % 9)],
                  child: Text('grid item $index'),
                );
              },
              childCount: 20,
            ),
          ),
        ),
        SliverFixedExtentList(
          itemExtent: 50.0,
          delegate: SliverChildBuilderDelegate(
            (BuildContext context, int index) {
              // 创建列表项
              return Container(
                alignment: Alignment.center,
                color: Colors.lightBlue[100 * (index % 9)],
                child: Text('list item $index'),
              );
            },
            childCount: 20,
          ),
        ),
      ],
    ),
  );
```

上述代码分为三部分：

❑ 头部 SliverAppBar：SliverAppBar 对应 AppBar，两者的不同之处在于 SliverAppBar
可以集成到 CustomScrollView。SliverAppBar 可以结合 FlexibleSpaceBar 实现
Material Design 中头部伸缩的模型，具体效果可以运行该示例查看。

❑ 中间的 SliverGrid：它用 SliverPadding 包裹以给 SliverGrid 添加补白。SliverGrid 是
一个两列，宽高比为 4 的网格，它有 20 个子组件。

❑ 底部 SliverFixedExtentList：它是一个所有子元素高度都为 50 像素的列表。
代码运行效果如图 6-25 和图 6-26 所示。

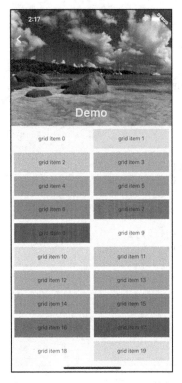

图 6-25　CustomScrollView 示例 1

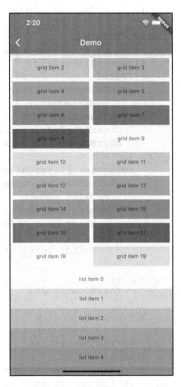

图 6-26　CustomScrollView 示例 2

2. SliverToBoxAdapter

在实际布局中，通常需要往 CustomScrollView 中添加一些自定义的组件，而这些组件并非都有 Sliver 版本，为此 Flutter 提供了一个 SliverToBoxAdapter 组件，它是一个适配器：可以将 RenderBox 适配为 Sliver。比如我们想在列表顶部添加一个可以横向滑动的 PageView，可以使用 SliverToBoxAdapter 来配置：

```
CustomScrollView(
  slivers: [
    SliverToBoxAdapter(
      child: SizedBox(
        height: 300,
        child: PageView(
          children: [Text("1"), Text("2")],
        ),
      ),
    ),
    buildSliverFixedList(),
  ],
);
```

注意，上面的代码是可以正常运行的，但是如果将 PageView 换成一个滑动方向和 CustomScrollView 一致的 ListView，则不会正常工作！原因是 CustomScrollView 组合 Sliver 的原理是为所有子 Sliver 提供一个共享的 Scrollable，然后统一处理指定滑动方向的滑动事件，如果 Sliver 中引入了其他的 Scrollable，则滑动事件便会冲突。上例中 PageView 之所以能正常工作，是因为 PageView 的 Scrollable 只处理水平方向的滑动，而 CustomScrollView 处理垂直方向的滑动，两者并未冲突，所以不会有问题，但是换一个也是垂直方向的 ListView 时则不能正常工作，最终的效果是，在 ListView 内滑动时只会对 ListView 起作用，原因是滑动事件被 ListView 的 Scrollable 优先消费，CustomScrollView 的 Scrollable 便接收不到滑动事件了。

Flutter 中的手势冲突时，默认的策略是子元素生效，这将在后面事件处理相关章节介绍。所以我们可以得出一个结论：如果 CustomScrollView 有孩子也是一个完整的可滚动组件，且它们的滑动方向一致，则 CustomScrollView 不能正常工作。要解决这个问题，可以使用 NestedScrollView，这个我们将在下一节介绍。

3. SliverPersistentHeader

SliverPersistentHeader 的功能是当滑动到 CustomScrollView 的顶部时，可以将组件固定在顶部。

需要注意，Flutter 中设计 SliverPersistentHeader 组件的初衷是实现 SliverAppBar，所以它的一些属性和回调在 SliverAppBar 中才会用到。因此，如果我们要直接使用 SliverPersistentHeader，看到它的一些配置和参数时可能会感到疑惑，使用起来会感觉有心智成本，为此，笔者会在下面的介绍中指出哪些是需要我们重点关注的，哪些是可以忽略的，最后为了便于使用，我们会封装一个 SliverHeaderDelegate，通过它我们只需要配置关注的属性即可。

我们先看一看 SliverPersistentHeader 的定义：

```
const SliverPersistentHeader({
  Key? key,
  // 构造 header 组件的委托
  required SliverPersistentHeaderDelegate delegate,
  this.pinned = false, //header 滑动到可视区域顶部时是否固定在顶部
  this.floating = false, // 正文部分介绍
})
```

floating 的作用是：当 pinned 为 false 时，header 可以滑出可视区域（CustomScrollView 的 Viewport）（不会固定到顶部），当用户再次向下滑动时，此时不管 header 被滑出了多远，它都会立即出现在可视区域顶部并固定住，直到继续下滑到 header 在列表中原来的位置时，header 才会重新回到原来的位置（不再固定在顶部）。具体效果后面会有示例，读者可以实际运行起来看看效果。

delegate 是用于生成 header 的委托，类型为 SliverPersistentHeaderDelegate，它是一个抽象类，需要我们自己实现，定义如下：

```
abstract class SliverPersistentHeaderDelegate {

  //header 最大高度；pined 为 true 时，当 header 刚刚固定到顶部时高度为最大高度
  double get maxExtent;

  //header 的最小高度；pined 为 true 时，当 header 固定到顶部，用户继续往上滑动时，header 的
    高度会随着用户继续上滑从 maxExtent 逐渐减小到 minExtent
  double get minExtent;

  // 构建 header
  // shrinkOffset 取值范围为 [0,maxExtent]，当 header 刚刚到达顶部时，shrinkOffset 的值为 0
  // 如果用户继续向上滑动列表，shrinkOffset 的值会随着用户滑动的偏移减小，直到减到 0
  //overlapsContent：一般不建议使用，在使用时一定要小心，后面会解释
  Widget build(BuildContext context, double shrinkOffset, bool overlapsContent);

  //header 是否需要重新构建；通常当父级的 StatefulWidget 更新状态时会触发。
  // 一般来说只有当 Delegate 的配置发生变化时，应该返回 false，比如新旧的
    minExtent、maxExtent
  // 等其他配置不同时需要返回 true，其余情况返回 false 即可
  bool shouldRebuild(covariant SliverPersistentHeaderDelegate oldDelegate);

  // 下面这几个属性是 SliverPersistentHeader 在 SliverAppBar 中时实现 floating、snap
  // 效果时用到的，平时开发过程很少使用，读者可以先不理会
  TickerProvider? get vsync => null;
  FloatingHeaderSnapConfiguration? get snapConfiguration => null;
  OverScrollHeaderStretchConfiguration? get stretchConfiguration => null;
  PersistentHeaderShowOnScreenConfiguration? get showOnScreenConfiguration =>
    null;

}
```

可以看到，我们最需要关注的就是 maxExtent 和 minExtent；pined 为 true 时，当 header 刚刚固定到顶部，此时会对它应用 maxExtent（最大高度）；当用户继续往上滑动时，header 的高度会随着用户继续上滑，从 maxExtent 逐渐减小到 minExtent。如果想让 header 的高度固定，则将 maxExtent 和 minExtent 指定为同样的值即可。

为了构建 header，我们必须定义一个类，让它继承自 SliverPersistentHeaderDelegate，这无疑会增加使用成本！为此，我们封装一个通用的委托构造器 SliverHeaderDelegate，通过它可以快速构建 SliverPersistentHeaderDelegate，代码实现如下：

```
typedef SliverHeaderBuilder = Widget Function(
    BuildContext context, double shrinkOffset, bool overlapsContent);

class SliverHeaderDelegate extends SliverPersistentHeaderDelegate {
  //child 为 header
  SliverHeaderDelegate({
    required this.maxHeight,
    this.minHeight = 0,
    required Widget child,
  }) : builder = ((a, b, c) => child),
       assert(minHeight <= maxHeight && minHeight >= 0);

  // 最大和最小高度相同
```

```
SliverHeaderDelegate.fixedHeight({
  required double height,
  required Widget child,
})  : builder = ((a, b, c) => child),
      maxHeight = height,
      minHeight = height;

// 需要自定义 builder 时使用
SliverHeaderDelegate.builder({
  required this.maxHeight,
  this.minHeight = 0,
  required this.builder,
});

final double maxHeight;
final double minHeight;
final SliverHeaderBuilder builder;

@override
Widget build(
  BuildContext context,
  double shrinkOffset,
  bool overlapsContent,
) {
  Widget child = builder(context, shrinkOffset, overlapsContent);
  // 测试代码：如果在调试模式，且子组件设置了 key，则打印日志
  assert(() {
    if (child.key != null) {
      print('${child.key}: shrink: $shrinkOffset, overlaps:$overlapsContent');
    }
    return true;
  }());
  // 让 header 尽可能充满限制的空间；宽度为 Viewport 宽度
  // 高度随着用户滑动在 [minHeight,maxHeight] 之间变化
  return SizedBox.expand(child: child);
}

@override
double get maxExtent => maxHeight;

@override
double get minExtent => minHeight;

@override
bool shouldRebuild(SliverHeaderDelegate old) {
  return old.maxExtent != maxExtent || old.minExtent != minExtent;
}
}
```

实现很简单，不再赘述，下面我们看看如何使用，代码如下：

```
class PersistentHeaderRoute extends StatelessWidget {
  @override
  Widget build(BuildContext context) {
    return CustomScrollView(
```

```
    slivers: [
      buildSliverList(),
      SliverPersistentHeader(
        pinned: true,
        delegate: SliverHeaderDelegate(// 有最大和最小高度
          maxHeight: 80,
          minHeight: 50,
          child: buildHeader(1),
        ),
      ),
      buildSliverList(),
      SliverPersistentHeader(
        pinned: true,
        delegate: SliverHeaderDelegate.fixedHeight( // 固定高度
          height: 50,
          child: buildHeader(2),
        ),
      ),
      buildSliverList(20),
    ],
  );
}

// 构建固定高度的 SliverList，count 为列表项属性
Widget buildSliverList([int count = 5]) {
  return SliverFixedExtentList(
    itemExtent: 50,
    delegate: SliverChildBuilderDelegate(
      (context, index) {
        return ListTile(title: Text('$index'));
      },
      childCount: count,
    ),
  );
}

// 构建 header
Widget buildHeader(int i) {
  return Container(
    color: Colors.lightBlue.shade200,
    alignment: Alignment.centerLeft,
    child: Text("PersistentHeader $i"),
  );
}
}
```

图 6-27　SliverPersistentHeader
示例（扫码查看动图）

应用代码运行后效果如图 6-27 所示。

4. 注意要点

我们说过 SliverPersistentHeader 的 builder 参数 overlapsContent 一般不建议使用，使用时要当心。因为按照 overlapsContent 变量名的字面意思，只要有内容和 Sliver 重叠时就

应该为 true，但是如果我们在上面示例的 builder 中打印一下 overlapsContent 的值，就会发现第一个 PersistentHeader 1 的 overlapsContent 值一直都是 false，而 PersistentHeader 2 则是正常的，如果我们再添加几个 SliverPersistentHeader，会发现新添加的也都正常。总结一下：当有多个 SliverPersistentHeader 时，需要注意第一个 SliverPersistentHeader 的 overlapsContent 值会一直为 false。

这可能是一个 bug，也可能就是这样设计的，因为 SliverPersistentHeader 的设计初衷主要是实现 SliverAppBar，可能并没有考虑到通用的场景，但是不管怎样，当前的 Flutter 版本（2.5）中表现就是如此。为此，我们可以定一条约定：如果在使用 SliverPersistentHeader 构建子组件时需要依赖 overlapsContent 参数，则必须保证之前至少还有一个 SliverPersistentHeader 或 SliverAppBar（SliverAppBar 在当前 Flutter 版本的实现中内部包含了 SliverPersistentHeader）。

6.10.3　小结

本节主要介绍了 Flutter 中常用的 Sliver，以及组合它们的 CustomScrollView。再次提醒读者：

- ❑ CustomScrollView 组合 Sliver 的原理是为所有子 Sliver 提供一个共享的 Scrollable，然后统一处理指定滑动方向的滑动事件。
- ❑ CustomScrollView 和 ListView、GridView、PageView 一样，都是完整的可滚动组件（同时拥有 Scrollable、Viewport、Sliver）。
- ❑ CustomScrollView 只能组合 Sliver，如果有孩子也是一个完整的可滚动组件（通过 SliverToBoxAdapter 嵌入），且它们的滑动方向一致时便不能正常工作。

下一节中我们将介绍如何通过 NestedScrollView 嵌套两个完整的可滚动组件。

6.11　自定义 Sliver

本节将通过自定义两个 Sliver 来说明 Sliver 布局协议和自定义 Sliver 的具体过程。

6.11.1　Sliver 布局协议

Sliver 的布局协议如下：

- ❑ Viewport 将当前布局和配置信息通过 SliverConstraints 传递给 Sliver。
- ❑ Sliver 确定自身的位置、绘制等信息，保存在 geometry 中（一个 SliverGeometry 类型的对象）。
- ❑ Viewport 读取 geometry 中的信息来对 Sliver 进行布局和绘制。

可以看到，这个过程有两个重要的对象 SliverConstraints 和 SliverGeometry，我们先看看 SliverConstraints 的定义：

```
class SliverConstraints extends Constraints {
  // 主轴方向
  AxisDirection? axisDirection;
  //Sliver 沿着主轴从列表的哪个方向插入? 枚举类型, 正向或反向
  GrowthDirection? growthDirection;
  // 用户滑动方向
  ScrollDirection? userScrollDirection;
  // 当前 Sliver 理论上 (可能会固定在顶部) 已经滑出可视区域的总偏移
  double? scrollOffset;
  // 当前 Sliver 之前的 Sliver 占据的总高度, 因为列表是懒加载的, 如果不能预估时, 该值为 double.
    infinity
  double? precedingScrollExtent;
  // 上一个 Sliver 覆盖当前 Sliver 的长度 (重叠部分的长度), 通常在 Sliver 是 pinned/floating
  // 或者处于列表头尾时有效, 我们在后面的小节中会有相关的例子
  double? overlap;
  // 当前 Sliver 在 Viewport 中的最大可以绘制的区域
  // 绘制如果超过该区域, 则会比较低效 (因为不会显示)
  double? remainingPaintExtent;
  // 纵轴的长度; 如果列表滚动方向是垂直方向, 则表示列表宽度
  double? crossAxisExtent;
  // 纵轴方向
  AxisDirection? crossAxisDirection;
  //Viewport 在主轴方向的长度; 如果列表滚动方向是垂直方向, 则表示列表高度
  double? viewportMainAxisExtent;
  //Viewport 预渲染区域的起点 [-Viewport.cacheExtent, 0]
  double? cacheOrigin;
  //Viewport 加载区域的长度、范围
  //[viewportMainAxisExtent,viewportMainAxisExtent + Viewport.cacheExtent*2]
  double? remainingCacheExtent;
}
```

可以看到 SliverConstraints 中包含的信息非常多。当列表滑动时,如果某个 Sliver 已经进入了需要构建的区域,则列表会将 SliverConstraints 信息传递给该 Sliver, Sliver 就可以根据这些信息来确定自身的布局和绘制信息了。

Sliver 需要确定的是 SliverGeometry, 定义如下:

```
const SliverGeometry({
  //Sliver 在主轴方向预估长度, 大多数情况是固定值, 用于计算 sliverConstraints.scrollOffset
  this.scrollExtent = 0.0,
  this.paintExtent = 0.0, // 可视区域中的绘制长度
  this.paintOrigin = 0.0, // 绘制的坐标原点, 相对于自身布局位置
  // 在 Viewport 中占用的长度; 如果列表滚动方向是垂直方向, 则表示列表高度
  // 范围 [0,paintExtent]
  double? layoutExtent,
  this.maxPaintExtent = 0.0,// 最大绘制长度
  this.maxScrollObstructionExtent = 0.0,
  double? hitTestExtent, // 点击测试的范围
  bool? visible,// 是否显示
  // 是否会溢出 Viewport, 如果为 true, Viewport 便会裁剪
  this.hasVisualOverflow = false,
  //scrollExtent 的修正值: layoutExtent 变化后, 为了防止 sliver 突然跳动 (应用新的 layoutExtent)
  // 可以先进行修正, 具体的作用在后面 SliverFlexibleHeader 示例中会介绍
```

```
    this.scrollOffsetCorrection,
    double? cacheExtent, // 在预渲染区域中占据的长度
})
```

Sliver 布局模型和盒布局模型

两者的布局流程基本相同：父组件告诉子组件约束信息→子组件根据父组件的约束确定自身大小→父组件获得子组件的大小并调整其位置。

不同的是：

❑ 父组件传递给子组件的约束信息不同。盒模型传递的是 BoxConstraints，而 Sliver 传递的是 SliverConstraints。

❑ 描述子组件布局信息的对象不同。盒模型的布局信息通过 Size 和 offset 描述，而 Sliver 的是通过 SliverGeometry 描述。

❑ 布局的起点不同。Sliver 布局的起点一般是 Viewport，而盒模型布局的起点可以是任意组件。

SliverConstraints 和 SliverGeometry 属性比较多，它们的含义并不好理解，下面我们将通过两个例子来说明。

6.11.2 自定义 Sliver——SliverFlexibleHeader

1. SliverFlexibleHeader

我们实现一个类似旧版本微信朋友圈顶部头图的功能：即默认情况下顶部图片只显示一部分，当用户向下拽时，图片的剩余部分会逐渐显示，如图 6-28 所示。

我们的思路是实现一个 Sliver，将它作为 CustomScroll-View 的第一孩子，然后根据用户的滑动来动态调整 Sliver 的布局和显示。下面我们来实现一个 SliverFlexibleHeader，它会结合 CustomScrollView 实现上述效果。我们先看一下页面的整体代码实现：

图 6-28 SliverFlexibleHeader 示例 1（扫码查看动图）

```
@override
Widget build(BuildContext context) {
  return CustomScrollView(
    // 为了能使 CustomScrollView 拉到顶部时还能继续往下拉，必须让 physics 支持弹性效果
    physics: const BouncingScrollPhysics(parent: AlwaysScrollableScrollPhysics()),
    slivers: [
      // 我们需要实现的 SliverFlexibleHeader 组件
      SliverFlexibleHeader(
        visibleExtent: 200,, // 初始状态在列表中占用的布局高度
        // 为了能根据下拉状态变化来定制显示的布局，我们通过一个 builder 来动态构建布局
        builder: (context, availableHeight, direction) {
          return GestureDetector(
            onTap: () => print('tap'), // 测试是否可以响应事件
            child: Image(
              image: AssetImage("imgs/avatar.png"),
```

```
              width: 50.0,
              height: availableHeight,
              alignment: Alignment.bottomCenter,
              fit: BoxFit.cover,
            ),
          );
        },
      ),
      // 构建一个 list
      buildSliverList(30),
    ],
  );
}
```

接下来，我们的重点是实现 SliverFlexibleHeader，由于涉及 Sliver 布局，通过现有组件很难组合实现我们想要的功能，所以我们通过定制 RenderObject 的方式来实现它。为了能根据下拉位置的变化来动态调整，在 SliverFlexibleHeader 中我们通过一个 builder 来动态构建布局，当下拉位置发生变化时，builder 就会被回调。

为了清晰起见，我们先实现一个接收固定 Widget 的 _SliverFlexibleHeader 组件，组件定义代码如下：

```
class _SliverFlexibleHeader extends SingleChildRenderObjectWidget {
  const _SliverFlexibleHeader({
    Key? key,
    required Widget child,
    this.visibleExtent = 0,
  }) : super(key: key, child: child);
  final double visibleExtent;

  @override
  RenderObject createRenderObject(BuildContext context) {
   return _FlexibleHeaderRenderSliver(visibleExtent);
  }

  @override
  void updateRenderObject(
    BuildContext context, _FlexibleHeaderRenderSliver renderObject) {
    renderObject..visibleExtent = visibleExtent;
  }
}
```

这里我们继承的既不是 StatelessWidget，也不是 StatefulWidget，这是因为这两个组件的主要作用是组合 Widget，而我们要自定义 RenderObject，则需要继承 RenderObjectWidget，考虑到 _SliverFlexibleHeader 有一个子节点，我们可以直接继承 SingleChildRenderObjectWidget 类，这样可以省去一些和布局无关的代码，比如绘制和事件的点击测试，这些功能在 SingleChildRenderObjectWidget 中已经帮我们处理了。

下面我们实现 _FlexibleHeaderRenderSliver，核心代码就在 performLayout 中，读者可参考注释：

```
class _FlexibleHeaderRenderSliver extends RenderSliverSingleBoxAdapter {
```

```
_FlexibleHeaderRenderSliver(double visibleExtent)
  : _visibleExtent = visibleExtent;

double _lastOverScroll = 0;
double _lastScrollOffset = 0;
late double _visibleExtent = 0;


set visibleExtent(double value) {
  // 可视长度发生变化，更新状态并重新布局
  if (_visibleExtent != value) {
    _lastOverScroll = 0;
    _visibleExtent = value;
    markNeedsLayout();
  }
}


@override
void performLayout() {
  // 滑动距离大于 _visibleExtent 时则表示子节点已经在屏幕之外了
  if (child == null || (constraints.scrollOffset > _visibleExtent)) {
    geometry = SliverGeometry(scrollExtent: _visibleExtent);
    return;
  }

  // 测试 overlap，下拉过程中 overlap 会一直变化
  double overScroll = constraints.overlap < 0 ? constraints.overlap.abs() : 0;
  var scrollOffset = constraints.scrollOffset;

  // 在 Viewport 中顶部的可视空间为该 Sliver 可绘制的最大区域
  // 1. 如果 Sliver 已经滑出可视区域，则 constraints.scrollOffset 会大于 _
  //    visibleExtent，这种情况我们在一开始就判断过了
  // 2. 如果我们下拉超出了边界，此时 overScroll>0, scrollOffset 值为 0，所以最终的绘制区
  //    域为 _visibleExtent + overScroll
  double paintExtent = _visibleExtent + overScroll - constraints.scrollOffset;
  // 绘制高度不超过最大可绘制空间
  paintExtent = min(paintExtent, constraints.remainingPaintExtent);

  // 对子组件进行布局，关于 layout 详细过程我们将在本书后面布局原理相关章节详细介绍，现在只
  //    需要知道
  // 子组件通过 LayoutBuilder 可以拿到这里我们传递的约束对象（ExtraInfoBoxConstraints）
  child!.layout(
    constraints.asBoxConstraints(maxExtent: paintExtent),
    parentUsesSize: false,
  );

  // 最大为 _visibleExtent，最小为 0
  double layoutExtent = min(_visibleExtent, paintExtent);

  // 设置 geometry, Viewport 在布局时会用到
  geometry = SliverGeometry(
    scrollExtent: layoutExtent,
    paintOrigin: -overScroll,
    paintExtent: paintExtent,
    maxPaintExtent: paintExtent,
    layoutExtent: layoutExtent,
```

```
    );
  }
}
```

在 performLayout 中，通过 Viewport 传来的 SliverConstraints，结合子组件的高度，我们最终确定了 _SliverFlexibleHeader 的布局、绘制等相关信息，它们被保存在 geometry 中，之后，Viewport 就可以读取 geometry 来确定 _SliverFlexibleHeader 在 Viewport 中的位置，然后进行绘制。读者可以手动修改 SliverGeometry 的各个属性，看看效果，这样可以加深理解。

现在还剩最后一个问题：_SliverFlexibleHeader 接收的是一个固定的 Widget，我们如何在下拉位置发生变化时重新构建 Widget 呢？上面代码中 _SliverFlexibleHeader 的 performLayout 方法中，每当下拉位置发生变化，我们都会对其子组件重新进行布局。那既然如此，我们可以创建一个 LayoutBuilder，用于在子组件重新布局时动态构建 child。思路有了，那么实现很简单，最终的 SliverFlexibleHeader 代码实现如下：

```dart
typedef SliverFlexibleHeaderBuilder = Widget Function(
  BuildContext context,
  double maxExtent,
  //ScrollDirection direction,
);

class SliverFlexibleHeader extends StatelessWidget {
  const SliverFlexibleHeader({
    Key? key,
    this.visibleExtent = 0,
    required this.builder,
  }) : super(key: key);

  final SliverFlexibleHeaderBuilder builder;
  final double visibleExtent;

  @override
  Widget build(BuildContext context) {
    return _SliverFlexibleHeader(
      visibleExtent: visibleExtent,
      child: LayoutBuilder(
        builder: (BuildContext context, BoxConstraints constraints) {
          return builder(
            context,
            constraints.maxHeight
          );
        },
      ),
    );
  }
}
```

当 _SliverFlexibleHeader 中每次对子组件进行布局时，都会触发 LayoutBuilder 来重新构建子 Widget，LayoutBuilder 中收到的 constraints 就是 _SliverFlexibleHeader 中对子组件进行布局时 传入的 constraints，即：

```
...
child!.layout(
  // 对子组件进行布局
  constraints.asBoxConstraints(maxExtent: paintExtent),
  parentUsesSize: true,
);
...
```

2. 传递额外的布局信息

在实际使用 SliverFlexibleHeader 时，我们有时在构建子 Widget 时可能会依赖当前列表的滑动方向，当然我们可以在 SliverFlexibleHeader 的 builder 中记录前后的 availableHeight 的差来确定滑动方向，但是这样比较麻烦，需要使用者手动处理。我们知道在滑动时，Sliver 的 SliverConstraints 中已经包含了 userScrollDirection，如果能将它经过统一的处理，然后透传给 LayoutBuilder 的话就非常好了，这样就不需要开发者在使用时自己维护滑动方向了！按照这个思路我们来实现一下。

首先我们遇到了第一个问题：LayoutBuilder 接收的参数我们没法指定。为此笔者想到了两种方案：

❑ 方案 1：我们知道在上面的场景中，在对子组件进行布局时传给子组件的约束只使用了最大长度，最小长度是没有用到的，那么可以将滑动方向通过最小长度传递给 LayoutBuilder，然后再从 LayoutBuilder 中取出即可。

❑ 方案 2：定义一个新类，让它继承自 BoxConstraints，然后再添加一个可以保存 scrollDirection 的属性。

笔者试了一下，两种方案都能成功，那应该使用哪种方案呢？建议使用方案 2，因为方案 1 有一个副作用，就是会影响子组件布局。我们知道 LayoutBuilder 是在子组件 build 阶段执行的，当设置了最小长度后，虽然在 build 阶段没有用到它，但是在子组件布局阶段仍然会应用此约束，所以最终还会影响子组件的布局。

下面我们按照方案 2 来实现：定义一个 ExtraInfoBoxConstraints 类，它可以携带约束之外的信息，为了尽可能通用，我们使用泛型，代码如下：

```
class ExtraInfoBoxConstraints<T> extends BoxConstraints {
  ExtraInfoBoxConstraints(
    this.extra,
    BoxConstraints constraints,
  ) : super(
        minWidth: constraints.minWidth,
        minHeight: constraints.minHeight,
        maxWidth: constraints.maxWidth,
        maxHeight: constraints.maxHeight,
      );
```

```
// 额外的信息
final T extra;

@override
bool operator ==(Object other) {
  if (identical(this, other)) return true;
  return other is ExtraInfoBoxConstraints &&
      super == other &&
      other.extra == extra;
}

@override
int get hashCode {
  return hashValues(super.hashCode, extra);
}
}
```

上面的代码比较简单，要说明的是我们重载了 == 运算符，这是因为在布局期间，特定的情况下 Flutter 会检测前后两次 constraints 是否相等，然后决定是否需要重新布局，所以我们需要重载 == 运算符，否则可能会在最大 / 最小宽高不变但 extra 发生变化时不触发 child 重新布局，这时也就不会触发 LayoutBuilder，这明显不符合预期，因为我们希望 extra 发生变化时，会触发 LayoutBuilder 重新构建 child。

首先，我们修改 __FlexibleHeaderRenderSliver 的 performLayout 方法，代码如下：

```
...
// 对子组件进行布局，子组件通过 LayoutBuilder 可以拿到这里我们传递的约束对象
    （ExtraInfoBoxConstraints）
child!.layout(
ExtraInfoBoxConstraints(
  direction, // 传递滑动方向
  constraints.asBoxConstraints(maxExtent: paintExtent),
),
parentUsesSize: false,
);
...
```

然后，修改 SliverFlexibleHeader 实现，在 LayoutBuilder 中就可以获取到滑动方向，代码如下：

```
typedef SliverFlexibleHeaderBuilder = Widget Function(
  BuildContext context,
  double maxExtent,
  ScrollDirection direction,
);

class SliverFlexibleHeader extends StatelessWidget {
  const SliverFlexibleHeader({
    Key? key,
    this.visibleExtent = 0,
    required this.builder,
  }) : super(key: key);
```

```
    final SliverFlexibleHeaderBuilder builder;
    final double visibleExtent;

    @override
    Widget build(BuildContext context) {
      return _SliverFlexibleHeader(
        visibleExtent: visibleExtent,
        child: LayoutBuilder(
          builder: (BuildContext context, BoxConstraints constraints) {
            return builder(
              context,
              constraints.maxHeight,
              // 获取滑动方向
              (constraints as ExtraInfoBoxConstraints<ScrollDirection>).extra,
            );
          },
        ),
      );
    }
}
```

最后，我们看一下 SliverFlexibleHeader 中确定滑动方向的逻辑，代码如下：

```
// 下拉过程中 overlap 会一直变化
double overScroll = constraints.overlap < 0 ? constraints.overlap.abs() : 0;
var scrollOffset = constraints.scrollOffset;
_direction = ScrollDirection.idle;

// 根据前后的 overScroll 值之差确定列表滑动方向。注意，不能直接使用 constraints.
   userScrollDirection
// 这是因为该参数只表示用户滑动操作的方向。比如当我们下拉超出边界时，然后松手，此时列表会弹回，
   即列表滚动
// 方向是向上，而此时用户操作已经结束，ScrollDirection 的方向是上一次的用户滑动方向 ( 向下 )，
   这时便会出现问题
var distance = overScroll > 0
  ? overScroll - _lastOverScroll
  : _lastScrollOffset - scrollOffset;
_lastOverScroll = overScroll;
_lastScrollOffset = scrollOffset;

if (constraints.userScrollDirection == ScrollDirection.idle) {
  _direction = ScrollDirection.idle;
  _lastOverScroll = 0;
} else if (distance > 0) {
  _direction = ScrollDirection.forward;
} else if (distance < 0) {
  _direction = ScrollDirection.reverse;
}
```

3. 高度修正 scrollOffsetCorrection

如果 visibleExtent 变化，我们看看效果，如图 6-29 所示。

可以看到有一个突兀的跳动，这是因为 visibleExtent 变化
时会导致 layoutExtent 发生变化，也就是说 SliverFlexibleHeader

图 6-29 SliverFlexibleHeader 示
例 2（扫码查看动图）

在屏幕中所占的布局高度会发生变化，所以列表出现跳动。但这个跳动效果太突兀了，我们知道每一个 Sliver 的高度是通过 scrollExtent 属性预估出来的，因此需要修正一下 scrollExtent，但是不能直接修改 scrollExtent 的值，直接修改不会有任何动画效果，仍然会跳动，为此，SliverGeometry 提供了一个 scrollOffsetCorrection 属性，它专门用于修正 scrollExtent，我们只需要将要修正差值传给 scrollOffsetCorrection，然后 Sliver 会自动执行一个动画效果过渡到我们期望的高度。

```
// 是否需要修正 scrollOffset。当 _visibleExtent 值更新后，
// 为了防止视觉上突然跳动，要先修正 scrollOffset
double? _scrollOffsetCorrection;

set visibleExtent(double value) {
  // 可视长度发生变化，更新状态并重新布局
  if (_visibleExtent != value) {
    _lastOverScroll = 0;
    _reported = false;
    // 计算修正值
    _scrollOffsetCorrection = value - _visibleExtent;
    _visibleExtent = value;
    markNeedsLayout();
  }
}

@override
void performLayout() {
  // _visibleExtent 值更新后，为了防止突然的跳动，先修正 scrollOffset
  if (_scrollOffsetCorrection != null) {
    geometry = SliverGeometry(
      // 修正
      scrollOffsetCorrection: _scrollOffsetCorrection,
    );
    _scrollOffsetCorrection = null;
    return;
  }
  ...
}
```

上述代码运行后效果如图 6-30 所示（动图可能太快，可以直接运行示例查看效果）。

4. 边界

在 SliverFlexibleHeader 构建子组件时，开发者可能会根据"当前的可用高度是否为 0"来做一些特殊处理，比如记录子组件是否已经离开了屏幕。但是根据上面的实现，当用户滑动非常快时，子组件离开屏幕时的最后一次布局时传

图 6-30　SliverFlexibleHeader 示例 3（扫码查看动图）

递的约束的 maxExtent 可能不为 0，而当 constraints.scrollOffset 大于 _visibleExtent 时，我们在 performLayout 的一开始就返回了，因此 LayoutBuilder 的 builder 中就有可能收不到 maxExtent 为 0 时的回调。为了解决这个问题，我们只需要在每次 Sliver 离开屏幕时调用一

次 child.layout，同时将 maxExtent 指定为 0 即可，为此我们修改一下代码：

```
void performLayout() {
    if (child == null) {
        geometry = SliverGeometry(scrollExtent: _visibleExtent);
        return;
    }
    // 当已经完全滑出屏幕时
    if (constraints.scrollOffset > _visibleExtent) {
        geometry = SliverGeometry(scrollExtent: _visibleExtent);
        // 通知 child 重新布局，注意，通知一次即可，如果不通知，滑出屏幕后，child 在最后
        // 一次构建时拿到的可用高度可能不为 0。因为使用者在构建子节点的时候，可能会依赖"当前的可
        //   用高度是否为 0"来做一些特殊处理，比如记录子节点是否已经离开了屏幕，因此，我们需要在离
        //   开屏幕时确保 LayoutBuilder 的 builder 会被调用一次（构建子组件）
        if (!_reported) {
            _reported = true;
            child!.layout(
                ExtraInfoBoxConstraints(
                    _direction, // 传递滑动方向
                    constraints.asBoxConstraints(maxExtent: 0),
                ),
                // 我们不会使用子节点的 Size，关于此参数更详细的内容，参见本书后面关于 layout 原理的
                //   介绍
                parentUsesSize: false,
            );
        }
        return;
    }

    // 子组件回到了屏幕中，重置通知状态
    _reported = false;

    ...
}
```

至此，大功告成！

6.11.3　自定义 Sliver——SliverPersistentHeaderToBox

我们在 6.11.2 节介绍了 SliverPersistentHeader，在使用时需要遵守两个规则：

❏ 规则 1：必须显式地指定高度。

❏ 规则 2：如果在使用 SliverPersistentHeader 构建子组件时需要依赖 overlapsContent 参数，则必须保证之前至少还有一个 SliverPersistentHeader 或 SliverAppBar。

遵守上面这两条规则对于开发者来说还是有一点挑战的，比如对于规则 1，大多数时候我们是不知道 Header 的具体高度的，我们期望直接传一个 Widget，这个 Widget 的实际高度 SliverPersistentHeader 能自动算出来。对于规则 2 就更不用说，不知道这个规则是肯定会出问题的。综上，本节我们自定义一个 SliverPersistentHeaderToBox，它可以将任意 RenderBox 适配为可以固定到顶部的 Sliver 而不用显式地指定高度，同时避免上面规则 2 的问题。

第一步，我们先看一下定义 SliverPersistentHeaderToBox，代码如下：

```
typedef SliverPersistentHeaderToBoxBuilder = Widget Function(
  BuildContext context,
  double maxExtent, // 当前可用最大高度
  bool fixed, // 是否已经固定
);

class SliverPersistentHeaderToBox extends StatelessWidget {
  // 默认构造函数，直接接受一个 widget，不用显式指定高度
  SliverPersistentHeaderToBox({
    Key? key,
    required Widget child,
  })  : builder = ((a, b, c) => child),
          super(key: key);
 //builder 构造函数，需要传一个 builder，同样不需要显式指定高度
  SliverPersistentHeaderToBox.builder({
    Key? key,
    required this.builder,
  }) : super(key: key);

  final SliverPersistentHeaderToBoxBuilder builder;

  @override
  Widget build(BuildContext context) {
    return _SliverPersistentHeaderToBox(
      // 通过 LayoutBuilder 接收 Sliver 传递给子组件的布局约束信息
      child: LayoutBuilder(
        builder: (BuildContext context, BoxConstraints constraints) {
          return builder(
            context,
            constraints.maxHeight,
            // 约束中需要传递的额外信息是一个 bool 类型，表示 Sliver 是否已经固定到顶部
            (constraints as ExtraInfoBoxConstraints<bool>).extra,
          );
        },
      ),
    );
  }
}
```

和上面的 SliverFlexibleHeader 很像，不同的是 SliverPersistentHeaderToBox 传递给 child 的约束中的额外信息是一个 bool 类型，表示是否已经固定到顶部。

第二步，实现 _SliverPersistentHeaderToBox，代码如下：

```
class _RenderSliverPersistentHeaderToBox extends RenderSliverSingleBoxAdapter {
  @override
  void performLayout() {
    if (child == null) {
      geometry = SliverGeometry.zero;
      return;
    }
    child!.layout(
      ExtraInfoBoxConstraints(
```

```
      // 只要 constraints.scrollOffset 不为 0，则表示已经有内容在当前 Sliver 下面了，即已
      // 经固定到顶部了
      constraints.scrollOffset != 0,
      constraints.asBoxConstraints(
        // 我们将剩余的可绘制空间作为 header 的最大高度约束传递给 Layout-Builder
        maxExtent: constraints.remainingPaintExtent,
      ),
    ),
    // 我们要根据 child 的大小来确定 Sliver 大小，所以后面需要用到 child 的大小（size）信息
    parentUsesSize: true,
  );

  // 子节点布局后就能获取它的大小了
  double childExtent;
  switch (constraints.axis) {
    case Axis.horizontal:
      childExtent = child!.size.width;
      break;
    case Axis.vertical:
      childExtent = child!.size.height;
      break;
  }

  geometry = SliverGeometry(
    scrollExtent: childExtent,
    paintOrigin: 0, // 固定，如果不想固定，应该传 ' - constraints.scrollOffset'
    paintExtent: childExtent,
    maxPaintExtent: childExtent,
  );
}

// 重要，必须重写，下面介绍
@override
double childMainAxisPosition(RenderBox child) => 0.0;
}
```

上述代码中有四点需要注意：

❑ constraints.scrollOffset 不为 0 时，表示已经固定到顶部了。

❑ 我们在布局阶段拿到子组件的 size 信息，然后通过子组件的大小来确定 Sliver 的大小（设置 geometry）。这样就不再需要我们显式地传递高度值了。

❑ 我们通过将 paintOrigin 设为 0 来实现顶部固定效果；不固定到顶部时应该传递 - constraints.scrollOffset，这个需要读者好好体会，也可以修改参数值来看看效果。

❑ 必须重写 childMainAxisPosition，否则事件便会失效，该方法的返回值在"点击测试"中会用到。关于点击测试我们会在 8.1 节中介绍，读者现在只需要知道该函数应该返回到 paintOrigin 的位置即可。

大功告成！下面我们来测试一下！我们创建两个 header：

❑ 第 1 个 header：当没有滑动到顶部时，外观和正常列表项一样；当固定到顶部后，显示一个阴影。为了实现这个效果，我们需要通过 SliverPersistentHeaderToBox.

builder 来动态创建。

❑ 第 2 个 header：一个普通的列表项，它接受一个 Widget。

```
class SliverPersistentHeaderToBoxRoute extends StatelessWidget {
  const SliverPersistentHeaderToBoxRoute({Key? key}) : super(key: key);

  @override
  Widget build(BuildContext context) {
    return CustomScrollView(
      slivers: [
        buildSliverList(5),
        SliverPersistentHeaderToBox.builder(builder: headerBuilder),
        buildSliverList(5),
        SliverPersistentHeaderToBox(child: wTitle('Title 2')),
        buildSliverList(50),
      ],
    );
  }

  // 当 header 固定后显示阴影
  Widget headerBuilder(context, maxExtent, fixed) {
    // 获取当前应用主题，关于主题相关内容将在后面的章节介绍，现在
    // 我们要从主题中获取一些颜色
    var theme = Theme.of(context);
    return Material(
      child: Container(
        color: fixed ? Colors.white : theme.canvasColor,
        child: wTitle('Title 1'),
      ),
      elevation: fixed ? 4 : 0,
      shadowColor: theme.appBarTheme.shadowColor,
    );
  }

  // 我们约定小写字母 w 开头的函数代表是需要构建一个 Widget，这比 buildXX 会更简洁
  Widget wTitle(String text) =>
      ListTile(title: Text(text), onTap: () =>
          print(text));
}
```

代码运行效果如图 6-31。

我们实现的 SliverPersistentHeaderToBox 不仅不需要
显式指定高度，而且它的 builder 函数的第三个参数值也
正常了（和 SliverPersistentHeaderToBox 数量无关）。

图 6-31　SliverPersistentHeaderToBox
示例（扫码查看动图）

📷 注
意　如果要使用 SliverAppBar，则建议使用 SliverPersistentHeader，因为设计
SliverPersistentHeader 的初衷就是实现 SliverAppBar，所以它们一起使用时
会有更好的协同。如果将 SliverPersistentHeaderToBox 和 SliverAppBar 一起
使用，则可能又会导致其他问题，所以建议在没有使用 SliverAppBar 时，用
SliverPersistentHeaderToBox，如果使用了 SliverAppBar，用 SliverPersistentHeader。

6.11.4　小结

本节先介绍了 Sliver 布局模型，然后对比了它与盒布局模型的区别，至此，Flutter 中的两种布局模型就都介绍了。然后通过自定义 SliverFlexibleHeader 和 SliverPersistentHeaderToBox 两个 Sliver 来演示了自定义 Sliver 的步骤，同时加深了对 Sliver 布局的理解。

这里需要提醒读者，大多数应用的大多数页面都会涉及滚动列表，因此理解并掌握可滚动组件和 Sliver 布局协议原理很有必要。

另外，笔者将 SliverFlexibleHeader、ExtraInfoBoxConstraints 以及 SliverPersistentHeaderToBox 都收集到了 flukit 组件库中，完整代码读者可以在 flukit 项目源码中找到。

6.12　嵌套可滚动组件 NestedScrollView

6.12.1　NestedScrollView

上一节中，我们知道 CustomScrollView 只能组合 Sliver 使用，如果有孩子也是一个可滚动组件（通过 SliverToBoxAdapter 嵌入），且它们的滑动方向一致时便不能正常工作。为了解决这个问题，Flutter 中提供了一个 NestedScrollView 组件，它的功能是组合（协调）两个可滚动组件，下面我们看看它的定义代码：

```
const NestedScrollView({
  ... //省略可滚动组件的通用属性
  //header, sliver 构造器
  required this.headerSliverBuilder,
  // 可以接受任意的可滚动组件
  required this.body,
  this.floatHeaderSlivers = false,
})
```

图 6-32　嵌套可滚动组件

我们先看一个简单的示例，需要实现的页面的最终效果如图 6-32 所示。

页面由三部分组成：
- ❑ 最上面是一个 AppBar，实现导航，要能固定在顶端。
- ❑ AppBar 下面是一个 SliverList，可以有任意多个列表项，为了演示，我们指定 5 个列表项即可。
- ❑ 最下面是一个 ListView。

预期的效果是 SliverList 和下面的 ListView 的滑动能够统一（而不是在下面 ListView 上滑动时只有 ListView 响应滑动），整个页面在垂直方向是一个整体。实现代码如下：

```
Material(
  child: NestedScrollView(
    headerSliverBuilder: (BuildContext context, bool innerBoxIsScrolled) {
      // 返回一个 Sliver 数组给外部可滚动组件
```

```
    return <Widget>[
      SliverAppBar(
        title: const Text('嵌套 ListView'),
        pinned: true, // 固定在顶部
        forceElevated: innerBoxIsScrolled,
      ),
      buildSliverList(5), // 构建一个 sliverList
    ];
  },
  body: ListView.builder(
    padding: const EdgeInsets.all(8),
    physics: const ClampingScrollPhysics(), // 重要
    itemCount: 30,
    itemBuilder: (BuildContext context, int index) {
      return SizedBox(
        height: 50,
        child: Center(child: Text('Item $index')),
      );
    },
  ),
 ),
);
```

NestedScrollView 在逻辑上将可滚动组件分为了 header 和 body 两部分，header 部分可以认为是外部可滚动组件（outer scroll view），可以认为这个可滚动组件就是 CustomScrollView，所以它只能接收 Sliver，我们通过 headerSliverBuilder 来构建一个 Sliver 列表给外部的可滚动组件；而 body 部分可以接收任意的可滚动组件，该可滚动组件称为内部可滚动组件（inner scroll view）。

Flutter 的源码注释中和文档中会有 outer 和 inner 两个概念，分别指代外部和内部可滚动组件。

6.12.2　NestedScrollView 原理

NestedScrollView 的结构图如图 6-33 所示。

几点说明如下：

❏ NestedScrollView 整体就是一个 CustomScrollView（实际上是 CustomScrollView 的一个子类）。

❏ header 和 body 都是 CustomScrollView 的子 Sliver，注意，虽然 body 是一个 RenderBox，但是它会被包装为 Sliver。

❏ CustomScrollView 将其所有子 Sliver 在逻辑上分为 header 和 body 两部分：header 是前面的部分，body 是后面的部分。

❏ 当 body 是一个可滚动组件时，它和 CustomScrollView 分别有一个 Scrollable，因为 body 在 CustomScrollView 的内部，所以称其为内部可滚动组件，称 CustomScrollView 为外部可滚动组件；同时因为 header 部分是 Sliver，所以没有独立的 Scrollable，滑动时是受 CustomScrollView 的 Scrollable 控制，所以为了区分，

可以称 header 为外部可滚动组件（Flutter 文档中是这么约定的）。

❑ NestedScrollView 的核心功能就是通过一个协调器来协调外部（outer）可滚动组件和内部（inner）可滚动组件的滚动，以使滑动效果连贯统一，协调器的实现原理就是分别给内外可滚动组件分别设置一个 controller，然后通过这两个 controller 来协调控制它们的滚动。

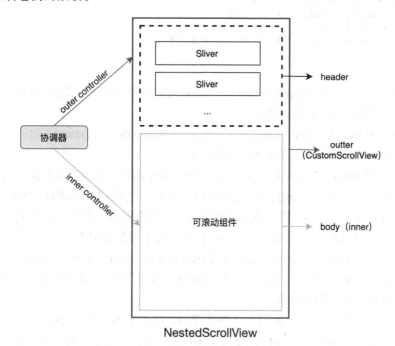

图 6-33　NestedScrollView 结构图

综上，在使用 NestedScrollView 时有两点需要注意：

❑ 要确认内部的可滚动组件（body）的 physics 是否需要设置为 ClampingScrollPhysics。比如上面的示例运行在 iOS 中时，ListView 如果没有设置为 ClampingScrollPhysics，则用户快速滑动到顶部时，会执行一个弹性效果，此时 ListView 就会与 header 显得割裂（滑动效果不统一），所以需要设置。但是，如果 header 中只有一个 SliverAppBar，则不应该加，因为 SliverAppBar 是固定在顶部的，ListView 滑动到顶部时上面已经没有要继续往下滑动的元素了，所以此时出现弹性效果是符合预期的。

❑ 内部的可滚动组件（body 的）不能设置 controller 和 primary，这是因为 Nested-ScrollView 的协调器中已经指定了它的 controller，如果重新设定，协调器将会失效。

6.12.3　SliverAppBar

上一节中我们已经使用过 SliverAppBar，但是并没有仔细介绍，因为它最常见的使用场景是作为 NestedScrollView 的 header，所以我们在本节介绍。

SliverAppBar 是 AppBar 的 Sliver 版，大多数参数都相同，但 SliverAppBar 会有一些特有的功能，下面是 SliverAppBar 特有的一些配置，代码如下：

```
const SliverAppBar({
  this.collapsedHeight, // 收缩起来的高度
  this.expandedHeight,// 展开时的高度
  this.pinned = false, // 是否固定
  this.floating = false, // 是否漂浮
  this.snap = false, // 当漂浮时，此参数才有效
  bool forceElevated // 导航栏下面是否一直显示阴影
  ...
})
```

❑ SliverAppBar 在 NestedScrollView 中随着用户的滑动是可以收缩和展开的，因此需要分别指定收缩和展开时的高度。

❑ pinned 为 true 时 SliverAppBar 会固定在 NestedScrollView 的顶部，其功能和 SliverPersistentHeader 的 pinned 功能一致。

❑ floating 和 snap：floating 为 true 时，SliverAppBar 不会固定到顶部，当用户向上滑动到顶部时，SliverAppBar 也会滑出可视窗口。当用户反向滑动，SliverAppBar 的 snap 为 true 时，无论 SliverAppBar 已经滑出屏幕多远，都会立即回到屏幕顶部；但如果 snap 为 false，则 SliverAppBar 只有当向下滑到边界时才会重新回到屏幕顶部。这一点和 SliverPersistentHeader 的 floating 相似，但不同的是 SliverPersistentHeader 没有 snap 参数，当它的 floating 为 true 时，效果等同于 SliverAppBar 的 floating 和 snap 同时为 true 时的效果。

我们可以看到 SliverAppBar 的一些参数和 SliverPersistentHeader 很像，这是因为 SliverAppBar 内部就包含了一个 SliverPersistentHeader 组件，用于实现顶部固定和漂浮效果。

下面我们看一个示例，代码如下：

```
class SnapAppBar extends StatelessWidget {
  const SnapAppBar({Key? key}) : super(key: key);

  @override
  Widget build(BuildContext context) {
    return Scaffold(
      body: NestedScrollView(
        headerSliverBuilder: (BuildContext context, bool innerBoxIsScrolled) {
          return <Widget>[
            // 实现 snap 效果
            SliverAppBar(
              floating: true,
              snap: true,
              expandedHeight: 200,
              forceElevated: innerBoxIsScrolled,
              flexibleSpace: FlexibleSpaceBar(
                background: Image.asset(
                  "./imgs/sea.png",
                  fit: BoxFit.cover,
                ),
```

```
            ),
          ),
        ];
      },
      body: Builder(builder: (BuildContext context) {
        return CustomScrollView(
          slivers: <Widget>[
            buildSliverList(100)
          ],
        );
      }),
    ),
  );
}
}
```

代码运行后效果如图 6-34 所示。

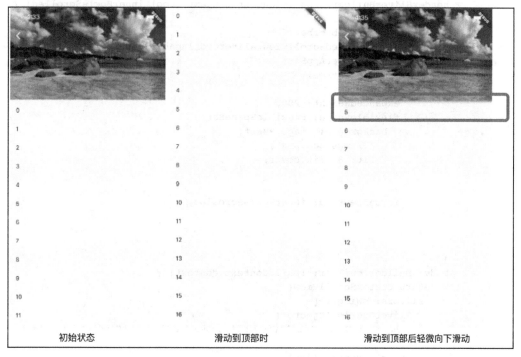

图 6-34　SliverAppBar 示例

当滑动到顶部时，然后反向轻微滑动一点点，这时 SliverAppBar 就会整体回到屏幕顶部，但这时有一个问题，注意图中圈出来的部分，我们发现 SliverAppBar 返回到屏幕后将 0 ~ 4 这几个列表项遮住了！按照正常的交互逻辑，预期是不能遮住的，因为往下滑时，用户就是为了看上面的内容，SliverAppBar 突然整体回到屏幕后正好遮住了上面的内容，这时，用户不得不继续往下再滑动一些距离，这个体验很不好。

为了解决这个问题，能立刻想到的思路就是当 SliverAppBar 回到屏幕的过程中，底下的列表项也同时往下滑相应的距离即可。但是我们要动手时发现了问题，因为无论是想监听 header 的滑动信息还是控制 body 的滑动，需要用到内外部可滚动组件的 controller，而 controller 的持有者是 NestedScrollView 的协调器，我们很难获取取，就算能获取（通过 context），那也是 NestedScrollView 的内部逻辑，我们不应在外部去干涉，这样不符合职责分离模式，是有侵入性的。Flutter 的开发者也意识到了这点，于是提供了一个标准的解决方案，我们先看看如何解决，再解释，修改上面的代码，如下所示：

```
class SnapAppBar extends StatelessWidget {
  const SnapAppBar({Key? key}) : super(key: key);

  @override
  Widget build(BuildContext context) {
    return Scaffold(
      body: NestedScrollView(
        headerSliverBuilder: (BuildContext context, bool innerBoxIsScrolled) {
          return <Widget>[
            SliverOverlapAbsorber(
              handle: NestedScrollView.sliverOverlapAbsorberHandleFor(context),
              sliver: SliverAppBar(
                floating: true,
                snap: true,
                expandedHeight: 200,
                flexibleSpace: FlexibleSpaceBar(
                  background: Image.asset(
                    "./imgs/sea.png",
                    fit: BoxFit.cover,
                  ),
                ),
                forceElevated: innerBoxIsScrolled,
              ),
            ),
          ];
        },
        body: Builder(builder: (BuildContext context) {
          return CustomScrollView(
            slivers: <Widget>[
              SliverOverlapInjector(
                handle: NestedScrollView.sliverOverlapAbsorberHandleFor(context),
              ),
              buildSliverList(100)
            ],
          );
        })),
      ),
    );
  }
}
```

上面的代码运行后问题得以解决，作者就不贴图了。需要注意的是该代码和之前的代码相比有两个部分发生了变化：

❑ SliverAppBar 用 SliverOverlapAbsorber 包裹了起来，它的作用就是获取 SliverAppBar 返回时遮住内部可滚动组件的部分的长度，这个长度就是 overlap（重叠）的长度。

❑ 在 body 中向 CustomScrollView 的 Sliver 列表的最前面插入了一个 SliverOverlapInjector，它会将 SliverOverlapAbsorber 中获取的 overlap 长度应用到内部可滚动组件中。这样在 SliverAppBar 返回时，内部可滚动组件也会相应地同步滑动对应的距离。

SliverOverlapAbsorber 和 SliverOverlapInjector 都接收有一个 handle，给它传入的是 NestedScrollView.sliverOverlapAbsorberHandleFor(context)。名字一个比一个长！但不要被吓到，handle 就是 SliverOverlapAbsorber 和 SliverOverlapInjector 的通信桥梁，即传递 overlap 长度。

以上便是 NestedScrollView 提供的标准解决方案，可能直观上看起来不是很优雅，但笔者站在 NestedScrollView 开发者的角度，暂时也没有想到更好的方式。不过幸运的是，这是一个标准方案，有需要时直接复制代码即可。

实际上，当 snap 为 true 时，只需要给 SliverAppBar 包裹一个 SliverOverlapAbsorber 即可，而无须再给 CustomScrollView 添加 SliverOverlapInjector，因为这种情况下 SliverOverlapAbsorber 会自动吸收 overlap，以调整自身的布局高度为 SliverAppBar 的实际高度，这样的话 header 的高度变化后就会自动将 body 向下撑（header 和 body 属于同一个 CustomScrollView），同时，handle 中的 overlap 长度始终 0。而只有当 SliverAppBar 被 SliverOverlapAbsorber 包裹且为固定模式时（pinned 为 true），在 CustomScrollView 中添加 SliverOverlapInjector 才有意义，handle 中的 overlap 长度不为 0。我们可以通过以下代码验证：

```
class SnapAppBar2 extends StatefulWidget {
  const SnapAppBar2({Key? key}) : super(key: key);

  @override
  State<SnapAppBar2> createState() => _SnapAppBar2State();
}

class _SnapAppBar2State extends State<SnapAppBar2> {
  // 将 handle 缓存
  late SliverOverlapAbsorberHandle handle;

  void onOverlapChanged(){
    // 打印 overlap length
    print(handle.layoutExtent);
  }

  @override
  Widget build(BuildContext context) {
    return Scaffold(
      body: NestedScrollView(
        headerSliverBuilder: (BuildContext context, bool innerBoxIsScrolled) {
          handle = NestedScrollView.sliverOverlapAbsorberHandleFor(context);
          // 添加监听前先移除旧的
          handle.removeListener(onOverlapChanged);
          //overlap 长度发生变化时打印
```

```
          handle.addListener(onOverlapChanged);
          return <Widget>[
            SliverOverlapAbsorber(
              handle: handle,
              sliver: SliverAppBar(
                floating: true,
                snap: true,
                //pinned: true, // 放开注释，然后看日志
                expandedHeight: 200,
                flexibleSpace: FlexibleSpaceBar(
                  background: Image.asset(
                    "./imgs/sea.png",
                    fit: BoxFit.cover,
                  ),
                ),
                forceElevated: innerBoxIsScrolled,
              ),
            ),
          ];
        },
        body: LayoutBuilder(builder: (BuildContext context,cons) {
          return CustomScrollView(
            slivers: <Widget>[
              SliverOverlapInjector(handle: handle),
              buildSliverList(100)
            ],
          );
        }),
      ),
    );
  }

  @override
  void dispose() {
    // 移除监听器
    handle.removeListener(onOverlapChanged);
    super.dispose();
  }
}
```

我们可以分别查看 snap 模式下和 pinned 模式下控制台的输出来进行验证。

综上，笔者还是建议将 SliverOverlapAbsorber 和 SliverOverlapInjector 配对使用，这样可以避免日后将 snap 模式改为固定模式后忘记添加 SliverOverlapInjector 而导致 bug。

6.12.4 嵌套 TabBarView

我们实现商城主页，它有三个 Tab。为了获得更大的商品显示空间，我们希望用户向上滑动时，导航栏能够滑出屏幕；当用户向下滑动时，导航栏能迅速回到屏幕，因为向下滑动时可能是用户想看之前的商品，也可能是用户想找到导航栏返回。我们要实现的页面效果（初始状态）的代码如下：

```
class NestedTabBarView1 extends StatelessWidget {
```

```dart
    const NestedTabBarView1({Key? key}) : super(key: key);

    @override
    Widget build(BuildContext context) {
      final _tabs = <String>['猜你喜欢', '今日特价', '发现更多'];
      // 构建 tabBar
      return DefaultTabController(
        length: _tabs.length, // 这是 tabs 的编号
        child: Scaffold(
          body: NestedScrollView(
            headerSliverBuilder: (BuildContext context, bool innerBoxIsScrolled) {
              return <Widget>[
                SliverOverlapAbsorber(
                  handle: NestedScrollView.sliverOverlapAbsorberHandleFor(context),
                  sliver: SliverAppBar(
                    title: const Text('商城'),
                    floating: true,
                    snap: true,
                    forceElevated: innerBoxIsScrolled,
                    bottom: TabBar(
                      tabs: _tabs.map((String name) => Tab(text: name)).toList(),
                    ),
                  ),
                ),
              ];
            },
            body: TabBarView(
              children: _tabs.map((String name) {
                return Builder(
                  builder: (BuildContext context) {
                    return CustomScrollView(
                      key: PageStorageKey<String>(name),
                      slivers: <Widget>[
                        SliverOverlapInjector(
                          handle: NestedScrollView.sliverOverlapAbsorberHandleFor
                            (context),
                        ),
                        SliverPadding(
                          padding: const EdgeInsets.all(8.0),
                          sliver: buildSliverList(50),
                        ),
                      ],
                    );
                  },
                );
              }).toList(),
            ),
          ),
        ),
      );
    }
  }
```

功能型组件

7.1 导航返回拦截

为了避免用户误触返回按钮而导致 App 退出，在很多 App 中都拦截了用户点击返回键的按钮，然后进行一些防误触判断，比如当用户在某一个时间段内点击两次时，才会认为用户是要退出，而非误触。Flutter 中可以通过 WillPopScope 来实现返回按钮拦截，我们看看 WillPopScope 的默认构造函数：

```
const WillPopScope({
  ...
  required WillPopCallback onWillPop,
  required Widget child
})
```

onWillPop 是一个回调函数，当用户点击返回按钮时被调用（包括导航返回按钮及 Android 物理返回按钮）。该回调需要返回一个 Future 对象，如果返回的 Future 最终值为 false，则当前路由不出栈（不会返回）；最终值为 true 时，当前路由出栈退出。我们需要提供这个回调来决定是否退出。

示例

为了防止用户误触返回键退出，我们拦截返回事件。当用户在 1 秒内点击两次返回按钮时，则退出；如果间隔超过 1 秒则不退出，并重新计时。代码如下：

```
import 'package:flutter/material.dart';

class WillPopScopeTestRoute extends StatefulWidget {
  @override
  WillPopScopeTestRouteState createState() {
    return WillPopScopeTestRouteState();
```

```
      }
  }

  class WillPopScopeTestRouteState extends State<WillPopScopeTestRoute> {
    DateTime? _lastPressedAt; // 上次点击时间

    @override
    Widget build(BuildContext context) {
      return WillPopScope(
        onWillPop: () async {
          if (_lastPressedAt == null ||
              DateTime.now().difference(_lastPressedAt!) > Duration(seconds: 1)) {
            // 两次点击间隔超过 1 秒则重新计时
            _lastPressedAt = DateTime.now();
            return false;
          }
          return true;
        },
        child: Container(
          alignment: Alignment.center,
          child: Text("1秒内连续按两次返回键退出 "),
        ),
      );
    }
  }
```

读者可以运行示例代码看看效果。

7.2 数据共享

7.2.1 InheritedWidget

下面我们介绍一下 InheritedWidget 组件，然后重点探讨一下 State 类中 didChange-Dependencies 回调与 InheritedWidget 组件的关系。

1. 简介

InheritedWidget 是 Flutter 中非常重要的一个功能型组件，它提供了一种在 Widget 树中从上到下共享数据的方式，比如我们在应用的根 Widget 中通过 InheritedWidget 共享了一个数据，那么我们便可以在任意子 Widget 中获取该共享的数据！这个特性在一些需要在整个 Widget 树中共享数据的场景中非常方便！如 Flutter SDK 中正是通过 InheritedWidget 来共享应用主题（Theme）和 Locale（当前语言环境）信息的。

InheritedWidget 和 React 中的 context 功能类似，与逐级传递数据相比，它们能实现组件跨级传递数据。InheritedWidget 在 Widget 树中的数据传递方向是从上到下的，这和 Notification（将在下一章中介绍）的传递方向正好相反。

下面我们看一下之前"计数器"示例应用程序的 InheritedWidget 版本。需要说明的是，本示例主要是为了演示 InheritedWidget 的功能特性，并不是计数器的推荐实现方式。

首先，我们通过继承 InheritedWidget，将当前计数器点击次数保存在 ShareDataWidget

的 data 属性中，代码如下：

```
class ShareDataWidget extends InheritedWidget {
  ShareDataWidget({
    Key? key,
    required this.data,
    required Widget child,
  }) : super(key: key, child: child);

  final int data; // 需要在子树中共享的数据，保存点击次数

  // 定义一个便捷方法，方便子树中的 Widget 获取共享数据
  static ShareDataWidget? of(BuildContext context) {
    return context.dependOnInheritedWidgetOfExactType<ShareDataWidget>();
  }

  // 该回调决定当 data 发生变化时，是否通知子树中依赖 data 的 Widget 重新构建
  @override
  bool updateShouldNotify(ShareDataWidget old) {
    return old.data != data;
  }
}
```

然后，我们实现一个子组件 _TestWidget，在其 build 方法中引用 ShareDataWidget 中的数据。同时，在其 didChangeDependencies() 回调中打印日志：

```
class _TestWidget extends StatefulWidget {
  @override
  __TestWidgetState createState() => __TestWidgetState();
}

class __TestWidgetState extends State<_TestWidget> {
  @override
  Widget build(BuildContext context) {
    // 使用 InheritedWidget 中的共享数据
    return Text(ShareDataWidget.of(context)!.data.toString());
  }

  @override // 下文会详细介绍
  void didChangeDependencies() {
    super.didChangeDependencies();
    // 父 Widget 或祖先 Widget 中的 InheritedWidget 改变（updateShouldNotify 返回 true）时
    //   会被调用
    // 如果 build 中没有依赖 InheritedWidget，则此回调不会被调用
    print("Dependencies change");
  }
}
```

2. didChangeDependencies

在之前介绍 StatefulWidget 时，我们提到 State 对象有一个 didChangeDependencies 回调，它会在 "依赖" 发生变化时被 Flutter 框架调用。而这个 "依赖" 指的就是子 Widget 是否使用了父 Widget 中 InheritedWidget 的数据！如果使用了，则代表子 Widget 有依赖；如果没有使用，则代表没有依赖。这种机制可以使子组件在所依赖的 InheritedWidget 变化时来更新自

身！比如当主题、locale（语言）等发生变化时，其依赖的子 Widget 的 didChangeDependencies 方法将会被调用。

最后，我们创建一个按钮，每点击一次，就将 ShareDataWidget 的值自增，代码如下：

```
class InheritedWidgetTestRoute extends StatefulWidget {
  @override
  _InheritedWidgetTestRouteState createState() => _InheritedWidgetTestRouteState();
}

class _InheritedWidgetTestRouteState extends State<InheritedWidgetTestRoute> {
  int count = 0;

  @override
  Widget build(BuildContext context) {
    return  Center(
      child: ShareDataWidget( // 使用 ShareDataWidget
        data: count,
        child: Column(
          mainAxisAlignment: MainAxisAlignment.center,
          children: <Widget>[
            Padding(
              padding: const EdgeInsets.only(bottom: 20.0),
              child: _TestWidget(),// 子 Widget 中依赖 ShareDataWidget
            ),
            ElevatedButton(
              child: Text("Increment"),
              // 每点击一次，将 count 自增，然后重新构建，ShareDataWidget 的 data 将被更新
              onPressed: () => setState(() => ++count),
            )
          ],
        ),
      ),
    );
  }
}
```

代码运行后界面如图 7-1 所示。

每点击一次按钮，计数器就会自增，控制台就会打印一句日志：

```
I/flutter (8513): Dependencies change
```

可见依赖发生变化后，其 didChangeDependencies() 会被调用。但是读者要注意，如果 _TestWidget 的 build 方法中没有使用 ShareDataWidget 的数据，那么它的 didChangeDependencies() 将不会被调用，因为它并没有依赖 ShareDataWidget。例如，我们将 __TestWidgetState 代码改为下面这样，didChange-Dependencies() 将不会被调用：

图 7-1 InheritedWidget 版的计数器示例

```
class __TestWidgetState extends State<_TestWidget> {
  @override
  Widget build(BuildContext context) {
    // 使用 InheritedWidget 中的共享数据
    //return Text(ShareDataWidget.of(context)!.data.toString());
    return Text("text");
  }

  @override
  void didChangeDependencies() {
    super.didChangeDependencies();
    //build 方法中没有依赖 InheritedWidget，此回调不会被调用
    print("Dependencies change");
  }
}
```

上面的代码中，我们将 build() 方法中依赖 ShareDataWidget 的代码注释掉了，然后返回一个固定 Text，这样一来，当点击 Increment 按钮后，ShareDataWidget 的 data 虽然发生变化，但因为 __TestWidgetState 并未依赖 ShareDataWidget，所以 __TestWidgetState 的 didChangeDependencies 方法不会被调用。其实这个机制很好理解，因为在数据发生变化时只对使用该数据的 Widget 更新是合理并且性能友好的。

 思考题 Flutter 框架是怎么知道子 Widget 有没有依赖父级 InheritedWidget 的？

3. 应该在 didChangeDependencies() 中做什么

一般来说，子 Widget 很少会重写此方法，因为在依赖改变后 Flutter 框架也都会调用 build() 方法重新构建组件树。但是，如果你需要在依赖改变后执行一些昂贵的操作，比如网络请求，这时最好的方式就是在此方法中执行，这样可以避免每次 build() 都执行这些昂贵操作。

7.2.2 深入了解 InheritedWidget

现在来思考一下，在上面的例子中，如果我们只想在 __TestWidgetState 中引用 ShareData-Widget 数据，但却不希望在 ShareDataWidget 发生变化时调用 __TestWidgetState 的 didChange-Dependencies() 方法，应该怎么办？其实答案很简单，我们只需要将 ShareDataWidget.of() 的代码实现修改一下即可：

```
// 定义一个便捷方法，方便子树中的 Widget 获取共享数据
static ShareDataWidget of(BuildContext context) {
  //返回 context.dependOnInheritedWidgetOfExactType<ShareDataWidget>();
  return context.getElementForInheritedWidgetOfExactType<ShareDataWidget>().widget;
}
```

代码唯一的改动就是获取 ShareDataWidget 对象的方式，把 dependOnInheritedWidgetOfExactType() 方法换成了 context.getElementForInheritedWidgetOfExactType<ShareDataWid

get>().widget，那么它们到底有什么区别呢？我们看一下这两个方法的源代码（实现代码在
Element 类中，Context 和 Element 的关系我们将在后面专门介绍）如下：

```
@override
InheritedElement getElementForInheritedWidgetOfExactType<T extends InheritedWidget>() {
  final InheritedElement ancestor = _inheritedWidgets == null ? null : _inheritedWidgets[T];
  return ancestor;
}
@override
InheritedWidget dependOnInheritedWidgetOfExactType({ Object aspect }) {
  assert(_debugCheckStateIsActiveForAncestorLookup());
  final InheritedElement ancestor = _inheritedWidgets == null ? null : _inheritedWidgets[T];
  // 多出的部分
  if (ancestor != null) {
    return dependOnInheritedElement(ancestor, aspect: aspect) as T;
  }
  _hadUnsatisfiedDependencies = true;
  return null;
}
```

可以看到，dependOnInheritedWidgetOfExactType() 比 getElementForInheritedWidgetOf
ExactType() 多调用了 dependOnInheritedElement 方法，dependOnInheritedElement 的源代码
如下：

```
@override
InheritedWidget dependOnInheritedElement(InheritedElement ancestor, { Object aspect }) {
  assert(ancestor != null);
  _dependencies ??= HashSet<InheritedElement>();
  _dependencies.add(ancestor);
  ancestor.updateDependencies(this, aspect);
  return ancestor.widget;
}
```

可以看到 dependOnInheritedElement() 方法中主要是注册了依赖关系！看到这里也就清
晰了，调用 dependOnInheritedWidgetOfExactType() 和 getElementForInheritedWidgetOfExac
tType() 的区别就是前者会注册依赖关系，而后者不会，所以在调用 dependOnInheritedWidg
etOfExactType() 时，context 对应的组件便和父级 InheritedWidget 建立了依赖关系，之后当
InheritedWidget 发生变化时，就会更新依赖它的子孙组件，也就是会调用这些子孙组件的
didChangeDependencies() 方法和 build() 方法。而当调用的是 getElementForInheritedWidget
OfExactType() 时，因为没有注册依赖关系，所以之后当 InheritedWidget 发生变化时，就不
会更新相应的子孙 Widget。

注意，如果将上面示例中 ShareDataWidget.of() 方法的实现改成调用 getElementForInhe
ritedWidgetOfExactType()，运行示例后，点击 Increment 按钮，会发现 __TestWidgetState 的
didChangeDependencies() 方法确实不会再被调用，但是其 build() 方法仍然会被调用！造成
这个问题的原因其实是，点击 Increment 按钮后，会调用 _InheritedWidgetTestRouteState 的
setState() 方法，此时会重新构建整个页面，由于示例中 __TestWidget 并没有任何缓存，因
此它也都会被重新构建，所以也会调用 build() 方法。

现在就出现了一个问题：实际上，我们只想更新子树中依赖了 ShareDataWidget 的组件，而现在只要调用 _InheritedWidgetTestRouteState 的 setState() 方法，所有子节点都会被重新构建，这很没必要，那么有什么办法可以避免呢？答案是缓存！一个简单的做法就是通过封装一个 StatefulWidget 将子 Widget 树缓存起来，下一节中我们将通过实现一个 Provider Widget 来演示如何缓存，以及如何利用 InheritedWidget 来实现 Flutter 全局状态共享。

7.3 跨组件状态共享

7.3.1 通过事件同步状态

在 Flutter 开发中，状态管理是一个永恒的话题。一般的原则是：如果状态是组件私有的，则应该由组件自己管理；如果状态要跨组件共享，则该状态应该由各个组件共同的父元素来管理。对于组件私有的状态管理很好理解，但对于跨组件共享的状态，管理的方式就比较多了，如使用全局事件总线（EventBus），它是一个观察者模式的实现，通过它就可以实现跨组件状态同步：状态持有方（发布者）负责更新、发布状态，状态使用方（观察者）监听状态改变事件来执行一些操作。下面我们看一个登录状态同步的简单示例。

定义事件，代码如下：

```
enum Event{
  login,
  ... // 省略其他事件
}
```

登录页代码大致如下：

```
// 登录状态改变后发布状态改变事件
bus.emit(Event.login);
```

依赖登录状态的页面：

```
void onLoginChanged(e){
  // 登录状态变化处理逻辑
}

@override
void initState() {
  // 订阅登录状态改变事件
  bus.on(Event.login,onLogin);
  super.initState();
}

@override
void dispose() {
  // 取消订阅
  bus.off(Event.login,onLogin);
  super.dispose();
}
```

可以发现，通过观察者模式来实现跨组件状态共享有一些明显的缺点：

❑ 必须显式定义各种事件，不好管理。

❑ 订阅者必须显式注册状态改变回调，也必须在组件销毁时手动解绑回调以避免内存泄露。

在 Flutter 当中有没有更好的跨组件状态管理方式呢？答案是肯定的，那怎么做呢？我们想想前面介绍的 InheritedWidget，它的特性就是能绑定 InheritedWidget 与依赖它的子孙组件的依赖关系，并且当 InheritedWidget 数据发生变化时，可以自动更新依赖的子孙组件！利用这个特性，我们可以将需要跨组件共享的状态保存在 InheritedWidget 中，然后在子组件中引用 InheritedWidget 即可，Flutter 社区著名的 Provider 包正是基于这个思想实现的一套跨组件状态共享解决方案，接下来我们便详细介绍一下 Provider 的用法及原理。

7.3.2 Provider

Provider 是 Flutter 官方推出的状态管理包，为了加强读者对其原理的理解，我们不直接去看 Provider 包的源代码，相反，我会带着你根据上面描述的通过 InheritedWidget 实现的思路来一步一步地实现一个最小功能的 Provider。

1. 自实现 Provider

首先，我们需要一个能够保存共享数据的 InheritedWidget，由于具体业务数据类型不可预期，为了确保通用性，我们使用泛型，定义一个通用的 InheritedProvider 类，它继承自InheritedWidget，代码如下：

```
// 一个通用的 InheritedWidget, 保存需要跨组件共享的状态
class InheritedProvider<T> extends InheritedWidget {
  InheritedProvider({
    required this.data,
    required Widget child,
  }) : super(child: child);

  final T data;

  @override
  bool updateShouldNotify(InheritedProvider<T> old) {
    // 在此简单返回 true, 则每次更新都会调用依赖其子孙节点的 'didChangeDependencies'
    return true;
  }
}
```

数据保存的地方有了，接下来我们需要做的就是在数据发生变化时来重新构建 Inherited-Provider，那么现在就面临两个问题：

❑ 数据发生变化怎么通知？

❑ 谁来重新构建 InheritedProvider？

第一个问题其实很好解决，我们当然可以使用之前介绍的 EventBus 来进行事件通知，但是为了更贴近 Flutter 开发，我们使用 Flutter SDK 中提供的 ChangeNotifier 类，它继承自

Listenable，也实现了一个 Flutter 风格的发布者－订阅者模式，ChangeNotifier 定义大致如下：

```
class ChangeNotifier implements Listenable {
  List listeners=[];
  @override
  void addListener(VoidCallback listener) {
    // 添加监听器
    listeners.add(listener);
  }
  @override
  void removeListener(VoidCallback listener) {
    // 移除监听器
    listeners.remove(listener);
  }

  void notifyListeners() {
    // 通知所有监听器，触发监听器回调
    listeners.forEach((item)=>item());
  }

  ... // 省略无关代码
}
```

我们可以通过调用 addListener() 和 removeListener() 来添加、移除监听器（订阅者）；通过调用 notifyListeners() 可以触发所有监听器回调。

现在，我们将要共享的状态放到一个 Model 类中，然后让它继承自 ChangeNotifier，这样当共享的状态改变时，只需要调用 notifyListeners() 来通知订阅者，然后由订阅者来重新构建 InheritedProvider，这也是第二个问题的答案！接下来我们便实现这个订阅者类，代码如下：

```
class ChangeNotifierProvider<T extends ChangeNotifier> extends StatefulWidget {
  ChangeNotifierProvider({
    Key? key,
    this.data,
    this.child,
  });

  final Widget child;
  final T data;

  // 定义一个便捷方法，方便子树中的 Widget 获取共享数据
  static T of<T>(BuildContext context) {
    final type = _typeOf<InheritedProvider<T>>();
    final provider =  context.dependOnInheritedWidgetOfExactType<InheritedProvider<T>>();
    return provider.data;
  }

  @override
  _ChangeNotifierProviderState<T> createState() => _ChangeNotifierProviderState<T>();
}
```

该类继承 StatefulWidget，然后定义了一个 of() 静态方法以便于子类获取 Widget 树中

的 InheritedProvider 中保存的共享状态（model），下面我们实现该类对应的 _ChangeNotifier-ProviderState 类，代码如下：

```
class _ChangeNotifierProviderState<T extends ChangeNotifier> extends State<Chang
  eNotifierProvider<T>> {
  void update() {
    // 如果数据发生变化（model 类调用了 notifyListeners），重新构建 InheritedProvider
    setState(() => {});
  }

  @override
  void didUpdateWidget(ChangeNotifierProvider<T> oldWidget) {
    // 当 Provider 更新时，如果新旧数据不是 "=="，则解绑旧数据监听，同时添加新数据监听
    if (widget.data != oldWidget.data) {
      oldWidget.data.removeListener(update);
      widget.data.addListener(update);
    }
    super.didUpdateWidget(oldWidget);
  }

  @override
  void initState() {
    // 给 model 添加监听器
    widget.data.addListener(update);
    super.initState();
  }

  @override
  void dispose() {
    // 移除 model 的监听器
    widget.data.removeListener(update);
    super.dispose();
  }

  @override
  Widget build(BuildContext context) {
    return InheritedProvider<T>(
      data: widget.data,
      child: widget.child,
    );
  }
}
```

可以看到 _ChangeNotifierProviderState 类的主要作用就是监听到共享状态（model）改变时重新构建 Widget 树。注意，在 _ChangeNotifierProviderState 类中调用 setState() 方法，widget.child 始终是同一个，所以在执行 build 时，InheritedProvider 的 child 引用的始终是同一个子 Widget，所以 widget.child 并不会重新执行 build，这也就相当于对 child 进行了缓存。当然，如果 ChangeNotifierProvider 父级 Widget 重新执行 build 时，其传入的 child 便有可能发生变化。

现在我们所需要的各个工具类都已完成，下面通过一个购物车的例子来看看怎么使用上面的这些类。

2. 购物车示例

我们需要实现一个显示购物车中所有商品总价的功能——向购物车中添加新商品时总价更新。

定义一个 Item 类，用于表示商品信息：

```
class Item {
  Item(this.price, this.count);
  double price; // 商品单价
  int count; // 商品份数
  ...
  // 省略其他属性
}
```

定义一个保存购物车内商品数据的 CartModel 类：

```
class CartModel extends ChangeNotifier {
  // 用于保存购物车中的商品列表
  final List<Item> _items = [];

  // 禁止改变购物车里的商品信息
  UnmodifiableListView<Item> get items => UnmodifiableListView(_items);

  // 购物车中商品的总价
  double get totalPrice =>
      _items.fold(0, (value, item) => value + item.count * item.price);

  // 将 [item] 添加到购物车。这是唯一一种能从外部改变购物车的方法
  void add(Item item) {
    _items.add(item);
    // 通知监听器（订阅者），重新构建 InheritedProvider，更新状态
    notifyListeners();
  }
}
```

CartModel 即要跨组件共享的 model 类。最后我们构建示例页面，代码如下：

```
class ProviderRoute extends StatefulWidget {
  @override
  _ProviderRouteState createState() => _ProviderRouteState();
}

class _ProviderRouteState extends State<ProviderRoute> {
  @override
  Widget build(BuildContext context) {
    return Center(
      child: ChangeNotifierProvider<CartModel>(
        data: CartModel(),
        child: Builder(builder: (context) {
          return Column(
            children: <Widget>[
              Builder(builder: (context){
                var cart=ChangeNotifierProvider.of<CartModel>(context);
                return Text("总价：${cart.totalPrice}");
              }),
```

```
        Builder(builder: (context){
          print("ElevatedButton build"); // 在后面优化部分会用到
          return ElevatedButton(
            child: Text(" 添加商品 "),
            onPressed: () {
              // 给购物车中添加商品，添加后总价会更新
              ChangeNotifierProvider.of<CartModel>(context).add(Item(20.0, 1));
            },
          );
        }),
      ],
    );
  }),
  ),
);
}
}
```

上述代码运行后效果如图 7-2 所示。

每次单击"添加商品"按钮，总价就会增加 20，我们期望的功能实现了！可能有些读者会疑惑，我们绕了一大圈实现这么简单的功能有意义吗？其实就这个例子来看，只是更新同一个路由页中的一个状态，我们使用 ChangeNotifierProvider 的优势并不明显，但是如果我们要做

图 7-2　Provider 示例

一个购物 App 呢？由于购物车数据通常是会在整个 App 中共享的，比如会跨路由共享，如果我们将 ChangeNotifierProvider 放在整个应用的 Widget 树的根上，那么整个 App 就可以共享购物车的数据了，这时 ChangeNotifierProvider 的优势将会非常明显。

虽然上面的例子比较简单，但它却将 Provider 的原理和流程体现得很清楚，图 7-3 是 Provider 的原理图。

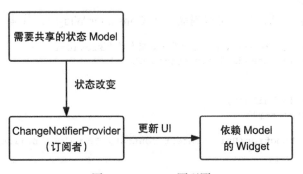

图 7-3　Provider 原理图

Model 变化后会自动通知 ChangeNotifierProvider（订阅者），ChangeNotifierProvider 内部会重新构建 InheritedWidget，而依赖该 InheritedWidget 的子孙 Widget 就会更新。

我们可以发现使用 Provider 将会带来如下收益：

❑ 我们的业务代码更关注数据了，只要更新 Model，UI 就会自动更新，而不用在状态改变后再去手动调用 setState() 来显式更新页面。

❑ 数据改变的消息传递被屏蔽了，我们无须手动处理状态改变事件的发布和订阅了，这一切都被封装在 Provider 中了。这真的很棒，帮我们省掉了大量的工作！

❑ 在大型复杂应用中，尤其是需要全局共享的状态非常多时，使用 Provider 将会大大简化我们的代码逻辑，降低出错的概率，提高开发效率。

7.3.3 优化

我们上面实现的 ChangeNotifierProvider 有两个明显的缺点：代码组织问题和性能问题，下面一一讨论。

1. 代码组织问题

构建显示总价 Text 的代码，如下所示：

```
Builder(builder: (context){
  var cart=ChangeNotifierProvider.of<CartModel>(context);
  return Text("总价：${cart.totalPrice}");
})
```

这段代码有两点可以优化：

❑ 需要显式调用 ChangeNotifierProvider.of，当 App 内部依赖 CartModel 很多时，这样的代码将很冗余。

❑ 语义不明确；由于 ChangeNotifierProvider 是订阅者，那么依赖 CartModel 的 Widget 自然就是订阅者，其实也就是状态的消费者，如果我们用 Builder 来构建，语义就不是很明确；如果我们能使用一个具有明确语义的 Widget，比如就叫 Consumer，这样最终的代码语义将会很明确，只要看到 Consumer，我们就知道它是依赖某个跨组件或全局的状态。

为了优化这两个问题，我们可以封装一个 Consumer Widget，代码实现如下：

```
// 这是一个便捷类，会获得当前 context 和指定数据类型的 Provider
class Consumer<T> extends StatelessWidget {
  Consumer({
    Key? key,
    required this.builder,
  }) : super(key: key);

  final Widget Function(BuildContext context, T? value) builder;

  @override
  Widget build(BuildContext context) {
    return builder(
      context,
      ChangeNotifierProvider.of<T>(context),
    );
  }
}
```

Consumer 的实现非常简单，它通过指定模板参数，然后在内部自动调用 ChangeNotifier-Provider.of 获取相应的 Model，并且 Consumer 这个名字本身也具有确切语义（消费者）。现在上面的代码块可以优化为如下代码：

```
Consumer<CartModel>(
  builder: (context, cart)=> Text("总价：${cart.totalPrice}");
)
```

是不是很优雅！

2. 性能问题

上面的代码还有一个性能问题，就在构建"添加商品"按钮的代码中，如下所示：

```
Builder(builder: (context) {
  print("ElevatedButton build"); // 构建时输出日志
  return ElevatedButton(
    child: Text("添加商品"),
    onPressed: () {
      ChangeNotifierProvider.of<CartModel>(context).add(Item(20.0, 1));
    },
  );
}
```

单击"添加商品"按钮后，由于购物车中商品的总价会变化，因此显示总价的 Text 更新是符合预期的，但是"添加商品"按钮本身没有变化，是不应该被重新构建的。但是我们运行示例，每次单击"添加商品"按钮，控制台都会输出 ElevatedButton build 日志，也就是说"添加商品"按钮在每次被单击时其自身都会重新构建！这是为什么呢？如果你已经理解了 InheritedWidget 的更新机制，那么答案一眼就能看出：这是因为构建 ElevatedButton 的 Builder 中调用了 ChangeNotifierProvider.of，也就是说依赖了 Widget 树上面的 InheritedWidget（即 InheritedProvider ）Widget，所以当添加完商品后，CartModel 发生变化，会通知 ChangeNotifierProvider，而 ChangeNotifierProvider 会重新构建子树，所以 InheritedProvider 将会更新，此时依赖它的子孙 Widget 就会被重新构建。

问题的原因弄清楚了，那么我们如何避免这不必要的重构呢？既然按钮重新被构建是因为按钮和 InheritedWidget 建立了依赖关系，那么我们只要打破或解除这种依赖关系就可以了。那么如何解除按钮和 InheritedWidget 的依赖关系呢？上一节介绍 InheritedWidget 时已经讲过了：调用 dependOnInheritedWidgetOfExactType() 和 getElementForInheritedWidget-OfExactType() 的区别就是前者会注册依赖关系，而后者不会。所以我们只需要将 Change-NotifierProvider.of 的实现改为如下代码即可：

```
// 添加一个 listen 参数，表示是否建立依赖关系
  static T of<T>(BuildContext context, {bool listen = true}) {
    final type = _typeOf<InheritedProvider<T>>();
    final provider = listen
      ? context.dependOnInheritedWidgetOfExactType<InheritedProvider<T>>()
      : context.getElementForInheritedWidgetOfExactType<InheritedProvider<T>>()?.widget
        as InheritedProvider<T>;
    return provider.data;
  }
```

然后我们将调用部分的代码改为：

```
Column(
    children: <Widget>[
      Consumer<CartModel>(
        builder: (BuildContext context, cart) =>Text("总价：${cart.totalPrice}"),
      ),
      Builder(builder: (context) {
        print("ElevatedButton build");
        return ElevatedButton(
          child: Text("添加商品"),
          onPressed: () {
            //listen 设为 false, 不建立依赖关系
            ChangeNotifierProvider.of<CartModel>(context, listen: false)
              .add(Item(20.0, 1));
          },
        );
      })
    ],
  )
```

修改后再次运行上面的示例，我们会发现单击“添加商品”按钮后，控制台不会再输出 ElevatedButton build 了，即按钮不会被重新构建了。而总价仍然会更新，这是因为 Consumer 中调用 ChangeNotifierProvider.of 时，listen 值为默认值 true，所以还是会建立依赖关系。

至此，我们便实现了一个迷你的 Provider，它具备 Pub 上 Provider Package 中的核心功能；但是，我们的迷你版功能并不全面，例如只实现了一个可监听的 ChangeNotifierProvider，并没有实现只用于数据共享的 Provider；另外，我们的实现中有些边界也没有考虑到，比如如何保证在 Widget 树重新构建时 Model 始终是单例等。所以建议读者在实战中还是使用 Provider Package，而本节实现这个迷你 Provider 的主要目的主要是帮助读者了解 Provider Package 底层的原理。

7.3.4 其他状态管理包

现在 Flutter 社区已经有很多专门用于状态管理的包了，在此我们列出几个评分比较高的状态管理包，如表 7-1 所示。

表 7-1 状态管理包

包名	说明
Provider & Scoped Model	这两个包都是基于 InheritedWidget 的，原理相似
Redux	Web 开发中 React 生态链中 Redux 包的 Flutter 实现
MobX	Web 开发中 React 生态链中 MobX 包的 Flutter 实现
BLoC	BLoC 模式的 Flutter 实现

在此，笔者不对这些包进行推荐，有兴趣的读者可以研究一下，了解它们各自的原理。

7.3.5 小结

本节通过介绍事件总线在跨组件共享中的一些缺点引出了通过 InheritedWidget 来实现

状态共享的思想，然后基于该思想实现了一个简单的 Provider，在实现的过程中也更深入地探索了 InheritedWidget 与其依赖项的注册机制和更新机制。通过本节的学习，读者应该达到两个目标，首先是彻底理解 InheritedWidget，其次是明确 Provider 的设计思想。

　　InheritedWidget 是 Flutter 中非常重要的一个 Widget，像国际化、主题等都是通过它来实现的，所以我们也不惜篇幅，通过好几节来介绍它，在下一节中将介绍另一个基于 InheritedWidget 的组件——Theme（主题）。

7.4 颜色和主题

7.4.1 颜色

　　在介绍主题前，我们先了解一些 Flutter 中的 Color 类。Color 类中的颜色以一个 int 值保存，我们知道显示器的颜色是由红、绿、蓝三基色组成，每种颜色占 8 比特，存储结构如表 7-2 所示。

表 7-2　显示器存储器颜色属性

Bit（位）	颜色
0-7	蓝色
8-15	绿色
16-23	红色
24-31	Alpha（不透明度）

　　上面表格中的字段在 Color 类中都有对应的属性，而 Color 中的众多方法也就是操作这些属性的，由于大多比较简单，读者可以查看类定义了解。在此我们主要讨论一下色值如何转换为 Color 对象、颜色亮度以及 MaterialColor。

1. 如何将颜色字符串转成 Color 对象

　　Web 开发中的色值通常是一个字符串，如 #dc380d，它是一个 RGB 值，我们可以通过下面这些方法将其转换为 Color 类：

```
Color(0xffdc380d); // 如果颜色固定，可以直接使用整数值
// 颜色是一个字符串变量
var c = "dc380d";
Color(int.parse(c,radix:16)|0xFF000000) // 通过位运算符将 Alpha 设置为 FF
Color(int.parse(c,radix:16)).withAlpha(255)  // 通过方法将 Alpha 设置为 FF
```

2. 颜色亮度

　　假如我们要实现一个背景颜色和 Title 可以自定义的导航栏，并且背景色为深色时应该让 Title 显示为浅色；背景色为浅色时，Title 显示为深色。要实现这个功能，我们就需要计算背景色的亮度，然后动态确定 Title 的颜色。Color 类中提供了一个 computeLuminance() 方法，它可以返回一个 0～1 的值，数字越大颜色越浅，可以根据它来动态确定 Title 的颜色，下面是导航栏 NavBar 的简单实现，代码如下：

```
class NavBar extends StatelessWidget {
  final String title;
  final Color color; // 背景颜色

  NavBar({
    Key? key,
    required this.color,
    required this.title,
  });

  @override
  Widget build(BuildContext context) {
    return Container(
      constraints: BoxConstraints(
        minHeight: 52,
        minWidth: double.infinity,
      ),
      decoration: BoxDecoration(
        color: color,
        boxShadow: [
          // 阴影
          BoxShadow(
            color: Colors.black26,
            offset: Offset(0, 3),
            blurRadius: 3,
          ),
        ],
      ),
      child: Text(
        title,
        style: TextStyle(
          fontWeight: FontWeight.bold,
          // 根据背景色亮度来确定 title 颜色
          color: color.computeLuminance() < 0.5 ? Colors.white : Colors.black,
        ),
      ),
      alignment: Alignment.center,
    );
  }
}
```

测试代码如下：

```
Column(
  children: <Widget>[
    // 背景为蓝色，则 title 自动为白色
    NavBar(color: Colors.blue, title: " 标题 "),
    // 背景为白色，则 title 自动为黑色
    NavBar(color: Colors.white, title: " 标题 "),
  ]
)
```

代码运行效果如图 7-4 所示。

图 7-4　前景色自适应的 NavBar（见彩插）

3. MaterialColor

MaterialColor 是实现 Material Design 中的颜色的类，它包含一种颜色的 10 个级别的渐变色。MaterialColor 通过"[]"运算符的索引值来代表颜色的深度，有效的索引有：50，100，200，…，900，数字越大，颜色越深。MaterialColor 的默认值为索引等于 500 的颜色。举个例子，Colors.blue 是预定义的一个 MaterialColor 类对象，定义如下：

```
static const MaterialColor blue = MaterialColor(
  _bluePrimaryValue,
  <int, Color>{
     50: Color(0xFFE3F2FD),
    100: Color(0xFFBBDEFB),
    200: Color(0xFF90CAF9),
    300: Color(0xFF64B5F6),
    400: Color(0xFF42A5F5),
    500: Color(_bluePrimaryValue),
    600: Color(0xFF1E88E5),
    700: Color(0xFF1976D2),
    800: Color(0xFF1565C0),
    900: Color(0xFF0D47A1),
  },
);
static const int _bluePrimaryValue = 0xFF2196F3;
```

我们可以根据 shadeXX 来获取具体索引的颜色。Colors.blue.shade50 到 Colors.blue.shade900 的色值从浅蓝到深蓝渐变，效果如图 7-5 所示。

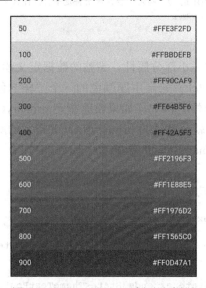

图 7-5　MaterialColor 示例（见彩插）

7.4.2　主题

Theme 组件可以为 Material App 定义主题数据（ThemeData）。Material 组件库里的

很多组件都使用了主题数据，如导航栏颜色、标题字体、Icon 样式等。Theme 内会使用 InheritedWidget 来为其子树共享样式数据。

1. ThemeData

ThemeData 用于保存 Material 组件库的主题数据，Material 组件需要遵守相应的设计规范，而这些规范可自定义部分都定义在 ThemeData 中了，所以我们可以通过 ThemeData 来自定义应用主题。在子组件中，可以通过 Theme.of 方法来获取当前的 ThemeData。

> **注意** Material Design 设计规范中有些是不能自定义的，如导航栏高度，ThemeData 只包含了可自定义的部分。

我们看看 ThemeData 部分数据定义：

```
ThemeData({
  Brightness? brightness, //深色还是浅色
  MaterialColor? primarySwatch, //主题颜色样本，见下面介绍
  Color? primaryColor, //主色，决定导航栏颜色
  Color? cardColor, //卡片颜色
  Color? dividerColor, //分割线颜色
  ButtonThemeData buttonTheme, //按钮主题
  Color dialogBackgroundColor,//对话框背景颜色
  String fontFamily, //文字字体
  TextTheme textTheme,//字体主题，包括标题、body 等文字样式
  IconThemeData iconTheme, //Icon 的默认样式
  TargetPlatform platform, //指定平台，应用特定平台控件风格
  ColorScheme? colorScheme,
  ...
})
```

上面只是 ThemeData 的一小部分属性，完整的数据定义读者可以查看 SDK。上面属性中需要说明的是 primarySwatch，它是主题颜色的一个"样本色"，通过这个样本色可以在一些条件下生成一些其他属性，例如，如果没有指定 primaryColor，并且当前主题不是深色主题，那么 primaryColor 就会默认为 primarySwatch 指定的颜色，还有一些相似的属性，如 indicatorColor 也会受 primarySwatch 影响。

2. 示例

我们实现一个路由换肤功能，代码如下：

```
class ThemeTestRoute extends StatefulWidget {
  @override
  _ThemeTestRouteState createState() => _ThemeTestRouteState();
}

class _ThemeTestRouteState extends State<ThemeTestRoute> {
  var _themeColor = Colors.teal; // 当前路由主题色

  @override
  Widget build(BuildContext context) {
    ThemeData themeData = Theme.of(context);
    return Theme(
```

```
      data: ThemeData(
          primarySwatch: _themeColor, // 用于导航栏、FloatingActionButton 的背景色等
          iconTheme: IconThemeData(color: _themeColor) // 用于 Icon 颜色
      ),
      child: Scaffold(
        appBar: AppBar(title: Text(" 主题测试 ")),
        body: Column(
          mainAxisAlignment: MainAxisAlignment.center,
          children: <Widget>[
              // 第一行 Icon 使用主题中的 iconTheme
              Row(
                  mainAxisAlignment: MainAxisAlignment.center,
                  children: <Widget>[
                    Icon(Icons.favorite),
                    Icon(Icons.airport_shuttle),
                    Text(" 颜色跟随主题 ")
                  ]
              ),
              // 为第二行 Icon 自定义颜色（固定为黑色）
              Theme(
                data: themeData.copyWith(
                  iconTheme: themeData.iconTheme.copyWith(
                      color: Colors.black
                  ),
                ),
                child: Row(
                    mainAxisAlignment: MainAxisAlignment.center,
                    children: <Widget>[
                      Icon(Icons.favorite),
                      Icon(Icons.airport_shuttle),
                      Text(" 颜色固定黑色 ")
                    ]
                ),
              ),
          ],
        ),
        floatingActionButton: FloatingActionButton(
            onPressed: () =>  // 切换主题
                setState(() =>
                _themeColor =
                _themeColor == Colors.teal ? Colors.blue : Colors.teal
                ),
            child: Icon(Icons.palette)
        ),
      ),
    );
  }
}
```

代码运行后，点击右下角悬浮按钮则可以切换主题，如图 7-6 和图 7-7 所示。

需要注意的有三点：

❑ 可以通过局部主题覆盖全局主题，正如上述代码中通过 Theme 为第二行图标指定固定颜色（黑色）一样，这是一种常用的技巧，Flutter 中会经常使用这种方法来自定

义子树主题。

□ 那么为什么局部主题可以覆盖全局主题？这主要是因为 Widget 中使用主题样式时是通过 Theme.of（BuildContext context）来获取的，我们看看其简化后的代码：

```
static ThemeData of(BuildContext context, { bool shadowThemeOnly = false }) {
  // 简化代码，并非源码
  return context.dependOnInheritedWidgetOfExactType<_InheritedTheme>().theme.data
}
```

其中，context.dependOnInheritedWidgetOfExactType 会在 Widget 树中从当前位置向上查找第一个类型为 _InheritedTheme 的 Widget。所以当局部指定 Theme 后，其子树中通过 Theme.of() 向上查找到的第一个 _InheritedTheme 便是我们指定的 Theme。

□ 上面的示例代码是对单个路由换肤，如果想要对整个应用换肤，则可以去修改 MaterialApp 的 theme 属性。

图 7-6　青色主题（见彩插）

图 7-7　蓝色主题（见彩插）

7.5 按需重构

7.5.1 ValueListenableBuilder

InheritedWidget 提供一种在 Widget 树中从上到下共享数据的方式，但是也有很多场景数据流向并非从上到下，比如从下到上或者横向等。为了解决这个问题，Flutter 提供了一个 ValueListenableBuilder 组件，它的功能是监听一个数据源，如果数据源发生变化，则会重新执行其 builder，定义如下：

```
const ValueListenableBuilder({
  Key? key,
```

```
    required this.valueListenable, // 数据源，类型为 ValueListenable<T>
    required this.builder, //builder
    this.child,
}
```

❑ valueListenable：类型为 ValueListenable<T>，表示一个可监听的数据源。

❑ builder：数据源发生变化通知时，会重新调用 builder 构建子组件树。

❑ child：builder 中每次都会重新构建整个子组件树，如果子组件树中有一些不变的部分，可以传递给 child，child 会作为 builder 的第三个参数传递给 builder，通过这种方式就可以实现组件缓存，原理和 AnimatedBuilder 第三个 child 相同。

可以发现 ValueListenableBuilder 和数据流向是无关的，只要数据源发生变化，它就会重新构建子组件树，因此可以实现任意流向的数据共享。

7.5.2 实例

我们依然实现一个点击计数器，代码如下：

```
class ValueListenableRoute extends StatefulWidget {
  const ValueListenableRoute({Key? key}) : super(key: key);

  @override
  State<ValueListenableRoute> createState() => _ValueListenableState();
}

class _ValueListenableState extends State<ValueListenableRoute> {
  // 定义一个 ValueNotifier，当数字变化时会通知 ValueListenableBuilder
  final ValueNotifier<int> _counter = ValueNotifier<int>(0);
  static const double textScaleFactor = 1.5;

  @override
  Widget build(BuildContext context) {
    // 添加 "+" 按钮不会触发整个 ValueListenableRoute 组件的构建
    print('build');
    return Scaffold(
      appBar: AppBar(title: Text('ValueListenableBuilder 测试 ')),
      body: Center(
        child: ValueListenableBuilder<int>(
          builder: (BuildContext context, int value, Widget? child) {
            // builder 方法只会在 _counter 变化时被调用
            return Row(
              mainAxisAlignment: MainAxisAlignment.center,
              children: <Widget>[
                child!,
                Text('$value 次 ',textScaleFactor: textScaleFactor),
              ],
            );
          },
          valueListenable: _counter,
          // 当子组件不依赖变化的数据，且子组件收件开销比较大时，指定child属性来缓存子组件非常有用
          child: const Text(' 点击了 ', textScaleFactor: textScaleFactor),
        ),
```

```
      ),
      floatingActionButton: FloatingActionButton(
        child: const Icon(Icons.add),
        // 点击后值加 1，触发 ValueListenableBuilder 重新构建
        onPressed: () => _counter.value += 1,
      ),
    );
  }
}
```

上述代码运行后连续点击按钮"+"两次，效果如图 7-8
所示。

功能正常实现了，同时控制台只在页面打开时构建了
一次，点击"+"按钮的时候，只是 ValueListenableBuilder
重新构建了子组件树，而整个页面并没有重新构建，日志
面板只打印了一次 build。因此，我们的建议是：尽可能让
ValueListenableBuilder 只构建依赖数据源的 Widget。这样的话，

图 7-8　ValueListenableBuilder
示例（扫码查看动图）

代码可以缩小重新构建的范围，也就是说 ValueListenableBuilder 的拆分粒度应该尽可能细。

7.5.3　小结

关于 ValueListenableBuilder，有两点需要牢记：
- 与数据流向无关，可以实现任意流向的数据共享。
- 实践中，ValueListenableBuilder 的拆分粒度应该尽可能细，可以提高性能。

7.6　异步 UI 更新

很多时候我们会依赖一些异步数据来动态更新 UI，比如在打开一个页面时需要先从互联
网上获取数据，在获取数据的过程中显示一个加载框，等获取到数据时再渲染页面；又比如
我们想展示 Stream（比如文件流、互联网数据接收流）的进度。当然，通过 StatefulWidget 我们
完全可以实现上述功能。但由于在实际开发中依赖异步数据更新 UI 的这种场景非常常见，因
此 Flutter 专门提供了 FutureBuilder 和 StreamBuilder 两个组件来快速实现这种功能。

7.6.1　FutureBuilder

FutureBuilder 会依赖一个 Future，它会根据所依赖的 Future 的状态来动态构建自身。
我们看一下 FutureBuilder 构造函数，代码如下：

```
FutureBuilder({
  this.future,
  this.initialData,
  required this.builder,
})
```

❑ future：FutureBuilder 依赖的 Future，通常是一个异步耗时任务。

❑ initialData：初始数据，用户设置的默认数据。

❑ builder：Widget 构建器；该构建器会在 Future 执行的不同阶段被多次调用，构建器签名如下：

```
Function (BuildContext context, AsyncSnapshot snapshot)
```

其中，snapshot 会包含当前异步任务的状态信息及结果信息。比如，我们可以通过 snapshot.connectionState 获取异步任务的状态信息；可以通过 snapshot.hasError 判断异步任务是否有错误，等等。完整的定义，读者可以查看 AsyncSnapshot 类定义。另外，FutureBuilder 的 builder 函数签名和 StreamBuilder 的 builder 是相同的。

示例

我们实现一个路由，当该路由打开时，我们从网上获取数据，获取数据时弹出一个加载框；获取结束时，如果成功，则显示获取到的数据，如果失败，则显示错误。由于我们还没有介绍在 Flutter 中如何发起网络请求，所以在这里并非真正从网络中请求数据，而是模拟一下这个过程，隔 3 秒后返回一个字符串，代码如下：

```
Future<String> mockNetworkData() async {
   return Future.delayed(Duration(seconds: 2), () => " 我是从互联网上获取的数据 ");
}
```

FutureBuilder 应用示例代码如下：

```
...
Widget build(BuildContext context) {
  return Center(
    child: FutureBuilder<String>(
      future: mockNetworkData(),
      builder: (BuildContext context, AsyncSnapshot snapshot) {
        // 请求已结束
        if (snapshot.connectionState == ConnectionState.done) {
          if (snapshot.hasError) {
            // 请求失败，显示错误
            return Text("Error: ${snapshot.error}");
          } else {
            // 请求成功，显示数据
            return Text("Contents: ${snapshot.data}");
          }
        } else {
          // 请求未结束，显示 loading
          return CircularProgressIndicator();
        }
      },
    ),
  );
}
```

代码运行结果如图 7-9 和图 7-10 所示。

图 7-9　加载中　　　　　　　　　　　　图 7-10　加载成功

 注意 上述示例的代码中，每次组件重新构建都会重新发起请求，因为每次的 future 都是新的，实践中我们通常会有一些缓存策略，常见的处理方式是在 future 任务成功后将 future 缓存，这样下次构建时就不会再重新发起异步任务。

在上面的代码中，我们在 builder 中根据当前异步任务状态 ConnectionState 来返回不同的 Widget。ConnectionState 是一个枚举类，定义如下：

```
enum ConnectionState {
  // 当前没有异步任务，比如 [FutureBuilder] 的 [future] 为 null 时
  none,

  // 异步任务处于等待状态
  waiting,

  //Stream 处于激活状态 (流上已经有数据传递了)，FutureBuilder 没有该状态
  active,

  // 异步任务已经终止
  done,
}
```

 注意 ConnectionState.active 只在 StreamBuilder 中才会出现。

7.6.2　StreamBuilder

我们知道，在 Dart 中 Stream 也是用于接收异步事件数据，与 Future 不同的是，它可

以接收多个异步操作的结果，它常用于多次读取数据的异步任务场景，如网络内容下载、文件读写等。StreamBuilder 正是用于配合 Stream 来展示流上事件（数据）变化的 UI 组件。下面看一下 StreamBuilder 的默认构造函数：

```
StreamBuilder({
  this.initialData,
  Stream<T> stream,
  required this.builder,
})
```

可以看到和 FutureBuilder 的构造函数只有一点不同：前者需要一个 future，而后者需要一个 stream。

示例

我们创建一个时间计时器的示例：每隔 1 秒，计数加 1。这里我们使用 Stream 来实现每隔一秒生成一个数字，代码如下：

```
Stream<int> counter() {
  return Stream.periodic(Duration(seconds: 1), (i) {
    return i;
  });
}
```

使用 StreamBuilder 的示例代码如下：

```
Widget build(BuildContext context) {
  return StreamBuilder<int>(
    stream: counter(), //
    //initialData: ,// 一个 Stream<int> 或 null
    builder: (BuildContext context, AsyncSnapshot<int> snapshot) {
      if (snapshot.hasError)
        return Text('Error: ${snapshot.error}');
      switch (snapshot.connectionState) {
        case ConnectionState.none:
          return Text(' 没有 Stream');
        case ConnectionState.waiting:
          return Text(' 等待数据 ...');
        case ConnectionState.active:
          return Text('active: ${snapshot.data}');
        case ConnectionState.done:
          return Text('Stream 已关闭 ');
      }
      return null; // 未连接
    },
  );
}
```

读者可以自己运行本示例查看运行结果。注意，本示例只是为了演示 StreamBuilder 的使用，在实战中，凡是 UI 会依赖多个异步数据而发生变化的场景都可以使用 StreamBuilder。

7.7 对话框详解

本节将详细介绍一下 Flutter 中对话框的使用方式、实现原理、样式定制及状态管理。

7.7.1 使用对话框

对话框本质上也是 UI 布局，通常一个对话框会包含标题、内容以及一些操作按钮，为此，Material 库中提供了一些现成的对话框组件来用于快速构建出一个完整的对话框。

1. AlertDialog

下面我们主要介绍一下 Material 库中的 AlertDialog 组件，它的构造函数定义如下：

```
const AlertDialog({
  Key? key,
  this.title, // 对话框标题组件
  this.titlePadding, // 标题填充
  this.titleTextStyle, // 标题文本样式
  this.content, // 对话框内容组件
  this.contentPadding = const EdgeInsets.fromLTRB(24.0, 20.0, 24.0, 24.0), // 内容的填充
  this.contentTextStyle,// 内容文本样式
  this.actions, // 对话框操作按钮组
  this.backgroundColor, // 对话框背景色
  this.elevation,// 对话框的阴影
  this.semanticLabel, // 对话框语义化标签 (用于读屏软件)
  this.shape, // 对话框外形
})
```

参数都比较简单，不再赘述。下面我们看一个例子，假如我们要在删除文件时弹出一个确认对话框，该对话框如图 7-11 所示。

该对话框样式代码如下：

```
AlertDialog(
  title: Text(" 提示 "),
  content: Text(" 您确定要删除当前文件吗 ?"),
  actions: <Widget>[
    TextButton(
      child: Text(" 取消 "),
      onPressed: () => Navigator.of(context).pop(), //
        关闭对话框
    ),
    TextButton(
      child: Text(" 删除 "),
      onPressed: () {
        //... 执行删除操作
        Navigator.of(context).pop(true); // 关闭对话框
      },
    ),
  ],
);
```

图 7-11 删除确认对话框

代码实现很简单，不再赘述。唯一需要注意的是我们是通过 Navigator.of(context).pop(...)

方法来关闭对话框的，这和路由返回的方式是一致的，并且都可以返回一个结果数据。现在，对话框我们已经构建好了，那么如何将它弹出来呢？还有对话框返回的数据应如何被接收呢？这些问题的答案都在 showDialog() 方法中。

　　showDialog() 是 Material 组件库提供的一个用于弹出 Material 风格对话框的方法，代码如下：

```
Future<T?> showDialog<T>({
  required BuildContext context,
  required WidgetBuilder builder, // 对话框 UI 的 builder
  bool barrierDismissible = true, // 点击对话框 barrier（遮罩）时是否关闭它
})
```

　　该方法只有两个参数，含义见注释。该方法返回一个 Future，它正是用于接收对话框的返回值：如果我们是通过点击对话框遮罩关闭的，则 Future 的值为 null，否则为我们通过 Navigator.of(context).pop(result) 返回的 result 值，下面我们看一个完整的示例，代码如下：

```
// 点击该按钮后弹出对话框
ElevatedButton(
  child: Text(" 对话框 1"),
  onPressed: () async {
    // 弹出对话框并等待其关闭
    bool? delete = await showDeleteConfirmDialog1();
    if (delete == null) {
      print(" 取消删除 ");
    } else {
      print(" 已确认删除 ");
      //... 删除文件
    }
  },
),

// 弹出对话框
Future<bool?> showDeleteConfirmDialog1() {
  return showDialog<bool>(
    context: context,
    builder: (context) {
      return AlertDialog(
        title: Text(" 提示 "),
        content: Text(" 您确定要删除当前文件吗 ?"),
        actions: <Widget>[
          TextButton(
            child: Text(" 取消 "),
            onPressed: () => Navigator.of(context).pop(), // 关闭对话框
          ),
          TextButton(
            child: Text(" 删除 "),
            onPressed: () {
              // 关闭对话框并返回 true
              Navigator.of(context).pop(true);
            },
          ),
        ],
```

```
      );
    },
  );
}
```

示例代码运行后，如果点击对话框"取消"按钮或遮罩，控制台就会输出"取消删除"；如果点击"删除"按钮，控制台就会输出"已确认删除"。

> 📷 **注 意** 如果 AlertDialog 的内容过长，内容将会溢出，这在很多时候可能不是我们所期望的，所以如果对话框内容过长，可以用 SingleChildScrollView 将内容包裹起来。

2. SimpleDialog

SimpleDialog 也是 Material 组件库提供的对话框，它会展示一个列表，用于列表选择的场景。下面是一个选择 App 语言的示例，运行结果如图 7-12 所示。

代码实现如下：

图 7-12　SimpleDialog 示例

```
Future<void> changeLanguage() async {
  int? i = await showDialog<int>(
      context: context,
      builder: (BuildContext context) {
        return SimpleDialog(
          title: const Text('请选择语言'),
          children: <Widget>[
            SimpleDialogOption(
              onPressed: () {
                // 返回1
                Navigator.pop(context, 1);
              },
              child: Padding(
                padding: const EdgeInsets.symmetric
                  (vertical: 6),
                child: const Text('中文简体'),
              ),
            ),
            SimpleDialogOption(
              onPressed: () {
                // 返回2
                Navigator.pop(context, 2);
              },
              child: Padding(
                padding: const EdgeInsets.symmetric(vertical: 6),
                child: const Text('美国英语'),
              ),
            ),
          ],
        );
      });

  if (i != null) {
    print("选择了: ${i == 1 ? "中文简体" : "美国英语"}");
```

```
    }
  }
```

在列表项组件中，我们使用了 SimpleDialogOption 组件来包装了一下，它相当于一个 TextButton，只不过按钮文案是左对齐的，并且 padding 较小。上面的示例代码运行后，当用户选择一种语言，控制台就会打印出它。

3. Dialog

实际上 AlertDialog 和 SimpleDialog 都使用了 Dialog 类。由于 AlertDialog 和 SimpleDialog 中使用了 IntrinsicWidth 来尝试通过子组件的实际尺寸调整自身尺寸，这就导致它们的子组件不能是延迟加载模型的组件（如 ListView、GridView、CustomScrollView 等），例如，下面的代码运行后会报错。

```
AlertDialog(
  content: ListView(
    children: ...// 省略
  ),
);
```

如果我们只是需要嵌套一个 ListView 应该怎么做？这时可以直接使用 Dialog 类，例如：

```
Dialog(
  child: ListView(
    children: ...// 省略
  ),
);
```

下面我们看看弹出一个有 30 个列表项的对话框示例，运行效果如图 7-13 所示。
代码实现如下：

```
Future<void> showListDialog() async {
  int? index = await showDialog<int>(
    context: context,
    builder: (BuildContext context) {
      var child = Column(
        children: <Widget>[
          ListTile(title: Text(" 请选择 ")),
          Expanded(
              child: ListView.builder(
            itemCount: 30,
            itemBuilder: (BuildContext context, int
              index) {
              return ListTile(
                title: Text("$index"),
                onTap: () => Navigator.of(context).
                  pop(index),
              );
            },
          )),
        ],
      );
      // 使用 AlertDialog 会报错
```

图 7-13　Dialog 示例

```
        return AlertDialog(content: child);
        return Dialog(child: child);
      },
    );
    if (index != null) {
      print("点击了: $index");
    }
  }
```

现在我们已经介绍完了 AlertDialog、SimpleDialog 以及 Dialog。在上面的示例代码中调用 showDialog 时，我们在 builder 中选择构建这三种对话框组件之一。有些读者可能会惯性地认为在 builder 中只能返回这三者之一，其实这不是必需的！就拿 Dialog 的示例来举例，我们完全可以用下面的代码来替代 Dialog：

```
// return Dialog(child: child)
return UnconstrainedBox(
  constrainedAxis: Axis.vertical,
  child: ConstrainedBox(
    constraints: BoxConstraints(maxWidth: 280),
    child: Material(
      child: child,
      type: MaterialType.card,
    ),
  ),
);
```

上面的代码运行后可以实现一样的效果。现在我们总结一下：AlertDialog、SimpleDialog 以及 Dialog 是 Material 组件库提供的三种对话框，旨在帮助开发者快速构建出符合 Material 设计规范的对话框，但读者完全可以自定义对话框样式，因此，我们仍然可以实现各种样式的对话框，这样既带来了易用性，又有很强的扩展性。

7.7.2 对话框打开动画及遮罩

我们可以把对话框分为内部样式和外部样式两部分。内部样式指对话框中显示的具体内容，这部分内容我们已经在前面介绍过了；外部样式包含对话框遮罩样式、打开动画等，本节主要介绍如何自定义这些外部样式。

> 📢 **注** 关于动画的内容，我们将在第 9 章介绍，下面的内容读者可以先了解一下，在学习
> **意** 完动画相关内容后再回头来看。

我们已经介绍过了 showDialog 方法，它是 Material 组件库中提供的一个打开 Material 风格对话框的方法。那如何打开一个普通风格的对话框呢（非 Material 风格）？ Flutter 提供了一个 showGeneralDialog 方法，代码如下：

```
Future<T?> showGeneralDialog<T>({
  required BuildContext context,
  required RoutePageBuilder pageBuilder, // 构建对话框内部 UI
  bool barrierDismissible = false, // 点击遮罩是否关闭对话框
```

```
    String? barrierLabel, // 语义化标签（用于读屏软件）
    Color barrierColor = const Color(0x80000000), // 遮罩颜色
    Duration transitionDuration = const Duration(milliseconds: 200), // 对话框打开 / 关闭
        的动画时长
    RouteTransitionsBuilder? transitionBuilder, // 对话框打开 / 关闭的动画
    ...
})
```

实际上，showDialog 方法正是 showGeneralDialog 的一个封装，定制了 Material 风格对话框的遮罩颜色和动画。Material 风格对话框打开 / 关闭动画是一个 Fade（渐隐渐显）动画，如果我们想使用一个缩放动画，就可以通过 transitionBuilder 来自定义。下面我们自己封装一个 showCustomDialog 方法，它定制的对话框动画为缩放动画，并同时制定遮罩颜色为 Colors.black87，代码如下：

```
Future<T?> showCustomDialog<T>({
  required BuildContext context,
  bool barrierDismissible = true,
  required WidgetBuilder builder,
  ThemeData? theme,
}) {
  final ThemeData theme = Theme.of(context, shadowThemeOnly: true);
  return showGeneralDialog(
    context: context,
    pageBuilder: (BuildContext buildContext, Animation<double> animation,
        Animation<double> secondaryAnimation) {
      final Widget pageChild = Builder(builder: builder);
      return SafeArea(
        child: Builder(builder: (BuildContext context) {
          return theme != null
              ? Theme(data: theme, child: pageChild)
              : pageChild;
        }),
      );
    },
    barrierDismissible: barrierDismissible,
    barrierLabel: MaterialLocalizations.of(context).modalBarrierDismissLabel,
    barrierColor: Colors.black87, // 自定义遮罩颜色
    transitionDuration: const Duration(milliseconds: 150),
    transitionBuilder: _buildMaterialDialogTransitions,
  );
}

Widget _buildMaterialDialogTransitions(
    BuildContext context,
    Animation<double> animation,
    Animation<double> secondaryAnimation,
    Widget child) {
  // 使用缩放动画
  return ScaleTransition(
    scale: CurvedAnimation(
      parent: animation,
      curve: Curves.easeOut,
    ),
```

```
    child: child,
  );
}
```

现在，我们使用 showCustomDialog 打开文件删除确认对话框，代码如下：

```
... // 省略无关代码
showCustomDialog<bool>(
  context: context,
  builder: (context) {
    return AlertDialog(
      title: Text(" 提示 "),
      content: Text(" 您确定要删除当前文件吗 ?"),
      actions: <Widget>[
        TextButton(
          child: Text(" 取消 "),
          onPressed: () => Navigator.of(context).pop(),
        ),
        TextButton(
          child: Text(" 删除 "),
          onPressed: () {
            // 执行删除操作
            Navigator.of(context).pop(true);
          },
        ),
      ],
    );
  },
);
```

代码运行效果如图 7-14 所示。

可以发现，遮罩颜色比通过 showDialog 方法打开的对话框颜色更深。另外，对话框打开 / 关闭的动画已经变为缩放动画了，读者可以亲自运行示例查看效果。

图 7-14　自定义对话框样式

7.7.3　对话框实现原理

我们以 showGeneralDialog 方法为例来看看它的具体实现，代码如下：

```
Future<T?> showGeneralDialog<T extends Object?>({
  required BuildContext context,
  required RoutePageBuilder pageBuilder,
  bool barrierDismissible = false,
  String? barrierLabel,
  Color barrierColor = const Color(0x80000000),
  Duration transitionDuration = const Duration(milliseconds: 200),
  RouteTransitionsBuilder? transitionBuilder,
  bool useRootNavigator = true,
  RouteSettings? routeSettings,
}) {
  return Navigator.of(context, rootNavigator: useRootNavigator).push<T>(RawDialogRoute<T>(
    pageBuilder: pageBuilder,
    barrierDismissible: barrierDismissible,
```

```
    barrierLabel: barrierLabel,
    barrierColor: barrierColor,
    transitionDuration: transitionDuration,
    transitionBuilder: transitionBuilder,
    settings: routeSettings,
  ));
}
```

实现很简单，直接调用 Navigator 的 push 方法打开一个新的对话框路由 RawDialogRoute，然后返回了 push 的返回值。可见对话框实际上正是通过路由的形式实现的，这也是为什么我们可以使用 Navigator 的 pop 方法来退出对话框。关于对话框的样式定制在 RawDialogRoute 中，没有什么新的东西，读者可以自行查看。

7.7.4 对话框状态管理

我们在用户选择删除一个文件时，会询问是否删除此文件；在用户选择一个文件夹时，应该再让用户确认是否删除子文件夹。为了在用户选择文件夹时避免二次弹窗确认是否删除子目录，我们在确认对话框底部添加一个"同时删除子目录？"的复选框，如图 7-15 所示。

现在就有一个问题：如何管理复选框的选中状态？习惯上，我们会在路由页的 State 中来管理选中状态，我们可能会写出如下所示的代码：

```
class _DialogRouteState extends State<DialogRoute> {
  bool withTree = false; // 复选框选中状态

  @override
  Widget build(BuildContext context) {
    return Column(
      children: <Widget>[
        ElevatedButton(
          child: Text(" 对话框 2"),
          onPressed: () async {
            bool? delete = await showDelete
              ConfirmDialog2();
            if (delete == null) {
              print(" 取消删除 ");
            } else {
              print(" 同时删除子目录：$delete");
            }
          },
        ),
      ],
    );
  }

  Future<bool?> showDeleteConfirmDialog2() {
    withTree = false; // 默认复选框不选中
```

图 7-15　带复选框的对话框

```
    return showDialog<bool>(
      context: context,
      builder: (context) {
        return AlertDialog(
          title: Text("提示"),
          content: Column(
            crossAxisAlignment: CrossAxisAlignment.start,
            mainAxisSize: MainAxisSize.min,
            children: <Widget>[
              Text("您确定要删除当前文件吗?"),
              Row(
                children: <Widget>[
                  Text("同时删除子目录? "),
                  Checkbox(
                    value: withTree,
                    onChanged: (bool value) {
                      //复选框选中状态发生变化时重新构建UI
                      setState(() {
                        //更新复选框状态
                        withTree = !withTree;
                      });
                    },
                  ),
                ],
              ),
            ],
          ),
          actions: <Widget>[
            TextButton(
              child: Text("取消"),
              onPressed: () => Navigator.of(context).pop(),
            ),
            TextButton(
              child: Text("删除"),
              onPressed: () {
                //执行删除操作
                Navigator.of(context).pop(withTree);
              },
            ),
          ],
        );
      },
    );
  }
}
```

然后，当我们运行上面的代码时会发现复选框根本无法选中！为什么会这样呢？其实原因很简单，我们知道 setState 方法只会针对当前 context 的子树重新构建，但是我们的对话框并不是在 _DialogRouteState 的 build 方法中构建的，而是通过 showDialog 单独构建的，所以在 _DialogRouteState 的 context 中调用 setState 是无法影响通过 showDialog 构建的 UI 的。另外，我们可以从另外一个角度来理解这个现象，前面说过对话框也是通过路由的方式来实现的，那么上面的代码实际上就等同于企图在父路由中调用 setState 来让子路由更新，这显然是不行的！简而言之，根本原因就是 context 不对。那如何让复选框可点击呢？通常有如下三种方法。

1. 单独抽离出 StatefulWidget

既然是 context 不对，那么直接的思路就是将复选框的选中逻辑单独封装成一个 StatefulWidget，然后在其内部管理复选状态。我们先来看看这种方法，代码实现如下：

```
// 单独封装一个内部管理选中状态的复选框组件
class DialogCheckbox extends StatefulWidget {
  DialogCheckbox({
    Key? key,
    this.value,
    required this.onChanged,
  });

  final ValueChanged<bool?> onChanged;
  final bool? value;

  @override
  _DialogCheckboxState createState() => _DialogCheckboxState();
}

class _DialogCheckboxState extends State<DialogCheckbox> {
  bool? value;

  @override
  void initState() {
    value = widget.value;
    super.initState();
  }

  @override
  Widget build(BuildContext context) {
    return Checkbox(
      value: value,
      onChanged: (v) {
        // 将选中状态通过事件的形式抛出
        widget.onChanged(v);
        setState(() {
          // 更新自身选中状态
          value = v;
        });
      },
    );
  }
}
```

其次，弹出对话框的代码实现如下：

```
Future<bool?> showDeleteConfirmDialog3() {
  bool _withTree = false; // 记录复选框是否选中
  return showDialog<bool>(
    context: context,
    builder: (context) {
```

```
    return AlertDialog(
      title: Text("提示"),
      content: Column(
        crossAxisAlignment: CrossAxisAlignment.start,
        mainAxisSize: MainAxisSize.min,
        children: <Widget>[
          Text("您确定要删除当前文件吗?"),
          Row(
            children: <Widget>[
              Text("同时删除子目录? "),
              DialogCheckbox(
                value: _withTree, // 默认不选中
                onChanged: (bool value) {
                  // 更新选中状态
                  _withTree = !_withTree;
                },
              ),
            ],
          ),
        ],
      ),
      actions: <Widget>[
        TextButton(
          child: Text("取消"),
          onPressed: () => Navigator.of(context).pop(),
        ),
        TextButton(
          child: Text("删除"),
          onPressed: () {
            // 将选中状态返回
            Navigator.of(context).pop(_withTree);
          },
        ),
      ],
    );
  },
);
}
```

最后，就是使用如下代码：

```
ElevatedButton(
  child: Text("对话框 3（复选框可点击）"),
  onPressed: () async {
    // 弹出删除确认对话框，等待用户确认
    bool? deleteTree = await showDeleteConfirmDialog3();
    if (deleteTree == null) {
      print("取消删除");
    } else {
      print("同时删除子目录：$deleteTree");
    }
  },
),
```

代码运行后效果如图 7-16 所示。

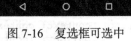

图 7-16　复选框可选中

可见复选框能选中了，点击"取消"或"删除"后，控制台就会打印出最终的确认状态。

2. 使用 StatefulBuilder 方法

上面的方法虽然能解决对话框状态更新的问题，但是有一个明显的缺点——对话框上所有可能会改变状态的组件都得单独封装在一个在内部管理状态的 StatefulWidget 中，这样不仅麻烦，而且复用性不强。因此，我们来想想能不能找到一种更简单的方法。上面的方法本质上就是将对话框的状态置于一个 StatefulWidget 的上下文中，由 StatefulWidget 在内部管理，那么我们有没有办法在不需要单独抽离组件的情况下创建一个 StatefulWidget 的上下文呢？想到这里，我们可以从 Builder 组件的实现中获得灵感。在前面介绍过 Builder 组件可以获得组件所在位置的真正的 context，那它是怎么实现的呢，我们看看它的源代码，如下所示：

```
class Builder extends StatelessWidget {
  const Builder({
    Key? key,
    required this.builder,
  }) : assert(builder != null),
       super(key: key);
  final WidgetBuilder builder;

  @override
  Widget build(BuildContext context) => builder(context);
}
```

从中可以看到，Builder 实际上只是继承了 StatelessWidget，然后在 build 方法中获取当前context 后将构建方法代理到了 builder 回调，可见 builder 实际上是获取了 StatelessWidget 的上下文（context）。

那么我们能否用相同的方法获取 StatefulWidget 的上下文，并代理其 build 方法呢？下面我们照猫画虎，来封装一个 StatefulBuilder 方法，代码如下：

```
class StatefulBuilder extends StatefulWidget {
  const StatefulBuilder({
    Key? key,
    required this.builder,
  }) : assert(builder != null),
       super(key: key);

  final StatefulWidgetBuilder builder;

  @override
  _StatefulBuilderState createState() => _StatefulBuilderState();
}

class _StatefulBuilderState extends State<StatefulBuilder> {
  @override
  Widget build(BuildContext context) => widget.builder(context, setState);
}
```

上述代码很简单，StatefulBuilder 获取了 StatefulWidget 的上下文，并代理了其构建过程。

下面我们就可以通过 StatefulBuilder 来重构上面的代码了（变动只在 DialogCheckbox 部分），代码如下：

```
... // 省略无关代码
Row(
  children: <Widget>[
    Text("同时删除子目录?"),
    // 使用 StatefulBuilder 来构建 StatefulWidget 上下文
    StatefulBuilder(
      builder: (context, _setState) {
        return Checkbox(
          value: _withTree, // 默认不选中
          onChanged: (bool value) {
            //_setState 方法实际就是该 StatefulWidget 的 setState 方法，
            //调用后 builder 方法会重新被调用
            _setState(() {
              // 更新选中状态
              _withTree = !_withTree;
            });
          },
        );
      },
    ),
  ],
),
```

实际上，这种方法本质上就是子组件通知父组件（StatefulWidget）重新构建子组件本身来实现 UI 更新，读者可以对比代码来加以理解。实际上 StatefulBuilder 正是 Flutter SDK 中提供的一个类，它和 builder 的原理是一样的，在此，提醒读者一定要将 StatefulBuilder 和 builder 理解透彻，因为它们在 Flutter 中是非常实用的。

3. 精妙的解法

是否还有更简单的解决方案呢？要确认这个问题，我们就得先搞清楚 UI 是怎么更新的，我们知道在调用 setState 方法后 StatefulWidget 就会重新构建，那 setState 方法做了什么呢？我们能不能从中找到方法？顺着这个思路，我们就得看一下 setState 的核心源代码，如下所示：

```
void setState(VoidCallback fn) {
  ... // 省略无关代码
  _element.markNeedsBuild();
}
```

从中可以发现，setState 中调用了 Element 的 markNeedsBuild() 方法，我们前面说过，Flutter 是一个响应式框架，要更新 UI 只需改变状态后通知框架页面需要重构即可，而 Element 的 markNeedsBuild() 方法正是用来实现这个功能的！markNeedsBuild() 方法会将当前的 Element 对象标记为 dirty（脏的），在每一个 Frame 中，Flutter 都会重新构建被标记为 dirty 的 Element 对象。既然如此，我们有没有办法获取到对话框内部 UI 的 Element 对象，然后将其标示为 dirty 呢？答案是肯定的！我们可以通过 context 来得到 Element 对象，至于

Element 与 context 的关系，将会在第 14 章中再深入介绍，现在只需要简单地认为，在组件树中，context 实际上就是 Element 对象的引用。知道这一点后，解决方案就呼之欲出了，我们可以通过如下方式来让复选框实现更新：

```
Future<bool?> showDeleteConfirmDialog4() {
  bool _withTree = false;
  return showDialog<bool>(
    context: context,
    builder: (context) {
      return AlertDialog(
        title: Text("提示"),
        content: Column(
          crossAxisAlignment: CrossAxisAlignment.start,
          mainAxisSize: MainAxisSize.min,
          children: <Widget>[
            Text("您确定要删除当前文件吗?"),
            Row(
              children: <Widget>[
                Text("同时删除子目录? "),
                Checkbox( // 依然使用 Checkbox 组件
                  value: _withTree,
                  onChanged: (bool value) {
                    // 此时 context 为对话框 UI 的根 Element，我们
                    // 直接将对话框 UI 对应的 Element 标记为 dirty
                    (context as Element).markNeedsBuild();
                    _withTree = !_withTree;
                  },
                ),
              ],
            ),
          ],
        ),
        actions: <Widget>[
          TextButton(
            child: Text("取消"),
            onPressed: () => Navigator.of(context).pop(),
          ),
          TextButton(
            child: Text("删除"),
            onPressed: () {
              // 执行删除操作
              Navigator.of(context).pop(_withTree);
            },
          ),
        ],
      );
    },
  );
}
```

上面的代码运行后复选框也可以正常选中。可以看到，我们只用了一行代码便解决了这个问题！当然上面的代码并不是最优的，因为我们只需要更新复选框的状态，而此时的context 是对话框的根 context，所以会导致整个对话框 UI 组件全部重构，因此最好的做法

是将 context 的 "范围" 缩小，也就是说只将 Checkbox 的 Element 标记为 dirty，优化后的
代码为：

```
... // 省略无关代码
Row(
  children: <Widget>[
    Text(" 同时删除子目录?"),
    // 通过 Builder 来获得构建 Checkbox 的 'context',
    // 这是一种常用的缩小 'context' 范围的方式
    Builder(
      builder: (BuildContext context) {
        return Checkbox(
          value: _withTree,
          onChanged: (bool value) {
            (context as Element).markNeedsBuild();
            _withTree = !_withTree;
          },
        );
      },
    ),
  ],
),
```

7.7.5 其他类型的对话框

1. 底部菜单列表

showModalBottomSheet 方法可以弹出一个 Material 风格的底部菜单列表模态对话框，
示例代码如下：

```
// 弹出底部菜单列表模态对话框
Future<int?> _showModalBottomSheet() {
  return showModalBottomSheet<int>(
    context: context,
    builder: (BuildContext context) {
      return ListView.builder(
        itemCount: 30,
        itemBuilder: (BuildContext context, int index) {
          return ListTile(
            title: Text("$index"),
            onTap: () => Navigator.of(context).pop(index),
          );
        },
      );
    },
  );
}
```

点击按钮，弹出该对话框：

```
ElevatedButton(
  child: Text(" 显示底部菜单列表 "),
  onPressed: () async {
    int type = await _showModalBottomSheet();
```

```
      print(type);
    },
  ),
```

代码运行后效果如图 7-17 所示。

2. Loading 框

其实，Loading 框可以直接通过 showDialog+AlertDialog 来自定义：

```
showLoadingDialog() {
  showDialog(
    context: context,
    barrierDismissible: false, // 点击遮罩不关闭对话框
    builder: (context) {
      return AlertDialog(
        content: Column(
          mainAxisSize: MainAxisSize.min,
          children: <Widget>[
            CircularProgressIndicator(),
            Padding(
              padding: const EdgeInsets.only(top: 26.0),
              child: Text("正在加载，请稍候 ..."),
            )
          ],
        ),
      );
    },
  );
}
```

代码运行显示效果如图 7-18 所示。

图 7-17 Material 风格的底部菜单列表模态对话框   图 7-18 Loading 框

如果我们嫌 Loading 框太宽，想自定义对话框宽度，这时只使用 SizedBox 或 ConstrainedBox 是不行的，原因是 showDialog 中已经给对话框设置了最小宽度约束，根据我们在第 5 章中所述，我们可以使用 UnconstrainedBox 先抵消 showDialog 对宽度的约束，然后再使用 SizedBox 指定宽度，代码如下：

```
... // 省略无关代码
UnconstrainedBox(
  constrainedAxis: Axis.vertical,
  child: SizedBox(
    width: 280,
    child: AlertDialog(
      content: Column(
        mainAxisSize: MainAxisSize.min,
        children: <Widget>[
          CircularProgressIndicator(value: .8,),
          Padding(
            padding: const EdgeInsets.only(top: 26.0),
            child: Text("正在加载，请稍候..."),
          )
        ],
      ),
    ),
  ),
);
```

上述代码运行后，效果如图 7-19 所示。

3. 日历选择器

我们先看一下 Material 风格的日历选择器，如图 7-20 所示。

图 7-19　Loading 框（自定义宽度）　　　　图 7-20　Material 风格的日历选择器

代码实现如下：

```
Future<DateTime?> _showDatePicker1() {
  var date = DateTime.now();
  return showDatePicker(
    context: context,
    initialDate: date,
    firstDate: date,
    lastDate: date.add( // 未来30天可选
      Duration(days: 30),
    ),
  );
}
```

iOS 风格的日历选择器需要使用 showCupertinoModalPopup 方法和 CupertinoDatePicker 组件来实现，代码如下：

```
Future<DateTime?> _showDatePicker2() {
  var date = DateTime.now();
  return showCupertinoModalPopup(
    context: context,
    builder: (ctx) {
      return SizedBox(
        height: 200,
        child: CupertinoDatePicker(
          mode: CupertinoDatePickerMode.dateAndTime,
          minimumDate: date,
          maximumDate: date.add(
            Duration(days: 30),
          ),
          maximumYear: date.year + 1,
          onDateTimeChanged: (DateTime value) {
            print(value);
          },
        ),
      );
    },
  );
}
```

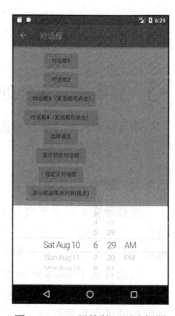

图 7-21　iOS 风格的日历选择器

代码运行效果如图 7-21 所示。

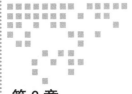

Chapter 8 第 8 章

事件处理与通知

8.1 原始指针事件处理

本节先来介绍一下原始指针事件（Pointer Event，在移动设备上通常为触摸事件），下一节再介绍手势处理。

8.1.1 命中测试简介

在移动端，各个平台或 UI 系统的原始指针事件模型基本都是一致的，即一次完整的事件分为三个阶段——手指按下、手指移动和手指抬起，而更高级别的手势（如单击、双击、拖动等）都是基于这些原始事件的。

当指针按下时，Flutter 会对应用程序执行命中测试（Hit Test），以确定指针与屏幕接触的位置存在哪些组件（Widget），指针按下事件（以及该指针的后续事件）被分发到由命中测试发现的最内部的组件，然后从那里开始，事件会在组件树中向上冒泡，这些事件会从最内部的组件被分发到组件树根的路径上的所有组件，这和 Web 开发中浏览器的事件冒泡机制相似，但是 Flutter 中没有机制取消或停止"冒泡"的过程，而浏览器的冒泡是可以停止的。注意，只有通过命中测试的组件才能触发事件，我们会在下一节中深入介绍命中测试过程。

> **注意** 术语 Hit Test 的中文翻译比较多，如"命中测试""点击测试"，对于名字我们不用较真，知道它们代表的是 Hit Test 即可。

8.1.2 Listener 组件

Flutter 中可以使用 Listener 来监听原始触摸事件，按照本书对组件的分类，Listener 也是一个功能性组件。下面是 Listener 的构造函数定义：

```
Listener({
  Key key,
  this.onPointerDown, // 手指按下回调
  this.onPointerMove, // 手指移动回调
  this.onPointerUp, // 手指抬起回调
  this.onPointerCancel, // 触摸事件取消回调
  this.behavior = HitTestBehavior.deferToChild, // 先忽略此参数，后面小节中会专门介绍
  Widget child
})
```

我们先看一个示例，下面的代码实现的功能是：手指在一个容器上移动时查看手指相对于容器的位置。

```
class _PointerMoveIndicatorState extends State<PointerMoveIndicator> {
  PointerEvent? _event;

  @override
  Widget build(BuildContext context) {
    return Listener(
      child: Container(
        alignment: Alignment.center,
        color: Colors.blue,
        width: 300.0,
        height: 150.0,
        child: Text(
          '${_event?.localPosition ?? ''}',
          style: TextStyle(color: Colors.white),
        ),
      ),
      onPointerDown: (PointerDownEvent event) => setState(() => _event = event),
      onPointerMove: (PointerMoveEvent event) => setState(() => _event = event),
      onPointerUp: (PointerUpEvent event) => setState(() => _event = event),
    );
  }
}
```

代码运行后效果如图 8-1 所示。

手指在蓝色矩形区域内移动即可看到当前指针偏移，当触发指针事件时，参数 PointerDownEvent、PointerMoveEvent、PointerUpEvent 都是 PointerEvent 的子类，PointerEvent 类中包括当前指针的一些信息。注意 Pointer，即指针，指事件的触发者，可以是鼠标、触摸板、手指，如下：

图 8-1　Listener 示例

❑ position：它是指针相对于全局坐标的偏移。

❑ localPosition：它是指针相对于本身布局坐标的偏移。

❑ delta：两次指针移动事件（PointerMoveEvent）的距离。

❑ pressure：按压力度，如果手机屏幕支持压力传感器（如 iPhone 的 3D Touch），此属

性会更有意义，如果手机不支持，则始终为 1。

❏ orientation：指针移动方向，是一个角度值。

上面只是 PointerEvent 的一些常用属性，除了这些，它还有很多属性，读者可以查看 API 文档。

还有一个 behavior 属性，它决定子组件如何响应命中测试，关于该属性我们将在 8.3 节中详细介绍。

8.1.3 忽略指针事件

假如我们不想让某个子树响应 PointerEvent 的话，可以使用 IgnorePointer 和 AbsorbPointer。这两个组件都能阻止子树接收指针事件，不同之处在于 AbsorbPointer 本身会参与命中测试，而 IgnorePointer 本身不会参与，这就意味着 AbsorbPointer 本身是可以接收指针事件的（但其子树不行），而 IgnorePointer 不可以。举一个简单的例子，代码如下：

```
Listener(
  child: AbsorbPointer(
    child: Listener(
      child: Container(
        color: Colors.red,
        width: 200.0,
        height: 100.0,
      ),
      onPointerDown: (event)=>print("in"),
    ),
  ),
  onPointerDown: (event)=>print("up"),
)
```

点击 Container 时，因为它在 AbsorbPointer 的子树上，所以不会响应指针事件，因此日志不会输出 in，但 AbsorbPointer 本身是可以接收指针事件的，所以会输出 up。如果将 AbsorbPointer 换成 IgnorePointer，那么两个都不会输出。

8.2 手势识别

本节先介绍一些 Flutter 中用于处理手势的 GestureDetector 和 GestureRecognizer，然后再仔细讨论一下手势竞争与冲突问题。

8.2.1 GestureDetector

GestureDetector 是一个用于手势识别的功能性组件，通过它可以识别各种手势。Gesture-Detector 内部封装了 Listener，用以识别语义化的手势，接下来我们详细介绍一下各种手势的识别。

1. 单击、双击、长按

我们通过 GestureDetector 对 Container 进行手势识别，触发相应事件后，在 Container

上显示事件名，为了增大点击区域，将 Container 设置为 200×100，代码如下：

```
class _GestureTestState extends State<GestureTest> {
  String _operation = "No Gesture detected!"; // 保存事件名
  @override
  Widget build(BuildContext context) {
    return Center(
      child: GestureDetector(
        child: Container(
          alignment: Alignment.center,
          color: Colors.blue,
          width: 200.0,
          height: 100.0,
          child: Text(
            _operation,
            style: TextStyle(color: Colors.white),
          ),
        ),
        onTap: () => updateText("Tap"), // 单击
        onDoubleTap: () => updateText("DoubleTap"), // 双击
        onLongPress: () => updateText("LongPress"), // 长按
      ),
    );
  }

  void updateText(String text) {
    // 更新显示的事件名
    setState(() {
      _operation = text;
    });
  }
}
```

图 8-2　手势检测（单击、
双击、长按）示例

代码运行效果如图 8-2 所示。

> **注意** 当同时监听 onTap 和 onDoubleTap 事件时，用户触发 tap 事件时，会有 200ms 左右的延时，这是因为当用户单击完之后很可能会再次单击以触发双击事件，所以 Gesture-Detector 会等一段时间来确定是否为双击事件。如果用户只监听了 onTap（没有监听 onDoubleTap）事件，则没有延时。

2. 拖动、滑动

　　一次完整的手势过程是指用户手指按下到抬起的整个过程，在此期间，用户按下手指后可能会移动，也可能不会移动。GestureDetector 对于拖动和滑动事件是没有区分的，它们本质上是一样的。GestureDetector 会将要监听的组件的原点（左上角）作为本次手势的原点，当用户在监听的组件上按下手指时，手势识别就会开始。下面我们看一个拖动圆形字母 A 的示例，代码如下：

```
class _Drag extends StatefulWidget {
  @override
  _DragState createState() => _DragState();
```

```
    }

class _DragState extends State<_Drag> with SingleTickerProviderStateMixin {
  double _top = 0.0; // 距顶部的偏移
  double _left = 0.0;// 距左边的偏移

  @override
  Widget build(BuildContext context) {
    return Stack(
      children: <Widget>[
        Positioned(
          top: _top,
          left: _left,
          child: GestureDetector(
            child: CircleAvatar(child: Text("A")),
            // 手指按下时会触发此回调
            onPanDown: (DragDownDetails e) {
              // 打印手指按下的位置（相对于屏幕）
              print("用户手指按下: ${e.globalPosition}");
            },
            // 手指滑动时会触发此回调
            onPanUpdate: (DragUpdateDetails e) {
              // 用户手指滑动时，更新偏移，重新构建
              setState(() {
                _left += e.delta.dx;
                _top += e.delta.dy;
              });
            },
            onPanEnd: (DragEndDetails e){
              // 打印滑动结束时在 x、y 轴上的速度
              print(e.velocity);
            },
          ),
        )
      ],
    );
  }
}
```

代码运行后，就可以在任意方向拖动了，运行效果如图 8-3
所示。

日志如下：

```
I/flutter ( 8513): 用户手指按下: Offset(26.3, 101.8)
I/flutter ( 8513): Velocity(235.5, 125.8)
```

图 8-3 拖动（任意方向）示例

代码解释：

❑ DragDownDetails.globalPosition：当用户手指按下时，此属性表示用户按下的位置相
    对于屏幕（而非父组件）原点（左上角）的偏移。

❑ DragUpdateDetails.delta：当用户在屏幕上滑动时，会触发多次 Update 事件，delta 指
    一次 Update 事件滑动的偏移量。

❑ DragEndDetails.velocity：该属性代表用户抬起手指时的滑动速度（包含 x、y 两个轴

的），示例中并没有处理手指抬起时的速度，常见的效果是根据用户抬起手指时的速度做一个减速动画。

单一方向拖动

在上例中，是可以朝任意方向拖动的，但是在很多场景中，我们只需要沿一个方向来拖动，如一个垂直方向的列表。GestureDetector 可以只识别特定方向的手势事件，我们将上面的例子改为只能沿垂直方向拖动，代码如下：

```
class _DragVertical extends StatefulWidget {
  @override
  _DragVerticalState createState() => _DragVerticalState();
}

class _DragVerticalState extends State<_DragVertical> {
  double _top = 0.0;

  @override
  Widget build(BuildContext context) {
    return Stack(
      children: <Widget>[
        Positioned(
          top: _top,
          child: GestureDetector(
            child: CircleAvatar(child: Text("A")),
            // 垂直方向拖动事件
            onVerticalDragUpdate: (DragUpdateDetails details) {
              setState(() {
                _top += details.delta.dy;
              });
            },
          ),
        )
      ],
    );
  }
}
```

这样就只能在垂直方向拖动了，如果只想在水平方向滑动，原理是一样的。

3. 缩放

GestureDetector 可以监听缩放事件，下面的示例演示了一个简单的图片缩放效果，代码如下：

```
class _Scale extends StatefulWidget {
  const _Scale({Key? key}) : super(key: key);

  @override
  _ScaleState createState() => _ScaleState();
}

class _ScaleState extends State<_Scale> {
  double _width = 200.0; // 通过修改图片宽度来达到缩放效果
```

```
@override
Widget build(BuildContext context) {
  return Center(
    child: GestureDetector(
      // 指定宽度，高度自适应
      child: Image.asset("./images/sea.png", width: _width),
      onScaleUpdate: (ScaleUpdateDetails details) {
        setState(() {
          // 缩放倍数在 0.8 ~ 10 倍之间
          _width=200*details.scale.clamp(.8, 10.0);
        });
      },
    ),
  );
}
}
```

代码运行效果如图 8-4 所示。

现在在图片上双指张开、合拢就可以放大、缩小图片。本示例比较简单，实际应用中我们通常还需要一些其他功能，如双击放大或缩小一定比例，双指张开离开屏幕时执行一个减速放大动画等，读者可以在学习完第 9 章中的内容后自己来尝试实现一下。

图 8-4 缩放示例

8.2.2 GestureRecognizer

GestureDetector 内部是使用一个或多个 GestureRecognizer 来识别各种手势的，而 Gesture-Recognizer 的作用就是通过 Listener 来将原始指针事件转换为语义手势，GestureDetector 直接可以接收一个子 Widget。GestureRecognizer 是一个抽象类，一种手势的识别器对应一个 GestureRecognizer 的子类，Flutter 实现了丰富的手势识别器，我们可以直接使用。

示例

假设我们要给一段富文本（RichText）的不同部分分别添加点击事件处理器，但是 TextSpan 并不是一个 Widget，这时我们不能用 GestureDetector，但 TextSpan 有一个 recognizer 属性，它可以接收一个 GestureRecognizer。

假设我们需要在点击时让文本变色，代码如下：

```
import 'package:flutter/gestures.dart';

class _GestureRecognizer extends StatefulWidget {
  const _GestureRecognizer({Key? key}) : super(key: key);

  @override
  _GestureRecognizerState createState() => _GestureRecognizerState();
}

class _GestureRecognizerState extends State<_GestureRecognizer> {
  TapGestureRecognizer _tapGestureRecognizer = TapGestureRecognizer();
  bool _toggle = false; // 变色开关
```

```
@override
void dispose() {
  // 用到 GestureRecognizer 的话一定要调用其 dispose 方法释放资源
  _tapGestureRecognizer.dispose();
  super.dispose();
}

@override
Widget build(BuildContext context) {
  return Center(
    child: Text.rich(
      TextSpan(
        children: [
          TextSpan(text: "你好世界"),
          TextSpan(
            text: "点我变色",
            style: TextStyle(
              fontSize: 30.0,
              color: _toggle ? Colors.blue : Colors.red,
            ),
            recognizer: _tapGestureRecognizer
              ..onTap = () {
                setState(() {
                  _toggle = !_toggle;
                });
              },
          ),
          TextSpan(text: "你好世界"),
        ],
      ),
    ),
  );
}
```

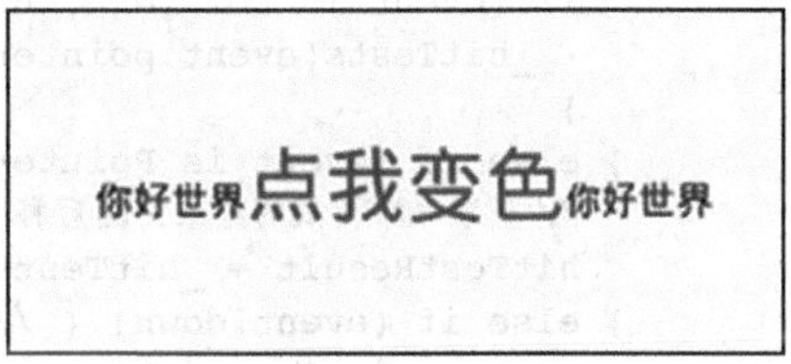

代码运行效果如图 8-5 所示。

图 8-5　GestureRecognizer 示例

> **注意** 使用 GestureRecognizer 后一定要调用其 dispose() 方法来释放资源（主要是取消内部的计时器）。

8.3　Flutter 事件机制

8.3.1　Flutter 事件处理流程

Flutter 事件处理流程主要分两步，为了聚焦核心流程，我们以用户触摸事件为例来说明。

- ❑ 命中测试：当手指按下时，触发 PointerDownEvent 事件，按照深度优先遍历当前渲染（render object）树，对每一个渲染对象进行 "命中测试"，如果命中测试通过，则该渲染对象会被添加到一个 HitTestResult 列表当中。
- ❑ 事件分发：命中测试完毕后，会遍历 HitTestResult 列表，调用每一个渲染对象的事件处理方法（handleEvent）来处理 PointerDownEvent 事件，该过程称为"事件分发"（event dispatch）。随后当手指移动时，便会分发 PointerMoveEvent 事件。

❑ 事件清理：当手指抬起（PointerUpEvent）或事件取消（PointerCancelEvent）时，会先对相应的事件进行分发，分发完毕后会清空 HitTestResult 列表。

需要注意：

❑ 命中测试是在 PointerDownEvent 事件触发时进行的，一个完整的事件流是 down → move → up（cancle）。

❑ 如果父子组件都监听了同一个事件，则子组件会比父组件先响应事件。这是因为命中测试过程是按照深度优先规则遍历的，所以子渲染对象会比父渲染对象先加入 HitTestResult 列表，又因为在事件分发时是从前到后遍历 HitTestResult 列表的，所以子组件比父组件会更先被调用 handleEvent。

下面我们从代码层面看一下整个事件的处理流程：

```
// 触发新事件时，Flutter 会调用此方法
void _handlePointerEventImmediately(PointerEvent event) {
  HitTestResult? hitTestResult;
  if (event is PointerDownEvent ) {
    hitTestResult = HitTestResult();
    // 发起命中测试
    hitTest(hitTestResult, event.position);
    if (event is PointerDownEvent) {
      _hitTests[event.pointer] = hitTestResult;
    }
  } else if (event is PointerUpEvent || event is PointerCancelEvent) {
    // 获取命中测试的结果，然后移除它
    hitTestResult = _hitTests.remove(event.pointer);
  } else if (event.down) { // PointerMoveEvent
    // 直接获取命中测试的结果
    hitTestResult = _hitTests[event.pointer];
  }
  // 事件分发
  if (hitTestResult != null) {
    dispatchEvent(event, hitTestResult);
  }
}
```

上面的代码只是核心代码，完整的代码位于 GestureBinding 实现中。下面我们分别介绍一些命中测试和事件分发过程。

8.3.2 命中测试详解

1. 命中测试的起点

一个对象是否可以响应事件，取决于在命中测试过程中它是否被添加到了 HitTestResult 列表，如果没有，则添加进去，后续的事件分发将不会分发给自己。下面我们看一下命中测试的过程：当发生用户事件时，Flutter 会从根节点（RenderView）开始调用 hitTest。

```
@override
void hitTest(HitTestResult result, Offset position) {
  // 从根节点开始进行命中测试
  renderView.hitTest(result, position: position);
  // 会调用 GestureBinding 中的 hitTest 方法，我们将在下一节中介绍
  super.hitTest(result, position);
}
```

上面的代码位于 RenderBinding 中，核心代码只有两行，整体是命中测试，分为两步，我们来解释一下。

第一步：renderView 是 RenderView 对应的 RenderObject 对象，RenderObject 对象的 hitTest 方法的主要功能是：从该节点出发，按照深度优先的顺序递归遍历子树（渲染树）上的每一个节点，并对它们进行命中测试。这个过程称为"渲染树命中测试"。

> **注意** 为了表述方便，"渲染树命中测试"也可以表述为组件树或节点树命中测试，只是我们需要知道，命中测试的逻辑都在 RenderObject 中，而并非在 Widget 或 Element 中。

第二步：渲染树命中测试完毕后，会调用 GestureBinding 的 hitTest 方法，该方法主要用于处理手势，我们会在后面介绍。

2. 渲染树命中测试过程

渲染树的命中测试流程就是父节点 hitTest 方法中不断调用子节点 hitTest 方法的递归过程。下面是 RenderView 的 hitTest 源代码：

```
// 发起命中测试，position 为事件触发的坐标（如果有的话）
bool hitTest(HitTestResult result, { Offset position }) {
  if (child != null)
    child.hitTest(result, position: position); // 递归对子树进行命中测试
  // 根节点会始终被添加到 HitTestResult 列表中
  result.add(HitTestEntry(this));
  return true;
}
```

因为 RenderView 只有一个"孩子"，所以直接调用 child.hitTest 即可。如果一个渲染对象有多个子节点，则命中测试逻辑为：如果任意一个子节点通过了命中测试或者当前节点"强行声明"自己通过了命中测试，则当前节点会通过命中测试。我们以 RenderBox 为例，看看它的 hitTest 实现，代码如下：

```
bool hitTest(HitTestResult result, { @required Offset position }) {
  ...
  if (_size.contains(position)) { // 判断事件的触发位置是否位于组件范围内
    if (hitTestChildren(result, position: position) || hitTestSelf(position)) {
      result.add(BoxHitTestEntry(this, position));
      return true;
    }
  }
  return false;
}
```

上面的代码中：

❑ hitTestChildren() 的功能是判断是否有子节点通过了命中测试：如果有，则会将子组件添加到 HitTestResult 中，同时返回 true；如果没有，则直接返回 false。该方法中会递归调用子组件的 hitTest 方法。

❑ hitTestSelf() 决定自身是否通过命中测试，如果节点需要确保自身一定能响应事件，可以重写此函数并返回 true，相当于"强行声明"自己通过了命中测试。

需要注意，节点通过命中测试的标志是它被添加到 HitTestResult 列表中，而不是其 hitTest 的返回值，虽然大多数情况下节点通过命中测试就会返回 true，但是因为开发者在自定义组件时是可以重写 hitTest 的，所以有可能会在通过命中测试时返回 false，或者未通过命中测试时返回 true。当然这样做并不好，我们在自定义组件时应该尽可能避免，但是在有些需要自定义命中测试流程的场景下可能就需要打破这种默契，比如我们将在本节后面实现的 HitTestBlocker 组件。

所以整体逻辑就是：

1）先判断事件的触发位置是否位于组件范围内：如果不是，则不会通过命中测试，此时 hitTest 返回 false；如果是，则到第二步。

2）会先调用 hitTestChildren() 判断是否有子节点通过命中测试，如果是，则将当前节点添加到 HitTestResult 列表，此时 hitTest 返回 true。即只要有子节点通过了命中测试，那么它的父节点（当前节点）也会通过命中测试。

3）如果没有子节点通过命中测试，则会取 hitTestSelf 方法的返回值，如果返回值为 true，则当前节点通过命中测试，反之则不通过。

如果当前节点中有子节点通过了命中测试，或者当前节点自己通过了命中测试，则将当前节点添加到 HitTestResult 中。又因为 hitTestChildren 中会递归调用子组件的 hitTest 方法，所以组件树的命中测试顺序是深度优先的，即如果通过命中测试，子组件会比父组件先被加入 HitTestResult 中。

我们看看这两个方法，默认代码实现如下：

```
@protected
bool hitTestChildren(HitTestResult result, { Offset position }) => false;

@protected
bool hitTestSelf(Offset position) => false;
```

如果组件包含多个子组件，就必须重写 hitTestChildren() 方法，该方法中应该调用每一个子组件的 hitTest 方法，比如 RenderBoxContainerDefaultsMixin 中的代码实现：

```
// 子类的 hitTestChildren() 中会直接调用此方法
bool defaultHitTestChildren(BoxHitTestResult result, { required Offset position }) {
  // 遍历所有子组件（子节点从后向前遍历）
  ChildType? child = lastChild;
  while (child != null) {
    final ParentDataType childParentData = child.parentData! as ParentDataType;
    //isHit 为当前子节点调用 hitTest 的返回值
```

```
    final bool isHit = result.addWithPaintOffset(
      offset: childParentData.offset,
      position: position,
      // 调用子组件的 hitTest 方法
      hitTest: (BoxHitTestResult result, Offset? transformed) {
        return child!.hitTest(result, position: transformed!);
      },
    );
    // 一旦有一个子节点的 hitTest 方法返回 true，则终止遍历，直接返回 true
    if (isHit) return true;
    child = childParentData.previousSibling;
  }
  return false;
}

bool addWithPaintOffset({
  required Offset? offset,
  required Offset position,
  required BoxHitTest hitTest,
}) {
  ...// 省略无关代码
  final bool isHit = hitTest(this, transformedPosition);
  return isHit; // 返回 hitTest 的执行结果
}
```

我们可以看到上面代码的主要逻辑是遍历调用子组件的 hitTest 方法，同时提供了一种中断机制，即遍历过程中只要有子节点的 hitTest 返回 true：

□ 会终止子节点遍历，这意味着该子节点前面的兄弟节点将没有机会通过命中测试。注意，兄弟节点的遍历是倒序的。

□ 父节点也会通过命中测试。因为子节点 hitTest 返回了 true，导致父节点 hitTestChildren 也会返回 true，最终会导致父节点的 hitTest 返回 true，父节点被添加到 HitTestResult 中。

当子节点的 hitTest 返回了 false 时，继续遍历该子节点前面的兄弟节点，对它们进行命中测试，如果所有子节点都返回 false，则父节点会调用自身的 hitTestSelf 方法，如果该方法也返回 false，则父节点就会被认为没有通过命中测试。

下面思考两个问题：

□ 为什么要制定这个中断呢？因为一般情况下兄弟节点占用的布局空间是不重叠的，因此当用户点击的坐标位置时只会有一个节点，一旦找到它（通过了命中测试，hitTest 返回 true），就没有必要再判断其他兄弟节点了。但是也有例外情况，比如在 Stack 布局中，兄弟组件的布局空间会重叠，如果我们想让位于底部的组件也能响应事件，就得有一种机制，能让我们确保即使找到了一个节点，也不应该终止遍历，也就是说所有的子组件的 hitTest 方法都必须返回 false！为此，Flutter 中通过 HitTestBehavior 来定制这个过程，这个我们会在后文中介绍。

□ 为什么兄弟节点的遍历要倒序？同第一个问题中所述，兄弟节点一般不会重叠，而一旦发生重叠，往往是后面的组件会在前面的组件之上，点击时应该是后面的组件会响应事件，而前面被遮住的组件不能响应，所以命中测试应该优先对后面的节点进行测试，因为一旦通过测试，就不会继续遍历了。如果按照正向遍历，则会出现被遮住的组件能响应事件，位于上面的组件反而不能的情况，这明显不符合预期。

我们回到 hitTestChildren 上，如果不重写 hitTestChildren，则默认直接返回 false，这也就意味着后代节点将无法参与命中测试，相当于事件被拦截了，这也正是 IgnorePointer 和 AbsorbPointer 可以拦截事件下发的原理。

如果 hitTestSelf 返回 true，则无论子节点中是否有通过命中测试的节点，当前节点自身都会被添加到 HitTestResult 中。而 IgnorePointer 和 AbsorbPointer 的区别就是，前者的 hitTestSelf 返回了 false，而后者返回了 true。

命中测试完成后，所有通过命中测试的节点都被添加到了 HitTestResult 中。

8.3.3 事件分发

事件分发过程很简单，即遍历 HitTestResult，调用每一个节点的 handleEvent 方法，代码如下：

```
// 事件分发
void dispatchEvent(PointerEvent event, HitTestResult? hitTestResult) {
  ...
  for (final HitTestEntry entry in hitTestResult.path) {
    entry.target.handleEvent(event.transformed(entry.transform), entry);
  }
}
```

所以组件只需要重写 handleEvent 方法就可以处理事件了。

8.3.4 HitTestBehavior

1. HitTestBehavior 简介
我们先来实现一个能够监听 PointerDownEvent 的组件：

```
class PointerDownListener extends SingleChildRenderObjectWidget {
  PointerDownListener({Key? key, this.onPointerDown, Widget? child})
      : super(key: key, child: child);

  final PointerDownEventListener? onPointerDown;

  @override
  RenderObject createRenderObject(BuildContext context) =>
      RenderPointerDownListener()..onPointerDown = onPointerDown;

  @override
  void updateRenderObject(
      BuildContext context, RenderPointerDownListener renderObject) {
    renderObject.onPointerDown = onPointerDown;
  }
}

class RenderPointerDownListener extends RenderProxyBox {
```

```
PointerDownEventListener? onPointerDown;

@override
bool hitTestSelf(Offset position) => true; // 始终通过命中测试

@override
void handleEvent(PointerEvent event, covariant HitTestEntry entry) {
  // 事件分发时处理事件
  if (event is PointerDownEvent) onPointerDown?.call(event);
}
}
```

因为我们让 hitTestSelf 的返回值始终为 true，所以无论子节点是否通过命中测试，PointerDownListener 都会通过，所以后续分发事件时 handleEvent 就会被调用，我们在里面判断事件类型为 PointerDownEvent 时触发回调即可，测试代码如下：

```
class PointerDownListenerRoute extends StatelessWidget {
  const PointerDownListenerRoute({Key? key}) : super(key: key);

  @override
  Widget build(BuildContext context) {
    return PointerDownListener(
      child: Text('Click me'),
      onPointerDown: (e) => print('down'),
    );
  }
}
```

点击文本后控制台就会打印 down。

Listener 的实现和 PointerDownListener 的实现原理差不多，有两点不同：

❑ Listener 监听的事件类型更多一些。

❑ Listener 的 hitTestSelf 并不是一直返回 true。

这里需要重点说明一下第二点。Listener 组件有一个 behavior 参数，我们之前并没有介绍，下面我们仔细介绍一下。通过查看 Listener 源码，发现它的渲染对象 RenderPointerListener 继承了 RenderProxyBoxWithHitTestBehavior 类：

```
abstract class RenderProxyBoxWithHitTestBehavior extends RenderProxyBox {
  //[behavior] 的默认值为 [HitTestBehavior.deferToChild].
  RenderProxyBoxWithHitTestBehavior({
    this.behavior = HitTestBehavior.deferToChild,
    RenderBox? child,
  }) : super(child);

  HitTestBehavior behavior;

  @override
  bool hitTest(BoxHitTestResult result, { required Offset position }) {
    bool hitTarget = false;
    if (size.contains(position)) {
      hitTarget = hitTestChildren(result, position: position) || hitTestSelf(position);
      if (hitTarget || behavior == HitTestBehavior.translucent) //1
```

```
        result.add(BoxHitTestEntry(this, position)); // 通过命中测试
    }
    return hitTarget;
  }

  @override
  bool hitTestSelf(Offset position) => behavior == HitTestBehavior.opaque; //2

}
```

我们看到 behavior 在 hitTest 和 hitTestSelf 中会用到，它的取值会影响 Listener 的命中测试结果。我们先看一看 behavior 都有哪些取值：

```
// 在命中测试过程中 Listener 组件如何表现
enum HitTestBehavior {
  // 组件是否通过命中测试取决于子组件是否通过命中测试
  deferToChild,
  // 组件必然会通过命中测试，同时其 hitTest 返回值始终为 true
  opaque,
  // 组件必然会通过命中测试，但其 hitTest 返回值可能为 true 也可能为 false
  translucent,
}
```

behavior 有三个取值，我们结合 hitTest 实现来分析一下不同取值的作用：

❑ behavior 为 deferToChild 时，hitTestSelf 返回 false，当前组件是否能通过命中测试完全取决于 hitTestChildren 的返回值。也就是说只要有一个子节点通过命中测试，则当前组件便会通过命中测试。

❑ behavior 为 opaque 时，hitTestSelf 返回 true，hitTarget 值始终为 true，当前组件通过命中测试。

❑ behavior 为 translucent 时，hitTestSelf 返回 false，hitTarget 值此时取决于 hitTestChildren 的返回值，但是无论 hitTarget 值是什么，当前节点都会被添加到 HitTestResult 中。

> 注意 behavior 为 opaque 和 translucent 时，当前组件都会通过命中测试，它们的区别是 hitTest 的返回值（hitTarget）可能不同，所以它们的区别就看 hitTest 的返回值会影响什么，这已经详细介绍过了，下面我们通过一个实例来理解一下。

---

2. 实例：实现 App 水印

效果如图 8-6 所示。

实现思路是，在页面的最顶层覆盖一个水印遮罩，我们可以通过 Stack 来实现，将水印组件作为最后一个"孩子"传给 Stack，代码如下：

```
class WaterMaskTest extends StatelessWidget {
  const WaterMaskTest({Key? key}) : super(key: key);

  @override
  Widget build(BuildContext context) {
    return Stack(
      children: [
```

```
        wChild(1, Colors.white, 200),
        WaterMark(
          painter: TextWaterMarkPainter(text: 'wendux',
            rotate: -20),
        ),
      ],
    );
}

Widget wChild(int index, color, double size) {
  return Listener(
    onPointerDown: (e) => print(index),
    child: Container(
      width: size,
      height: size,
      color: Colors.grey,
    ),
  );
  }
}
```

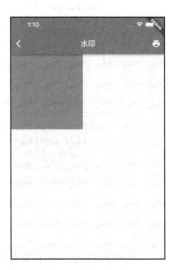

图8-6　水印示例

WaterMark 是实现水印的组件，具体逻辑将在第 10 章中介绍，现在只需要知道 WaterMark 中使用了 DecoratedBox。效果是实现了，但是我们点击 Stack 的第一个子组件（灰色矩形区域）时发现控制台没有任何输出，这是不符合预期的，原因是水印组件在最顶层，事件被它"拦住了"。我们分析一下这个过程：

❑ 点击时，Stack 有两个子组件，这时会先对第二个子组件（水印组件）进行点击测试，由于水印组件中使用了 DecoratedBox，查看源码后发现如果用户点击位置在 DecoratedBox 上，它的 hitTestSelf 就会返回 true，所以水印组件通过命中测试。

❑ 水印组件通过命中测试后就会导致 Stack 的 hitTestChildren 直接返回（终止遍历其他子节点），所以 Stack 的第一个子组件将不会参与命中测试，因此也就不会响应事件。

原因找到了，解决的方法就是想办法让第一个子组件也能参与命中测试，这样的话，我们就得想办法让第二个子组件的 hitTest 返回 false，因此可以用 IgnorePointer 包裹一下 WaterMask。

```
IgnorePointer(child: WaterMark(...))
```

修改后重新运行，发现第一个子组件可以响应事件了。

如果我们想让 Stack 的所有子组件都响应事件，应该如何实现呢？当然，这很可能是一个伪需求，现实的场景中几乎不会遇到，但考虑这个问题可以加深我们对 Flutter 事件处理流程的理解。

```
class StackEventTest extends StatelessWidget {
  const StackEventTest({Key? key}) : super(key: key);

  @override
  Widget build(BuildContext context) {
```

```
    return Stack(
      children: [
        wChild(1),
        wChild(2),
      ],
    );
  }

  Widget wChild(int index) {
    return Listener(
      onPointerDown: (e) => print(index),
      child: Container(
        width: 100,
        height: 100,
        color: Colors.grey,
      ),
    );
  }
}
```

代码运行后，点击灰色框，猜一下控制台会打印什么？

只会打印一个 2，原因是 Stack 先遍历第二个子节点 Listener，因为 Container 的 hitTest 会返回 true（实际上 Container 是一个组合组件，在本示例中，Container 最终会生成一个 ColoredBox，而参与命中测试的是 ColoredBox 对应的 RenderObject），所以 Listener 的 hitTestChildren 会返回 true，最终 Listener 的 hitTest 也会返回 true，所以第一个子节点将不会收到事件。

那如果我们将 Listener 的 behavior 属性指定为 opaque 或 translucent 呢？其实结果还是一样的，因为只要 Container 的 hitTest 会返回 true，最终 Listener 的 hitTestChildren 就会返回 true，第一个节点就不会再进行命中测试。那 opaque 和 translucent 能体现出差异的具体场景有什么呢？理论上只有 Listener 的子节点 hitTest 返回 false 时两者才有区别，但是 Flutter 中有 UI 的组件在用户点击到它之上时，其 hitTest 基本都会返回 true，因此很难找到具体场景，但是为了测试它们的区别，可以强行制造一个场景，代码如下：

```
class HitTestBehaviorTest extends StatelessWidget {
  const HitTestBehaviorTest({Key? key}) : super(key: key);

  @override
  Widget build(BuildContext context) {
    return Stack(
      children: [
        wChild(1),
        wChild(2),
      ],
    );
  }

  Widget wChild(int index) {
    return Listener(
      //behavior: HitTestBehavior.opaque, // 放开此行，点击后只会输出 2
```

```
      behavior: HitTestBehavior.translucent, //放开此行，点击后会同时输出 2 和 1
      onPointerDown: (e) => print(index),
      child: SizedBox.expand(),
    );
  }
}
```

SizedBox 没有子元素，当它被点击时，它的 hitTest 就会返回 false，此时 Listener 的 behavior 设置为 opaque 和 translucent 就会有区别（见注释）。

因为实际场景中几乎不会出现上面这样的情况，所以如果想让 Stack 的所有子组件都响应事件，就必须保证 Stack 的所有"孩子"的 hitTest 返回 false，虽然用 IgnorePointer 包裹所有子组件就可以做到这一点，但是 IgnorePointer 也同时不会再对子组件进行命中测试，这意味着它的子组件树也将不能响应事件，比如下面的代码运行后，点击灰色区域将不会有任何输出：

```
class AllChildrenCanResponseEvent extends StatelessWidget {
  const AllChildrenCanResponseEvent({Key? key}) : super(key: key);

  @override
  Widget build(BuildContext context) {
    return Stack(
      children: [
        IgnorePointer(child: wChild(1, 200)),
        IgnorePointer(child: wChild(2, 200)),
      ],
    );
  }

  Widget wChild(int index, double size) {
    return Listener(
      onPointerDown: (e) => print(index),
      child: Container(
        width: size,
        height: size,
        color: Colors.grey,
      ),
    );
  }
}
```

虽然我们在子节点中监听了 Container 的事件，但是子节点是在 IgnorePointer 中的，所以子节点是没有机会参与命中测试的，因此也不会响应任何事件。看来没有现成的组件可以满足要求，那我们就自己动手实现一个组件，然后定制它的 hitTest 来满足我们的要求即可。

3. HitTestBlocker

下面我们定义一个可以拦截 hitTest 各个过程的 HitTestBlocker 组件。

```
class HitTestBlocker extends SingleChildRenderObjectWidget {
  HitTestBlocker({
    Key? key,
    this.up = true,
```

```dart
      this.down = false,
      this.self = false,
      Widget? child,
  }) : super(key: key, child: child);

  // up 为 true 时, 'hitTest()' 将会一直返回 false
  final bool up;

  // down 为 true 时, 将不会调用 'hitTestChildren()'.
  final bool down;

  // 'hitTestSelf' 的返回值
  final bool self;

  @override
  RenderObject createRenderObject(BuildContext context) {
    return RenderHitTestBlocker(up: up, down: down, self: self);
  }

  @override
  void updateRenderObject(
      BuildContext context, RenderHitTestBlocker renderObject) {
    renderObject
      ..up = up
      ..down = down
      ..self = self;
  }
}

class RenderHitTestBlocker extends RenderProxyBox {
  RenderHitTestBlocker({this.up = true, this.down = true, this.self = true});

  bool up;
  bool down;
  bool self;

  @override
  bool hitTest(BoxHitTestResult result, {required Offset position}) {

    bool hitTestDownResult = false;

    if (!down) {
      hitTestDownResult = hitTestChildren(result, position: position);
    }

    bool pass =
        hitTestSelf(position) || (hitTestDownResult && size.contains(position));

    if (pass) {
      result.add(BoxHitTestEntry(this, position));
    }

    return !up && pass;
  }

  @override
```

```
    bool hitTestSelf(Offset position) => self;
}
```

代码很简单，但需要读者先理解一下。我们用 HitTestBlocker 直接替换 IgnorePointer 就可以实现所有子组件都能够响应事件了，代码如下：

```
@override
Widget build(BuildContext context) {
  return Stack(
    children: [
      // IgnorePointer(child: wChild(1, 200)),
      // IgnorePointer(child: wChild(2, 200)),
      HitTestBlocker(child: wChild(1, 200)),
      HitTestBlocker(child: wChild(2, 200)),
    ],
  );
}
```

点击后，控制台会同时输出 2 和 1，原理也很简单：

❑ HitTestBlocker 的 hitTest 会返回 false，这可以保证 Stack 的所有子节点都能参与命中测试。

❑ HitTestBlocker 的 hitTest 中又会调用 hitTestChildren，所以 HitTestBlocker 的后代节点是有机会参与命中测试的，因此 Container 上的事件会被正常触发。

HitTestBlocker 是一个非常灵活的类，它可以拦截命中测试的各个阶段，通过 HitTestBlocker 完全可以实现 IgnorePointer 和 AbsorbPointer 的功能，比如当 HitTestBlocker 的 up 和 down 都为 true 时，功能和 IgnorePointer 相同。

4. 手势存在的情况

我们稍微修改一下上面的代码，将 Listener 换为 GestureDetector，代码如下：

```
class GestureHitTestBlockerTest extends StatelessWidget {
  const GestureHitTestBlockerTest({Key? key}) : super(key: key);

  @override
  Widget build(BuildContext context) {
    return Stack(
      children: [
        HitTestBlocker(child: wChild(1, 200)),
        HitTestBlocker(child: wChild(2, 200)),
      ],
    );
  }

  Widget wChild(int index, double size) {
    return GestureDetector( // 将 Listener 换为 GestureDetector
      onTap: () => print('$index'),
      child: Container(
        width: size,
        height: size,
        color: Colors.grey,
      ),
```

```
    );
  }
}
```

可以猜一下点击后会输出什么。答案是只会输出 2！这是因为虽然 Stack 的两个子组件都会参与且通过命中测试，但是 GestureDetector 会在事件分发阶段（而不是命中测试阶段）决定是否响应事件。GestureDetector 有一套单独的处理手势冲突的机制，我们将在下一节中介绍。

8.3.5 小结

- ❑ 组件只有通过命中测试才能响应事件。
- ❑ 一个组件是否通过命中测试取决于 hitTestChildren(⋯) || hitTestSelf(⋯) 的值。
- ❑ 组件树中组件的命中测试顺序是深度优先的。
- ❑ 组件子节点命中测试的循环是倒序的，并且一旦有一个子节点的 hitTest 返回了 true，就会终止遍历，后续子节点将没有机会参与命中测试。这个原则可以结合 Stack 组件来理解。
- ❑ 大多数情况下 Listener 的 HitTestBehavior 为 opaque 或 translucent 时效果是相同的，只有当其子节点的 hitTest 返回为 false 时才会有区别。
- ❑ HitTestBlocker 是一个很灵活的组件，我们可以通过它干涉命中测试的各个阶段。

8.4 手势原理与手势冲突

8.4.1 手势识别原理

手势的识别和处理都是在事件分发阶段进行的，GestureDetector 是一个 StatelessWidget，包含了 RawGestureDetector，我们看一下它的 build 方法实现，代码如下：

```
@override
Widget build(BuildContext context) {
  final  gestures = <Type, GestureRecognizerFactory>{};
  // 构建 TapGestureRecognizer
  if (onTapDown != null ||
      onTapUp != null ||
      onTap != null ||
      ... // 省略无关代码
  ) {
    gestures[TapGestureRecognizer] = GestureRecognizerFactoryWithHandlers<TapGes
      tureRecognizer>(
      () => TapGestureRecognizer(debugOwner: this),
      (TapGestureRecognizer instance) {
        instance
          ..onTapDown = onTapDown
          ..onTapUp = onTapUp
          ..onTap = onTap
          // 省略无关代码
      },
    );
```

```
    }

    return RawGestureDetector(
        gestures: gestures, // 传入手势识别器
        behavior: behavior, // 同 Listener 中的 HitTestBehavior
        child: child,
    );
}
```

注意，上面我们删除了很多代码，只保留了 TapGestureRecognizer（点击手势识别器）相关代码，下面我们以点击手势识别为例讲一下整个过程。RawGestureDetector 中会通过 Listener 组件监听 PointerDownEvent 事件，相关源代码如下：

```
@override
Widget build(BuildContext context) {
    ... // 省略无关代码
    Widget result = Listener(
        onPointerDown: _handlePointerDown,
        behavior: widget.behavior ?? _defaultBehavior,
        child: widget.child,
    );
}

void _handlePointerDown(PointerDownEvent event) {
    for (final GestureRecognizer recognizer in _recognizers!.values)
        recognizer.addPointer(event);
}
```

下面我们看一下 TapGestureRecognizer 的几个相关方法，由于 TapGestureRecognizer 有多层继承关系，笔者合并了一个简化版，代码如下：

```
class CustomTapGestureRecognizer1 extends TapGestureRecognizer {

    void addPointer(PointerDownEvent event) {
        // 会将 handleEvent 回调添加到 pointerRouter 中
        GestureBinding.instance!.pointerRouter.addRoute(event.pointer, handleEvent);
    }

    @override
    void handleEvent(PointerEvent event) {
        // 会进行手势识别，并决定是调用 acceptGesture 还是调用 rejectGesture，
    }

    @override
    void acceptGesture(int pointer) {
        // 竞争胜出会调用
    }

    @override
    void rejectGesture(int pointer) {
        // 竞争失败会调用
    }
}
```

可以看到当 PointerDownEvent 事件触发时，会调用 TapGestureRecognizer 的 addPointer，在 addPointer 中会将 handleEvent 方法添加到 pointerRouter 中保存起来。这样一来，当手势发生变化时只需要在 pointerRouter 中取出 GestureRecognizer 的 handleEvent 方法进行手势识别即可。

正常情况下应该是手势直接作用的对象来处理手势，所以一个简单的原则就是同一个手势应该只有一个手势识别器生效，为此，手势识别才引入了手势竞技场（Arena）的概念，简单来讲：

❑ 每一个手势识别器（GestureRecognizer）都是一个"竞争者"（GestureArenaMember），当发生指针事件时，它们都要在"竞技场"去竞争本次事件的处理权，默认情况最终只有一个"竞争者"会胜出（win）。

❑ GestureRecognizer 的 handleEvent 中会识别手势，如果发生了某个手势，竞争者可以宣布自己是否胜出，一旦有一个竞争者胜出，竞技场管理者（GestureArenaManager）就会通知其他竞争者失败。

❑ 胜出者的 acceptGesture 会被调用，其余的 rejectGesture 将会被调用。

上一节我们说过命中测试是从 RenderBinding 的 hitTest 开始的：

```
@override
void hitTest(HitTestResult result, Offset position) {
  // 从根节点开始进行命中测试
  renderView.hitTest(result, position: position);
  // 会调用 GestureBinding 中的 hitTest 方法，我们将在下一节中介绍。
  super.hitTest(result, position);
}
```

渲染树命中测试完成后会调用 GestureBinding 中的 hitTest 方法：

```
@override // from HitTestable
void hitTest(HitTestResult result, Offset position) {
  result.add(HitTestEntry(this));
}
```

很简单，GestureBinding 也通过命中测试了，这样的话在事件分发阶段，GestureBinding 的 handleEvent 也会被调用，因为它是最后被添加到 HitTestResult 中的，所以在事件分发阶段 GestureBinding 的 handleEvent 会在最后被调用：

```
@override
void handleEvent(PointerEvent event, HitTestEntry entry) {
  // 会调用在 pointerRouter 中添加的 GestureRecognizer 的 handleEvent
  pointerRouter.route(event);
  if (event is PointerDownEvent) {
    // 分发完毕后，关闭竞技场
    gestureArena.close(event.pointer);
  } else if (event is PointerUpEvent) {
    gestureArena.sweep(event.pointer);
  } else if (event is PointerSignalEvent) {
    pointerSignalResolver.resolve(event);
  }
}
```

gestureArena 是 GestureArenaManager 类实例，负责管理竞技场。

上面关键的代码就是第一行，功能是会调用之前在 pointerRouter 中添加的 GestureRecognizer 的 handleEvent。不同 GestureRecognizer 的 handleEvent 会识别不同的手势，然后它会和 gestureArena 交互（如果当前的 GestureRecognizer 胜出，需要 gestureArena 去通知其他竞争者它们失败了），最终，如果当前 GestureRecognizer 胜出，则最终它的 acceptGesture 会被调用，如果失败，则其 rejectGesture 将会被调用，因为对于不同的 GestureRecognizer，这部分代码会不同，感兴趣的读者可以自行查看源代码。

8.4.2 手势竞争

如果对一个组件同时监听水平和垂直方向的拖动手势，当斜着拖动时，哪个方向的拖动手势回调会被触发？实际上这取决于第一次移动时两个轴上的位移分量，哪个轴的大，哪个轴在本次滑动事件竞争中就会胜出。上面已经说过，每一个手势识别器（GestureRecognizer）都是一个"竞争者"（GestureArenaMember），当发生指针事件时，它们都要在"竞技场"中竞争本次事件的处理权，默认情况下最终只有一个"竞争者"会胜出（win）。例如，假设有一个 ListView，它的第一个子组件也是 ListView，如果现在滑动这个子 ListView，父 ListView 会动吗？答案是否定的，这时只有子 ListView 会动，因为这时子 ListView 会胜出，进而获得滑动事件的处理权。

下面我们看一个简单的示例代码：

```
GestureDetector( //GestureDetector2
  onTapUp: (x)=>print("2"), // 监听父组件 tapUp 手势
  child: Container(
    width:200,
    height: 200,
    color: Colors.red,
    alignment: Alignment.center,
    child: GestureDetector( //GestureDetector1
      onTapUp: (x)=>print("1"), // 监听子组件 tapUp 手势
      child: Container(
        width: 50,
        height: 50,
        color: Colors.grey,
      ),
    ),
  ),
);
```

当点击子组件（灰色区域）时，控制台只会打印"1"，并不会打印"2"，这是因为手指抬起后，GestureDetector1 和 GestureDetector2 会发生竞争，判定获胜的规则是"子组件优先"，所以 GestureDetector1 获胜，因为只能有一个"竞争者"胜出，所以 GestureDetector2 将被忽略。在这个例子中，想要解决冲突，方法很简单，将 GestureDetector 换为 Listener 即可，具体原因我们在后面解释。

我们再看一个例子，以拖动手势为例，同时识别水平和垂直方向的拖动手势，当用户

按下手指时就会触发竞争（水平方向和垂直方向），一旦某个方向"获胜"，则直到当次拖动手势结束都会沿着该方向移动。代码如下：

```
class _BothDirectionTest extends StatefulWidget {
  @override
  _BothDirectionTestState createState() => _BothDirectionTestState();
}

class _BothDirectionTestState extends State<_BothDirectionTest> {
  double _top = 0.0;
  double _left = 0.0;

  @override
  Widget build(BuildContext context) {
    return Stack(
      children: <Widget>[
        Positioned(
          top: _top,
          left: _left,
          child: GestureDetector(
            child: CircleAvatar(child: Text("A")),
            // 垂直方向拖动事件
            onVerticalDragUpdate: (DragUpdateDetails details) {
              setState(() {
                _top += details.delta.dy;
              });
            },
            onHorizontalDragUpdate: (DragUpdateDetails details) {
              setState(() {
                _left += details.delta.dx;
              });
            },
          ),
        )
      ],
    );
  }
}
```

此示例运行后，每次拖动只会沿一个方向移动（水平或垂直）移动，而竞争发生在手指按下后首次移动（move）时。此例中具体的"获胜"条件是首次移动时的位移在水平和垂直方向上的分量大的一个获胜。

8.4.3 多手势冲突

由于手势竞争最终只有一个胜出者，因此当通过一个 GestureDetector 监听多种手势时也可能会产生冲突。假设有一个 Widget，它可以左右拖动，现在我们也想检测手指在它上面按下和抬起的事件，代码如下：

```
class GestureConflictTestRouteState extends State<GestureConflictTestRoute> {
  double _left = 0.0;
  @override
```

```
Widget build(BuildContext context) {
  return Stack(
    children: <Widget>[
      Positioned(
        left: _left,
        child: GestureDetector(
          child: CircleAvatar(child: Text("A")), // 要拖动和点击的 widget
          onHorizontalDragUpdate: (DragUpdateDetails details) {
            setState(() {
              _left += details.delta.dx;
            });
          },
          onHorizontalDragEnd: (details){
            print("onHorizontalDragEnd");
          },
          onTapDown: (details){
            print("down");
          },
          onTapUp: (details){
            print("up");
          },
        ),
      )
    ],
  );
}
}
```

现在我们按住圆形"A"拖动，然后抬起手指，控制台日志如下：

```
I/flutter (17539): down
I/flutter (17539): onHorizontalDragEnd
```

我们发现没有打印"up"，这是因为在拖动时，刚开始按下手指且没有移动时，拖动手势还没有完整的语义，此时 TapDown 手势胜出（win），此时打印"down"，而拖动时，拖动手势会胜出，当手指抬起时，onHorizontalDragEnd 和 onTapUp 发生了冲突，但是因为是在拖动的语义中，所以 onHorizontalDragEnd 胜出，因此就会打印"onHorizontalDragEnd"。

如果我们的代码逻辑中对于手指按下和抬起是强依赖的，比如在一个轮播图组件中，我们希望手指按下时暂停轮播，而抬起时恢复轮播，但是由于轮播图组件本身可能已经处理了拖动手势（支持手动滑动切换），甚至可能也支持缩放手势，这时我们如果在外部再用 onTapDown、onTapUp 来监听是不行的。此时我们应该怎么做？其实很简单，通过 Listener 监听原始指针事件即可：

```
Positioned(
  top:80.0,
  left: _leftB,
  child: Listener(
    onPointerDown: (details) {
      print("down");
    },
    onPointerUp: (details) {
```

```
    // 会触发
    print("up");
  },
  child: GestureDetector(
    child: CircleAvatar(child: Text("B")),
    onHorizontalDragUpdate: (DragUpdateDetails details) {
      setState(() {
        _leftB += details.delta.dx;
      });
    },
    onHorizontalDragEnd: (details) {
      print("onHorizontalDragEnd");
    },
  ),
),
)
```

8.4.4 解决手势冲突

手势是对原始指针的语义化的识别，手势冲突只是手势级别的，也就是说只会在组件树中的多个 GestureDetector 之间才有冲突的场景，如果根本没有使用 GestureDetector，则不存在所谓的冲突，因为每一个节点都能收到事件，只是在 GestureDetector 中为了识别语义，它会决定哪些子节点应该忽略事件，哪些节点应该生效。

解决手势冲突的方法有两种：

❑ 使用 Listener。这相当于跳出了手势识别规则。

❑ 自定义手势识别器。

1. 通过 Listener 解决手势冲突

通过 Listener 解决手势冲突的原因是竞争只是针对手势的，而 Listener 用于监听原始指针事件，原始指针事件并非语义化的手势，所以根本不会遵循手势竞争的逻辑，也就不会相互影响。拿上面两个 Container 嵌套的例子来说，通过 Listener 的解决方式为：

```
Listener(   // 将 GestureDetector 换为 Listener 即可
  onPointerUp: (x) => print("2"),
  child: Container(
    width: 200,
    height: 200,
    color: Colors.red,
    alignment: Alignment.center,
    child: GestureDetector(
      onTap: () => print("1"),
      child: Container(
        width: 50,
        height: 50,
        color: Colors.grey,
      ),
    ),
  ),
);
```

代码很简单，只需将 GestureDetector 换为 Listener 即可，可以两个都换，也可以只换一个。可以发现，通过 Listener 直接识别原始指针事件来解决冲突的方法很简单，因此，当遇到手势冲突时，我们应该优先考虑 Listener。

2. 通过自定义 Recognizer 解决手势冲突

自定义手势识别器的方式比较麻烦，原理是当确定手势竞争胜出者时，会调用胜出者的 acceptGesture 方法，表示"宣布成功"，然后会调用其他手势识别其 rejectGesture 方法，表示"宣布失败"。既然如此，我们可以自定义手势识别器（GestureRecognizer），然后重写它的 rejectGesture 方法：在里面调用 acceptGesture 方法，这就相当于在它失败时强制将它变成竞争的成功者，这样它的回调就会执行。

我们先自定义 tap 手势识别器（GestureRecognizer）：

```
class CustomTapGestureRecognizer extends TapGestureRecognizer {
  @override
  void rejectGesture(int pointer) {
    // 不，我不要失败，我要成功
    //super.rejectGesture(pointer);
    // 宣布成功
    super.acceptGesture(pointer);
  }
}

// 创建一个新的 GestureDetector，用我们自定义的 CustomTapGestureRecognizer 替换默认的
RawGestureDetector customGestureDetector({
  GestureTapCallback? onTap,
  GestureTapDownCallback? onTapDown,
  Widget? child,
}) {
  return RawGestureDetector(
    child: child,
    gestures: {
      CustomTapGestureRecognizer:
        GestureRecognizerFactoryWithHandlers<CustomTapGestureRecognizer>(
        () => CustomTapGestureRecognizer(),
        (detector) {
          detector.onTap = onTap;
        },
      )
    },
  );
}
```

我们通过 RawGestureDetector 来自定义 customGestureDetector，GestureDetector 中也是通过 RawGestureDetector 来包装各种 GestureRecognizer 的，我们需要自定义哪个 GestureRecognizer，就添加哪个。

现在我们修改调用代码：

```
customGestureDetector( // 替换 GestureDetector
  onTap: () => print("2"),
  child: Container(
    width: 200,
    height: 200,
```

```
      color: Colors.red,
      alignment: Alignment.center,
      child: GestureDetector(
        onTap: () => print("1"),
        child: Container(
          width: 50,
          height: 50,
          color: Colors.grey,
        ),
      ),
    ),
  );
```

这样就可以了。需要注意，这个例子同时说明了一次手势处理过程也是可以有多个胜出者的。

8.5　事件总线

在 App 中，我们经常会需要一个广播机制，用以进行跨页面事件通知，比如在一个需要登录的 App 中，页面会关注用户登录或注销事件来进行一些状态更新。这时，一个事件总线便会非常有用，事件总线通常实现了订阅者模式，订阅者模式包含发布者和订阅者两种角色，可以通过事件总线来触发事件和监听事件。本节我们实现一个简单的全局事件总线，我们使用单例模式，代码如下：

```
// 订阅者回调签名
typedef void EventCallback(arg);

class EventBus {
  // 私有构造函数
  EventBus._internal();

  // 保存单例
  static EventBus _singleton = EventBus._internal();

  // 工厂构造函数
  factory EventBus()=> _singleton;

  // 保存事件订阅者队列，key 表示事件名 (id)，value 表示对应事件的订阅者队列
  final _emap = Map<Object, List<EventCallback>?>();

  // 添加订阅者
  void on(eventName, EventCallback f) {
    _emap[eventName] ??=  <EventCallback>[];
    _emap[eventName]!.add(f);
  }

  // 移除订阅者
  void off(eventName, [EventCallback? f]) {
    var list = _emap[eventName];
    if (eventName == null || list == null) return;
```

```
      if (f == null) {
        _emap[eventName] = null;
      } else {
        list.remove(f);
      }
    }

    // 触发事件，事件触发后该事件的所有订阅者会被调用
    void emit(eventName, [arg]) {
      var list = _emap[eventName];
      if (list == null) return;
      int len = list.length - 1;
      // 反向遍历，防止订阅者在回调中移除自身带来的下标错位
      for (var i = len; i > -1; --i) {
        list[i](arg);
      }
    }
}


// 定义一个 top-level（全局）变量，页面引入该文件后可以直接使用 bus
var bus = EventBus();
```

应用示例代码如下：

```
// 页面 A 中
...
 // 监听登录事件
bus.on("login", (arg) {
  // do something
});

// 登录页 B 中
...
// 登录成功后触发登录事件，页面 A 中订阅者会被调用
bus.emit("login", userInfo);
```

> 注意 Dart 中实现单例模式的标准做法就是使用 static 变量 + 工厂构造函数的方式，这样就可以保证 EventBus() 始终返回同一个实例，读者应该理解并掌握这种方法。

事件总线通常用于组件之间状态共享，但关于组件之间状态共享也有一些专门的包，如 redux、mobx 以及前面介绍过的 Provider。对于一些简单的应用，事件总线是足以满足业务需求的，如果你决定使用状态管理包，一定要想清楚你的 App 是否真的有必要使用它，应防止"化简为繁"、过度设计。

8.6 通知

通知（Notification）是 Flutter 中一个重要的机制，在 Widget 树中，每一个节点都可以分发通知，通知会沿着当前节点向上传递，所有父节点都可以通过 NotificationListener 来

监听通知。Flutter 中将这种由子向父传递通知的机制称为**通知冒泡**（Notification Bubbling）。通知冒泡和用户触摸事件冒泡是相似的，但有一点不同：通知冒泡可以中止，但用户触摸事件不行。

> 📹 注意　通知冒泡和 Web 开发中浏览器事件冒泡的原理是相似的，都是事件从出发源逐层向上传递，我们可以在上层节点任意位置来监听通知 / 事件，也可以终止冒泡过程，终止冒泡后，通知将不会再向上传递。

8.6.1　监听通知

Flutter 中很多地方使用了通知，如前面介绍的 Scrollable 组件，它在滑动时就会分发**滚动通知**（ScrollNotification），而 Scrollbar 正是通过监听 ScrollNotification 来确定滚动条位置的。

下面是一个监听可滚动组件滚动通知的例子，代码如下：

```
NotificationListener(
  onNotification: (notification){
    switch (notification.runtimeType){
      case ScrollStartNotification: print(" 开始滚动 "); break;
      case ScrollUpdateNotification: print(" 正在滚动 "); break;
      case ScrollEndNotification: print(" 滚动停止 "); break;
      case OverscrollNotification: print(" 滚动到边界 "); break;
    }
  },
  child: ListView.builder(
    itemCount: 100,
    itemBuilder: (context, index) {
      return ListTile(title: Text("$index"),);
    }
  ),
);
```

上例中的滚动通知，如 ScrollStartNotification、ScrollUpdateNotification 等都继承自 ScrollNotification 类，不同类型的通知子类会包含不同的信息，比如 ScrollUpdateNotification 有一个 scrollDelta 属性，它记录了移动的位移，其他通知属性读者可以自己查看 SDK 文档。

上例中，我们通过 NotificationListener 来监听子 ListView 的滚动通知，NotificationListener 定义如下：

```
class NotificationListener<T extends Notification> extends StatelessWidget {
  const NotificationListener({
    Key key,
    required this.child,
    this.onNotification,
  }) : super(key: key);
  ...// 省略无关代码
}
```

可以看到：

❏ NotificationListener 继承自 StatelessWidget 类，所以它可以直接嵌套到 Widget 树中。

❑ NotificationListener 可以指定一个模板参数，该模板参数类型必须继承自 Notification；当显式指定模板参数时，NotificationListener 便只会接收该参数类型的通知。举个例子，如果我们将上述例子改为如下代码：

```
// 指定监听通知的类型为滚动结束通知 (ScrollEndNotification)
NotificationListener<ScrollEndNotification>(
  onNotification: (notification){
    // 只会在滚动结束时才会触发此回调
    print(notification);
  },
  child: ListView.builder(
    itemCount: 100,
    itemBuilder: (context, index) {
      return ListTile(title: Text("$index"),);
    }
  ),
);
```

上面的代码运行后便只会在滚动结束时在控制台打印出通知的信息。

❑ onNotification 回调为通知处理回调，其函数代码如下：

```
typedef NotificationListenerCallback<T extends Notification> = bool Function(T
  notification);
```

它的返回值类型为布尔值。当返回值为 true 时，阻止冒泡，其父级 Widget 将再也收不到该通知；当返回值为 false 时，继续向上冒泡通知。

Flutter 的 UI 框架实现中，除了可滚动组件在滚动过程中会发出 ScrollNotification 之外，还有一些其他的通知，如 SizeChangedLayoutNotification、KeepAliveNotification、Layout-ChangedNotification 等。Flutter 正是通过这种通知机制来使父元素可以在一些特定时机做一些事情的。

8.6.2 自定义通知

除了 Flutter 内部通知，我们也可以自定义通知，下面看一看如何实现自定义通知。

❑ 定义一个通知类，要继承自 Notification 类。

```
class MyNotification extends Notification {
  MyNotification(this.msg);
  final String msg;
}
```

❑ 分发通知。

Notification 有一个 dispatch(context) 方法，它是用于分发通知的，我们说过 context 实际上就是操作 Element 的一个接口，它与 Element 树上的节点是对应的，通知会从 context 对应的 Element 节点向上冒泡。

下面我们看一个完整的例子：

```
class NotificationRoute extends StatefulWidget {
```

```
    @override
    NotificationRouteState createState() {
      return NotificationRouteState();
    }
  }

  class NotificationRouteState extends State<NotificationRoute> {
    String _msg="";
    @override
    Widget build(BuildContext context) {
      // 监听通知
      return NotificationListener<MyNotification>(
        onNotification: (notification) {
          setState(() {
            _msg+=notification.msg+"  ";
          });
          return true;
        },
        child: Center(
          child: Column(
            mainAxisSize: MainAxisSize.min,
            children: <Widget>[
//            ElevatedButton(
//            onPressed: () => MyNotification("Hi").dispatch(context),
//            child: Text("Send Notification"),
//            ),
              Builder(
                builder: (context) {
                  return ElevatedButton(
                    // 单击按钮时分发通知
                    onPressed: () => MyNotification("Hi").dispatch(context),
                    child: Text("Send Notification"),
                  );
                },
              ),
              Text(_msg)
            ],
          ),
        ),
      );
    }
  }

  class MyNotification extends Notification {
    MyNotification(this.msg);
    final String msg;
  }
```

在上面的代码中，我们每单击一次按钮就会分发一个 MyNotification 类型的通知，我们在 Widget 根上监听通知，收到通知后将通知通过 Text 显示在屏幕上。

> **注意** 代码中注释的部分是不能正常工作的，因为这个 context 是根 Context，而 Notification-Listener 是监听的子树，所以我们通过 Builder 来构建 ElevatedButton，以获得按钮位置的 context。

代码运行效果如图 8-7 所示。

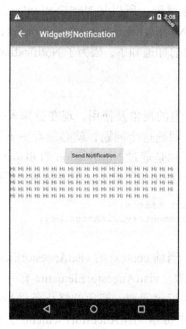

图 8-7　Notification 示例

8.6.3　阻止通知冒泡

我们将上面的例子改为如下代码：

```
class NotificationRouteState extends State<NotificationRoute> {
  String _msg="";
  @override
  Widget build(BuildContext context) {
    // 监听通知
    return NotificationListener<MyNotification>(
      onNotification: (notification){
        print(notification.msg); // 打印通知
        return false;
      },
      child: NotificationListener<MyNotification>(
        onNotification: (notification) {
          setState(() {
            _msg+=notification.msg+" ";
          });
          return false;
        },
        child: ...// 省略重复代码
      ),
    );
  }
}
```

上例中两个 NotificationListener 进行了嵌套，子 NotificationListener 的 onNotification 回调返回了 false，表示不阻止冒泡，所以父 NotificationListener 仍然会收到通知，控制台会打印出通知信息；如果将子 NotificationListener 的 onNotification 回调的返回值改为 true，则父 NotificationListener 便不会再打印通知了，因为子 NotificationListener 已经终止通知冒泡了。

8.6.4　冒泡原理

我们在前面介绍了通知冒泡的现象及使用，现在更深入一些，介绍一下 Flutter 框架中是如何实现通知冒泡的。为了明确这个问题，就必须看一下源码，我们从通知分发的源头出发，然后顺藤摸瓜。由于通知是通过 Notification 的 dispatch(context) 方法发出的，那我们先看一看 dispatch(context) 方法中做了什么，下面是相关源代码：

```
void dispatch(BuildContext target) {
  target?.visitAncestorElements(visitAncestor);
}
```

dispatch(context) 中调用了当前 context 的 visitAncestorElements 方法，该方法会从当前 Element 开始向上遍历父级元素。visitAncestorElements 有一个遍历回调参数，在遍历过程中对遍历到的父级元素都会执行该回调。遍历的终止条件是：已经遍历到根 Element 或某个遍历回调返回 false。源码中传给 visitAncestorElements 方法的遍历回调为 visitAncestor 方法，我们看看 visitAncestor 方法的实现，代码如下：

```
// 遍历回调，会对每一个父级 Element 执行此回调
bool visitAncestor(Element element) {
  // 判断当前 element 对应的 Widget 是否是 NotificationListener

  // 由于 NotificationListener 继承自 StatelessWidget,
  // 故先判断是否是 StatelessElement
  if (element is StatelessElement) {
    // 是 StatelessElement, 则获取 element 对应的 Widget, 判断
    // 是否是 NotificationListener
    final StatelessWidget widget = element.widget;
    if (widget is NotificationListener<Notification>) {
      // 是 NotificationListener, 则调用该 NotificationListener 的 _dispatch 方法
      if (widget._dispatch(this, element))
        return false;
    }
  }
  return true;
}
```

visitAncestor 会判断每一个遍历到的父级 Widget 是否是 NotificationListener：如果不是，则返回 true 继续向上遍历；如果是，则调用 NotificationListener 的 _dispatch 方法。我们看一看 _dispatch 方法的源代码：

```
bool _dispatch(Notification notification, Element element) {
  // 如果通知监听器不为空，并且当前通知类型是该 NotificationListener
  // 监听的通知类型，则调用当前 NotificationListener 的 onNotification
```

```
  if (onNotification != null && notification is T) {
    final bool result = onNotification(notification);
    // 返回值决定是否继续向上遍历
    return result == true;
  }
  return false;
}
```

可以看到，NotificationListener 的 onNotification 回调最终是在 _dispatch 方法中执行的，然后会根据返回值来确定是否继续向上冒泡。上面的源码实现其实并不复杂，有几点读者可以注意一下：

☐ Context 上也提供了遍历 Element 树的方法。

☐ 可以通过 Element.widget 得到 element 节点对应的 Widget。我们已经反复讲过 Widget 和 Element 的对应关系，读者通过这些源码来加深理解。

8.6.5 小结

Flutter 中通过通知冒泡实现了一套自下向上的消息传递机制，这和 Web 开发中浏览器的事件冒泡原理类似，Web 开发者可以类比学习。另外，我们通过源码了解了 Flutter 通知冒泡的流程和原理，便于读者加深理解和学习 Flutter 的框架设计思想。在此，再次建议读者在平时学习中多看源码，定会受益匪浅。

动　画

9.1　Flutter 动画简介

9.1.1　动画基本原理

在任何系统的 UI 框架中，动画实现的原理都是相同的，即在一段时间内，快速地多次改变 UI 外观；因为人眼会产生视觉暂留，所以最终看到的就是一个"连续"的动画，这和电影的原理是一样的。我们将 UI 的一次改变称为一个动画帧，对应一次屏幕刷新，而决定动画流畅度的一个重要指标就是帧率 FPS（Frame Per Second），即每秒的动画帧数。很明显，帧率越高，动画就会越流畅！一般情况下，对于人眼来说，动画帧率超过 16 FPS 就基本能看了，超过 32 FPS 就会感觉相对平滑，而超过 32 FPS，大多数人基本上就感受不到差别了。由于动画的每一帧都是要改变 UI 输出，因此在一个时间段内连续地改变 UI 输出是比较耗资源的，对设备的软硬件系统要求都较高，所以在 UI 系统中，动画的平均帧率是重要的性能指标，而在 Flutter 中，理想情况下是可以实现 60FPS 的，这和原生应用能达到的帧率是基本是持平的。

9.1.2　Flutter 中动画抽象

为了便于开发者创建动画，不同的 UI 系统对动画都进行了一些抽象，比如在 Android 中可以通过 XML 来描述一个动画，然后设置给 View。Flutter 中也对动画进行了抽象，主要涉及 Animation、Curve、Controller、Tween 这四个角色，它们一起配合来完成一个完整的动画，下面我们一一来介绍它们。

1. Animation

Animation 是一个抽象类，它本身和 UI 渲染没有任何关系，它主要的功能是保存动画的插值和状态；其中一个比较常用的 Animation 类是 Animation<double>。Animation 对象是一个在一段时间内依次生成一个区间（Tween）之间值的类。Animation 对象在整个动画执行过程中输出的值可以是线性的、曲线的、一个步进函数或者任何其他曲线函数，等等，这由 Curve 来决定。根据 Animation 对象的控制方式，动画可以正向运行（从起始状态开始，到终止状态结束），也可以反向运行，甚至可以在中间切换方向。Animation 还可以生成除 double 之外的其他类型值，如 Animation<Color> 或 Animation<Size>。在动画的每一帧中，我们可以通过 Animation 对象的 value 属性获取动画的当前状态值。

动画通知

我们可以通过 Animation 来监听动画的每一帧以及执行状态的变化，Animation 有如下两个方法：

❑ addListener()；它可以用于给 Animation 添加帧监听器，在每一帧都会被调用。帧监听器中最常见的行为是改变状态后调用 setState() 来触发 UI 重建。

❑ addStatusListener()；它可以给 Animation 添加"动画状态改变"监听器；动画开始、结束、正向或反向（见 AnimationStatus 定义）时会调用状态改变的监听器。

读者在此只需要知道帧监听器和状态监听器的区别，在后面的章节中我们将会举例说明。

2. Curve

动画过程可以是匀速的、匀加速的，或者先加速后减速等。Flutter 中通过 Curve（曲线）来描述动画过程，我们把匀速动画称为线性的（Curves.linear），而非匀速动画称为非线性的。

我们可以通过 CurvedAnimation 来指定动画的曲线，代码如下：

```
final CurvedAnimation curve =
    CurvedAnimation(parent: controller, curve: Curves.easeIn);
```

CurvedAnimation 和 AnimationController（下面介绍）都是 Animation<double> 类型。

CurvedAnimation 可以通过包装 AnimationController 和 Curve 生成一个新的动画对象，我们正是通过这种方式来将动画和动画执行的曲线关联起来的。我们指定动画的曲线为 Curves.easeIn，它表示动画开始时比较慢，结束时比较快。Curves 类是一个预置的枚举类，定义了许多常用的曲线，表 9-1 中列出了几种常用的曲线。

表 9-1　常用的 Curves 曲线

Curves 曲线	动画过程
linear	匀速
decelerate	匀减速
ease	开始加速，后面减速
easeIn	开始慢，后面快
easeOut	开始快，后面慢
easeInOut	开始慢，然后加速，最后再减速

除了上面列举的，Curves 类中还定义了许多其他的曲线，在此不一一介绍，读者可以自行查看 Curves 类定义。

当然我们也可以创建自己的 Curve，例如定义一个正弦曲线：

```
class ShakeCurve extends Curve {
  @override
  double transform(double t) {
```

```
    return math.sin(t * math.PI * 2);
  }
}
```

3. AnimationController

AnimationController 用于控制动画，它包含动画的启动（forward()）、停止（stop()）、反向播放（reverse()）等方法。AnimationController 会在动画的每一帧生成一个新的值。默认情况下，AnimationController 在给定的时间段内线性地生成从 0.0 到 1.0（默认区间）的数字。例如，用如下代码创建一个 Animation 对象（但不会启动动画）：

```
final AnimationController controller = AnimationController(
  duration: const Duration(milliseconds: 2000),
  vsync: this,
);
```

AnimationController 生成数字的区间可以通过 lowerBound 和 upperBound 来指定，代码如下：

```
final AnimationController controller = AnimationController(
  duration: const Duration(milliseconds: 2000),
  lowerBound: 10.0,
  upperBound: 20.0,
  vsync: this
);
```

AnimationController 派生自 Animation<double>，因此可以在需要 Animation 对象的任何地方使用。但是，AnimationController 具有控制动画的其他方法，例如 forward() 方法可以启动正向动画，reverse() 可以启动反向动画。在动画执行后开始生成动画帧，屏幕每刷新一次就是一个动画帧，在动画的每一帧，会根据动画的曲线来生成当前的动画值（Animation.value），然后根据当前的动画值去构建 UI，当所有动画帧依次触发时，动画值会依次改变，所以构建的 UI 也会依次变化，所以最终我们可以看到一个完成的动画。另外，在动画的每一帧，Animation 对象会调用其帧监听器，等动画状态发生改变时（如动画结束）会调用状态改变监听器。

duration 表示动画执行的时长，通过它我们可以控制动画的速度。

> 📖 **注意** 在某些情况下，动画值可能会超出 AnimationController 的 [0.0, 1.0] 的范围，这取决于具体的曲线。例如，fling() 函数可以根据手指滑动（甩出）的速度（velocity）、力量（force）等来模拟手指甩出动画，因此它的动画值可以在 [0.0, 1.0] 范围之外。也就是说，根据选择的曲线，CurvedAnimation 的输出可以具有比输入更大的范围。例如，Curves.elasticIn 等弹性曲线会生成大于或小于默认范围的值。

Ticker

当创建一个 AnimationController 时，需要传递一个 vsync 参数，它接收一个 TickerProvider 类型的对象，它的主要职责是创建 Ticker，定义如下：

```
abstract class TickerProvider {
  // 通过一个回调创建一个 Ticker
  Ticker createTicker(TickerCallback onTick);
}
```

Flutter 应用在启动时都会绑定一个 SchedulerBinding，通过 SchedulerBinding 可以给每一次屏幕刷新添加回调，而 Ticker 就是通过 SchedulerBinding 来添加屏幕刷新回调，这样一来，每次屏幕刷新都会调用 TickerCallback。使用 Ticker（而不是 Timer）来驱动动画会防止屏幕外动画（动画的 UI 不在当前屏幕时，如锁屏时）消耗不必要的资源，因为 Flutter 中屏幕刷新时会通知到绑定的 SchedulerBinding，而 Ticker 是受 SchedulerBinding 驱动的，由于锁屏后屏幕会停止刷新，所以 Ticker 就不会再触发。

通常我们会将 SingleTickerProviderStateMixin 添加到 State 的定义中，然后将 State 对象作为 vsync 的值，这在后面的例子中可以见到。

4. Tween

（1）简介

默认情况下，AnimationController 对象值的范围是 [0.0, 1.0]。如果需要构建 UI 的动画值在不同的范围或是不同的数据类型，则可以使用 Tween 来添加映射以生成不同的范围或数据类型的值。例如，像下面的代码示例，Tween 生成 [-200.0, 0.0] 的值：

```
final Tween doubleTween = Tween<double>(begin: -200.0, end: 0.0);
```

Tween 构造函数需要 begin 和 end 两个参数。Tween 的唯一职责就是定义从输入范围到输出范围的映射。输入范围通常为 [0.0, 1.0]，但这不是必需的，我们可以自定义需要的范围。

Tween 继承自 Animatable<T>，而不是继承自 Animation<T>，Animatable 中主要定义动画值的映射规则。

下面我们看一个 ColorTween 将动画输入范围映射为两种颜色值之间过渡输出的例子：

```
final Tween colorTween =
  ColorTween(begin: Colors.transparent, end: Colors.black54);
```

Tween 对象不存储任何状态，相反，它提供了 evaluate(Animation<double> animation) 方法，它可以获取动画当前的映射值。Animation 对象的当前值可以通过 value() 方法取到。evaluate 函数还执行一些其他处理，例如分别确保在动画值为 0.0 和 1.0 时返回开始和结束状态。

（2）Tween.animate

要使用 Tween 对象，需要调用其 animate() 方法，然后传入一个控制器对象。例如，以下代码在 500ms 内生成从 0 到 255 的整数值。

```
final AnimationController controller = AnimationController(
  duration: const Duration(milliseconds: 500),
  vsync: this,
);
```

```
Animation<int> alpha = IntTween(begin: 0, end: 255).animate(controller);
```

 注意 animate() 返回的是一个 Animation，而不是一个 Animatable。

以下示例构建了一个控制器、一条曲线和一个 Tween，代码如下：

```
final AnimationController controller = AnimationController(
  duration: const Duration(milliseconds: 500),
  vsync: this,
);
final Animation curve = CurvedAnimation(parent: controller, curve: Curves.easeOut);
Animation<int> alpha = IntTween(begin: 0, end: 255).animate(curve);
```

9.1.3 线性插值 lerp 函数

动画的原理其实就是每一帧绘制不同的内容，一般都是指定起始和结束状态，然后在一段时间内从起始状态逐渐变为结束状态，而具体某一帧的状态值会根据动画的进度来算出，因此，Flutter 中给有可能会做动画的一些状态属性都定义了静态的 lerp 方法（线性插值），例如：

```
//a 为起始颜色，b为终止颜色，t为当前动画的进度 [0,1]
Color.lerp(a, b, t);
lerp 的计算一般遵循：返回值 = a + (b - a) * t，其他拥有 lerp 方法的类，代码如下：
// Size.lerp(a, b, t)
// Rect.lerp(a, b, t)
// Offset.lerp(a, b, t)
// Decoration.lerp(a, b, t)
// Tween.lerp(t) // 起始状态和终止状态在构建 Tween 的时候已经指定了
...
```

需要注意，lerp 是线性插值，意思是返回值和动画进度 t 是成一次函数（$y=kx+b$）关系，因为一次函数的图像是一条直线，所以叫作线性插值。如果我们想让动画按照一个曲线来执行，可以对 t 进行映射，比如要实现匀加速效果，则 $t'=at^2+bt+c$，然后指定加速度 a 和 b 即可（大多数情况下需保证 t' 的取值范围在 [0, 1]，当然也有一些情况可能会超出该取值范围，比如弹簧（bounce）效果），而不同 Curve 之所以可以按照不同曲线执行动画的原理就是：对 t 按照不同映射公式进行映射，对此读者可以仔细体会一下。

9.2 动画基本结构及状态监听

9.2.1 动画基本结构

在 Flutter 中可以通过多种方式来实现动画，下面通过一个图片逐渐放大示例的不同实现来演示 Flutter 中动画的不同实现方式的区别。

1. 基础版本

下面我们演示一下最基础的动画实现方式，代码如下：

```
class ScaleAnimationRoute extends StatefulWidget {
  const ScaleAnimationRoute({Key? key}) : super(key: key);

  @override
  _ScaleAnimationRouteState createState() => _ScaleAnimationRouteState();
}
```

// 需要继承 TickerProvider，如果有多个 AnimationController，则应该使用 TickerProviderStateMixin。

```
class _ScaleAnimationRouteState extends State<ScaleAnimationRoute>
    with SingleTickerProviderStateMixin {
  late Animation<double> animation;
  late AnimationController controller;

  @override
  initState() {
    super.initState();
    controller = AnimationController(
      duration: const Duration(seconds: 2),
      vsync: this,
    );

    // 匀速
    // 图片宽高从 0 变到 300
    animation = Tween(begin: 0.0, end: 300.0).animate(controller)
      ..addListener(() {
        setState(() => {});
      });

    // 启动动画（正向执行）
    controller.forward();
  }

  @override
  Widget build(BuildContext context) {
    return Center(
      child: Image.asset(
        "imgs/avatar.png",
        width: animation.value,
        height: animation.value,
      ),
    );
  }

  @override
  dispose() {
    // 路由销毁时需要释放动画资源
    controller.dispose();
    super.dispose();
  }
}
```

上面代码中 addListener() 函数调用了 setState()，所以每次动画生成一个新的数字时，当前帧被标记为脏（dirty），这会导致 Widget 的 build() 方法再次被调用，而在 build() 中，改变 Image 的宽高，因为它的高度和宽度现在使用的是 animation.value，所以就会逐渐放大。值得注意的是动画完成时要释放控制器（调用 dispose() 方法）以防止内存泄露。

上面的例子中并没有指定 Curve，所以放大的过程是线性（匀速）的，下面我们指定一个 Curve 来实现类似于弹簧效果的动画过程，我们只需要将 initState 中的代码修改为如下代码即可：

```
@override
initState() {
    super.initState();
    controller = AnimationController(
        duration: const Duration(seconds: 3), vsync: this);
    // 使用弹性曲线
    animation=CurvedAnimation(parent: controller, curve: Curves.bounceIn);
    // 图片宽高从 0 变到 300
    animation = Tween(begin: 0.0, end: 300.0).animate(animation)
      ..addListener(() {
        setState(() => {});
      });
    // 启动动画
    controller.forward();
}
```

代码运行后效果如图 9-1 所示。

2. 使用 AnimatedWidget 简化

细心的读者可能已经发现，上面的示例中通过 addListener() 和 setState() 来更新 UI 这一步其实是通用的，如果每个动画中都加这样一句是比较烦琐的。AnimatedWidget 类封装了调用 setState() 的细节，并允许我们将 Widget 分离出来，重构后的代码如下：

图 9-1　放大动画（扫码查看动图）

```
import 'package:flutter/material.dart';

class AnimatedImage extends AnimatedWidget {
  const AnimatedImage({
    Key? key,
    required Animation<double> animation,
  }) : super(key: key, listenable: animation);

  @override
  Widget build(BuildContext context) {
    final animation = listenable as Animation<double>;
    return  Center(
      child: Image.asset(
        "imgs/avatar.png",
        width: animation.value,
        height: animation.value,
      ),
    );
  }
}

class ScaleAnimationRoute1 extends StatefulWidget {
  const ScaleAnimationRoute1({Key? key}) : super(key: key);
```

```
    @override
    _ScaleAnimationRouteState createState() => _ScaleAnimationRouteState();
}

class _ScaleAnimationRouteState extends State<ScaleAnimationRoute1>
    with SingleTickerProviderStateMixin {
  late Animation<double> animation;
  late AnimationController controller;

  @override
  initState() {
    super.initState();
    controller = AnimationController(
        duration: const Duration(seconds: 2), vsync: this);
    // 图片宽高从 0 变到 300
    animation = Tween(begin: 0.0, end: 300.0).animate(controller);
    // 启动动画
    controller.forward();
  }

  @override
  Widget build(BuildContext context) {
    return AnimatedImage(
      animation: animation,
    );
  }

  @override
  dispose() {
    // 路由销毁时需要释放动画资源
    controller.dispose();
    super.dispose();
  }
}
```

3. 用 AnimatedBuilder 重构

用 AnimatedWidget 可以从动画中分离出 Widget，而动画的渲染过程（即设置宽高）仍然在 AnimatedWidget 中，假设我们再添加一个 Widget 透明度变化的动画，那么需要再实现一个 AnimatedWidget，这样不是很优雅，如果我们能把渲染过程也抽象出来，那就会好很多，而 AnimatedBuilder 正是将渲染逻辑分离出来，上面 build 方法中的代码可以改为如下代码：

```
  @override
  Widget build(BuildContext context) {
    //return AnimatedImage(animation: animation,);
      return AnimatedBuilder(
        animation: animation,
        child: Image.asset("imgs/avatar.png"),
        builder: (BuildContext ctx, child) {
          return Center(
            child: SizedBox(
              height: animation.value,
              width: animation.value,
```

```
            child: child,
          ),
        );
      },
    );
  }
```

上述代码中有一个让人迷惑的问题——child 看起来像被指定了两次。但实际情况是：将外部引用 child 传递给 AnimatedBuilder 后，AnimatedBuilder 再将其传递给匿名构造器，然后将该对象用作其子对象。最终的结果是 AnimatedBuilder 返回的对象插入 Widget 树中。

也许你会说这和我们刚开始的示例差不了多少，其实它会带来三个好处：

❑ 不用显式地去添加帧监听器，然后再调用 setState() 了，这个好处和 AnimatedWidget 是一样的。

❑ 更好的性能：因为动画每一帧需要构建的 Widget 的范围缩小了，如果没有 builder，setState() 将会在父组件上下文中调用，这将会导致父组件的 build 方法重新调用；而有了 builder 之后，只会导致动画 Widget 自身的 build 重新调用，避免不必要的重构。

❑ 通过 AnimatedBuilder 可以封装常见的过渡效果来复用动画。下面我们通过封装一个 GrowTransition 来说明，它可以对子 Widget 实现放大动画。

```
class GrowTransition extends StatelessWidget {
  const GrowTransition({Key? key,
    required this.animation,
    this.child,
  }) : super(key: key);

  final Widget? child;
  final Animation<double> animation;

  @override
  Widget build(BuildContext context) {
    return Center(
      child: AnimatedBuilder(
        animation: animation,
        builder: (BuildContext context, child) {
          return SizedBox(
            height: animation.value,
            width: animation.value,
            child: child,
          );
        },
        child: child,
      ),
    );
  }
}
```

这样，最初的示例就可以修改为如下代码：

```
...
Widget build(BuildContext context) {
```

```
return GrowTransition(
  child: Image.asset("images/avatar.png"),
  animation: animation,
);
}
```

Flutter 中正是通过这种方式封装了很多动画，如 FadeTransition、ScaleTransition、SizeTransition 等，很多时候都可以复用这些预置的过渡类。

9.2.2　动画状态监听

前文中说过，我们可以通过 Animation 的 addStatus-Listener() 方法来添加动画状态改变监听器。Flutter 中有四种动画状态，在 AnimationStatus 枚举类中定义，下面我们在表 9-2 中逐个说明。

表 9-2　动画状态

枚举值	含义
dismissed	动画在起始点停止
forward	动画正在正向执行
reverse	动画正在反向执行
completed	动画在终点停止

示例

我们将上面图片放大的示例改为先放大，再缩小，再放大……这样的循环动画。要实现这种效果，只需要监听动画状态的改变即可，即在动画正向执行结束时反转动画，在动画反向执行结束时再正向执行动画。代码如下：

```
initState() {
  super.initState();
  controller = AnimationController(
    duration: const Duration(seconds: 1),
    vsync: this,
  );
  // 图片宽高从 0 变到 300
  animation = Tween(begin: 0.0, end: 300.0).animate(controller);
  animation.addStatusListener((status) {
    if (status == AnimationStatus.completed) {
      // 动画执行结束时反向执行动画
      controller.reverse();
    } else if (status == AnimationStatus.dismissed) {
      // 动画恢复到初始状态时执行动画（正向）
      controller.forward();
    }
  });

  // 启动动画（正向）
  controller.forward();
}
```

9.3　自定义路由切换动画

我们在 2.4 节中讲过：Material 组件库中提供了一个 MaterialPageRoute 组件，它可以使用和平台风格一致的路由切换动画，如在 iOS 上会左右滑动切换，而在 Android 上会上下滑动切换。现在，我们如果在 Android 上也想使用左右切换风格，该怎么做？一个简单的做法是直接使用 CupertinoPageRoute，例如：

```
Navigator.push(context, CupertinoPageRoute(
  builder: (context)=>PageB(),
));
```

CupertinoPageRoute 是 Cupertino 组件库提供的 iOS 风格的路由切换组件，它实现的就是左右滑动切换。那么我们如何自定义路由切换动画呢？答案就是 PageRouteBuilder。下面看一看如何使用 PageRouteBuilder 来自定义路由切换动画。例如我们想以渐隐渐入动画来实现路由过渡，实现代码如下：

```
Navigator.push(
  context,
  PageRouteBuilder(
    transitionDuration: Duration(milliseconds: 500), // 动画时间为 500ms
    pageBuilder: (BuildContext context, Animation animation,
        Animation secondaryAnimation) {
      return FadeTransition(
        // 使用渐隐渐入过渡
        opacity: animation,
        child: PageB(), // 路由 B
      );
    },
  ),
);
```

我们可以看到 pageBuilder 有一个 animation 参数，这是 Flutter 路由管理器提供的，在路由切换时 pageBuilder 在每个动画帧都会被回调，因此可以通过 animation 对象来自定义过渡动画。

无论是 MaterialPageRoute、CupertinoPageRoute，还是 PageRouteBuilder，它们都继承自 PageRoute 类，而 PageRouteBuilder 其实只是 PageRoute 的一个包装，可以直接继承 PageRoute 类来实现自定义路由，上面的例子可以通过如下方式实现：

1. 定义一个路由类 FadeRoute

代码如下：

```
class FadeRoute extends PageRoute {
  FadeRoute({
    required this.builder,
    this.transitionDuration = const Duration(milliseconds: 300),
    this.opaque = true,
    this.barrierDismissible = false,
    this.barrierColor,
    this.barrierLabel,
    this.maintainState = true,
  });

  final WidgetBuilder builder;

  @override
  final Duration transitionDuration;
```

```
@override
final bool opaque;

@override
final bool barrierDismissible;

@override
final Color barrierColor;

@override
final String barrierLabel;

@override
final bool maintainState;

@override
Widget buildPage(BuildContext context, Animation<double> animation,
    Animation<double> secondaryAnimation) => builder(context);

@override
Widget buildTransitions(BuildContext context, Animation<double> animation,
    Animation<double> secondaryAnimation, Widget child) {
  return FadeTransition(
    opacity: animation,
    child: builder(context),
  );
  }
}
```

2. 使用 FadeRoute
代码如下：

```
Navigator.push(context, FadeRoute(builder: (context) {
  return PageB();
}));
```

虽然上面的两种方法都可以实现自定义切换动画，但实际使用时应优先考虑使用 PageRouteBuilder，这样无须定义一个新的路由类，使用起来会比较方便。但是有些时候 PageRouteBuilder 是不能满足需求的，例如在应用过渡动画时我们需要读取当前路由的一些属性，这时就只能采用继承 PageRoute 的方式了，举个例子，假如我们只想在打开新路由时应用动画，而在返回时不使用动画，那么在构建过渡动画时就必须判断当前路由的 isActive 属性是否为 true，代码如下：

```
@override
Widget buildTransitions(BuildContext context, Animation<double> animation,
    Animation<double> secondaryAnimation, Widget child) {
  // 当前路由被激活，是打开新路由
  if(isActive) {
    return FadeTransition(
      opacity: animation,
      child: builder(context),
    );
```

```
    }else{
      // 是返回，则不应用过渡动画
      return Padding(padding: EdgeInsets.zero);
    }
  }
```

关于路由参数的详细信息，读者可以自行查阅 API 文档，比较简单，不再赘述。

9.4 Hero 动画

9.4.1 自实现 Hero 动画

比如现在有一个头像组件，初始的时候是一个圆形的小图，我们想实现点击后查看大图的功能，为了有较好的体验，小图变成大图和大图变回小图时我们分别执行一个"飞行"过渡动画，效果如图 9-2 所示。

图 9-2 "飞行"过渡动画
（扫码查看动图）

要实现上面的动画效果，最简单的方式就是使用 Flutter 的 Hero 动画，但是为了让读者理解 Hero 动画的原理，我们先不使用 Hero 动画，而是通过之前章节所学的知识来实现一下这个效果。

简单分析后有一个思路：首先确定小图和大图的位置和大小，动画的话用一个 Stack，然后通过 Positioned 来设置每一帧的组件位置和大小，代码实现如下：

```
class CustomHeroAnimation extends StatefulWidget {
  const CustomHeroAnimation({Key? key}) : super(key: key);

  @override
  _CustomHeroAnimationState createState() => _CustomHeroAnimationState();
}

class _CustomHeroAnimationState extends State<CustomHeroAnimation>
    with SingleTickerProviderStateMixin {
  late AnimationController _controller;

  bool _animating = false;
  AnimationStatus? _lastAnimationStatus;
  late Animation _animation;

  // 两个组件在 Stack 中所占的区域
  Rect? child1Rect;
  Rect? child2Rect;

  @override
  void initState() {
    _controller =
        AnimationController(vsync: this, duration: Duration(milliseconds: 200));
    // 应用 curve
    _animation = CurvedAnimation(
      parent: _controller,
      curve: Curves.easeIn,
```

```
    );

    _controller.addListener(() {
      if (_controller.isCompleted || _controller.isDismissed) {
        if (_animating) {
          setState(() {
            _animating = false;
          });
        }
      } else {
        _lastAnimationStatus = _controller.status;
      }
    });
    super.initState();
  }

  @override
  void dispose() {
    _controller.dispose();
    super.dispose();
  }

  @override
  Widget build(BuildContext context) {
    // 小头像
    final Widget child1 = wChild1();
    // 大头像
    final Widget child2 = wChild2();

    // 是否展示小头像；只有在动画执行时、初始状态或者刚从大图变为小图时才应该显示小头像
    bool showChild1 =
        !_animating && _lastAnimationStatus != AnimationStatus.forward;

    // 执行动画时的目标组件；如果是从小图变为大图，则目标组件是大图；反之则是小图
    Widget targetWidget;
    if (showChild1 || _controller.status == AnimationStatus.reverse) {
      targetWidget = child1;
    } else {
      targetWidget = child2;
    }

    return LayoutBuilder(builder: (context, constraints) {
      return SizedBox(
        // 我们让 Stack 填满屏幕剩余空间
        width: constraints.maxWidth,
        height: constraints.maxHeight,
        child: Stack(
          alignment: AlignmentDirectional.topCenter,
          children: [
            if (showChild1)
              AfterLayout(
                // 获取小图在 Stack 中占用的 Rect 信息
                callback: (value) => child1Rect = _getRect(value),
                child: child1,
              ),
            if (!showChild1)
```

```
                    AnimatedBuilder(
                      animation: _animation,
                      builder: (context, child) {
                        // 求出 rect 插值
                        final rect = Rect.lerp(
                          child1Rect,
                          child2Rect,
                          _animation.value,
                        );
                        // 通过 Positioned 设置组件的大小和位置
                        return Positioned.fromRect(rect: rect!, child: child!);
                      },
                      child: targetWidget,
                    ),
                    // 用于测量 child2 的大小，设置为全透明并且不能响应事件
                    IgnorePointer(
                      child: Center(
                        child: Opacity(
                          opacity: 0,
                          child: AfterLayout(
                            // 获取大图在 Stack 中占用的 Rect 信息
                            callback: (value) => child2Rect = _getRect(value),
                            child: child2,
                          ),
                        ),
                      ),
                    ),
                ],
              ),
            );
      });
}

Widget wChild1() {
  // 点击后执行正向动画
  return GestureDetector(
    onTap: () {
      setState(() {
        _animating = true;
        _controller.forward();
      });
    },
    child: SizedBox(
      width: 50,
      child: ClipOval(child: Image.asset("imgs/avatar.png")),
    ),
  );
}

Widget wChild2() {
  // 点击后执行反向动画
  return GestureDetector(
    onTap: () {
      setState(() {
        _animating = true;
```

```
      _controller.reverse();
    });
  },
  child: Image.asset("imgs/avatar.png", width: 400),
);
}

Rect _getRect(RenderAfterLayout renderAfterLayout) {
  // 我们需要获取的是 AfterLayout 子组件相对于 Stack 的 Rect
  return renderAfterLayout.localToGlobal(
      Offset.zero,
      // 找到 Stack 对应的 RenderObject 对象
      ancestor: context.findRenderObject(),
    ) &
    renderAfterLayout.size;
}
}
```

代码运行后，点击头像就可以实现图 9-2 中的动画效果，注意，我们是通过自定义的 AfterLayout 组件来获取组件的 Rect 信息的，该组件在第 4 章介绍过，我们将在 14.4 节中详细介绍该组件原理。

可以看到，整个飞行动画的实现还是比较复杂的，但由于这种飞行动画在交互上会经常被用到，因此 Flutter 在框架层抽象了上述实现飞行动画的逻辑，提供了一种通用且简单的实现 Hero 动画的方式。

9.4.2　Flutter Hero 动画

Hero 指的是可以在路由（页面）之间"飞行"的 Widget，简单来说，Hero 动画就是在路由切换时，有一个共享的 Widget 可以在新旧路由间切换。因为共享的 Widget 在新旧路由页面上的位置、外观可能有所差异，所以在路由切换时会从旧路由逐渐过渡到新路由中的指定位置，这样就会产生一个 Hero 动画。

你可能多次看到过 Hero 动画。例如，一个路由中显示待售商品的缩略图列表，选择一个条目会将其跳转到一个新路由，新路由中包含该商品的详细信息和"购买"按钮。在 Flutter 中将图片从一个路由"飞"到另一个路由称为 Hero 动画，相同的动作有时也称为共享元素转换。下面我们通过一个示例来体验一下 Hero 动画。

为什么要将这种可飞行的共享组件称为 Hero（英雄）？有一种说法是美国文化中的超人是可以飞的，那是美国人心中的大英雄，还有漫威中的超级英雄基本上都是会飞的，所以 Flutter 开发人员就给这种"会飞的 Widget"起了一个富有浪漫主义的名字 Hero。当然这种说法并非官方解释，但却很有意思。

示例

假设有两个路由 A 和 B，它们的内容交互如下：

❑ A：包含一个用户头像，圆形，点击后跳到 B 路由，可以查看大图。

❑ B：显示用户头像原图，矩形。

在 AB 两个路由之间跳转的时候，用户头像会逐渐过渡到目标路由页的头像上，接下来我们先看看代码，然后再解析。

1) 路由 A：

```
class HeroAnimationRouteA extends StatelessWidget {
  const HeroAnimationRouteA({Key? key}) : super(key: key);

  @override
  Widget build(BuildContext context) {
    return Container(
      alignment: Alignment.topCenter,
      child: Column(
        children: <Widget>[
          InkWell(
            child: Hero(
              tag: "avatar", // 唯一标记，前后两个路由页 Hero 的 tag 必须相同
              child: ClipOval(
                child: Image.asset(
                  "imgs/avatar.png",
                  width: 50.0,
                ),
              ),
            ),
            onTap: () {
              // 打开 B 路由
              Navigator.push(context, PageRouteBuilder(
                pageBuilder: (
                  BuildContext context,
                  animation,
                  secondaryAnimation,
                ) {
                  return FadeTransition(
                    opacity: animation,
                    child: Scaffold(
                      appBar: AppBar(
                        title: const Text("原图"),
                      ),
                      body: const HeroAnimationRouteB(),
                    ),
                  );
                },
              ));
            },
          ),
          const Padding(
            padding: EdgeInsets.only(top: 8.0),
            child: Text("点击头像"),
          )
        ],
      ),
    );
  }
}
```

2）路由 B：

```
class HeroAnimationRouteB extends StatelessWidget {
  @override
  Widget build(BuildContext context) {
    return Center(
      child: Hero(
        tag: "avatar", // 唯一标记，前后两个路由页 Hero 的 tag 必须相同
        child: Image.asset("imgs/avatar.png"),
      ),
    );
  }
}
```

可以看到，实现 Hero 动画只需要用 Hero 组件将要共享的 Widget 包装起来，并提供一个相同的 tag 即可，中间的过渡帧都是 Flutter 框架自动完成的。必须注意，前后路由页的共享 Hero 的 tag 必须是相同的，Flutter 框架内部正是通过 tag 来确定新旧路由页 Widget 的对应关系的。

Hero 动画的原理比较简单，Flutter 框架知道新旧路由页中共享元素的位置和大小，所以根据这两个端点，在动画执行过程中求出过渡时的插值（中间态）即可，幸运的是，这些事情不需要我们自己动手，Flutter 已经帮我们做了，实际上，Flutter Hero 动画的实现原理和我们在本章开始自实现的原理是相似的，读者有兴趣的话可以去看 Hero 动画相关的源代码。

9.5　交织动画

9.5.1　简介

有些时候我们可能会需要一些复杂的动画，这些动画可能由一个动画序列或重叠的动画组成，比如有一个柱状图，需要在高度增长的同时改变颜色，等到增长到最大高度后，需要在 X 轴上平移一段距离。可以发现上述场景在不同阶段包含了多种动画，要实现这种效果，使用交织动画（Stagger Animation）会非常简单。交织动画中需要注意以下几点：

❑ 要创建交织动画，需要使用多个动画对象（Animation）。

❑ 一个 AnimationController 控制所有的动画对象。

❑ 给每一个动画对象指定时间间隔（Interval）。

所有动画都由同一个 AnimationController 驱动，无论动画需要持续多长时间，控制器的值必须在 0.0 ～ 1.0 之间，而每个动画的间隔也必须介于 0.0 ～ 1.0 之间。对于在间隔中设置动画的每个属性，需要分别创建一个 Tween 用于指定该属性的开始值和结束值。也就是说 0.0 ～ 1.0 代表整个动画过程，我们可以给不同动画指定不同的起始点和终止点来决定它们的开始时间和终止时间。

9.5.2　示例

下面我们看一个例子，实现一个柱状图增长的动画：

❑ 开始时高度从 0 增长到 300 像素，同时颜色由绿色渐变为红色；这个过程占据整个动画时间的 60%。

❑ 高度增长到 300 后，开始沿 X 轴向右平移 100 像素，这个过程占用整个动画时间的 40%。

我们将执行动画的 Widget 分离出来，代码如下：

```
class StaggerAnimation extends StatelessWidget {
  StaggerAnimation({
    Key? key,
    required this.controller,
  }) : super(key: key) {
    //高度动画
    height = Tween<double>(
      begin: .0,
      end: 300.0,
    ).animate(
      CurvedAnimation(
        parent: controller,
        curve: const Interval(
          0.0, 0.6, //间隔，前60%的动画时间
          curve: Curves.ease,
        ),
      ),
    );

    color = ColorTween(
      begin: Colors.green,
      end: Colors.red,
    ).animate(
      CurvedAnimation(
        parent: controller,
        curve: const Interval(
          0.0, 0.6, //间隔，前60%的动画时间
          curve: Curves.ease,
        ),
      ),
    );

    padding = Tween<EdgeInsets>(
      begin: const EdgeInsets.only(left: .0),
      end: const EdgeInsets.only(left: 100.0),
    ).animate(
      CurvedAnimation(
        parent: controller,
        curve: const Interval(
          0.6, 1.0, //间隔，后40%的动画时间
          curve: Curves.ease,
        ),
      ),
    );
  }

  late final Animation<double> controller;
```

```
late final Animation<double> height;
late final Animation<EdgeInsets> padding;
late final Animation<Color?> color;

Widget _buildAnimation(BuildContext context, child) {
  return Container(
    alignment: Alignment.bottomCenter,
    padding: padding.value,
    child: Container(
      color: color.value,
      width: 50.0,
      height: height.value,
    ),
  );
}

@override
Widget build(BuildContext context) {
  return AnimatedBuilder(
    builder: _buildAnimation,
    animation: controller,
  );
}
}
```

StaggerAnimation 中定义了三个动画，分别是对 Container 的 height、color、padding 属性设置的动画，然后通过 Interval 来为每个动画指定在整个动画过程中的起始点和终止点。下面我们来实现启动动画的路由，代码如下：

```
class StaggerRoute extends StatefulWidget {
  @override
  _StaggerRouteState createState() => _StaggerRouteState();
}

class _StaggerRouteState extends State<StaggerRoute>
    with TickerProviderStateMixin {
  late AnimationController _controller;

  @override
  void initState() {
    super.initState();

    _controller = AnimationController(
      duration: const Duration(milliseconds: 2000),
      vsync: this,
    );
  }

  _playAnimation() async {
    try {
      // 先正向执行动画
      await _controller.forward().orCancel;
      // 再反向执行动画
      await _controller.reverse().orCancel;
    } on TickerCanceled {
```

```
    // 捕获异常。可能发生在组件销毁时，计时器会被取消
    }
  }

  @override
  Widget build(BuildContext context) {
    return Center(
      child: Column(
        children: [
          ElevatedButton(
            onPressed: () => _playAnimation(),
            child: Text("start animation"),
          ),
          Container(
            width: 300.0,
            height: 300.0,
            decoration: BoxDecoration(
              color: Colors.black.withOpacity(0.1),
              border: Border.all(
                color: Colors.black.withOpacity(0.5),
              ),
            ),
            // 调用我们定义的交错动画 Widget
            child: StaggerAnimation(controller: _controller),
          ),
        ],
      ),
    );
  }
}
```

上述代码执行效果如图 9-3 所示。

图 9-3　交织动画（扫
码查看动图）

9.6　动画切换组件

实际开发中，我们经常会遇到切换 UI 元素的场景，比如 Tab 切换、路由切换。为了增强用户体验，通常在切换时都会指定一个动画，以使切换过程显得平滑。Flutter SDK 组件库中已经提供了一些常用的切换组件，如 PageView、TabView 等，但是这些组件并不能覆盖全部的需求场景，为此，Flutter SDK 中提供了一个 AnimatedSwitcher 组件，它定义了一种通用的 UI 切换抽象。

9.6.1　AnimatedSwitcher

1. 简介

AnimatedSwitcher 可以同时对其新、旧子元素添加显示、隐藏动画。也就是说在 Animated-Switcher 的子元素发生变化时，会对其旧元素和新元素做动画，我们先看看 Animated-Switcher 的定义：

```
const AnimatedSwitcher({
```

```
  Key? key,
  this.child,
  required this.duration,// 新 child 显示动画时长
  this.reverseDuration,// 旧 child 隐藏的动画时长
  this.switchInCurve = Curves.linear,// 新 child 显示的动画曲线
  this.switchOutCurve = Curves.linear,// 旧 child 隐藏的动画曲线
  this.transitionBuilder = AnimatedSwitcher.defaultTransitionBuilder,// 动画构建器
  this.layoutBuilder = AnimatedSwitcher.defaultLayoutBuilder,// 布局构建器
})
```

当 AnimatedSwitcher 的 child 发生变化时（类型或 Key 不同），旧 child 会执行隐藏动画，新 child 会执行执行显示动画。究竟执行何种动画效果则由 transitionBuilder 参数决定，该参数接受一个 AnimatedSwitcherTransitionBuilder 类型的 builder，定义如下：

```
typedef AnimatedSwitcherTransitionBuilder =
  Widget Function(Widget child, Animation<double> animation);
```

该 builder 在 AnimatedSwitcher 的 child 切换时会分别对新、旧 child 绑定动画：

❑ 对旧 child，绑定的动画会反向执行（reverse）。

❑ 对新 child，绑定的动画会正向执行（forward）。

这样便实现了对新、旧 child 的动画绑定。AnimatedSwitcher 的默认值是 AnimatedSwitcher.defaultTransitionBuilder，代码如下：

```
Widget defaultTransitionBuilder(Widget child, Animation<double> animation) {
  return FadeTransition(
    opacity: animation,
    child: child,
  );
}
```

可以看到，返回了 FadeTransition 对象，也就是默认情况，AnimatedSwitcher 会对新旧 child 执行"渐隐"和"渐显"动画。

2. 示例

下面我们看一个例子：实现一个计数器，然后在每一次自增的过程中，旧数字执行缩小动画隐藏，新数字执行放大动画显示，代码如下：

```
import 'package:flutter/material.dart';

class AnimatedSwitcherCounterRoute extends StatefulWidget {
  const AnimatedSwitcherCounterRoute({Key key}) : super(key: key);

  @override
  _AnimatedSwitcherCounterRouteState createState() => _AnimatedSwitcherCounter
    -RouteState();
}

  class _AnimatedSwitcherCounterRouteState extends State<AnimatedSwitcherCounterRoute> {
  int _count = 0;

  @override
```

```
Widget build(BuildContext context) {
  return Center(
    child: Column(
      mainAxisAlignment: MainAxisAlignment.center,
      children: <Widget>[
        AnimatedSwitcher(
          duration: const Duration(milliseconds: 500),
          transitionBuilder: (Widget child, Animation<double> animation) {
            // 执行缩放动画
            return ScaleTransition(child: child, scale: animation);
          },
          child: Text(
            '$_count',
            // 显示指定 key, 不同的 key 会被认为是不同的 Text, 这样才能执行动画
            key: ValueKey<int>(_count),
            style: Theme.of(context).textTheme.headline4,
          ),
        ),
        ElevatedButton(
          child: const Text('+1',),
          onPressed: () {
            setState(() {
              _count += 1;
            });
          },
        ),
      ],
    ),
  );
}
}
```

运行上述示例代码, 当点击 "+1" 按钮时, 原先的数字会逐渐缩小直至隐藏, 而新数字会逐渐放大, 如图 9-4 所示。

上图是第一次点击 "+1" 按钮后, "0" 正在逐渐缩小, 而 "1" 逐渐放大的效果。

图 9-4 AnimatedSwitcher 示例 (扫码查看动图)

注意 AnimatedSwitcher 的新旧 child, 如果类型相同, 则 Key 必须不相等。

---

3. AnimatedSwitcher 实现原理

实际上, AnimatedSwitcher 的实现原理是比较简单的, 我们根据 AnimatedSwitcher 的使用方式也可以猜个大概。要想实现新旧 child 切换动画, 只需要明确两个问题:

❏ 动画执行的时机是什么时候?

❏ 如何对新旧 child 执行动画?

从 AnimatedSwitcher 的使用方式我们可以看到: 当 child 发生变化时 (子 Widget 的 key 或类型不同时则认为发生变化), 则重新会重新执行 build, 然后动画开始执行。

我们可以通过继承 StatefulWidget 来实现 AnimatedSwitcher, 具体做法是在 didUpdate-Widget 回调中判断其新旧 child 是否发生变化, 如果发生变化, 则对旧 child 执行反向退场

（reverse）动画，对新 child 执行正向（forward）入场动画即可。下面是 AnimatedSwitcher 实现的部分核心伪代码：

```
Widget _widget;
void didUpdateWidget(AnimatedSwitcher oldWidget) {
  super.didUpdateWidget(oldWidget);
  // 检查新旧 child 是否发生变化 (key 和类型同时相等则返回 true，认为没变化 )
  if (Widget.canUpdate(widget.child, oldWidget.child)) {
    // child 没变化, ...
  } else {
    // child 发生了变化，构建一个 Stack 来分别给新旧 child 执行动画
  _widget= Stack(
    alignment: Alignment.center,
    children:[
      // 旧 child 应用 FadeTransition
      FadeTransition(
       opacity: _controllerOldAnimation,
       child : oldWidget.child,
      ),
      // 新 child 应用 FadeTransition
      FadeTransition(
       opacity: _controllerNewAnimation,
       child : widget.child,
       ),
     ]
   );
    // 给旧 child 执行反向退场动画
    _controllerOldAnimation.reverse();
    // 给新 child 执行正向入场动画
    _controllerNewAnimation.forward();
  }
}

// build 方法
Widget build(BuildContext context){
  return _widget;
}
```

上面的伪代码展示了 AnimatedSwitcher 实现的核心逻辑，当然 AnimatedSwitcher 真正的实现比这个复杂，它可以自定义进退场过渡动画以及执行动画时的布局等。在此，我们删繁就简，通过伪代码形式让读者能够清楚地看到主要的实现思路，具体的实现读者可以参考 AnimatedSwitcher 源代码。

另外，Flutter SDK 中还提供了一个 AnimatedCrossFade 组件，它也可以切换两个子元素，切换过程执行渐隐渐显的动画，和 AnimatedSwitcher 不同的是 AnimatedCrossFade 针对两个子元素，而 AnimatedSwitcher 是在一个子元素的新旧值之间切换。AnimatedCrossFade 的实现原理也比较简单，和 AnimatedSwitcher 类似，因此不再赘述，读者有兴趣可以查看其源代码。

9.6.2　AnimatedSwitcher 高级用法

假设现在我们想实现一个类似路由平移切换的动画：旧页面屏幕中向左侧平移退出，

新页面从屏幕右侧平移进入。如果要用 AnimatedSwitcher，我们很快就会发现一个问题：
做不到！我们可能会写出下面的代码：

```
AnimatedSwitcher(
  duration: Duration(milliseconds: 200),
  transitionBuilder: (Widget child, Animation<double> animation) {
    var tween = Tween<Offset>(begin: Offset(1, 0), end: Offset(0, 0))
    return SlideTransition(
      child: child,
      position: tween.animate(animation),
    );
  },
  ...// 省略
)
```

上面的代码有什么问题呢？我们前面说过在 AnimatedSwitcher 的 child 切换时会对新
child 执行正向（forward）动画，而对旧 child 执行反向（reverse）动画，所以真正的效果便
是：新 child 确实从屏幕右侧平移进入了，但旧 child 却会从屏幕右侧（而不是左侧）退出。
其实也很容易理解，因为在没有特殊处理的情况下，同一个动画的正向和反向正好是相反
（对称）的。

那么问题来了，难道就不能使用 AnimatedSwitcher 了？答案当然是否定的！仔细想想
这个问题，究其原因，就是因为同一个 Animation 正向和反向是对称的。所以如果我们可
以打破这种对称性，便可以实现这个功能了。下面我们来封装一个 MySlideTransition，它
与 SlideTransition 唯一的不同就是对动画的反向执行进行了定制（从左边滑出隐藏），代码
如下：

```
class MySlideTransition extends AnimatedWidget {
  const MySlideTransition({
    Key? key,
    required Animation<Offset> position,
    this.transformHitTests = true,
    required this.child,
  }) : super(key: key, listenable: position);

  final bool transformHitTests;

  final Widget child;

  @override
  Widget build(BuildContext context) {
    final position = listenable as Animation<Offset>;
    Offset offset = position.value;
    if (position.status == AnimationStatus.reverse) {
      offset = Offset(-offset.dx, offset.dy);
    }
    return FractionalTranslation(
      translation: offset,
      transformHitTests: transformHitTests,
      child: child,
    );
```

```
    }
  }
```

调用时，将 SlideTransition 替换成 MySlideTransition 即可，替换后代码如下：

```
AnimatedSwitcher(
  duration: Duration(milliseconds: 200),
  transitionBuilder: (Widget child, Animation<double> animation) {
    var tween=Tween<Offset>(begin: Offset(1, 0), end: Offset(0, 0))
     return MySlideTransition(
       child: child,
       position: tween.animate(animation),
     );
  },
  ...// 省略
)
```

代码运行后，截取了动画执行过程中的一帧，如图 9-5 所示。

图 9-5 中 "0" 从左侧滑出，而 "1" 从右侧滑入。可以看到，我们通过这种巧妙的方式实现了类似路由进场切换的动画，实际上 Flutter 路由切换也正是通过 AnimatedSwitcher 来实现的。

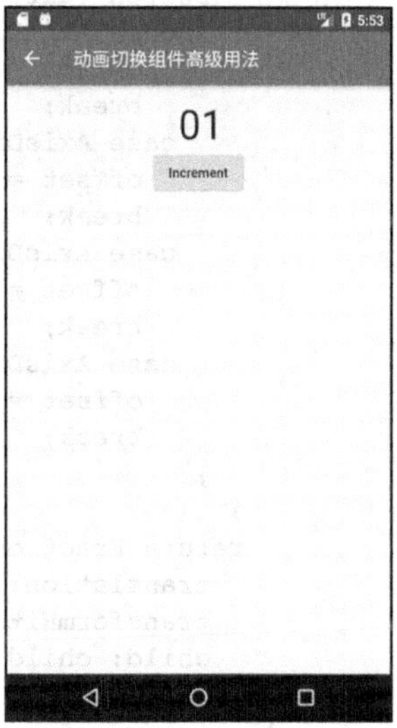

图 9-5 切换动画的一帧

9.6.3　SlideTransitionX

通过上面的示例，我们实现了"左出右入"的动画。那么如果要实现"左入右出""上入下出"或者"下入上出"该怎么办？当然，我们可以分别修改上面的代码，但是这样每种动画都得单独定义一个"Transition"，这很麻烦。本节将封装一个通用的 SlideTransitionX 来实现这种"出入动画"，代码如下：

```
class SlideTransitionX extends AnimatedWidget {
  SlideTransitionX({
    Key? key,
    required Animation<double> position,
    this.transformHitTests = true,
    this.direction = AxisDirection.down,
    required this.child,
  }) : super(key: key, listenable: position) {
    switch (direction) {
      case AxisDirection.up:
        _tween = Tween(begin: const Offset(0, 1), end: const Offset(0, 0));
        break;
      case AxisDirection.right:
        _tween = Tween(begin: const Offset(-1, 0), end: const Offset(0, 0));
        break;
      case AxisDirection.down:
        _tween = Tween(begin: const Offset(0, -1), end: const Offset(0, 0));
        break;
      case AxisDirection.left:
        _tween = Tween(begin: const Offset(1, 0), end: const Offset(0, 0));
        break;
```

```
      }
    }

    final bool transformHitTests;

    final Widget child;

    final AxisDirection direction;

    late final Tween<Offset> _tween;

    @override
    Widget build(BuildContext context) {
      final position = listenable as Animation<double>;
      Offset offset = _tween.evaluate(position);
      if (position.status == AnimationStatus.reverse) {
        switch (direction) {
          case AxisDirection.up:
            offset = Offset(offset.dx, -offset.dy);
            break;
          case AxisDirection.right:
            offset = Offset(-offset.dx, offset.dy);
            break;
          case AxisDirection.down:
            offset = Offset(offset.dx, -offset.dy);
            break;
          case AxisDirection.left:
            offset = Offset(-offset.dx, offset.dy);
            break;
        }
      }
      return FractionalTranslation(
        translation: offset,
        transformHitTests: transformHitTests,
        child: child,
      );
    }
  }
```

现在如果想实现各种 "滑动出入动画" 便非常容易, 只需给 direction 传递不同的方向值即可, 比如要实现 "上入下出", 则代码如下:

```
AnimatedSwitcher(
  duration: Duration(milliseconds: 200),
  transitionBuilder: (Widget child, Animation<double> animation) {
    var tween=Tween<Offset>(begin: Offset(1, 0), end: Offset(0, 0))
      return SlideTransitionX(
        child: child,
        direction: AxisDirection.down, //上入下出
        position: animation,
      );
  },
  ...// 省略其余代码
)
```

代码运行后，效果如图9-6所示。

图 9-6　SlideTransitionX 动画示例（扫码查看动图）

图 9-6 中 "0" 从底部滑出，而 "1" 从顶部滑入。读者可以尝试给 SlideTransitionX 的 direction 取不同的值来查看运行效果。

9.6.4　小结

本节我们学习了 AnimatedSwitcher 的详细用法，同时也介绍了打破 AnimatedSwitcher 动画对称性的方法。可以发现，在需要切换新旧 UI 元素的场景中，AnimatedSwitcher 将十分实用。

9.7　动画过渡组件

为了表述方便，本书约定，将在 Widget 属性发生变化时会执行过渡动画的组件统称为 "动画过渡组件"，而动画过渡组件最明显的一个特征就是它会在内部自管理 Animation-Controller。我们知道，为了方便使用者自定义动画的曲线、执行时长、方向等，在前面介绍过的动画封装方法中，通常都需要使用者自己提供一个 AnimationController 对象来自定义这些属性值。但是如此一来，使用者就必须手动管理 AnimationController，这又会增加使用的复杂性。因此，如果也能将 AnimationController 进行封装，则会大大提高动画组件的易用性。

9.7.1　自定义动画过渡组件

我们要实现一个 AnimatedDecoratedBox，在 decoration 属性发生变化时，从旧状态变成新状态的过程可以执行一个过渡动画。根据前面所学的知识，我们实现了一个 Animated-DecoratedBox1 组件，代码如下：

```
class AnimatedDecoratedBox1 extends StatefulWidget {
  const AnimatedDecoratedBox1({
    Key? key,
    required this.decoration,
    required this.child,
    this.curve = Curves.linear,
    required this.duration,
    this.reverseDuration,
  }) : super(key: key);
```

```
    final BoxDecoration decoration;
    final Widget child;
    final Duration duration;
    final Curve curve;
    final Duration? reverseDuration;

    @override
    _AnimatedDecoratedBox1State createState() => _AnimatedDecoratedBox1State();
}

class _AnimatedDecoratedBox1State extends State<AnimatedDecoratedBox1>
      with SingleTickerProviderStateMixin {
    @protected
    AnimationController get controller => _controller;
    late AnimationController _controller;

    Animation<double> get animation => _animation;
    late Animation<double> _animation;

    late DecorationTween _tween;

    @override
    Widget build(BuildContext context) {
      return AnimatedBuilder(
        animation: _animation,
        builder: (context, child) {
          return DecoratedBox(
            decoration: _tween.animate(_animation).value,
            child: child,
          );
        },
        child: widget.child,
      );
    }

    @override
    void initState() {
      super.initState();
      _controller = AnimationController(
        duration: widget.duration,
        reverseDuration: widget.reverseDuration,
        vsync: this,
      );
      _tween = DecorationTween(begin: widget.decoration);
      _updateCurve();
    }

    void _updateCurve() {
      _animation = CurvedAnimation(parent: _controller, curve: widget.curve);
    }

    @override
    void didUpdateWidget(AnimatedDecoratedBox1 oldWidget) {
      super.didUpdateWidget(oldWidget);
      if (widget.curve != oldWidget.curve) _updateCurve();
```

```
    _controller.duration = widget.duration;
    _controller.reverseDuration = widget.reverseDuration;
    // 正在执行过渡动画
    if (widget.decoration != (_tween.end ?? _tween.begin)) {
      _tween
        ..begin = _tween.evaluate(_animation)
        ..end = widget.decoration;

      _controller
        ..value = 0.0
        ..forward();
    }
  }

  @override
  void dispose() {
    _controller.dispose();
    super.dispose();
  }
}
```

下面我们使用 AnimatedDecoratedBox1 来实现按钮点击后背景色从蓝色过渡到红色的效果，代码如下：

```
Color _decorationColor = Colors.blue;
var duration = Duration(seconds: 1);
...// 省略无关代码
AnimatedDecoratedBox1(
  duration: duration,
  decoration: BoxDecoration(color: _decorationColor),
  child: TextButton(
    onPressed: () {
      setState(() {
        _decorationColor = Colors.red;
      });
    },
    child: const Text(
      "AnimatedDecoratedBox",
      style: TextStyle(color: Colors.white),
    ),
  ),
)
```

代码运行后，点击前效果如图 9-7 所示，点击后截取了过渡过程的一帧，如图 9-8 所示。

图 9-7　AnimatedDecoratedBox 点击前（见彩插） 　　图 9-8　AnimatedDecoratedBox 过渡过程中的一帧（见彩插）

点击后，按钮背景色会从蓝色向红色过渡，图 9-9 是过渡过程中的一帧，略偏紫色，整个过渡动画结束后背景会变为红色。

上面的代码虽然实现了我们期望的功能，但是代码却比较复杂。稍加思考后就可以发现，AnimationController 的管理以及 Tween 更新部分的代码都是可以抽象出来的，如果将这些通用逻辑封装成基类，那么要实现动画过渡组件只需要继承这些基类，然后定制自身不同的代码（比如动画每一帧的构建方法）即可，这样将会简化代码。

为了方便开发者实现动画过渡组件的封装，Flutter 提供了一个 ImplicitlyAnimated-Widget 抽象类，它继承自 StatefulWidget，同时提供了一个对应的 ImplicitlyAnimatedWidget-State 类，AnimationController 的管理就在 ImplicitlyAnimatedWidgetState 类中。开发者如果要封装动画，只需要分别继承 ImplicitlyAnimatedWidget 和 ImplicitlyAnimatedWidgetState 类即可，下面演示一下具体如何实现。

我们需要分两步实现：

1. 继承 ImplicitlyAnimatedWidget 类

代码如下：

```
class AnimatedDecoratedBox extends ImplicitlyAnimatedWidget {
  const AnimatedDecoratedBox({
    Key? key,
    required this.decoration,
    required this.child,
    Curve curve = Curves.linear,
    required Duration duration,
  }) : super(
          key: key,
          curve: curve,
          duration: duration,
        );
  final BoxDecoration decoration;
  final Widget child;

  @override
  _AnimatedDecoratedBoxState createState() {
    return _AnimatedDecoratedBoxState();
  }
}
```

其中 curve、duration、reverseDuration 三个属性在 ImplicitlyAnimatedWidget 中已定义。可以看到 AnimatedDecoratedBox 类和普通继承自 StatefulWidget 的类没有什么不同。

2. State 类继承自 AnimatedWidgetBaseState（该类继承自 ImplicitlyAnimatedWidget-State 类）

代码如下：

```
class _AnimatedDecoratedBoxState
    extends AnimatedWidgetBaseState<AnimatedDecoratedBox> {
  late DecorationTween _decoration;

  @override
  Widget build(BuildContext context) {
    return DecoratedBox(
```

```
      decoration: _decoration.evaluate(animation),
      child: widget.child,
    );
  }

  @override
  void forEachTween(TweenVisitor<dynamic> visitor) {
    _decoration = visitor(
      _decoration,
      widget.decoration,
      (value) => DecorationTween(begin: value),
    ) as DecorationTween;
  }
}
```

可以看到我们实现了 build 和 forEachTween 两个方法。在动画执行过程中，每一帧都会调用 build 方法（调用逻辑在 ImplicitlyAnimatedWidgetState 中），所以在 build 方法中需要构建每一帧的 DecoratedBox 状态，因此得算出每一帧的 decoration 状态，这可以通过 _decoration.evaluate(animation) 来算出，其中 animation 是 ImplicitlyAnimatedWidgetState 基类中定义的对象，_decoration 是我们自定义的一个 DecorationTween 类型的对象，那么现在的问题就是它是在什么时候被赋值的呢？要回答这个问题，就得明确什么时候需要对 _decoration 赋值。我们知道 _decoration 是一个 Tween，而 Tween 的主要职责就是定义动画的起始状态（begin）和终止状态（end）。对于 AnimatedDecoratedBox 来说，decoration 的终止状态就是用户传给它的值，而起始状态是不确定的，有以下两种情况：

□ AnimatedDecoratedBox 首次构建，此时直接将其 decoration 值设置为起始状态，即 _decoration 值为 DecorationTween(begin: decoration)。

□ AnimatedDecoratedBox 的 decoration 更新时，则起始状态为 _decoration.animate (animation)，即 _decoration 值为 DecorationTween(begin: _decoration.animate(animation), end:decoration)。

现在 forEachTween 的作用就很明显了，它正是用来更新 Tween 的初始值的，在上述两种情况下会被调用，而开发者只需重写此方法，并在此方法中更新 Tween 的起始状态值即可。而一些更新的逻辑被屏蔽在了 visitor 回调，我们只需要调用它并给它传递正确的参数即可，visitor 方法的签名如下：

```
Tween<T> visitor(
  Tween<T> tween, // 当前的 tween，第一次调用为 null
  T targetValue, // 终止状态
  TweenConstructor<T> constructor, // Tween 构造器，在上述三种情况下会被调用以更新 tween
);
```

可以看到，通过继承 ImplicitlyAnimatedWidget 和 ImplicitlyAnimatedWidgetState 类，可以快速地实现动画过渡组件的封装，这和纯手工实现相比，代码简化了很多。

如果读者还有疑惑，建议查看 ImplicitlyAnimatedWidgetState 的源码并结合本示例代码对比理解。

9.7.2 Flutter 预置的动画过渡组件

Flutter SDK 中也预置了很多动画过渡组件，实现方式和 AnimatedDecoratedBox 相似，如表 9-3 所示。

表 9-3 Flutter 预置的动画过渡组件

组件名	功能
AnimatedPadding	在 padding 发生变化时会执行过渡动画到新状态
AnimatedPositioned	配合 Stack 一起使用，当定位状态发生变化时会执行过渡动画到新的状态
AnimatedOpacity	在透明度 opacity 发生变化时执行过渡动画到新状态
AnimatedAlign	当 alignment 发生变化时会执行过渡动画到新的状态
AnimatedContainer	当 Container 属性发生变化时会执行过渡动画到新的状态
AnimatedDefaultTextStyle	当字体样式发生变化时，子组件中继承了该样式的文本组件会动态过渡到新样式

下面我们通过一个示例来感受一下这些预置的动画过渡组件效果，代码如下：

```
import 'package:flutter/material.dart';

class AnimatedWidgetsTest extends StatefulWidget {
  const AnimatedWidgetsTest({Key? key}) : super(key: key);

  @override
  _AnimatedWidgetsTestState createState() => _AnimatedWidgetsTestState();
}

class _AnimatedWidgetsTestState extends State<AnimatedWidgetsTest> {
  double _padding = 10;
  var _align = Alignment.topRight;
  double _height = 100;
  double _left = 0;
  Color _color = Colors.red;
  TextStyle _style = const TextStyle(color: Colors.black);
  Color _decorationColor = Colors.blue;
  double _opacity = 1;

  @override
  Widget build(BuildContext context) {
    var duration = const Duration(milliseconds: 400);
    return SingleChildScrollView(
      child: Column(
        children: <Widget>[
          ElevatedButton(
            onPressed: () {
              setState(() {
                _padding = 20;
              });
            },
            child: AnimatedPadding(
              duration: duration,
              padding: EdgeInsets.all(_padding),
              child: const Text("AnimatedPadding"),
            ),
```

```
    ),
    SizedBox(
      height: 50,
      child: Stack(
        children: <Widget>[
          AnimatedPositioned(
            duration: duration,
            left: _left,
            child: ElevatedButton(
              onPressed: () {
                setState(() {
                  _left = 100;
                });
              },
              child: const Text("AnimatedPositioned"),
            ),
          )
        ],
      ),
    ),
    Container(
      height: 100,
      color: Colors.grey,
      child: AnimatedAlign(
        duration: duration,
        alignment: _align,
        child: ElevatedButton(
          onPressed: () {
            setState(() {
              _align = Alignment.center;
            });
          },
          child: const Text("AnimatedAlign"),
        ),
      ),
    ),
    AnimatedContainer(
      duration: duration,
      height: _height,
      color: _color,
      child: TextButton(
        onPressed: () {
          setState(() {
            _height = 150;
            _color = Colors.blue;
          });
        },
        child: const Text(
          "AnimatedContainer",
          style: TextStyle(color: Colors.white),
        ),
      ),
    ),
    AnimatedDefaultTextStyle(
      child: GestureDetector(
```

```dart
          child: const Text("hello world"),
          onTap: () {
            setState(() {
              _style = const TextStyle(
                color: Colors.blue,
                decorationStyle: TextDecorationStyle.solid,
                decorationColor: Colors.blue,
              );
            });
          },
        ),
        style: _style,
        duration: duration,
      ),
      AnimatedOpacity(
        opacity: _opacity,
        duration: duration,
        child: TextButton(
          style: ButtonStyle(
            backgroundColor: MaterialStateProperty.all(Colors.blue)),
          onPressed: () {
            setState(() {
              _opacity = 0.2;
            });
          },
          child: const Text(
            "AnimatedOpacity",
            style: TextStyle(color: Colors.white),
          ),
        ),
      ),
      AnimatedDecoratedBox1(
        duration: Duration(
            milliseconds: _decorationColor == Colors.red ? 400 : 2000),
        decoration: BoxDecoration(color: _decorationColor),
        child: Builder(builder: (context) {
          return TextButton(
            onPressed: () {
              setState(() {
                _decorationColor = _decorationColor == Colors.blue
                    ? Colors.red
                    : Colors.blue;
              });
            },
            child: const Text(
              "AnimatedDecoratedBox toggle",
              style: TextStyle(color: Colors.white),
            ),
          );
        }),
      )
    ].map((e) {
      return Padding(
        padding: const EdgeInsets.symmetric(vertical: 16),
        child: e,
```

```
      );
    }).toList(),
  ),
);
}
}
```

上述代码运行后，效果如图 9-9 所示。

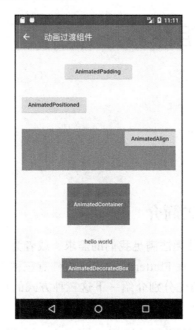

图 9-9　动画过渡组件示例（见彩插）

读者可以点击一下相应组件来查看实际的运行效果。

Chapter 10 第 10 章

自定义组件

10.1 自定义组件方法简介

当 Flutter 提供的现有组件无法满足我们的需求，或者为了共享代码需要封装一些通用组件时，就需要自定义组件。在 Flutter 中自定义组件有三种方式：组合其他组件、自绘和实现 RenderObject。本节我们先分别介绍一下这三种方式的特点，在后面的章节中则详细介绍它们的细节。

10.1.1 组合多个 Widget

这种方式是通过拼装多个组件来组合成一个新的组件。例如我们之前介绍的 Container 就是一个组合组件，它由 DecoratedBox、ConstrainedBox、Transform、Padding、Align 等组件组成。

在 Flutter 中，组合的思想非常重要，Flutter 提供了非常多的基础组件，而我们的界面开发其实就是按照需要组合这些组件来实现各种不同的布局。

10.1.2 通过 CustomPaint 自绘

如果无法通过现有组件来实现需要的 UI，则可以通过自绘组件的方式来实现，例如我们需要一个颜色渐变的圆形进度条，而 Flutter 提供的 CircularProgressIndicator 并不支持在显示精确进度时对进度条应用渐变色（其 valueColor 属性只支持执行旋转动画时变化 Indicator 的颜色），这时最好的方法就是通过自定义组件来绘制出我们期望的外观。可以通过 Flutter 中提供的 CustomPaint 和 Canvas 来实现 UI 自绘。

10.1.3　通过 RenderObject 自绘

Flutter 提供的自身具有 UI 外观的组件，如文本 Text、Image，都是通过相应的 RenderObject（我们将在第 14 章中详细介绍 RenderObject）渲染出来的，例如 Text 由 RenderParagraph 渲染，而 Image 由 RenderImage 渲染。RenderObject 是一个抽象类，它定义了一个抽象方法 paint(...)：

```
void paint(PaintingContext context, Offset offset)
```

PaintingContext 代表组件的绘制上下文，通过 PaintingContext.canvas 可以获得 Canvas，而绘制逻辑主要是通过 Canvas API 实现。子类需要重写此方法以实现自身的绘制逻辑，如 RenderParagraph 需要实现文本绘制逻辑，而 RenderImage 需要实现图片绘制逻辑。

可以发现，RenderObject 最终也是通过 Canvas API 来绘制的，那么通过 RenderObject 的方式和上面介绍的通过 CustomPaint 和 Canvas 自绘的方式实现有什么区别？其实答案很简单，CustomPaint 只是为了方便开发者封装的一个代理类，它直接继承自 SingleChildRender-ObjectWidget，通过 RenderCustomPaint 的 paint 方法将 Canvas 和画笔 Painter（需要开发者实现，后面章节介绍）连接起来实现了最终的绘制（绘制逻辑在 Painter 中）。

10.1.4　小结

"组合"是自定义组件最简单的方法，在任何需要自定义组件的场景下，都应该优先考虑是否能够通过组合来实现。而通过 CustomPaint 和 RenderObject 自绘的方式本质上是一样的，都需要开发者调用 Canvas API 手动去绘制 UI，优点是强大灵活，理论上可以实现任何外观的 UI，缺点是必须了解 Canvas API 细节，并且得自己去实现绘制逻辑。在本章接下来的小节中，将通过一些实例来详细介绍自定义 UI 的方法。

10.2　组合现有组件

在 Flutter 中，页面 UI 通常都是由一些低级别组件组合而成，当需要封装一些通用组件时，应该首先考虑是否可以通过组合其他组件来实现，如果可以，则应优先使用组合，因为直接通过现有组件拼装会非常简单、灵活、高效。

10.2.1　实例：自定义渐变按钮

1. 实现 GradientButton

Flutter Material 组件库中的按钮默认不支持渐变背景，为了实现渐变背景按钮，我们自定义一个 GradientButton 组件，它需要支持以下功能：
- ❑ 背景支持渐变色
- ❑ 手指按下时有涟漪效果

❑ 可以支持圆角

我们先来看看最终要实现的效果，如图 10-1 所示。

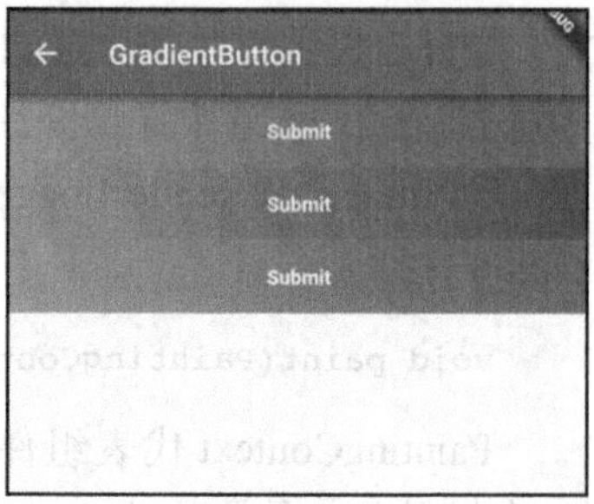

DecoratedBox 可以支持背景色渐变和圆角，InkWell 实现在手指按下有涟漪效果，所以可以通过组合 DecoratedBox 和 InkWell 来实现 GradientButton，代码如下：

图 10-1   渐变按钮示例（见彩插）

```dart
import 'package:flutter/material.dart';

class GradientButton extends StatelessWidget {
  const GradientButton({Key? key,
    this.colors,
    this.width,
    this.height,
    this.onPressed,
    this.borderRadius,
    required this.child,
  }) : super(key: key);

  // 渐变色数组
  final List<Color>? colors;

  // 按钮宽高
  final double? width;
  final double? height;
  final BorderRadius? borderRadius;

  // 点击回调
  final GestureTapCallback? onPressed;

  final Widget child;

  @override
  Widget build(BuildContext context) {
    ThemeData theme = Theme.of(context);

    // 确保 colors 数组不空
    List<Color> _colors =
        colors ?? [theme.primaryColor, theme.primaryColorDark];

    return DecoratedBox(
      decoration: BoxDecoration(
        gradient: LinearGradient(colors: _colors),
        borderRadius: borderRadius,
        //border: RoundedRectangleBorder(borderRadius: BorderRadius.circular(20.0)),
      ),
      child: Material(
        type: MaterialType.transparency,
        child: InkWell(
          splashColor: _colors.last,
          highlightColor: Colors.transparent,
          borderRadius: borderRadius,
          onTap: onPressed,
          child: ConstrainedBox(
```

```
            constraints: BoxConstraints.tightFor(height: height, width: width),
            child: Center(
              child: Padding(
                padding: const EdgeInsets.all(8.0),
                child: DefaultTextStyle(
                  style: const TextStyle(fontWeight: FontWeight.bold),
                  child: child,
                ),
              ),
            ),
          ),
        ),
      ),
    );
  }
}
```

可以看到 GradientButton 是由 DecoratedBox、Padding、Center、InkWell 等组件组合而成。当然上面的代码只是一个示例，作为一个按钮它并不完整，比如没有禁用状态，读者可以根据实际需要来完善，为了使用方便，笔者封装了一个功能更加完整的 GradientButton，并将它添加到了 flukit 组件库中，读者引入 flukit 库后就可以直接使用了。

2. 使用 GradientButton

代码如下：

```
import 'package:flutter/material.dart';
import '../widgets/index.dart';

class GradientButtonRoute extends StatefulWidget {
  const GradientButtonRoute({Key? key}) : super(key: key);

  @override
  _GradientButtonRouteState createState() => _GradientButtonRouteState();
}

class _GradientButtonRouteState extends State<GradientButtonRoute> {
  @override
  Widget build(BuildContext context) {
    return Column(
      mainAxisSize: MainAxisSize.min,
      children: <Widget>[
        GradientButton(
          colors: const [Colors.orange, Colors.red],
          height: 50.0,
          child: const Text("Submit"),
          onPressed: onTap,
        ),
        GradientButton(
          height: 50.0,
          colors: [Colors.lightGreen, Colors.green.shade700],
          child: const Text("Submit"),
          onPressed: onTap,
        ),
        GradientButton(
```

```
          height: 50.0,
          //borderRadius: const BorderRadius.all(Radius.circular(5)),
          colors: [Colors.lightBlue.shade300, Colors.blueAccent],
          child: const Text("Submit"),
          onPressed: onTap,
        ),
      ],
    );
  }
  onTap() {
    print("button click");
  }
}
```

10.2.2 小结

通过组合的方式定义组件和我们之前写界面并无差异，不过在抽离出单独的组件时要考虑代码规范性，如必要参数要用 required 关键词标注，对于可选参数，在特定场景下需要判空或设置默认值等。这是由于使用者大多时候可能不了解组件的内部细节，所以为了保证代码的健壮性，我们需要在用户错误地使用组件时能够兼容或报错提示（使用 assert 断言函数）。

10.3 组合实例：TurnBox

我们之前已经介绍过 RotatedBox，它可以旋转子组件，但是有两个缺点：一是只能将其子节点以 90 度的倍数旋转；二是当旋转的角度发生变化时，旋转角度更新过程没有动画。

本节我们将实现一个 TurnBox 组件，它不仅可以以任意角度来旋转其子节点，而且可以在角度发生变化时执行一个动画以过渡到新状态，同时，可以手动指定动画速度。

TurnBox 的完整代码如下：

```
import 'package:flutter/widgets.dart';

class TurnBox extends StatefulWidget {
  const TurnBox({
    Key key,
    this.turns = .0, // 旋转的 "圈" 数，一圈为 360 度，如 0.25 圈即 90 度
    this.speed = 200, // 过渡动画执行的总时长
    this.child
  }) :super(key: key);

  final double turns;
  final int speed;
  final Widget child;

  @override
  _TurnBoxState createState() => _TurnBoxState();
}
```

```
class _TurnBoxState extends State<TurnBox>
    with SingleTickerProviderStateMixin {
  AnimationController _controller;

  @override
  void initState() {
    super.initState();
    _controller = AnimationController(
        vsync: this,
        lowerBound: -double.infinity,
        upperBound: double.infinity
    );
    _controller.value = widget.turns;
  }

  @override
  void dispose() {
    _controller.dispose();
    super.dispose();
  }

  @override
  Widget build(BuildContext context) {
    return RotationTransition(
      turns: _controller,
      child: widget.child,
    );
  }

  @override
  void didUpdateWidget(TurnBox oldWidget) {
    super.didUpdateWidget(oldWidget);
    // 旋转角度发生变化时执行过渡动画
    if (oldWidget.turns != widget.turns) {
      _controller.animateTo(
        widget.turns,
        duration: Duration(milliseconds: widget.speed??200),
        curve: Curves.easeOut,
      );
    }
  }
}
```

在上面的代码中：
❑ 我们通过组合 RotationTransition 和 child 来实现旋转效果。
❑ 在 didUpdateWidget 中，我们判断要旋转的角度是否发生了变化，如果变了，则执行一个过渡动画。

下面我们测试一下 TurnBox 的功能，测试代码如下：

```
import 'package:flutter/material.dart';
import '../widgets/index.dart';

class TurnBoxRoute extends StatefulWidget {
```

```dart
  const TurnBoxRoute({Key? key}) : super(key: key);

  @override
  _TurnBoxRouteState createState() => _TurnBoxRouteState();
}

class _TurnBoxRouteState extends State<TurnBoxRoute> {
  double _turns = .0;

  @override
  Widget build(BuildContext context) {
    return Center(
      child: Column(
        mainAxisSize: MainAxisSize.min,
        children: <Widget>[
          TurnBox(
            turns: _turns,
            speed: 500,
            child: const Icon(
              Icons.refresh,
              size: 50,
            ),
          ),
          TurnBox(
            turns: _turns,
            speed: 1000,
            child: const Icon(
              Icons.refresh,
              size: 150.0,
            ),
          ),
          ElevatedButton(
            child: const Text(" 顺时针旋转 1/5 圈 "),
            onPressed: () {
              setState(() {
                _turns += .2;
              });
            },
          ),
          ElevatedButton(
            child: const Text(" 逆时针旋转 1/5 圈 "),
            onPressed: () {
              setState(() {
                _turns -= .2;
              });
            },
          )
        ],
      ),
    );
  }
}
```

上述测试代码运行后，效果如图 10-2 所示。

当我们点击旋转按钮时，两个图标都会旋转 1/5 圈，但旋转的速度是不同的，读者可以自己运行一下示例看看效果。

　　实际上本示例只组合了 RotationTransition 一个组件，它是一个最简的组合类组件示例。另外，如果封装的是 StatefulWidget，那么一定要注意在组件更新时是否需要同步状态。比如我们要封装一个富文本展示组件 MyRichText，它可以自动处理 URL 链接，定义如下：

```
class MyRichText extends StatefulWidget {
  MyRichText({
    Key key,
    this.text, // 文本字符串
    this.linkStyle, // URL 链接样式
  }) : super(key: key);

  final String text;
  final TextStyle linkStyle;

  @override
  _MyRichTextState createState() => _MyRichTextState();
}
```

接下来我们在 _MyRichTextState 中要实现的功能有两个：

❏ 解析文本字符串 text，生成 TextSpan 缓存起来。

❏ 在 build 中返回最终的富文本样式。

_MyRichTextState 实现的代码大致如下：

```
class _MyRichTextState extends State<MyRichText> {

  TextSpan _textSpan;

  @override
  Widget build(BuildContext context) {
    return RichText(
      text: _textSpan,
    );
  }

  TextSpan parseText(String text) {
    // 耗时操作：解析文本字符串，构建出 TextSpan
    // 省略具体实现
  }

  @override
  void initState() {
    _textSpan = parseText(widget.text)
    super.initState();
  }
}
```

　　由于要解析文本字符串，构建出 TextSpan 是一个耗时的操作，为了不在每次构建的时候都解析一次，我们在 initState 中对解析的结果进行了缓存，然后在 build 中直接使用解析

图 10-2　TurnBox 示例

的结果 _textSpan。这看起来很不错，但是上面的代码有一个严重的问题，就是父组件传入的 text 发生变化时（组件树结构不变），MyRichText 显示的内容不会更新，原因就是 initState 只会在 State 创建时被调用，所以在 text 发生变化时，parseText 没有重新执行，导致 _textSpan 仍然是旧的解析值。要解决这个问题也很简单，我们只需添加一个 didUpdateWidget 回调，然后在里面重新调用 parseText 即可，代码如下：

```
@override
void didUpdateWidget(MyRichText oldWidget) {
  if (widget.text != oldWidget.text) {
    _textSpan = parseText(widget.text);
  }
  super.didUpdateWidget(oldWidget);
}
```

有些读者可能会觉得这也很简单，之所以要在这里反复强调，是因为这个点在实际开发中很容易被忽略，它虽然简单，但却很重要。总之，当我们在 State 中缓存某些依赖 Widget 参数的数据时，一定要注意在组件更新时是否需要同步状态。

10.4 CustomPaint 与 Canvas

对于一些复杂或不规则的 UI，我们可能无法通过组合其他组件的方式来实现，比如需要一个正六边形、一个渐变的圆形进度条、一个棋盘等。当然，有时候我们可以使用图片来实现，但在一些需要动态交互的场景中，静态图片也是实现不了的，比如要实现一个手写输入面板，这时就需要自己绘制 UI 外观。

几乎所有的 UI 系统都会提供一个自绘 UI 的接口，这个接口通常会提供一块 2D 画布 Canvas，Canvas 内部封装了一些基本绘制的 API，开发者可以通过 Canvas 绘制各种自定义图形。Flutter 中提供了一个 CustomPaint 组件，它可以结合画笔 CustomPainter 来实现自定义图形绘制。

10.4.1 CustomPaint

我们看一看 CustomPaint 构造函数：

```
CustomPaint({
  Key key,
  this.painter,
  this.foregroundPainter,
  this.size = Size.zero,
  this.isComplex = false,
  this.willChange = false,
  Widget child, // 子节点，可以为空
})
```

❑ painter：背景画笔，会显示在子节点后面。

❑ foregroundPainter：前景画笔，会显示在子节点前面。

❑ size：当 child 为 null 时，代表默认绘制区域大小，如果有 child，则忽略此参数，画布尺寸则为 child 尺寸。如果有 child 但是想指定画布为特定大小，可以使用 SizeBox 包裹 CustomPaint 实现。

❑ isComplex：是否是复杂的绘制，如果是，Flutter 会应用一些缓存策略来减少重复渲染的开销。

❑ willChange：和 isComplex 配合使用，当启用缓存时，该属性代表在下一帧中绘制是否会改变。

可以看到，绘制时我们需要提供前景或背景画笔，两者也可以同时提供。我们的画笔需要继承 CustomPainter 类，我们在画笔类中实现真正的绘制逻辑。

1. 绘制边界 RepaintBoundary

如果 CustomPaint 有子节点，为了避免子节点不必要的重绘并提高性能，通常情况下都会将子节点包裹在 RepaintBoundary 组件中，这样会在绘制时创建一个新的绘制层（Layer），其子组件将在新的 Layer 上绘制，而父组件将在原来的 Layer 上绘制，也就是说 RepaintBoundary 子组件的绘制将独立于父组件的绘制，RepaintBoundary 会隔离其子节点和 CustomPaint 本身的绘制边界。示例代码如下：

```
CustomPaint(
  size: Size(300, 300), // 指定画布大小
  painter: MyPainter(),
  child: RepaintBoundary(child:...)),
)
```

2. CustomPainter 与 Canvas

CustomPainter 中定义了一个虚函数 paint。

```
void paint(Canvas canvas, Size size);
```

paint 有两个参数：

❑ Canvas：一个画布，包括各种绘制方法，我们列出以下常用的方法，如表 10-1 所示。

❑ Size：当前绘制区域大小。

表 10-1 常用绘画方法

API 名称	功能	API 名称	功能
drawLine	画线	drawRect	画矩形
drawPoint	画点	drawCircle	画圆
drawPath	画路径	drawOval	画椭圆
drawImage	画图像	drawArc	画圆弧

3. 画笔 Paint

现在画布有了，还缺一个画笔，Flutter 提供了 Paint 类来实现画笔。在 Paint 中，可以配置画笔的各种属性，如粗细、颜色、样式等。例如：

```
var paint = Paint() // 创建一个画笔并配置其属性
  ..isAntiAlias = true // 是否抗锯齿
```

```
..style = PaintingStyle.fill // 画笔样式：填充
..color=Color(0x77cdb175);// 画笔颜色
```

想了解更多配置属性，可以参考 Paint 类定义。

10.4.2 实例：五子棋棋盘

1. 绘制棋盘、棋子

下面我们通过一个五子棋游戏中棋盘和棋子的绘制来演示自
绘 UI 的过程，首先看一下目标效果，如图 10-3 所示。

代码如下：

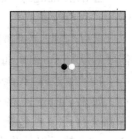

图 10-3 五子棋棋盘示例

```
import 'package:flutter/material.dart';
import 'dart:math';

class CustomPaintRoute extends StatelessWidget {
  const CustomPaintRoute({Key? key}) : super(key: key);

  @override
  Widget build(BuildContext context) {
    return Center(
      child: CustomPaint(
        size: Size(300, 300), // 指定画布大小
        painter: MyPainter(),
      ),
    );
  }
}

class MyPainter extends CustomPainter {
  @override
  void paint(Canvas canvas, Size size) {
    print('paint');
    var rect = Offset.zero & size;
    // 画棋盘
    drawChessboard(canvas, rect);
    // 画棋子
    drawPieces(canvas, rect);
  }

  // 返回 false，后面介绍
  @override
  bool shouldRepaint(CustomPainter oldDelegate) => false;
}
```

首先，实现棋盘绘制：

```
void drawChessboard(Canvas canvas, Rect rect) {
  // 棋盘背景
  var paint = Paint()
    ..isAntiAlias = true
    ..style = PaintingStyle.fill // 填充
    ..color = Color(0xFFDCC48C);
  canvas.drawRect(rect, paint);
```

```
// 画棋盘网格
paint
  ..style = PaintingStyle.stroke // 线
  ..color = Colors.black38
  ..strokeWidth = 1.0;

// 画横线
for (int i = 0; i <= 15; ++i) {
  double dy = rect.top + rect.height / 15 * i;
  canvas.drawLine(Offset(rect.left, dy), Offset(rect.right, dy), paint);
}

for (int i = 0; i <= 15; ++i) {
  double dx = rect.left + rect.width / 15 * i;
  canvas.drawLine(Offset(dx, rect.top), Offset(dx, rect.bottom), paint);
}
}
```

其次，再实现棋子绘制：

```
// 画棋子
void drawPieces(Canvas canvas, Rect rect) {
  double eWidth = rect.width / 15;
  double eHeight = rect.height / 15;
  // 画一个黑子
  var paint = Paint()
    ..style = PaintingStyle.fill
    ..color = Colors.black;
  // 画一个黑子
  canvas.drawCircle(
    Offset(rect.center.dx - eWidth / 2, rect.center.dy - eHeight / 2),
    min(eWidth / 2, eHeight / 2) - 2,
    paint,
  );
  // 画一个白子
  paint.color = Colors.white;
  canvas.drawCircle(
    Offset(rect.center.dx + eWidth / 2, rect.center.dy - eHeight / 2),
    min(eWidth / 2, eHeight / 2) - 2,
    paint,
  );
}
```

2. 绘制性能

绘制是比较昂贵的操作，所以在实现自绘控件时应该考虑到性能开销，下面是两条关于性能优化的建议：

❑ 尽可能地利用好 shouldRepaint 返回值；在 UI 树重新构建时，控件在绘制前都会先调用该方法以确定是否有必要重绘；假如我们绘制的 UI 不依赖外部状态，即外部状态改变不会影响 UI 外观，那么就应该返回 false；如果绘制依赖外部状态，那么就应该在 shouldRepaint 中判断依赖的状态是否改变，如果已改变，则应返回 true 来重绘，反之则应返回 false，不需要重绘。

❑ 绘制尽可能多的分层；在五子棋的示例中，我们将棋盘和棋子的绘制放在了一起，这样会有一个问题：由于棋盘始终是不变的，用户每次落子时变的只是棋子，但是如果按照上面的代码来实现，每次绘制棋子时都要重新绘制一次棋盘，这是没必要的。优化的方法就是将棋盘单独抽为一个组件，并设置其 shouldRepaint 回调值为false，然后将棋盘组件作为背景。然后将棋子的绘制放到另一个组件中，这样每次落子时只需要绘制棋子。

3. 防止意外重绘

我们在上例的基础上添加一个 ElevatedButton，点击后什么也不做，代码如下：

```
class CustomPaintRoute extends StatelessWidget {
  const CustomPaintRoute({Key? key}) : super(key: key);

  @override
  Widget build(BuildContext context) {
    return Center(
      child: Column(
        mainAxisSize: MainAxisSize.min,
        children: [
          CustomPaint(
            size: Size(300, 300), // 指定画布大小
            painter: MyPainter(),
          ),
          // 添加一个刷新 button
          ElevatedButton(onPressed: () {}, child: Text("刷新"))
        ],
      ),
    );
  }
}
```

代码运行后，点击"刷新"按钮，运行结果如图 10-4所示。

可以发现日志面板输出了很多 paint，也就是说在点击按钮时发生了多次重绘。奇怪，shouldRepaint 返回的是false，并且点击刷新按钮也不会触发页面重新构建，那是什么导致了重绘呢？要彻底弄清楚这个问题，得等到第 14 章中介绍 Flutter 绘制原理时才行，现在读者可以简单地认为，刷新按钮的画布和 CustomPaint 的画布是同一个，点击刷新按钮时会执行一个水波动画，水波动画执行过程中，画布会不停地刷新，这就导致了 CustomPaint 不停地重绘。解决这个问题的方案很简单，给刷新按钮或 CustomPaint 任意添加一个 RepaintBoundary 父组件即可，现在可以先简单地认为这样做可以生成一个新的画布，代码如下：

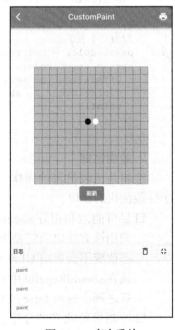

图 10-4　多次重绘

```
RepaintBoundary(
  child: CustomPaint(
    size: Size(300, 300), // 指定画布大小
```

```
      painter: MyPainter(),
    ),
  ),
  // 或者给刷新按钮添加 RepaintBoundary
  // RepaintBoundary(child: ElevatedButton(onPressed: () {}, child: Text(" 刷新 ")))
```

 注意　RepaintBoundary 的具体原理将在第 14 章中详细介绍。

10.4.3　小结

　　自绘控件非常强大，理论上可以实现任何 2D 图形外观，实际上 Flutter 提供的所有组件最终都是通过调用 Canvas 绘制出来的，只不过绘制的逻辑被封装起来了，读者有兴趣可以查看具有外观样式的组件源码，找到其对应的 RenderObject 对象，如 Text 对应的 RenderParagraph 对象最终会通过 Canvas 实现文本绘制逻辑。下一节我们会再通过一个自绘的圆形背景渐变进度条的实例来帮助读者加深印象。

10.5　自绘实例：圆形背景渐变进度条

　　本节我们实现一个圆形背景渐变进度条，它支持：
- 多种背景渐变色。
- 任意弧度；进度条可以不是整圆。
- 可以自定义粗细、两端是否为圆角等样式。

　　可以发现要实现这样的一个进度条，是无法通过现有组件组合而成的，所以我们通过自绘方式实现，代码如下：

```
import 'dart:math';
import 'package:flutter/material.dart';

class GradientCircularProgressIndicator extends StatelessWidget {
const GradientCircularProgressIndicator({
    Key? key,
    this.stokeWidth = 2.0,
    required this.radius,
    required this.colors,
    this.stops,
    this.strokeCapRound = false,
    this.backgroundColor = const Color(0xFFEEEEEE),
    this.totalAngle = 2 * pi,
    this.value,
}) : super(key: key);

    // 粗细
    final double strokeWidth;

    // 圆的半径
    final double radius;
```

```dart
    // 两端是否为圆角
    final bool strokeCapRound;

    // 当前进度，取值范围 [0.0-1.0]
    final double value;

    // 进度条背景色
    final Color backgroundColor;

    // 进度条的总弧度，2*PI 为整圆，小于 2*PI 则不是整圆
    final double totalAngle;

    // 渐变色数组
    final List<Color> colors;

    // 渐变色的终止点，对应 colors 属性
    final List<double> stops;

    @override
    Widget build(BuildContext context) {
      double _offset = .0;
      // 如果两端为圆角，则需要对起始位置进行调整，否则圆角部分会偏离起始位置
      // 下面调整角度的计算公式是通过数学几何知识得出的，读者有兴趣可以研究一下为什么是这样
      if (strokeCapRound) {
        _offset = asin(strokeWidth / (radius * 2 - strokeWidth));
      }
      var _colors = colors;
      if (_colors == null) {
        Color color = Theme.of(context).colorScheme.secondary;
        _colors = [color, color];
      }
      return Transform.rotate(
        angle: -pi / 2.0 - _offset,
        child: CustomPaint(
            size: Size.fromRadius(radius),
            painter: _GradientCircularProgressPainter(
              strokeWidth: strokeWidth,
              strokeCapRound: strokeCapRound,
              backgroundColor: backgroundColor,
              value: value,
              total: totalAngle,
              radius: radius,
              colors: _colors,
            )
        ),
      );
    }
}

// 实现画笔
class _GradientCircularProgressPainter extends CustomPainter {
  _GradientCircularProgressPainter({
    this.strokeWidth = 10.0,
    this.strokeCapRound = false,
    this.backgroundColor = const Color(0xFFEEEEEE),
    this.radius,
```

```dart
      this.total = 2 * pi,
      @required this.colors,
      this.stops,
      this.value
  });

  final double strokeWidth;
  final bool strokeCapRound;
  final double value;
  final Color backgroundColor;
  final List<Color> colors;
  final double total;
  final double radius;
  final List<double> stops;

  @override
  void paint(Canvas canvas, Size size) {
    if (radius != null) {
      size = Size.fromRadius(radius);
    }
    double _offset = strokeWidth / 2.0;
    double _value = (value ?? .0);
    _value = _value.clamp(.0, 1.0) * total;
    double _start = .0;

    if (strokeCapRound) {
      _start = asin(strokeWidth/ (size.width - strokeWidth));
    }

    Rect rect = Offset(_offset, _offset) & Size(
        size.width - strokeWidth,
        size.height - strokeWidth
    );

    var paint = Paint()
      ..strokeCap = strokeCapRound ? StrokeCap.round : StrokeCap.butt
      ..style = PaintingStyle.stroke
      ..isAntiAlias = true
      ..strokeWidth = strokeWidth;

    // 先画背景
    if (backgroundColor != Colors.transparent) {
      paint.color = backgroundColor;
      canvas.drawArc(
          rect,
          _start,
          total,
          false,
          paint
      );
    }

    // 再画前景，应用渐变
    if (_value > 0) {
      paint.shader = SweepGradient(
        startAngle: 0.0,
```

```
        endAngle: _value,
        colors: colors,
        stops: stops,
    ).createShader(rect);

    canvas.drawArc(
        rect,
        _start,
        _value,
        false,
        paint
    );
    }
}

// 简单返回 true，实践中应该根据画笔属性是否变化来确定返回 true 还是 false
@override
bool shouldRepaint(CustomPainter oldDelegate) => true;

}
```

下面我们来测试一下，为了尽可能多地展示 GradientCircularProgressIndicator 的不同外观和用途，这个示例代码会比较长，并且添加了动画，建议读者将此示例运行起来观看实际效果，我们先看一看其中一帧动画的截图，如图 10-5 所示。
示例代码如下：

```
import 'dart:math';
import 'package:flutter/material.dart';
import '../widgets/index.dart';

class GradientCircularProgressRoute extends StatefulWidget {
  const GradientCircularProgressRoute({Key? key}) : super
    (key: key);

  @override
  GradientCircularProgressRouteState createState() {
    return  GradientCircularProgressRouteState();
  }
}

class GradientCircularProgressRouteState
    extends State<GradientCircularProgressRoute> with TickerProviderStateMixin {
  late AnimationController _animationController;

  @override
  void initState() {
    super.initState();
    _animationController = AnimationController(
      vsync: this,
      duration: const Duration(seconds: 3),
    );
    bool isForward = true;
```

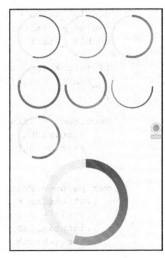

图 10-5　圆形渐变进度条示例

```
  _animationController.addStatusListener((status) {
    if (status == AnimationStatus.forward) {
      isForward = true;
    } else if (status == AnimationStatus.completed ||
        status == AnimationStatus.dismissed) {
      if (isForward) {
        _animationController.reverse();
      } else {
        _animationController.forward();
      }
    } else if (status == AnimationStatus.reverse) {
      isForward = false;
    }
  });
  _animationController.forward();
}

@override
void dispose() {
  _animationController.dispose();
  super.dispose();
}

@override
Widget build(BuildContext context) {
  return SingleChildScrollView(
    child: Center(
      child: Column(
        crossAxisAlignment: CrossAxisAlignment.center,
        children: <Widget>[
          AnimatedBuilder(
            animation: _animationController,
            builder: (BuildContext context, child) {
              return Padding(
                padding: const EdgeInsets.symmetric(vertical: 16.0),
                child: Column(
                  children: <Widget>[
                    Wrap(
                      spacing: 10.0,
                      runSpacing: 16.0,
                      children: <Widget>[
                        GradientCircularProgressIndicator(
                          // No gradient
                          colors: const [Colors.blue, Colors.blue],
                          radius: 50.0,
                          stokeWidth: 3.0,
                          value: _animationController.value,
                        ),
                        GradientCircularProgressIndicator(
                          colors: const [Colors.red, Colors.orange],
                          radius: 50.0,
                          stokeWidth: 3.0,
                          value: _animationController.value,
                        ),
                        GradientCircularProgressIndicator(
                          colors: const [Colors.red, Colors.orange, Colors.red],
```

```
        radius: 50.0,
        stokeWidth: 5.0,
        value: _animationController.value,
      ),
      GradientCircularProgressIndicator(
        colors: const [Colors.teal, Colors.cyan],
        radius: 50.0,
        stokeWidth: 5.0,
        strokeCapRound: true,
        value: CurvedAnimation(
          parent: _animationController,
          curve: Curves.decelerate,
        ).value,
      ),
      TurnBox(
        turns: 1 / 8,
        child: GradientCircularProgressIndicator(
          colors: const [Colors.red, Colors.orange, Colors.red],
          radius: 50.0,
          stokeWidth: 5.0,
          strokeCapRound: true,
          backgroundColor: Colors.red.shade50,
          totalAngle: 1.5 * pi,
          value: CurvedAnimation(
            parent: _animationController,
            curve: Curves.ease,
          ).value,
        ),
      ),
      RotatedBox(
        quarterTurns: 1,
        child: GradientCircularProgressIndicator(
          colors: [
            Colors.blue.shade700,
            Colors.blue.shade200
          ],
          radius: 50.0,
          stokeWidth: 3.0,
          strokeCapRound: true,
          backgroundColor: Colors.transparent,
          value: _animationController.value,
        ),
      ),
      GradientCircularProgressIndicator(
        colors: [
          Colors.red,
          Colors.amber,
          Colors.cyan,
          Colors.green.shade200,
          Colors.blue,
          Colors.red
        ],
        radius: 50.0,
        stokeWidth: 5.0,
        strokeCapRound: true,
        value: _animationController.value,
```

```
        ),
      ],
    ),
    GradientCircularProgressIndicator(
      colors: [Colors.blue.shade700, Colors.blue.shade200],
      radius: 100.0,
      stokeWidth: 20.0,
      value: _animationController.value,
    ),

    Padding(
      padding: const EdgeInsets.symmetric(vertical: 16.0),
      child: GradientCircularProgressIndicator(
        colors: [Colors.blue.shade700, Colors.blue.shade300],
        radius: 100.0,
        stokeWidth: 20.0,
        value: _animationController.value,
        strokeCapRound: true,
      ),
    ),
    // 剪裁半圆
    ClipRect(
      child: Align(
        alignment: Alignment.topCenter,
        heightFactor: .5,
        child: Padding(
          padding: const EdgeInsets.only(bottom: 8.0),
          child: SizedBox(
            //width: 100.0,
            child: TurnBox(
              turns: .75,
              child: GradientCircularProgressIndicator(
                colors: [Colors.teal, Colors.cyan.shade500],
                radius: 100.0,
                stokeWidth: 8.0,
                value: _animationController.value,
                totalAngle: pi,
                strokeCapRound: true,
              ),
            ),
          ),
        ),
      ),
    ),
    SizedBox(
      height: 104.0,
      width: 200.0,
      child: Stack(
        alignment: Alignment.center,
        children: <Widget>[
          Positioned(
            height: 200.0,
            top: .0,
            child: TurnBox(
              turns: .75,
              child: GradientCircularProgressIndicator(
```

```
                                    colors: [Colors.teal, Colors.cyan.shade500],
                                    radius: 100.0,
                                    stokeWidth: 8.0,
                                    value: _animationController.value,
                                    totalAngle: pi,
                                    strokeCapRound: true,
                                  ),
                                ),
                              ),
                              Padding(
                                padding: const EdgeInsets.only(top: 10.0),
                                child: Text(
                                  "${(_animationController.value * 100).toInt()}%",
                                  style: const TextStyle(
                                    fontSize: 25.0,
                                    color: Colors.blueGrey,
                                  ),
                                ),
                              )
                            ],
                          ),
                        ),
                      ],
                    ),
                  );
                },
              ),
            ],
          ),
        ),
      );
    }
  }
```

怎么样，很炫酷吧！GradientCircularProgressIndicator 已经被添加进了笔者维护的 flukit 组件库中了。如果读者有需要，可以直接依赖 flukit 包。

10.6 自绘组件：CustomCheckbox

10.6.1 CustomCheckbox

Flutter 自带的 Checkbox 组件是不能自由指定大小的，本节我们通过自定义一个可以自由指定大小的 CustomCheckbox 组件来演示如何通过定义 RenderObject 的方式来自定义组件（而不是通过组合）。我们要实现的 CustomCheckbox 组件效果如图10-6 所示。

图 10-6　CustomCheckbox 示例（扫码查看动图）

CustomCheckbox 组件的特点：
❑ 有选中和未选中两种状态。
❑ 状态切换时要执行动画。

❑ 可以自定义外观。

CustomCheckbox 定义如下：

```
import 'dart:math';
import 'package:flutter/material.dart';
import 'package:flutter/rendering.dart';
import 'package:flutter/scheduler.dart';

class CustomCheckbox extends LeafRenderObjectWidget {
  const CustomCheckbox({
    Key? key,
    this.strokeWidth = 2.0,
    this.value = false,
    this.strokeColor = Colors.white,
    this.fillColor = Colors.blue,
    this.radius = 2.0,
    this.onChanged,
  }) : super(key: key);

  final double strokeWidth; // "钩"的线条宽度
  final Color strokeColor; // "钩"的线条宽度
  final Color? fillColor; // 填充颜色
  final bool value; // 选中状态
  final double radius; // 圆角
  final ValueChanged<bool>? onChanged; // 选中状态发生改变后的回调

  @override
  RenderObject createRenderObject(BuildContext context) {
    return RenderCustomCheckbox(
      strokeWidth,
      strokeColor,
      fillColor ?? Theme.of(context).primaryColor,
      value,
      radius,
      onChanged,
    );
  }

  @override
  void updateRenderObject(context, RenderCustomCheckbox renderObject) {
    if (renderObject.value != value) {
      renderObject.animationStatus =
          value ? AnimationStatus.forward : AnimationStatus.reverse;
    }
    renderObject
      ..strokeWidth = strokeWidth
      ..strokeColor = strokeColor
      ..fillColor = fillColor ?? Theme.of(context).primaryColor
      ..radius = radius
      ..value = value
      ..onChanged = onChanged;
  }
}
```

上面的代码中唯一需要注意的就是 updateRenderObject 方法中当选中状态发生变化时，

我们要更新 RenderObject 中的动画状态，具体逻辑是：当从未选中状态切换为选中状态时，执行正向动画；当从选中状态切换为未选中状态时，执行反向动画。

接下来需要实现 RenderCustomCheckbox，代码如下：

```
class RenderCustomCheckbox extends RenderBox {
  bool value;
  int pointerId = -1;
  double strokeWidth;
  Color strokeColor;
  Color fillColor;
  double radius;
  ValueChanged<bool>? onChanged;

  // 下面的属性用于调度动画
  double progress = 0; // 动画当前进度
  int? _lastTimeStamp;// 上一次绘制的时间
  // 动画执行时长
  Duration get duration => const Duration(milliseconds: 150);
  // 动画当前状态
  AnimationStatus _animationStatus = AnimationStatus.completed;
  set animationStatus(AnimationStatus v) {
    if (_animationStatus != v) {
      markNeedsPaint();
    }
    _animationStatus = v;
  }

  // 背景动画时长占比（背景动画要在前 40% 的时间内执行完毕，之后执行打钩动画）
  final double bgAnimationInterval = .4;

  RenderCustomCheckbox(this.strokeWidth, this.strokeColor, this.fillColor,
      this.value, this.radius, this.onChanged)
      : progress = value ? 1 : 0;

  @override
  void performLayout() {}   // 布局

  @override
  void paint(PaintingContext context, Offset offset) {
    Rect rect = offset & size;
    // 将绘制分为背景（矩形）和 前景（打钩）两部分，先画背景，再绘制 "钩"
    _drawBackground(context, rect);
    _drawCheckMark(context, rect);
    // 调度动画
    _scheduleAnimation();
  }

  // 画背景
  void _drawBackground(PaintingContext context, Rect rect) {}

  // 画 "钩"
  void _drawCheckMark(PaintingContext context, Rect rect) { }
  // 调度动画
  void _scheduleAnimation() {}
```

```
... // 响应点击事件
}
```

1. 实现布局算法

为了使用户可以自定义宽高，我们的布局策略是：如果父组件指定了固定宽高，则使用父组件指定的，否则宽高默认设置为 25：

```
@override
void performLayout() {
  size = constraints.constrain(
    constraints.isTight ? Size.infinite : Size(25, 25),
  );
}
```

2. 绘制 CustomCheckbox

接下来的重点就是绘制 CustomCheckbox 了，为了清晰起见，我们将绘制分为背景（矩形）和前景（打钩）两部分，先绘制背景，再绘制"钩"，这里需要注意两点：

❏ 我们绘制的是动画执行过程中的一帧，所以需要通过动画执行的进度（progress）来计算每一帧要绘制的样子。

❏ 当 CustomCheckbox 从未选中变为选中时，执行正向动画，progress 的值会从 0 逐渐变为 1，因为 CustomCheckbox 的背景和前景（"钩"）的颜色要有对比，所以在背景绘制完之后再绘制前景。因此，将动画分割为两段，前 40% 的时间绘制背景，后 60% 的时间绘制"钩"。

（1）绘制背景

下面结合图 10-7，我们先看一看如何绘制背景：

❏ 当状态切换为选中状态时，将矩形逐渐从边缘向中心收缩填充，直到填满 Checkbox 区域。

❏ 当状态切换为未选中时，填充从中间逐渐向边缘消散，直到只剩一个边框为止。

图 10-7 过渡状态的复选框

实现的思路是先将整个背景矩形区域填充满蓝色，然后在上面绘制一个白色背景的矩形，根据动画进度来动态改变白色矩形区域的大小即可。幸运的是 Canvas API 中已经帮我们实现了期望的功能，drawDRRect 可以指定内外两个矩形，然后画出不相交的部分，并且可以指定圆角，下面是具体实现，代码如下：

```
void _drawBackground(PaintingContext context, Rect rect) {
  Color color = value ? fillColor : Colors.grey;
  var paint = Paint()
    ..isAntiAlias = true
    ..style = PaintingStyle.fill // 填充
    ..strokeWidth
    ..color = color;
```

```dart
  // 我们需要算出每一帧里面矩形的大小，为此可以直接根据矩形插值方法来确定里面的矩形
  final outer = RRect.fromRectXY(rect, radius, radius);
  var rects = [
    rect.inflate(-strokeWidth),
    Rect.fromCenter(center: rect.center, width: 0, height: 0)
  ];
  // 根据动画执行进度调整来确定里面的矩形在每一帧的大小
  var rectProgress = Rect.lerp(
    rects[0],
    rects[1],
    // 背景动画的执行时长是前 40% 的时间
    min(progress, bgAnimationInterval) / bgAnimationInterval,
  )!;
  final inner = RRect.fromRectXY(rectProgress, 0, 0);
  // 绘制
  context.canvas.drawDRRect(outer, inner, paint);
}
```

（2）绘制前景

前景是一个"钩"，它由三个点的连线构成，为了简单起见，我们将起始点和中点拐点的位置根据 Checkbox 的大小算出固定的坐标。然后，在每一帧中动态调整第三个点的位置就可以实现打钩动画，代码如下：

```dart
// 画"钩"
void _drawCheckMark(PaintingContext context, Rect rect) {
  // 在画好背景后再画前景
  if (progress > bgAnimationInterval) {

    // 确定中间拐点的位置
    final secondOffset = Offset(
      rect.left + rect.width / 2.5,
      rect.bottom - rect.height / 4,
    );
    // 第三个点的位置
    final lastOffset = Offset(
      rect.right - rect.width / 6,
      rect.top + rect.height / 4,
    );

    // 我们只对第三个点的位置做插值
    final _lastOffset = Offset.lerp(
      secondOffset,
      lastOffset,
      (progress - bgAnimationInterval) / (1 - bgAnimationInterval),
    )!;

    // 将三个点连起来
    final path = Path()
      ..moveTo(rect.left + rect.width / 7, rect.top + rect.height / 2)
      ..lineTo(secondOffset.dx, secondOffset.dy)
      ..lineTo(_lastOffset.dx, _lastOffset.dy);

    final paint = Paint()
      ..isAntiAlias = true
```

```
    ..style = PaintingStyle.stroke
    ..color = strokeColor
    ..strokeWidth = strokeWidth;

  context.canvas.drawPath(path, paint..style = PaintingStyle.stroke);
  }
}
```

3. 实现动画

最后，我们需要让 UI 动起来，这时回想一下第 9 章中的内容，会意识到 Flutter 的动画框架是依赖于 StatefulWidget 的，即当状态改变时显式或隐式地去调用 setState 触发更新。但是我们直接通过定义 RenderObject 的方式来实现的 CustomCheckbox，并不是基于 StatefulWidget 的，那该怎样来调度动画呢？有两种方法：

- 将 CustomCheckbox 用一个 StatefulWidget 包装起来，这样就可以复用之前介绍的执行动画的方法。
- 自定义动画调度。

第一种方法相信读者已经很熟悉了，不再赘述，下面我们演示一下第二种方法，思路是：在一帧绘制结束后判断动画是否结束，如果动画未结束，则将当前组件标记为"需要重绘"，然后等待下一帧即可，代码如下：

```
void _scheduleAnimation() {
  if (_animationStatus != AnimationStatus.completed) {
    // 需要在 Flutter 当前 frame 结束之前再执行，因为不能在绘制过程中又将组件标记为需要重绘
    SchedulerBinding.instance.addPostFrameCallback((Duration timeStamp) {
      if (_lastTimeStamp != null) {
        double delta = (timeStamp.inMilliseconds - _lastTimeStamp!) /
          duration.inMilliseconds;
        // 如果是反向动画，则 progress 值要逐渐减小
        if (_animationStatus == AnimationStatus.reverse) {
          delta = -delta;
        }
        // 更新动画进度
        progress = progress + delta;

        if (progress >= 1 || progress <= 0) {
          // 动画执行结束
          _animationStatus = AnimationStatus.completed;
          progress = progress.clamp(0, 1);
        }
      }
      // 标记为需要重绘
      markNeedsPaint();
      _lastTimeStamp = timeStamp.inMilliseconds;
    });
  } else {
    _lastTimeStamp = null;
  }
}
```

4. 响应点击事件

根据第 8 章的介绍，如果要让渲染对象能处理事件，则它必须能通过命中测试，之后

才能在 handleEvent 方法中处理事件，所以需要添加如下代码：

```
// 必须设置为 true，确保能通过命中测试
@override
bool hitTestSelf(Offset position) => true;

// 只有通过命中测试，才会调用本方法，我们在手指抬起时触发事件即可
@override
void handleEvent(PointerEvent event, covariant BoxHitTestEntry entry) {
  if (event.down) {
    pointerId = event.pointer;
  } else if (pointerId == event.pointer) {
    // 手指抬起时触发回调
    onChanged?.call(!value);
  }
}
```

10.6.2　动画调度抽象 RenderObjectAnimationMixin

可以看到在 RenderObject 中调度动画还是比较复杂的，为此我们抽象了一个 RenderObject-
AnimationMixin，如果还有其他 RenderObject 中需要执行动画，则可以直接复用。

```
mixin RenderObjectAnimationMixin on RenderObject {
  double _progress = 0;
  int? _lastTimeStamp;

  // 动画时长，子类可以重写
  Duration get duration => const Duration(milliseconds: 200);
  AnimationStatus _animationStatus = AnimationStatus.completed;
  // 设置动画状态
  set animationStatus(AnimationStatus v) {
    if (_animationStatus != v) {
      markNeedsPaint();
    }
    _animationStatus = v;
  }

  double get progress => _progress;
  set progress(double v) {
    _progress = v.clamp(0, 1);
  }

  @override
  void paint(PaintingContext context, Offset offset) {
    doPaint(context, offset); // 调用子类绘制逻辑
    _scheduleAnimation();
  }

  void _scheduleAnimation() {
    if (_animationStatus != AnimationStatus.completed) {
      SchedulerBinding.instance.addPostFrameCallback((Duration timeStamp) {
        if (_lastTimeStamp != null) {
          double delta = (timeStamp.inMilliseconds - _lastTimeStamp!) /
              duration.inMilliseconds;
```

```
    // 在特定情况下，可能在一帧中连续地往 frameCallback 中添加了多次，导致两次回调时间
       间隔为 0
    // 这种情况下应该继续请求重绘
    if (delta == 0) {
      markNeedsPaint();
      return;
    }

    if (_animationStatus == AnimationStatus.reverse) {
      delta = -delta;
    }
    _progress = _progress + delta;
    if (_progress >= 1 || _progress <= 0) {
      _animationStatus = AnimationStatus.completed;
      _progress = _progress.clamp(0, 1);
    }
  }
  markNeedsPaint();
  _lastTimeStamp = timeStamp.inMilliseconds;
});
} else {
  _lastTimeStamp = null;
}
}

// 子类实现绘制逻辑的地方
void doPaint(PaintingContext context, Offset offset);
}
```

10.6.3 CustomCheckbox 的完整源码

最终 CustomCheckbox 的完整源码为：

```
class CustomCheckbox extends LeafRenderObjectWidget {
  const CustomCheckbox({
    Key? key,
    this.strokeWidth = 2.0,
    this.value = false,
    this.strokeColor = Colors.white,
    this.fillColor = Colors.blue,
    this.radius = 2.0,
    this.onChanged,
  }) : super(key: key);

  final double strokeWidth; // "钩"的线条宽度
  final Color strokeColor; // "钩"的线条宽度
  final Color? fillColor; // 填充颜色
  final bool value; // 选中状态
  final double radius; // 圆角
  final ValueChanged<bool>? onChanged; // 选中状态发生改变后的回调

  @override
  RenderObject createRenderObject(BuildContext context) {
    return RenderCustomCheckbox(
      strokeWidth,
```

```
          strokeColor,
          fillColor ?? Theme.of(context).primaryColor,
          value,
          radius,
          onChanged,
      );
  }

  @override
  void updateRenderObject(context, RenderCustomCheckbox renderObject) {
    if (renderObject.value != value) {
      renderObject.animationStatus =
          value ? AnimationStatus.forward : AnimationStatus.reverse;
    }
    renderObject
      ..strokeWidth = strokeWidth
      ..strokeColor = strokeColor
      ..fillColor = fillColor ?? Theme.of(context).primaryColor
      ..radius = radius
      ..value = value
      ..onChanged = onChanged;
  }
}

class RenderCustomCheckbox extends RenderBox with RenderObjectAnimationMixin {
  bool value;
  int pointerId = -1;
  double strokeWidth;
  Color strokeColor;
  Color fillColor;
  double radius;
  ValueChanged<bool>? onChanged;

  RenderCustomCheckbox(this.strokeWidth, this.strokeColor, this.fillColor,
      this.value, this.radius, this.onChanged) {
    progress = value ? 1 : 0;
  }

  @override
  bool get isRepaintBoundary => true;

  // 背景动画时长占比（背景动画要在前 40% 的时间内执行完毕，之后执行打钩动画）
  final double bgAnimationInterval = .4;

  @override
  void doPaint(PaintingContext context, Offset offset) {
    Rect rect = offset & size;
    _drawBackground(context, rect);
    _drawCheckMark(context, rect);
  }

  void _drawBackground(PaintingContext context, Rect rect) {
    Color color = value ? fillColor : Colors.grey;
    var paint = Paint()
      ..isAntiAlias = true
```

```
    ..style = PaintingStyle.fill // 填充
    ..strokeWidth
    ..color = color;

  // 我们对矩形做插值
  final outer = RRect.fromRectXY(rect, radius, radius);
  var rects = [
    rect.inflate(-strokeWidth),
    Rect.fromCenter(center: rect.center, width: 0, height: 0)
  ];
  var rectProgress = Rect.lerp(
    rects[0],
    rects[1],
    min(progress, bgAnimationInterval) / bgAnimationInterval,
  )!;

  final inner = RRect.fromRectXY(rectProgress, 0, 0);
  // 画背景
  context.canvas.drawDRRect(outer, inner, paint);
}

// 画 "钩"
void _drawCheckMark(PaintingContext context, Rect rect) {
  // 在画好背景后再画前景
  if (progress > bgAnimationInterval) {

    // 确定中间拐点位置
    final secondOffset = Offset(
      rect.left + rect.width / 2.5,
      rect.bottom - rect.height / 4,
    );
    // 第三个点的位置
    final lastOffset = Offset(
      rect.right - rect.width / 6,
      rect.top + rect.height / 4,
    );

    // 我们只对第三个点的位置做插值
    final _lastOffset = Offset.lerp(
      secondOffset,
      lastOffset,
      (progress - bgAnimationInterval) / (1 - bgAnimationInterval),
    )!;

    // 将三个点连起来
    final path = Path()
      ..moveTo(rect.left + rect.width / 7, rect.top + rect.height / 2)
      ..lineTo(secondOffset.dx, secondOffset.dy)
      ..lineTo(_lastOffset.dx, _lastOffset.dy);

    final paint = Paint()
      ..isAntiAlias = true
      ..style = PaintingStyle.stroke
      ..color = strokeColor
      ..strokeWidth = strokeWidth;
```

```
        context.canvas.drawPath(path, paint..style = PaintingStyle.stroke);
      }
    }

    @override
    void performLayout() {
      // 如果父组件指定了固定宽高，则使用父组件指定的，否则宽高默认置为 25
      size = constraints.constrain(
        constraints.isTight ? Size.infinite : const Size(25, 25),
      );
    }

    // 必须设置为 true，否则不可以响应事件
    @override
    bool hitTestSelf(Offset position) => true;

    // 只有通过点击测试的组件才会调用本方法
    @override
    void handleEvent(PointerEvent event, covariant BoxHitTestEntry entry) {
      if (event.down) {
        pointerId = event.pointer;
      } else if (pointerId == event.pointer) {
        // 判断手指抬起时是在组件范围内才触发 onChange
        if(size.contains(event.localPosition)) {
          onChanged?.call(!value);
        }
      }
    }
  }
```

测试代码如下：我们创建三个大小不同的复选框，点击其中任意一个，另外两个复选框的状态也会跟着联动。

```
class CustomCheckboxTest extends StatefulWidget {
  const CustomCheckboxTest({Key? key}) : super(key: key);

  @override
  State<CustomCheckboxTest> createState() => _CustomCheckboxTestState();
}

class _CustomCheckboxTestState extends State<CustomCheckboxTest> {
  bool _checked = false;

  @override
  Widget build(BuildContext context) {
    return Center(
      child: Column(mainAxisAlignment: MainAxisAlignment.center,
        children: [
          CustomCheckbox2(
            value: _checked,
            onChanged: _onChange,
          ),
          Padding(
            padding: const EdgeInsets.all(18.0),
            child: SizedBox(
              width: 16,
```

```
                  height: 16,
                  child: CustomCheckbox(
                    strokeWidth: 1,
                    radius: 1,
                    value: _checked,
                    onChanged: _onChange,
                  ),
                ),
              ),
              SizedBox(
                width: 30,
                height: 30,
                child: CustomCheckbox(
                  strokeWidth: 3,
                  radius: 3,
                  value: _checked,
                  onChanged: _onChange,
                ),
              ),
            ],
          ),
        );
      }

      void _onChange(value) {
        setState(() => _checked = value);
      }
    }
```

10.6.4　小结

　　本节演示了如何通过自定义 RenderObject 的方式来进行 UI 绘制、动画调度和事件处理，可以看到通过 RenderObject 来自定义组件会比组合的方式更复杂一些，但这种方式会更接近 Flutter 组件的本质。

10.7　自绘组件：DoneWidget

　　上一节中我们通过 CustomCheckbox 演示了如何通过自定义 RenderObject 的方式来进行 UI 绘制、动画调度和事件处理。本节再通过一个实例来巩固一下。

　　本节将实现一个 DoneWidget，它可以在创建时执行一个打钩动画，效果如图 10-8 所示。

　　代码实现如下：

```
class DoneWidget extends LeafRenderObjectWidget {
  const DoneWidget({
    Key? key,
    this.strokeWidth = 2.0,
    this.color = Colors.green,
    this.outline = false,
  }) : super(key: key);
```

图 10-8　DoneWidget 示例
（扫码查看动图）

```
// 线条宽度
final double strokeWidth;
// 轮廓颜色或填充色
final Color color;
// 如果为 true，则没有填充色，color 代表轮廓的颜色；如果为 false，则 color 为填充色
final bool outline;

@override
RenderObject createRenderObject(BuildContext context) {
  return RenderDoneObject(
    strokeWidth,
    color,
    outline,
  )..animationStatus = AnimationStatus.forward; // 创建时执行正向动画
}

@override
void updateRenderObject(context, RenderDoneObject renderObject) {
  renderObject
    ..strokeWidth = strokeWidth
    ..outline = outline
    ..color = color;
}
}
```

DoneWidget 有两种模式，一种是 outline 模式，该模式背景没有填充色，此时 color 表示的是轮廓线条的颜色；如果是非 outline 模式，则 color 表示填充的背景色，此时"钩"的颜色简单设置为白色。

接下来需要实现 RenderDoneObject，因为组件不需要响应事件，所以可以不用添加事件相关的处理代码；但是组件需要执行动画，因此我们可以直接使用上一节中封装的 RenderObjectAnimationMixin，具体代码实现如下：

```
class RenderDoneObject extends RenderBox with RenderObjectAnimationMixin {
  double strokeWidth;
  Color color;
  bool outline;

  ValueChanged<bool>? onChanged;

  RenderDoneObject(
    this.strokeWidth,
    this.color,
    this.outline,
  );

  // 动画执行时间为 300ms
  @override
  Duration get duration => const Duration(milliseconds: 300);

  @override
  void doPaint(PaintingContext context, Offset offset) {
    // 可以对动画运用曲线
    Curve curve = Curves.easeIn;
```

```dart
final _progress = curve.transform(progress);

Rect rect = offset & size;
final paint = Paint()
  ..isAntiAlias = true
  ..style = outline ? PaintingStyle.stroke : PaintingStyle.fill //填充
  ..color = color;

if (outline) {
  paint.strokeWidth = strokeWidth;
  rect = rect.deflate(strokeWidth / 2);
}

// 画背景圆
context.canvas.drawCircle(rect.center, rect.shortestSide / 2, paint);

paint
  ..style = PaintingStyle.stroke
  ..color = outline ? color : Colors.white
  ..strokeWidth = strokeWidth;

final path = Path();

Offset firstOffset =
    Offset(rect.left + rect.width / 6, rect.top + rect.height / 2.1);

final secondOffset = Offset(
  rect.left + rect.width / 2.5,
  rect.bottom - rect.height / 3.3,
);

path.moveTo(firstOffset.dx, firstOffset.dy);

const adjustProgress = .6;
// 画 "钩"
if (_progress < adjustProgress) {
  // 第一个点到第二个点的连线做动画（第二个点不停地变）
  Offset _secondOffset = Offset.lerp(
    firstOffset,
    secondOffset,
    _progress / adjustProgress,
  )!;
  path.lineTo(_secondOffset.dx, _secondOffset.dy);
} else {
  // 链接第一个点和第二个点
  path.lineTo(secondOffset.dx, secondOffset.dy);
  // 第三个点位置随着动画变，做动画
  final lastOffset = Offset(
    rect.right - rect.width / 5,
    rect.top + rect.height / 3.5,
  );
  Offset _lastOffset = Offset.lerp(
    secondOffset,
    lastOffset,
    (progress - adjustProgress) / (1 - adjustProgress),
```

```
      )!;
      path.lineTo(_lastOffset.dx, _lastOffset.dy);
    }
    context.canvas.drawPath(path, paint..style = PaintingStyle.stroke);
  }

  @override
  void performLayout() {
    // 如果父组件指定了固定宽高，则使用父组件指定的，否则宽高默认设置为 25
    size = constraints.constrain(
      constraints.isTight ? Size.infinite : const Size(25, 25),
    );
  }
}
```

上面的代码很简单，但需要注意三点：

❏ 我们对动画应用了 easeIn 曲线，可以看到如果在 RenderObject 中对动画应用曲线，通过不同的映射规则就可以控制动画在不同阶段的播放快慢。另外读者应该也能发现，曲线的本质就是对动画的进度加了一层映射。

❏ 我们重写了 RenderObjectAnimationMixin 中的 duration，该参数用于指定动画时长。

❏ adjustProgress 的作用主要是将"打钩"动画分为两部分，第一部分是第一个点和第二个点的连线动画，这部分动画占总动画时长的前 60%；第二部分是第二点和第三个点的连线动画，该部分动画占总时长的后 40%。

10.8　水印组件实例：文本绘制与离屏渲染

本节将通过实现一个水印组件来介绍如何绘制文本以及如何进行离屏渲染。

在实际场景中，大多数情况下水印是要铺满整个屏幕的，如果不需要铺满屏幕，通常直接用组件组合即可实现，本节我们主要讨论的是需要铺满屏幕的水印。

10.8.1　水印组件 WaterMark

可以绘制一个"单元水印"，然后让它在整个水印组件的背景中重复即可实现我们期望的功能，因此我们可以直接使用 DecoratedBox，它拥有背景图重复功能。重复的问题解决后，主要的问题便是如何绘制单元水印，为了灵活好扩展，我们定义一个水印画笔接口，这样一来就可以预置一些常用的画笔实现来满足大多数场景，同时如果开发者有自定义需求的话，也可以通过自定义画笔来实现。

下面是水印组件 WaterMark 的定义：

```
class WaterMark extends StatefulWidget {
  WaterMark({
    Key? key,
    this.repeat = ImageRepeat.repeat,
    required this.painter,
  }) : super(key: key);
```

```
  // 单元水印画笔
  final WaterMarkPainter painter;

  // 单元水印的重复方式
  final ImageRepeat repeat;

  @override
  State<WaterMark> createState() => _WaterMarkState();
}
```

下面看一下 State 实现，代码如下：

```
class _WaterMarkState extends State<WaterMark> {
  late Future<MemoryImage> _memoryImageFuture;

  @override
  void initState() {
    // 缓存的是 promise
    _memoryImageFuture = _getWaterMarkImage();
    super.initState();
  }

  @override
  Widget build(BuildContext context) {
    return SizedBox.expand( // 水印尽可能大
      child: FutureBuilder(
        future: _memoryImageFuture,
        builder: (BuildContext context, AsyncSnapshot snapshot) {
          if (snapshot.connectionState != ConnectionState.done) {
            // 如果单元水印还没有绘制好，先返回一个空的 Container
            return Container();
          } else {
            // 如果单元水印已经绘制好，则渲染水印
            return DecoratedBox(
              decoration: BoxDecoration(
                image: DecorationImage(
                  image: snapshot.data, // 背景图，即我们绘制的单元水印图片
                  repeat: widget.repeat, // 指定重复方式
                  alignment: Alignment.topLeft,
                ),
              ),
            );
          }
        },
      ),
    );
  }

  @override
  void didUpdateWidget(WaterMark oldWidget) {
    ... // 待实现
  }

  // 离屏绘制单元水印并将绘制结果转为图片缓存起来
  Future<MemoryImage> _getWaterMarkImage() async {
    ... // 待实现
```

```
    }

    @override
    void dispose() {
      ...// 待实现
    }
  }
```

我们通过 DecoratedBox 来实现背景图重复，同时在组件初始化时开始离屏绘制单元水印，并将结果缓存在 MemoryImage 中，因为离屏绘制是一个异步任务，所以直接缓存 Future 即可。这里需要注意，当组件重新构建时，如果画笔配置发生变化，则需要重新绘制单元水印并缓存新的绘制结果，代码如下：

```
  @override
  void didUpdateWidget(WaterMark oldWidget) {
    // 如果画笔发生了变化（类型或者配置），则重新绘制水印
    if (widget.painter.runtimeType != oldWidget.painter.runtimeType ||
        widget.painter.shouldRepaint(oldWidget.painter)) {
      // 先释放之前的缓存
      _memoryImageFuture.then((value) => value.evict());
      // 重新绘制并缓存
      _memoryImageFuture = _getWaterMarkImage();
    }
    super.didUpdateWidget(oldWidget);
  }
```

注意，在重新绘制单元水印之前要先将旧单元水印的缓存清理掉，清理缓存可以通过调用 MemoryImage 的 evict 方法实现。同时，当组件卸载时，也要释放缓存，代码如下：

```
  @override
  void dispose() {
    // 释放图片缓存
    _memoryImageFuture.then((value) => value.evict());
    super.dispose();
  }
```

接下来就需要重新绘制单元水印了，调用 _getWaterMarkImage() 方法即可，该方法的功能是离屏绘制单元水印并将绘制结果转为图片缓存起来，下面我们看一下它的实现。

离屏绘制

离屏绘制的代码如下：

```
// 离屏绘制单元水印并将绘制结果保存为图片缓存起来
Future<MemoryImage> _getWaterMarkImage() async {
  // 创建一个 Canvas 进行离屏绘制，细节和原理请查看 14.5 节
  final recorder = ui.PictureRecorder();
  final canvas = Canvas(recorder);
  // 绘制单元水印并获取其大小
  final Size size = widget.painter.paintUnit(canvas);
  final picture = recorder.endRecording();
  // 将单元水印导出为图片并缓存起来
  final img = await picture.toImage(size.width.ceil(), size.height.ceil());
  final byteData = await img.toByteData(format: ui.ImageByteFormat.png);
```

```
final pngBytes = byteData!.buffer.asUint8List();
return MemoryImage(pngBytes);
}
```

我们手动创建了一个 Canvas 和一个 PictureRecorder 来实现离屏绘制，PictureRecorder 的功能此处先简单介绍一下，我们会在本书后面绘制原理相关章节详细介绍，简单来说，调用 Canvas API 后，实际上产生的是一系列绘制指令，这些绘制指令执行后才能获取绘制结果，而 PictureRecorder 就是一个绘制指令记录器，它可以记录一段时间内所有绘制指令，我们可以通过调用 recorder.endRecording() 方法来获取记录的绘制指令，该方法返回一个 Picture 对象，它是绘制指令的载体，有一个 toImage 方法，调用后会执行绘制指令获得绘制的像素结果（ui.Image 对象），之后我们就可以将像素结果转为 PNG 格式的数据并缓存在 MemoryImage 中。

10.8.2　单元水印画笔

现在我们看一下如何绘制单元水印，先看一下水印画笔接口的定义：

```
// 定义水印画笔
abstract class WaterMarkPainter {
  // 绘制"单元水印"，完整的水印是由单元水印重复平铺组成，返回值为"单元水印"占用空间的大小
  // [devicePixelRatio]：因为最终要将绘制内容保存为图片，所以在绘制时需要根据屏幕的 DPR 来放
  大，以防止失真
  Size paintUnit(Canvas canvas, double devicePixelRatio);

  // 是否需要重绘
  bool shouldRepaint(covariant WaterMarkPainter oldPainter) => true;
}
```

定义很简单，只有两个函数：

❑ paintUnit 用于绘制单元水印，这里需要注意一点，因为很多 UI 元素的大小只能在绘制时获取，无法提前知道大小，所以 paintUnit 在完成绘制单元水印任务的同时，最后得返回单元水印的大小信息，它在导为图片时要用到。

❑ shouldRepaint：当画笔状态发生变化且会影响单元水印的外观时返回 true，否则返回 false，返回 true 后重绘单元水印。它在 _WaterMarkState 的 didUpdateWidget 方法中调用，读者可以结合源代码理解。

10.8.3　文本水印画笔

下面我们实现一个文本水印画笔，它可以绘制一段文本，我们可以指定文本的样式和旋转角度。

```
// 文本水印画笔
class TextWaterMarkPainter extends WaterMarkPainter {
  TextWaterMarkPainter({
    Key? key,
    double? rotate,
```

```
      EdgeInsets? padding,
      TextStyle? textStyle,
      required this.text,
    })  : assert(rotate == null || rotate >= -90 && rotate <= 90),
          rotate = rotate ?? 0,
          padding = padding ?? const EdgeInsets.all(10.0),
          textStyle = textStyle ??
              TextStyle(
                color: Color.fromARGB(20, 0, 0, 0),
                fontSize: 14,
              );

  double rotate; // 文本旋转的度数，注意，是角度不是弧度
  TextStyle textStyle; // 文本样式
  EdgeInsets padding; // 文本的 padding
  String text; // 文本

  @override
  Size paintUnit(Canvas canvas,double devicePixelRatio) {
    // 1. 先绘制文本
    // 2. 应用旋转和 padding
  }

  @override
  bool shouldRepaint(TextWaterMarkPainter oldPainter) {
    ...// 待实现
  }
}
```

paintUnit 的绘制分为两步：绘制文本；应用旋转和布局。

1. 绘制文本

文本的绘制分为四步：

❑ 创建一个 ParagraphBuilder，记为 builder。

❑ 调用 builder.add 添加要绘制的字符串。

❑ 构建文本并进行布局，因为在布局后才能知道文本所占用的空间。

❑ 调用 canvas.drawParagraph 绘制。

具体代码如下：

```
import 'dart:ui' as ui;
...
  @override
  Size paintUnit(Canvas canvas,double devicePixelRatio) {
    // 根据屏幕 devicePixelRatio，对文本样式中长度相关的一些值乘以 devicePixelRatio
    final _textStyle = _handleTextStyle(textStyle, devicePixelRatio);
    final _padding = padding * devicePixelRatio;

    // 构建文本段落
    final builder = ui.ParagraphBuilder(_textStyle.getParagraphStyle(
      textDirection: textDirection,
      textAlign: TextAlign.start,
      textScaleFactor: devicePixelRatio,
    ));
```

```
      // 添加要绘制的文本及样式
      builder
        ..pushStyle(_textStyle.getTextStyle()) // textStyle 为 ui.TextStyle
        ..addText(text);

      // 布局后我们才能知道文本占用的空间
      ui.Paragraph paragraph = builder.build()
        ..layout(ui.ParagraphConstraints(width: double.infinity));

      // 文本占用的真实宽度
      final textWidth = paragraph.longestLine.ceilToDouble();
      // 文本占用的真实高度
      final fontSize = paragraph.height;

      ...// 省略应用旋转和 padding 的相关代码

      // 绘制文本
      canvas.drawParagraph(paragraph, Offset.zero);

    }

  TextStyle _handleTextStyle(double devicePixelRatio) {
    var style = textStyle;
    double _scale(attr) => attr == null ? 1.0 : devicePixelRatio;
    return style.apply(
      decorationThicknessFactor: _scale(style.decorationThickness),
      letterSpacingFactor: _scale(style.letterSpacing),
      wordSpacingFactor: _scale(style.wordSpacing),
      heightFactor: _scale(style.height),
    );
  }
```

可以看到绘制文本的过程还是比较复杂的，为此 Flutter 提供了一个专门用于绘制文本的画笔 TextPainter，我们用 TextPainter 修改上面的代码如下所示：

```
// 构建文本画笔
TextPainter painter = TextPainter(
  textDirection: TextDirection.ltr,
  textScaleFactor: devicePixelRatio,
);
// 添加文本和样式
painter.text = TextSpan(text: text, style: _textStyle);
// 对文本进行布局
painter.layout();

// 文本占用的真实宽度
final textWidth = painter.width;
// 文本占用的真实高度
final textHeight = painter.height;

 ...// 省略应用旋转和 padding 的相关代码

// 绘制文本
painter.paint(canvas, Offset.zero);
```

可以看到，代码实际上少不了多少，但是清晰了一些。

另外，TextPainter 在实战中还有一个用处，就是我们想提前知道 Text 组件的宽高时，可以通过 TextPainter 来测量，比如如下代码：

```
Widget wTextPainterTest() {
  // 我们想提前知道 Text 组件的大小
  Text text = Text('flutter@wendux', style: TextStyle(fontSize: 18));
  // 使用 TextPainter 来测量
  TextPainter painter = TextPainter(textDirection: TextDirection.ltr);
  // 将 Text 组件文本和样式透传给 TextPainter
  painter.text = TextSpan(text: text.data,style:text.style);
  // 开始布局测量，调用 layout 后就能获取文本大小了
  painter.layout();
  // 自定义组件 AfterLayout 可以在布局结束后获取子组件的大小，我们用它来验证一下
  // TextPainter 测量的宽高是否正确
  return AfterLayout(
    callback: (RenderAfterLayout value) {
      // 输出日志
      print('text size(painter): ${painter.size}');
      print('text size(after layout): ${value.size}');
    },
    child: text,
  );
}
```

代码运行后，效果如图 10-9 所示。

从日志可以看到通过 TextPainter 测量的文本大小和实际占用量。

2. 应用旋转和布局

应用旋转效果本身比较简单，但难的是文本旋转后它占用的空间大小会发生变化，所以我们要动态计算旋转后文本所占用空间的大小，假设沿顺时针方向旋转了 rotate 角度，画出布局，如图 10-10 所示。

图 10-9　测量文本宽高

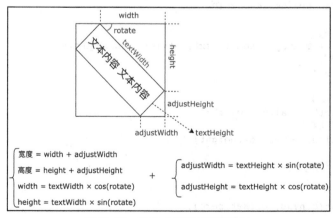

图 10-10　文本水印旋转结构图 1

我们可以根据上面公式求出最终的宽度和高度，是不是感觉高中学的三角函数终于派上用场了！注意，上面的公式中并没有考虑 padding，padding 的处理比较简单，不再赘述，详见如下代码：

```
@override
Size paintUnit(Canvas canvas, double devicePixelRatio) {
  ... // 省略
  // 文本占用的真实宽度
  final textWidth = painter.width;
  // 文本占用的真实高度
  final textHeight = painter.height;

  // 将弧度转化为度数
  final radians = math.pi * rotate / 180;

  // 通过三角函数计算旋转后的位置和 Size
  final orgSin = math.sin(radians);
  final sin = orgSin.abs();
  final cos = math.cos(radians).abs();

  final width = textWidth * cos;
  final height = textWidth * sin;
  final adjustWidth = fontSize * sin;
  final adjustHeight = fontSize * cos;

  // 为什么要平移? 下面解释
  if (orgSin >= 0) { // 旋转角度为正
    canvas.translate(
      adjustWidth + padding.left,
      padding.top,
    );
  } else { // 旋转角度为负
    canvas.translate(
      padding.left,
      height + padding.top,
    );
  }
  canvas.rotate(radians);
  // 绘制文本
  painter.paint(canvas, Offset.zero);
  // 返回水印单元所占的真实空间大小（需要加上 padding）
  return Size(
    width + adjustWidth + padding.horizontal,
    height + adjustHeight + padding.vertical,
  );
}
```

> **注意** 在旋转前我们对 canvas 进行了平移操作，如果不限平移，就会导致旋转之后一部分内容的位置超出画布之外了，如图 10-11 所示。

接下来实现 shouldRepaint 方法：

```
@override
bool shouldRepaint(TextWaterMarkPainter oldPainter) {
```

```
    return oldPainter.rotate != rotate ||
      oldPainter.text != text ||
      oldPainter.padding != padding ||
      oldPainter.textDirection != textDirection ||
      oldPainter.textStyle != textStyle;
  }
```

图 10-11　文本水印旋转结构图 2

上面这些属性发生变化时都会导致水印 UI 发生变化，所以需要重绘。

3. 测试

测试代码如下：

```
@override
Widget build(BuildContext context) {
  return wTextWaterMark();
}

Widget wTextWaterMark() {
  return Stack(
    children: [
      wPage(),
      IgnorePointer(
        child: WaterMark(
          painter: TextWaterMarkPainter(
            text: 'Flutter 中国 @wendux',
            textStyle: TextStyle(
              fontSize: 15,
              fontWeight: FontWeight.w200,
              color: Colors.black38, // 为了水印能更清晰
                                     // 一些，颜色深一点
            ),
            rotate: -20, // 旋转 -20 度
          ),
        ),
      ),
    ],
  );
}

Widget wPage() {
  return Center(
    child: ElevatedButton(
      child: const Text(' 按钮 '),
      onPressed: () => print('tab'),
    ),
  );
}
... // 省略无关代码
```

代码运行后效果如图 10-12 所示。

图 10-12　文本水印最终效果

10.8.4　单元水印画笔——交错文本水印

拥有交错效果的文本水印比较常见，效果如图 10-13 所示。

　　要实现这样的效果，按照之前的思路，我们只需要将单元水印绘制为图中方框圈出来的部分即可，可以看到这个单元水印和之前的 TextWaterMarkPainter 有一点不同，即 TextWaterMarkPainter 只能绘制单个文本，而现在我们需要绘制两个文本，两个文本沿竖直方向排列，且两个文本左边起始位置有偏移。

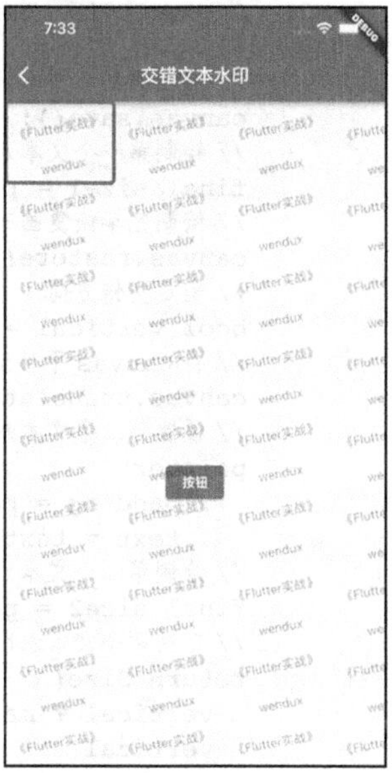

　　我们想想这要如何实现。直接能想到的是继续在 TextWaterMarkPainter 的 paintUnit 方法后面加逻辑，但这样会带来两个问题：

- ❏ TextWaterMarkPainter 的配置参数会变多。
- ❏ TextWaterMarkPainter 的 paintUnit 已经很复杂了，如果再往里面加代码，后期的理解成本和维护成本会比较大。

　　不能直接修改 TextWaterMarkPainter 实现，但我们有想复用 TextWaterMarkPainter 的逻辑，这时可以使用代理模式，即我们新建一个 WaterMarkPainter，在里面调用 TextWaterMarkPainter 方法即可。代码实现如下：

图 10-13　交错文本水印

```
// 交错文本水印画笔，可以在水平或垂直方向上组合两个文本水印，
// 通过给第二个文本水印指定不同的 padding 来实现交错效果
class StaggerTextWaterMarkPainter extends
  WaterMarkPainter {
  StaggerTextWaterMarkPainter({
    required this.text,
    this.padding1,
    this.padding2 = const EdgeInsets.all(30),
    this.rotate,
    this.textStyle,
    this.staggerAxis = Axis.vertical,
    String? text2,
  }) : text2 = text2 ?? text;
  // 第一个文本
  String text;
  // 第二个文本，如果不指定，则和第二个文本相同
  String text2;
  // 我们限制两个文本的旋转角度和文本样式必须相同，否则太乱了
  double? rotate;
  ui.TextStyle? textStyle;
  // 第一个文本的 padding
  EdgeInsets? padding1;
  // 第二个文本的 padding
  EdgeInsets padding2;
  // 两个文本沿哪个方向排列
  Axis staggerAxis;

  @override
  Size paintUnit(Canvas canvas, double devicePixelRatio) {
    final TextWaterMarkPainter painter = TextWaterMarkPainter(
      text: text,
```

```
      padding: padding1,
      rotate: rotate ?? 0,
      textStyle: textStyle,
    );
    // 绘制第一个文本水印前保存画布状态，因为在绘制过程中可能会平移或旋转画布
    canvas.save();
    // 绘制第一个文本水印
    final size1 = painter.paintUnit(canvas, devicePixelRatio);
    // 绘制完毕恢复画布状态
    canvas.restore();
    // 确定交错方向
    bool vertical = staggerAxis == Axis.vertical;
    // 将 Canvas 平移至第二个文本水印的起始绘制点
    canvas.translate(vertical ? 0 : size1.width, vertical ? size1.height : 0);
    // 设置第二个文本水印的 padding 和 text2
    painter
      ..padding = padding2
      ..text = text2;
    // 绘制第二个文本水印
    final size2 = painter.paintUnit(canvas, devicePixelRatio);
    // 返回两个文本水印所占用的总大小
    return Size(
      vertical ? math.max(size1.width, size2.width) : size1.width + size2.width,
      vertical
          ? size1.height + size2.height
          : math.max(size1.height, size2.height),
    );
  }

  @override
  bool shouldRepaint(StaggerTextWaterMarkPainter oldPainter) {
    return oldPainter.rotate != rotate ||
        oldPainter.text != text ||
        oldPainter.text2 != text2 ||
        oldPainter.staggerAxis != staggerAxis ||
        oldPainter.padding1 != padding1 ||
        oldPainter.padding2 != padding2 ||
        oldPainter.textDirection != textDirection ||
        oldPainter.textStyle != textStyle;
  }
}
```

上面的代码中有三点需要注意：

❑ 在绘制第一个文本之前，需要调用 canvas.save 保存画布状态，因为在绘制过程中可能会平移或旋转画布，在绘制第二个文本之前恢复画布状态，并需要将 Canvas 平移至第二个文本水印的起始绘制点。

❑ 两个文本可以沿水平方向排列，也可以沿竖直方向排列，不同的排列规则会影响最终水印单元的大小。

❑ 交错的偏移通过 padding2 来指定。

测试

下面的代码运行后就可以看到图 10-13 的效果了：

```
Widget wStaggerTextWaterMark() {
  return Stack(
    children: [
      wPage(),
      IgnorePointer(
        child: WaterMark(
          painter: StaggerTextWaterMarkPainter(
            text: '《Flutter 实战》',
            text2: 'wendux',
            textStyle: TextStyle(
              color: Colors.black38,
            ),
            padding2: EdgeInsets.only(left: 40), // 第二个文本左边向右偏移 40
            rotate: -10,
          ),
        ),
      ),
    ],
  );
}
```

10.8.5　对水印应用偏移

我们实现的两个文本水印画笔能对单元水印指定 padding，但是如果需要对整个水印组件应用偏移效果呢？比如期望得到如图 10-14 所示的效果：让 WaterMark 的整个背景向左平移了 30 像素，可以看到第一列的水印文本只显示了一部分。

首先，我们不能在文本水印画笔中应用偏移，因为水印画笔画的是单元水印，如果我们绘制的单元水印只显示了部分文本，则单元水印重复时每个重复区域也都只显示部分文本。所以我们得对 WaterMark 的背景整体做一个偏移，这时想必读者应该想到了 Transform 组件，我们先用这个组件来试试，代码如下：

```
Transform.translate(
  offset: Offset(-30,0), // 向左偏移 30 像素
  child: WaterMark(
    painter: TextWaterMarkPainter(
      text: 'Flutter 中国 @wendux',
      textStyle: TextStyle(
        color: Colors.black38,
      ),
      rotate: -20,
    ),
  ),
),
```

代码运行后效果如图 10-15 所示。

可以发现虽然整体向左偏移了，但是右边出现了空白，这是因为 WaterMark 占用的空间本来就是和屏幕等宽的，所以它绘制时的区域也就和屏幕一样大，而 Transform.translate 的作用相当于在绘制时将绘制的原点向左平移了 30 像素，所以右边就出现了空白。

既然如此，那如果能让 WaterMark 的绘制区域超过屏幕宽度 30 像素，这样平移后不就

可以了吗？这个思路是对的，我们知道 WaterMark 中是通过 DecoratedBox 绘制的背景，但我们不能修改 DecoratedBox 的绘制逻辑，如果将 DecoratedBox 相关代码复制一份出来加以修改，这样后期的维护成本就很大，所以直接修改 DecoratedBox 的方法不可取。

图 10-14　对水印应用偏移

图 10-15　右边有空白

1. 方案一：使用可滚动组件来应用偏移

我们知道大多数组件的绘制区域是和自身布局大小相同的，那么能不能强制让 WaterMark 的宽度超出屏幕宽度 30 像素呢？当然可以，可滚动组件不都是遵循这个原理吗！那么肯定有一个方法能行得通，即强制指定 WaterMark 的宽度比屏幕宽度大 30，然后用一个 SingleChildScrollView 包裹，代码如下：

```
Widget wTextWaterMarkWithOffset() {
  return Stack(
    children: [
      wPage(),
      IgnorePointer(
        child: LayoutBuilder(builder: (context, constraints) {
          print(constraints);
          return SingleChildScrollView(
            scrollDirection: Axis.horizontal,
            child: Transform.translate(
              offset: Offset(-30, 0),
              child: SizedBox(
                // constraints.maxWidth 为屏幕宽度，加 30 像素
                width: constraints.maxWidth + 30,
                height: constraints.maxHeight,
                child: WaterMark(
```

```
                       painter: TextWaterMarkPainter(
                         text: 'Flutter 中国 @wendux',
                         textStyle: TextStyle(
                           color: Colors.black38,
                         ),
                         rotate: -20,
                       ),
                     ),
                 ),
               ),
             );
           }),
         ),
       ],
     );
   }
```

上面的代码可以实现我们期望的效果,如图 10-14 所示。

需要说明的是,因为 SingleChildScrollView 被 IgnorePointer 包裹着,所以它是接收不到事件的,因此不会受用户滑动的干扰。

我们知道 SingleChildScrollView 内部要创建 Scrollable 和 Viewport 对象,而在这个场景下 SingleChildScrollView 是不会响应事件的,所以创建 Scrollable 就属于多余的开销,我们需要探索一种更优的方案。

2. 方案二:使用 FittedBox 来应用偏移

我们能否先通过 UnconstrainedBox 取消父组件对子组件大小的约束,然后通过 SizedBox 指定 WaterMark 宽度比屏幕长 30 像素来实现,比如如下代码:

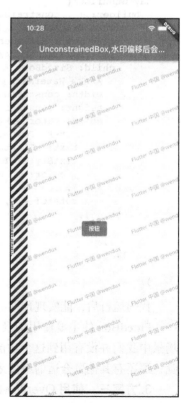

```
LayoutBuilder(
  builder: (_, constraints) {
    return UnconstrainedBox( // 取消父组件对子组件大小
        的约束
      alignment: Alignment.topRight,
      child: SizedBox(
        // 指定 WaterMark 宽度比屏幕宽 30 像素
        width: constraints.maxWidth + 30,
        height: constraints.maxHeight,
        child: WaterMark(...),
      ),
    );
  },
),
```

代码运行后效果如图 10-16 所示。

我们看到,左边出现了一个溢出提示条,这是因为 UnconstrainedBox 虽然在其子组件布局时可以取消约束(子组件可以为无限大),但是 UnconstrainedBox 自身是受其父组件约束的,所以当 UnconstrainedBox 随着其子组件变大后,当 UnconstrainedBox 的大小超过它父组件大小时,就

图 10-16 左边有溢出

导致了溢出。

如果没有这个溢出提示条，则我们想要的偏移效果实际上已经实现了！偏移的实现原理是我们指定了屏幕右对齐，因为子组件的右边界和父组件右边界对齐时，超出的 30 像素宽度就会在父组件的左边界之外，从而实现了我们期望的效果。我们知道在 Release 模式下是不会绘制溢出提示条的，因为溢出条的绘制逻辑是在 assert 函数中，比如如下代码：

```
// 显示溢出条
assert(() {
  paintOverflowIndicator(context, offset, _overflowContainerRect, _overflowChildRect);
  return true;
}());
```

所以，在 Release 模式下，上面的代码也不会有问题，但是我们还是不应该使用这种方法，因为既然有提示，就代表 UnconstrainedBox 子元素溢出是不被预期的行为。

知道原因后，我们的解决思路就是：在取消约束的同时不要让组件大小超出父组件的空间即可。而之前章节中介绍的 FittedBox 组件可以取消父组件对子组件的约束，并同时可以让其子组件适配 FittedBox 父组件的大小，正好符合我们的要求，下面我们修改一下代码：

```
LayoutBuilder(
  builder: (_, constraints) {
    return FittedBox( // FittedBox 会取消父组件对子组件的约束
      alignment: Alignment.topRight, // 通过对齐方式来实现平移效果
      fit: BoxFit.none, // 不进行任何适配处理
      child: SizedBox(
        // 指定 WaterMark 的宽度比屏幕宽 30 像素
        width: constraints.maxWidth + 30,
        height: constraints.maxHeight,
        child: WaterMark(
          painter: TextWaterMarkPainter(
            text: 'Flutter 中国 @wendux',
            textStyle: TextStyle(
              color: Colors.black38,
            ),
            rotate: -20,
          ),
        ),
      ),
    );
  },
),
```

代码运行后，能实现预期的效果，如图 10-14 所示。

FittedBox 的主要使用场景是对子组件进行一些缩放以适配父组件的空间，而在本例的场景中我们并没有用到这个功能（适配方式制定了 BoxFit.none），还是有点杀鸡用牛刀的感觉，那还有其他更合适的组件来解决这个问题吗？答案是有，比如 OverflowBox！

3. 方案三：使用 OverflowBox 来应用偏移

OverflowBox 和 UnconstrainedBox 的相同之处是可以取消父组件对子组件的约束，但

不同的是 OverflowBox 自身的大小不会随着子组件的大小而变化，它的大小只取决于其父组件的约束（约束为 constraints.biggest），即在满足父组件约束的前提下会尽可能大。我们封装一个 TranslateWithExpandedPaintingArea 组件来包裹 WaterMark 组件，代码如下：

```
class TranslateWithExpandedPaintingArea extends StatelessWidget {
  const TranslateWithExpandedPaintingArea({
    Key? key,
    required this.offset,
    this.clipBehavior = Clip.none,
    this.child,
  }) : super(key: key);
  final Widget? child;
  final Offset offset;
  final Clip clipBehavior;

  @override
  Widget build(BuildContext context) {
    return LayoutBuilder(
      builder: (context, constraints) {
        final dx = offset.dx.abs();
        final dy = offset.dy.abs();

        Widget widget = OverflowBox(
          // 平移多少，则子组件相应轴的长度就增加多少
          minWidth: constraints.minWidth + dx,
          maxWidth: constraints.maxWidth + dx,
          minHeight: constraints.minHeight + dy,
          maxHeight: constraints.maxHeight + dy,
          alignment: Alignment(
            // 不同方向的平移，要指定不同的对齐方式
            offset.dx <= 0 ? 1 : -1,
            offset.dy <= 0 ? 1 : -1,
          ),
          child: child,
        );
        // 超出组件布局空间的部分要剪裁掉
        if (clipBehavior != Clip.none) {
          widget = ClipRect(clipBehavior: clipBehavior, child: widget);
        }
        return widget;
      },
    );
  }
}
```

上面的代码中有三点需要说明：

❑ 会根据用户指定的偏移来动态地给子组件的宽高增加相应的值。

❑ 我们需要根据用户指定的偏移来动态调整 OverflowBox 的对齐方式，比如要向左平移时，OverflowBox 就必须右对齐，因为右对齐后超出父容器的部分会在左边界之外，这就是我们想要的效果，如果我们没有右对齐而是左对齐，则超出屏幕的部分本来就在右边界之外，这不符合预期。

❑ 超出边界的内容默认会显示，当然本例中水印组件大小和屏幕剩余显示空间一样大，所以超出后就不会显示，但如果我们给水印组件指定一个较小的大小，就可以看到超出之后的内容了，因此，我们定义了一个剪裁的配置参数，使用者可以根据实际情况决定是否进行剪裁。

所以最终的代码如下：

```
Widget wTextWaterMarkWithOffset2() {
  return Stack(
    children: [
      wPage(),
      IgnorePointer(
        child: TranslateWithExpandedPaintingArea(
          offset: Offset(-30, 0),
          child: WaterMark(
            painter: TextWaterMarkPainter(
              text: 'Flutter 中国 @wendux',
              textStyle: TextStyle(
                color: Colors.black38,
              ),
              rotate: -20,
            ),
          ),
        ),
      ),
    ],
  );
}
```

上述代码运行后，能实现预期的效果，如图 10-14 所示。

10.8.6 小结

本节主要内容总结：

❑ 水印组件的实现思路以及如何定义单元水印画笔。

❑ 如何绘制文本以及如何进行离屏渲染。

❑ 如何对水印整体应用偏移。

❑ 笔者已经将本章封装的水印组件和水印画笔添加到了 flukit 组件库，完整代码可在 flukit 库中找到。

文件操作与网络请求

11.1 文件操作

Dart 的 IO 库包含了文件读写的相关类，它属于 Dart 语法标准的一部分，所以通过 Dart IO 库，无论是 Dart VM 下的脚本还是 Flutter，都是通过 Dart IO 库来操作文件的，不过和 Dart VM 相比，Flutter 有一个重要差异——文件系统路径不同，这是因为 Dart VM 是运行在 PC 或服务器操作系统下，而 Flutter 是运行在移动操作系统中，它们的文件系统会有一些差异。

11.1.1 App 目录

Android 和 iOS 的应用存储目录不同，PathProvider 插件提供了一种平台透明的方式来访问设备文件系统上的常用位置。该类当前支持访问两个文件系统位置：

- **临时目录**：可以使用 getTemporaryDirectory() 来获取临时目录；系统可随时删除临时目录里的文件。在 iOS 上，这对应于 NSTemporaryDirectory() 返回的值。在 Android 上，这是 getCacheDir() 返回的值。
- **文档目录**：可以使用 getApplicationDocumentsDirectory() 来获取应用程序的文档目录，该目录用于存储只有自己可以访问的文件。只有当应用程序被卸载时，系统才会清除该目录。在 iOS 上，这对应于 NSDocumentDirectory。在 Android 上，这是 AppData 目录。
- **外部存储目录**：可以使用 getExternalStorageDirectory() 来获取外部存储目录，如 SD 卡；因为 iOS 不支持外部目录，所以在 iOS 下调用该方法会抛出 UnsupportedError 异常，而在 Android 下结果是 Android SDK 中 getExternalStorageDirectory 的返回值。

一旦你的 Flutter 应用程序有一个文件位置的引用，你可以使用 dart:io API 来执行对文件系统的读 / 写操作。有关使用 Dart 处理文件和目录的详细内容可以参考 Dart 语言文档，下面我们看一个简单的例子。

11.1.2 示例

还是以计数器为例，实现在应用退出重启后可以恢复点击次数。这里，我们使用文件来保存数据。

1. 引入 PathProvider 插件

在 pubspec.yaml 文件中添加如下声明：

```
path_provider: ^2.0.2
```

添加后，执行 flutter packages get 获取一下，版本号可能随着时间推移发生变化，读者可以使用最新版。

2. 代码实现

具体代码如下：

```
import 'dart:io';
import 'dart:async';
import 'package:flutter/material.dart';
import 'package:path_provider/path_provider.dart';

class FileOperationRoute extends StatefulWidget {
  FileOperationRoute({Key? key}) : super(key: key);

  @override
  _FileOperationRouteState createState() => _FileOperationRouteState();
}

class _FileOperationRouteState extends State<FileOperationRoute> {
  int _counter = 0;

  @override
  void initState() {
    super.initState();
    // 从文件读取点击次数
    _readCounter().then((int value) {
      setState(() {
        _counter = value;
      });
    });
  }

  Future<File> _getLocalFile() async {
    // 获取应用目录
    String dir = (await getApplicationDocumentsDirectory()).path;
    return File('$dir/counter.txt');
  }

  Future<int> _readCounter() async {
```

```
    try {
      File file = await _getLocalFile();
      // 读取点击次数（以字符串）
      String contents = await file.readAsString();
      return int.parse(contents);
    } on FileSystemException {
      return 0;
    }
  }

  _incrementCounter() async {
    setState(() {
      _counter++;
    });
    // 将点击次数以字符串类型写到文件中
    await (await _getLocalFile()).writeAsString('$_counter');
  }

  @override
  Widget build(BuildContext context) {
    return Scaffold(
      appBar: AppBar(title: Text('文件操作')),
      body: Center(
        child: Text('点击了 $_counter 次'),
      ),
      floatingActionButton: FloatingActionButton(
        onPressed: _incrementCounter,
        tooltip: 'Increment',
        child: Icon(Icons.add),
      ),
    );
  }
}
```

上面的代码比较简单，不再赘述，需要说明的是，本示例只是为了演示文件读写，而在实际开发中，如果要存储一些简单的数据，使用 shared_preferences 插件会比较简单。

📷 注 Dart IO 库操作文件的 API 非常丰富，但本书不是介绍 Dart 语言的，故不详细说明，
意　需要的话读者可以自行学习。

11.2　通过 HttpClient 发起 HTTP 请求

Dart IO 库中提供了用于发起 HTTP 请求的一些类，我们可以直接使用 HttpClient 来发起请求。使用 HttpClient 发起请求分为五步。

1）创建一个 HttpClient，代码如下：

```
HttpClient httpClient = HttpClient();
```

2）打开 Http 连接，设置请求头，代码如下：

```
HttpClientRequest request = await httpClient.getUrl(uri);
```

这一步可以使用任意 Http Method，如 httpClient.post(...)、httpClient.delete(...) 等。如果包含 Query 参数，可以在构建 URI 时添加如下代码：

```
Uri uri = Uri(scheme: "https", host: "flutterchina.club", queryParameters: {
    "xx":"xx",
    "yy":"dd"
  });
```

通过 HttpClientRequest 可以设置请求头，代码如下：

```
request.headers.add("user-agent", "test");
```

如果是 post 或 put 等可以携带请求体的方法，则可以通过 HttpClientRequest 对象发送请求体，代码如下：

```
String payload="...";
request.add(utf8.encode(payload));
//request.addStream(_inputStream); //可以直接添加输入流
```

3）等待连接服务器，代码如下：

```
HttpClientResponse response = await request.close();
```

这一步完成后，请求信息就已经发送给服务器了，返回一个 HttpClientResponse 对象，它包含响应头（header）和响应流（响应体的 Stream），接下来就可以通过读取响应流来获取响应内容。

4）读取响应内容，代码如下：

```
String responseBody = await response.transform(utf8.decoder).join();
```

我们通过读取响应流来获取服务器返回的数据，在读取时可以设置编码格式，这里是 utf8。

5）请求结束，关闭 HttpClient，代码如下：

```
httpClient.close();
```

关闭 Httpclient 后，通过该 client 发起的所有请求都会终止。

11.2.1　示例

我们实现一个获取百度首页 html 的例子，代码示例运行效果如图 11-1 所示。

点击 "获取百度首页" 按钮后，会请求百度首页，请求成功后，我们将返回的内容显示出来并在控制台打印响应头，代码如下：

```
import 'dart:convert';
import 'dart:io';
```

```dart
import 'package:flutter/material.dart';

class HttpTestRoute extends StatefulWidget {
  @override
  _HttpTestRouteState createState() => _
    HttpTestRouteState();
}

class _HttpTestRouteState extends
  State<HttpTestRoute> {
  bool _loading = false;
  String _text = "";

  @override
  Widget build(BuildContext context) {
    return SingleChildScrollView(
      child: Column(
        children: <Widget>[
          ElevatedButton(
            child: Text("获取百度首页"),
            onPressed: _loading ? null :
              request,
          ),
          Container(
            width: MediaQuery.of(context).size.
              width - 50.0,
            child: Text(_text.replaceAll
              (RegExp(r"\s"), "")),
          )
        ],
      ),
    );
  }
```

图 11-1 获取百度首页示例

```dart
  request() async {
    setState(() {
      _loading = true;
      _text = " 正在请求 ...";
    });
    try {
      // 创建一个 HttpClient
      HttpClient httpClient = HttpClient();
      // 打开 HTTP 连接
      HttpClientRequest request =
        await httpClient.getUrl(Uri.parse("https://www.baidu.com"));
      // 使用 iPhone 的 UA
      request.headers.add(
        "user-agent",
      "Mozilla/5.0 (iPhone; CPU iPhone OS 10_3_1 like Mac OS X)
        AppleWebKit/603.1.30 (KHTML, like Gecko) Version/10.0 Mobile/14E304
        Safari/602.1",
      );
      // 等待连接服务器 (会将请求信息发送给服务器)
      HttpClientResponse response = await request.close();
      // 读取响应内容
```

```
      _text = await response.transform(utf8.decoder).join();
      // 输出响应头
      print(response.headers);

      // 关闭 client 后，通过该 client 发起的所有请求都会终止
      httpClient.close();
    } catch (e) {
      _text = " 请求失败: $e";
    } finally {
      setState(() {
        _loading = false;
      });
    }
  }
}
```

控制台输出：

```
I/flutter (18545): connection: Keep-Alive
I/flutter (18545): cache-control: no-cache
I/flutter (18545): set-cookie: ...  // 有多个，省略
I/flutter (18545): transfer-encoding: chunked
I/flutter (18545): date: Tue, 30 Oct 2018 10:00:52 GMT
I/flutter (18545): content-encoding: gzip
I/flutter (18545): vary: Accept-Encoding
I/flutter (18545): strict-transport-security: max-age=172800
I/flutter (18545): content-type: text/html;charset=utf-8
I/flutter (18545): tracecode: 0052526240106576129010301B, 00522983
```

11.2.2 HttpClient 配置

HttpClient 有很多属性可以配置，常用的属性列表如表 11-1 所示。

表 11-1 HttpClient 常用属性

属性	含义
idleTimeout	对应请求头中的 keep-alive 字段值，为了避免频繁建立连接，httpClient 在请求结束后会保持连接一段时间，超过这个阈值后才会关闭连接
connectionTimeout	和服务器建立连接的超时，如果超过这个值，则会抛出 SocketException 异常
maxConnectionsPerHost	同一个 host，同时允许建立连接的最大数量
autoUncompress	对应请求头中的 Content-Encoding，如果设置为 true，则请求头中 Content-Encoding 的值为当前 HttpClient 支持的压缩算法列表，目前只有 gzip
userAgent	对应请求头中的 User-Agent 字段

可以发现，有些属性只是为了更方便地设置请求头，对于这些属性，你完全可以通过 HttpClientRequest 直接设置 header，不同的是通过 HttpClient 设置的对整个 httpClient 都生效，而通过 HttpClientRequest 设置的只对当前请求生效。

11.2.3 HTTP 请求认证

HTTP 协议的认证（Authentication）机制可以用于保护非公开资源。如果 HTTP 服务

器开启了认证，那么用户在发起请求时就需要携带用户凭据，如果在浏览器中访问了启用
Basic 认证的资源，浏览就会弹出一个登录框，如图 11-2 所示。

图 11-2 HTTP 协议 Basic 认证

我们先看一看 Basic 认证的基本过程：

1）客户端发送 HTTP 请求给服务器，服务器验证该用户是否已经登录验证过了，如
果没有，服务器会返回一个 401 Unauthozied 给客户端，并且在响应头中添加一个 WWW-
Authenticate 字段，例如：

```
WWW-Authenticate: Basic realm="admin"
```

其中 Basic 为认证方式，realm 为用户角色的分组，可以在后台添加分组。

2）客户端得到响应码后，将用户名和密码进行 base64 编码（格式为 "用户名：密码"），
设置请求头 Authorization，继续访问：

```
Authorization: Basic YXXFISDJFISJFGIJIJG
```

服务器验证用户凭据，如果通过就返回资源内容。

> 注意 HTTP 的方式除了 Basic 认证之外，还有 Digest 认证、Client 认证、Form Based 认
> 证等，目前 Flutter 的 HttpClient 只支持 Basic 和 Digest 两种认证方式，这两种认
> 证方式最大的区别是发送用户凭据时，对于用户凭据的内容，前者只是简单地通
> 过 Base64 编码（可逆），而后者会进行哈希运算，相对来说更安全。无论是采用
> Basic 认证还是 Digest 认证，都应该在 HTTPS 协议下，这样可以防止抓包和中间人
> 攻击。

HttpClient 关于 HTTP 认证的方法和属性如下：

```
addCredentials(Uri url, String realm, HttpClientCredentials credentials)
```

该方法用于添加用户凭据，例如：

```
httpClient.addCredentials(_uri,
  "admin",
  HttpClientBasicCredentials("username","password"), //Basic 认证凭据
);
```

如果是 Digest 认证，可以创建 Digest 认证凭据：

```
HttpClientDigestCredentials("username","password")
```

```
authenticate(Future<bool> f(Uri url, String scheme, String realm))
```

这是一个 setter，类型是一个回调，当服务器需要用户凭据且该用户凭据未被添加时，HttpClient 会调用此回调，在这个回调当中，一般会调用 addCredential() 来动态添加用户凭证，例如：

```
httpClient.authenticate=(Uri url, String scheme, String realm) async{
  if(url.host=="xx.com" && realm=="admin"){
    httpClient.addCredentials(url,
      "admin",
      HttpClientBasicCredentials("username","pwd"),
    );
    return true;
  }
  return false;
};
```

一个建议是，如果所有请求都需要认证，那么应该在 HttpClient 初始化时就调用 addCredentials() 来添加全局凭证，而不是动态添加。

11.2.4　代理

可以通过 findProxy 来设置代理策略，例如，我们要将所有请求通过代理服务器（192.168.1.2:8888）发送出去，代码如下：

```
client.findProxy = (uri) {
  // 如果需要过滤 URI，可以手动判断
  return "PROXY 192.168.1.2:8888";
};
```

findProxy 回调返回值是一个遵循浏览器 PAC 脚本格式的字符串，详情可以查看 API 文档，如果不需要代理，返回 DIRECT 即可。

在 App 开发中，很多时候我们需要抓包来调试，而抓包软件（如 charles）就是一个代理，这时就可以将请求发送到我们的抓包软件，在抓包软件中就能看到请求的数据了。

有时代理服务器也启用了身份验证，这和 HTTP 协议的认证是相似的，HttpClient 提供了对应的 Proxy 认证方法和属性，代码如下：

```
set authenticateProxy(
  Future<bool> f(String host, int port, String scheme, String realm));
void addProxyCredentials(
  String host, int port, String realm, HttpClientCredentials credentials);
```

它们的使用方法和 11.2.3 节中介绍的 addCredentials 和 authenticate 相同，故不再赘述。

11.2.5　证书校验

HTTPS 中为了防止通过伪造证书而发起的中间人攻击，客户端应该对自签名或非 CA 颁发的证书进行校验。HttpClient 对证书校验的逻辑如下：

- 如果请求的 HTTPS 证书是可信 CA 颁发的，并且访问 host 包含在证书的 domain 列表中（或者符合通配规则）并且证书未过期，则验证通过。
- 如果第一步验证失败，但在创建 HttpClient 时，已经通过 SecurityContext 将证书添加到证书信任链中，那么当服务器返回的证书在信任链中时，验证通过。
- 如果前两项验证都失败了，用户提供了 badCertificateCallback 回调，则会调用它，如果回调返回 true，则允许继续链接，如果返回 false，则终止链接。

综上所述，我们的证书校验其实就是提供一个 badCertificateCallback 回调，下面通过一个示例来说明。

示例

假设我们的后台服务使用的是自签名证书，证书格式是 PEM，我们将证书的内容保存在本地字符串中，那么校验逻辑代码如下：

```
String PEM="XXXXX";// 可以从文件读取
...
httpClient.badCertificateCallback=(X509Certificate cert, String host, int port){
  if(cert.pem==PEM){
    return true; // 证书一致，则允许发送数据
  }
  return false;
};
```

X509Certificate 是证书的标准格式，包含了证书除私钥外的所有信息，读者可以自行查阅文档。另外，上面的示例没有校验 host，这是因为只要服务器返回的证书内容和本地保存的内容一致，就已经能证明是我们的服务器了（而不是中间人），host 验证通常是为了防止证书和域名不匹配。

对于自签名的证书，我们也可以将其添加到本地证书信任链中，这样证书验证时就会自动通过，而不会再走到 badCertificateCallback 回调中：

```
SecurityContext sc = SecurityContext();
//file 为证书路径
sc.setTrustedCertificates(file);
// 创建一个 HttpClient
HttpClient httpClient = HttpClient(context: sc);
```

> **注意** 通过 setTrustedCertificates() 设置的证书格式必须为 PEM 或 PKCS12，如果证书格式为 PKCS12，则需要将证书密码传入，这样则会在代码中暴露证书密码，所以校验客户端证书时不建议使用 PKCS12 格式的证书。

11.2.6 小结

本节介绍了如何使用 Dart:io 库的 HttpClient 来发起 HTTP 请求，以及相关的请求配置、代理设置和证书校验等，可以发现直接通过 HttpClient 发起网络请求还是比较麻烦的，下一节我们将会介绍 dio 网络库。值得注意的是，HttpClient 提供的大多数属性和方法最终会作

用在请求的 header 里，我们完全可以手动设置 header 来实现，之所以提供这些方法，只是为了方便开发者而已。另外，HTTP 协议是一个非常重要的、使用最多的网络协议，每一个开发者都应该对 HTTP 协议非常熟悉。

11.3　HTTP 请求库 dio

通过上一节的介绍，我们可以发现直接使用 HttpClient 发起网络请求是比较麻烦的，很多事情需要手动处理，如果涉及文件上传 / 下载、Cookie 管理等，就会非常烦琐。幸运的是，Dart 社区有一些第三方 HTTP 请求库，用它们来发起 HTTP 请求将会简单得多，本节我们介绍一下目前人气较高的 dio 库。

dio 是笔者维护的一个强大的 Dart HTTP 请求库，支持 Restful API、FormData、拦截器、请求取消、Cookie 管理、文件上传 / 下载、超时等。dio 的使用方式随着其版本升级可能会发生变化，如果本节所述内容和最新 dio 功能有差异，请以最新的 dio 文档为准。

11.3.1　引入 dio

引入 dio：

```
dependencies:
  dio: ^x.x.x # 请使用 pub 上的最新版本
```

导入并创建 dio 实例，代码如下：

```
import 'package:dio/dio.dart';
Dio dio =  Dio();
```

接下来就可以通过 dio 实例来发起网络请求了，注意，一个 dio 实例可以发起多个 HTTP 请求，一般来说，App 只有一个 HTTP 数据源时，dio 应该使用单例模式。

11.3.2　通过 dio 发起请求

发起 GET 请求，代码如下：

```
Response response;
response=await dio.get("/test?id=12&name=wendu")
print(response.data.toString());
```

对于 GET 请求，我们可以将 query 参数通过对象来传递，上面的代码等同于：

```
response=await dio.get("/test",queryParameters:{"id":12,"name":"wendu"})
print(response);
```

发起一个 POST 请求：

```
response=await dio.post("/test",data:{"id":12,"name":"wendu"})
```

发起多个并发请求：

```
response= await Future.wait([dio.post("/info"),dio.get("/token")]);
```

下载文件：

```
response=await dio.download("https://www.google.com/",_savePath);
```

发送 FormData：

```
FormData formData = FormData.from({
  "name": "wendux",
  "age": 25,
});
response = await dio.post("/info", data: formData)
```

如果发送的数据是 FormData，则 dio 会将请求 header 的 contentType 设为 multipart/form-data。

通过 FormData 上传多个文件：

```
FormData formData = FormData.from({
  "name": "wendux",
  "age": 25,
  "file1": UploadFileInfo(File("./upload.txt"), "upload1.txt"),
  "file2": UploadFileInfo(File("./upload.txt"), "upload2.txt"),
    // 支持文件数组上传
  "files": [
      UploadFileInfo(File("./example/upload.txt"), "upload.txt"),
      UploadFileInfo(File("./example/upload.txt"), "upload.txt")
  ]
});
response = await dio.post("/info", data: formData)
```

值得一提的是，dio 内部仍然使用 HttpClient 发起的请求，所以代理、请求认证、证书校验等和 HttpClient 是相同的，我们可以在 onHttpClientCreate 回调中设置，例如：

```
(dio.httpClientAdapter as DefaultHttpClientAdapter).onHttpClientCreate = (client) {
    // 设置代理
    client.findProxy = (uri) {
      return "PROXY 192.168.1.2:8888";
    };
    // 校验证书
    httpClient.badCertificateCallback=(X509Certificate cert, String host, int port){
      if(cert.pem==PEM){
      return true; // 证书一致，则允许发送数据
      }
      return false;
    };
  };
```

注意，onHttpClientCreate 会在当前 dio 实例内部需要创建 HttpClient 时调用，所以通过此回调配置 HttpClient 会对整个 dio 实例生效，如果应用需要多种代理或证书校验策略，可以创建不同的 dio 实例来分别实现。

怎么样，是不是很简单？除了这些基本用法，dio 还支持请求配置、拦截器等。官方资

料比较详细，详情可以参考 dio 主页（https://github.com/flutterchina/dio）。下一节我们将使用 dio 实现一个分块下载器。

11.3.3 实例

我们通过 GitHub 开放的 API 来请求 flutterchina 组织下的所有公开的开源项目，实现步骤如下：

1）在请求阶段弹出 loading。

2）请求结束后，如果请求失败，则展示错误信息；如果成功，则将项目名称列表展示出来。

代码如下：

```
class _FutureBuilderRouteState extends State<FutureBuilderRoute> {
  Dio _dio = Dio();

  @override
  Widget build(BuildContext context) {

    return Container(
      alignment: Alignment.center,
      child: FutureBuilder(
          future: _dio.get("https://api.github.com/orgs/flutterchina/repos"),
          builder: (BuildContext context, AsyncSnapshot snapshot) {
            // 请求完成
            if (snapshot.connectionState == ConnectionState.done) {
              Response response = snapshot.data;
              // 发生错误
              if (snapshot.hasError) {
                return Text(snapshot.error.toString());
              }
              // 请求成功，通过项目信息建用于显示项目名称的 ListView
              return ListView(
                children: response.data.map<Widget>((e) =>
                    ListTile(title: Text(e["full_name"]))
                ).toList(),
              );
            }
            // 请求未完成时弹出 loading
            return CircularProgressIndicator();
          }
      ),
    );
  }
}
```

11.4 实例：HTTP 分块下载

本节将通过一个 "HTTP 分块下载" 的示例演示一下 dio 的具体用法。

11.4.1 HTTP 分块下载原理

HTTP 协议定义了分块传输的响应 header 字段，但具体是否支持取决于 Server 的实现，我们可以指定请求头的 range 字段来验证服务器是否支持分块传输。例如，我们可以利用 curl 命令来验证，代码如下：

```
bogon:~ duwen$ curl -H "Range: bytes=0-10" http://download.dcloud.net.cn/
  HBuilder.9.0.2.macosx_64.dmg -v
# 请求头
> GET /HBuilder.9.0.2.macosx_64.dmg HTTP/1.1
> Host: download.dcloud.net.cn
> User-Agent: curl/7.54.0
> Accept: */*
> Range: bytes=0-10
# 响应头
< HTTP/1.1 206 Partial Content
< Content-Type: application/octet-stream
< Content-Length: 11
< Connection: keep-alive
< Date: Thu, 21 Feb 2019 06:25:15 GMT
< Content-Range: bytes 0-10/233295878
```

我们在请求头中添加 Range: bytes=0-10 的作用是，告诉服务器本次请求我们只想获取文件 0~10（包括 10，共 11 字节）这块内容。如果服务器支持分块传输，则响应状态码为 206，表示"部分内容"，并且同时响应头中包含 Content-Range 字段，如果不支持则不会包含。我们看看上面 Content-Range 的内容：

```
Content-Range: bytes 0-10/233295878
```

0-10 表示本次返回的区块，233295878 代表文件的总长度，单位都是 byte，也就是该文件的大小大概是 233MB 多一点。

基于此，我们可以设计一个简单的多线程的文件分块下载器，实现的思路是：

1）先检测是否支持分块传输，如果不支持，则直接下载；若支持，则将剩余内容分块下载。

2）对各个分块进行下载时保存到各自的临时文件，等到所有分块下载完成后合并临时文件。

3）删除临时文件。

11.4.2 实现

下面是整体的流程，代码如下：

```
// 通过第一个分块请求检测服务器是否支持分块传输
Response response = await downloadChunk(url, 0, firstChunkSize, 0);
if (response.statusCode == 206) {    // 如果支持
  // 解析文件总长度，进而算出剩余长度
  total = int.parse(
```

```
            response.headers.value(HttpHeaders.contentRangeHeader).split("/").last);
      int reserved = total -
            int.parse(response.headers.value(HttpHeaders.contentLengthHeader));
      // 文件的总块数(包括第一块)
      int chunk = (reserved / firstChunkSize).ceil() + 1;
      if (chunk > 1) {
          int chunkSize = firstChunkSize;
          if (chunk > maxChunk + 1) {
              chunk = maxChunk + 1;
              chunkSize = (reserved / maxChunk).ceil();
          }
          var futures = <Future>[];
          for (int i = 0; i < maxChunk; ++i) {
              int start = firstChunkSize + i * chunkSize;
              // 分块下载剩余文件
              futures.add(downloadChunk(url, start, start + chunkSize, i + 1));
          }
          // 等待所有分块全部下载完成
          await Future.wait(futures);
      }
      // 合并文件
      await mergeTempFiles(chunk);
}
```

下面我们使用 dio 的 download API 实现 downloadChunk，代码如下：

```
//start 代表当前块的起始位置，end 代表结束位置
//no 代表当前是第几块
Future<Response> downloadChunk(url, start, end, no) async {
  progress.add(0); //progress 记录每一块已接收数据的长度
  --end;
  return dio.download(
    url,
    savePath + "temp$no", // 临时文件按照块的序号命名，方便最后合并
    onReceiveProgress: createCallback(no), // 创建进度回调，后面实现
    options: Options(
      headers: {"range": "bytes=$start-$end"}, // 指定请求的内容区间
    ),
  );
}
```

接下来实现 mergeTempFiles，代码如下：

```
Future mergeTempFiles(chunk) async {
  File f = File(savePath + "temp0");
  IOSink ioSink= f.openWrite(mode: FileMode.writeOnlyAppend);
  // 合并临时文件
  for (int i = 1; i < chunk; ++i) {
    File _f = File(savePath + "temp$i");
    await ioSink.addStream(_f.openRead());
    await _f.delete(); // 删除临时文件
  }
  await ioSink.close();
  await f.rename(savePath); // 合并后的文件重命名为真正的名称
}
```

下面看一下完整实现，代码如下：

```
Future downloadWithChunks(
  url,
  savePath, {
  ProgressCallback onReceiveProgress,
}) async {
  const firstChunkSize = 102;
  const maxChunk = 3;

  int total = 0;
  var dio = Dio();
  var progress = <int>[];

  createCallback(no) {
    return (int received, _) {
      progress[no] = received;
      if (onReceiveProgress != null && total != 0) {
        onReceiveProgress(progress.reduce((a, b) => a + b), total);
      }
    };
  }

  Future<Response> downloadChunk(url, start, end, no) async {
    progress.add(0);
    --end;
    return dio.download(
      url,
      savePath + "temp$no",
      onReceiveProgress: createCallback(no),
      options: Options(
        headers: {"range": "bytes=$start-$end"},
      ),
    );
  }

  Future mergeTempFiles(chunk) async {
    File f = File(savePath + "temp0");
    IOSink ioSink= f.openWrite(mode: FileMode.writeOnlyAppend);
    for (int i = 1; i < chunk; ++i) {
      File _f = File(savePath + "temp$i");
      await ioSink.addStream(_f.openRead());
      await _f.delete();
    }
    await ioSink.close();
    await f.rename(savePath);
  }

  Response response = await downloadChunk(url, 0, firstChunkSize, 0);
  if (response.statusCode == 206) {
    total = int.parse(
        response.headers.value(HttpHeaders.contentRangeHeader).split("/").last);
    int reserved = total -
        int.parse(response.headers.value(HttpHeaders.contentLengthHeader));
    int chunk = (reserved / firstChunkSize).ceil() + 1;
```

```
    if (chunk > 1) {
      int chunkSize = firstChunkSize;
      if (chunk > maxChunk + 1) {
        chunk = maxChunk + 1;
        chunkSize = (reserved / maxChunk).ceil();
      }
      var futures = <Future>[];
      for (int i = 0; i < maxChunk; ++i) {
        int start = firstChunkSize + i * chunkSize;
        futures.add(downloadChunk(url, start, start + chunkSize, i + 1));
      }
      await Future.wait(futures);
    }
    await mergeTempFiles(chunk);
  }
}
```

现在可以进行分块下载了，代码如下：

```
main() async {
  var url = "http://download.dcloud.net.cn/HBuilder.9.0.2.macosx_64.dmg";
  var savePath = "./example/HBuilder.9.0.2.macosx_64.dmg";
  await downloadWithChunks(url, savePath, onReceiveProgress: (received, total) {
    if (total != -1) {
      print("${(received / total * 100).floor()}%");
    }
  });
}
```

11.4.3 思考

1. 分块下载真的能提高下载速度吗？

其实下载速度的主要瓶颈是网络速度和服务器的出口速度，如果是同一个数据源，分块下载的意义并不大，因为服务器是同一个，出口速度是确定的，主要取决于网速，而上面的例子正是同源分块下载，读者可以自己对比一下分块和不分块的下载速度。如果有多个下载源，并且每个下载源的出口带宽都是有限制的，这时分块下载可能会更快，比如有三个源，三个源的出口带宽都为1Gb/s，而我们设备所连网络的峰值假设只有800Mb/s，那么瓶颈就在我们的网络。即使我们设备的带宽大于任意一个源，下载速度依然不一定比单源单线快，试想一下，假设有两个源A和B，速度方面A源是B源的3倍，如果采用分块下载，两个源各下载一半的话，读者可以算一下所需的下载时间，然后再算一下只从A源下载所需的时间，看看哪个更快。

分块下载的最终速度受设备所在网络带宽、源出口速度、每个块大小以及分块的数量等诸多因素影响，实际过程中很难保证速度最优。在实际开发中，读者可以先测试对比后再决定是否使用。

2. 分块下载有什么实际的用处吗？

分块下载还有一个比较适用的场景就是断点续传，可以将文件分为若干个块，然后维护一个下载状态文件用以记录每一个块的状态，这样即使在网络中断后，也可以恢复中断前的状态，具体实现读者可以自己尝试一下，还是有一些细节需要特别注意的，比如分块大小为多少合适？下载到一半的块如何处理？要不要维护一个任务队列？

11.5 使用 WebSocket

HTTP 协议是无状态的，只能由客户端主动发起，服务端再被动响应，服务端无法向客户端主动推送内容，并且一旦服务器响应结束，链接就会断开，所以无法进行实时通信。WebSocket 协议正是为解决客户端与服务端实时通信而产生的技术，现在已经被主流浏览器支持，所以对于 Web 开发者来说应该比较熟悉了，Flutter 也提供了专门的包来支持 WebSocket 协议。

> 📷 **注意** 在 HTTP 协议中虽然可以通过 keep-alive 机制使服务器在响应结束后让链接保持一段时间，但最终还是会断开，keep-alive 机制主要是用于避免在同一台服务器请求多个资源时频繁创建链接，它本质上是支持链接复用的技术，并非用于实时通信，读者需要知道这两者的区别。

WebSocket 协议本质上是一个基于 TCP 的协议，它是先通过 HTTP 协议发起一条特殊的 HTTP 请求进行握手后，如果服务端支持 WebSocket 协议，则会进行协议升级。WebSocket 会使用 HTTP 协议握手后创建的 TCP 链接，和 HTTP 协议不同的是，WebSocket 的 TCP 链接是个长链接（不会断开），所以服务端与客户端就可以通过此 TCP 连接进行实时通信。有关 WebSocket 协议的细节，读者可以查看 RFC 文档，下面我们重点看看 Flutter 中如何使用 WebSocket。

在接下来的例子中，我们将连接到由 websocket.org 提供的测试服务器，服务器将简单地返回我们发送给它的相同消息！

> 📷 **注意** 由于 websocket.org 提供的测试服务器可能不能保证一直可用，如果读者在运行实例时发现连接不上，可以自己在本地编写并启动一个 WebSocket 服务进行链接测试，关于如何编写 WebSocket 服务，会涉及服务端开发技术，读者可以自行在网上寻找相关教程，本书不再展开。

11.5.1 通信步骤

使用 WebSocket 通信分为四个步骤：连接到 WebSocket 服务器；监听来自服务器的消息；将数据发送到服务器；关闭 WebSocket 连接。

1. 连接到 WebSocket 服务器

web_socket_channel package 提供了我们需要连接到 WebSocket 服务器的工具。该package 提供了一个 WebSocketChannel，允许我们既可以监听来自服务器的消息，又可以将消息发送到服务器的方法。

在 Flutter 中，我们可以创建一个 WebSocketChannel 连接到一台服务器：

```
final channel = IOWebSocketChannel.connect('ws://echo.websocket.org');
```

 注
意　ws://echo.websocket.org 为 websocket.org 提供了测试服务地址。

2. 监听来自服务器的消息

现在我们建立了连接，可以监听来自服务器的消息，在发送消息给测试服务器之后，它会返回相同的消息。

我们如何收取消息并显示它们？在这个例子中将使用一个 StreamBuilder 来监听新消息，并用一个 Text 来显示它们。

```
StreamBuilder(
  stream: widget.channel.stream,
  builder: (context, snapshot) {
    return Text(snapshot.hasData ? '${snapshot.data}' : '');
  },
);
```

WebSocketChannel 提供了一个来自服务器的消息 Stream。该 Stream 类是 dart:async 包中的一个基础类。它提供了一种方法来监听来自数据源的异步事件。与 Future 返回单个异步响应不同，Stream 类可以随着时间推移传递很多事件。该 StreamBuilder 组件将连接到一个 Stream，并在每次收到消息时通知 Flutter 重新构建界面。

3. 将数据发送到服务器

为了将数据发送到服务器，我们会添加消息给 WebSocketChannel 提供的 sink。

```
(channel.sink.add('Hello!');
```

WebSocketChannel 提供了一个 StreamSink，它将消息发给服务器。

StreamSink 类提供了给数据源同步或异步添加事件的一般方法。

4. 关闭 WebSocket 连接

在我们使用 WebSocket 后，要关闭连接：

```
channel.sink.close();
```

11.5.2　实例

下面我们通过一个完整的实例演示 WebSocket 的通信过程。

```
import 'package:flutter/material.dart';
import 'package:web_socket_channel/io.dart';

class WebSocketRoute extends StatefulWidget {
  @override
  _WebSocketRouteState createState() => _WebSocketRouteState();
}
```

```
class _WebSocketRouteState extends State<WebSocketRoute> {
  TextEditingController _controller = TextEditingController();
  IOWebSocketChannel channel;
  String _text = "";


  @override
  void initState() {
    // 创建 WebSocket 连接
    channel = IOWebSocketChannel.connect('ws://echo.websocket.org');
  }

  @override
  Widget build(BuildContext context) {
    return Scaffold(
      appBar: AppBar(
        title: Text("WebSocket( 内容回显 )"),
      ),
      body: Padding(
        padding: const EdgeInsets.all(20.0),
        child: Column(
          crossAxisAlignment: CrossAxisAlignment.start,
          children: <Widget>[
            Form(
              child: TextFormField(
                controller: _controller,
                decoration: InputDecoration(labelText: 'Send a message'),
              ),
            ),
            StreamBuilder(
              stream: channel.stream,
              builder: (context, snapshot) {
                // 网络不通会执行到这里
                if (snapshot.hasError) {
                  _text = " 网络不通 ...";
                } else if (snapshot.hasData) {
                  _text = "echo: "+snapshot.data;
                }
                return Padding(
                  padding: const EdgeInsets.symmetric(vertical: 24.0),
                  child: Text(_text),
                );
              },
            )
          ],
        ),
      ),
      floatingActionButton: FloatingActionButton(
        onPressed: _sendMessage,
        tooltip: 'Send message',
        child: Icon(Icons.send),
      ),
    );
  }

  void _sendMessage() {
```

```
    if (_controller.text.isNotEmpty) {
      channel.sink.add(_controller.text);
    }
  }

  @override
  void dispose() {
    channel.sink.close();
    super.dispose();
  }
}
```

上面的例子比较简单，不再赘述。我们现在思考一个问题，假如想通过 WebSocket 传输二进制数据，应该怎么做（比如要从服务器接收一张图片）？我们发现 StreamBuilder 和 Stream 都没有指定接收类型的参数，并且在创建 WebSocket 链接时也没有相应的配置，貌似没有什么办法……其实很简单，要接收二进制数据，仍然使用 StreamBuilder，因为 WebSocket 中所有发送的数据使用帧的形式发送，而帧有固定格式，每一个帧的数据类型都可以通过 Opcode 字段指定，它可以指定当前帧是文本类型还是二进制类型（还有其他类型），所以客户端在收到帧时就已经知道了其数据类型，所以 Flutter 完全可以在收到数据后解析出正确的类型，也就无须开发者去关心，当服务器传输的数据指定为二进制时，StreamBuilder 的 snapshot.data 的类型就是 List<int>，是文本时，则为 String。

11.6 使用 Socket API

11.6.1 Socket 简介

Socket API 是操作系统为实现应用层网络协议提供的一套基础的、标准的 API，它是对传输层网络协议（主要是 TCP/UDP）的一个封装。Socket API 实现了端到端建立链接和发送 / 接收数据的基础 API，而高级编程语言中的 Socket API 其实都是对操作系统 Socket API 的一个封装。

我们之前介绍的 HTTP 协议和 WebSocket 协议都属于应用层协议，除了它们，应用层协议还有很多，如 SMTP、FTP 等，这些应用层协议都是通过 Socket API 来实现的。

综上所述，如果我们需要自定义协议或者想直接控制管理网络链接，或者觉得自带的 HttpClient 不好用，想重新实现一个，这时就需要使用 Socket。Flutter 的 Socket API 在 dart:io 包中，下面我们看一个使用 Socket 实现的简单 HTTP 请求的示例。

11.6.2 使用 Socket 实现 HTTP Get 请求

以请求百度首页为例，代码如下：

```
class SocketRoute extends StatelessWidget {
  const SocketRoute({Key? key}) : super(key: key);

  @override
```

```
Widget build(BuildContext context) {
  return FutureBuilder(
    future: _request(),
    builder: (context, snapShot) {
      return Text(snapShot.data.toString());
    },
  );
}

_request() async {
  // 建立连接
  var socket = await Socket.connect("baidu.com", 80);
  // 根据 HTTP 协议，发起 Get 请求头
  socket.writeln("GET / HTTP/1.1");
  socket.writeln("Host:baidu.com");
  socket.writeln("Connection:close");
  socket.writeln();
  await socket.flush(); // 发送
  // 读取返回内容，再按照 utf8 解码为字符串
  String _response = await utf8.decoder.bind(socket).
    join();
  await socket.close();
  return _response;
}
```

可以看到，使用Socket需要我们自己实现HTTP协议（需要自己实现和服务器的通信过程），本例只是一个简单示例，没有处理重定向、cookie等。本示例的完整代码参考示例，运行后效果如图 11-3 所示。

可以看到响应内容分两部分，第一部分是响应头，第二部分是响应体，服务端可以根据请求信息动态来输出响应体。由于本示例请求头比较简单，因此响应体和浏览器中访问的会有差别，读者可以补充一些请求头（如 user-agent）来看看输出的变化。

图 11-3　Socket 示例

11.7　JSON 转 Dart Model 类

11.7.1　JSON 转 Dart 类

1. 简介

在实战中，后台接口往往会返回一些结构化数据，如 JSON、XML 等，如之前我们请求 GitHub API 的示例，它返回的数据就是 JSON 格式的字符串，为了方便在代码中操作 JSON，我们先将 JSON 格式的字符串转为 Dart 对象，这可以通过 dart:convert 中内置的 JSON 解码器 json.decode() 来实现，该方法可以根据 JSON 字符串的具体内容转为 List 或 Map，这样就可以通过它们来查找所需的值，代码如下：

```
// 一个 JSON 格式的用户列表字符串
String jsonStr='[{"name":"Jack"},{"name":"Rose"}]';'
// 将 JSON 字符串转为 Dart 对象 ( 此处是 List)
List items=json.decode(jsonStr);
// 输出第一个用户的姓名
print(items[0]["name"]);
```

通过 json.decode() 将 JSON 字符串转为 List/Map 的方法比较简单，它没有外部依赖或其他的设置，对于小项目很方便。但当项目变大时，这种手动编写序列化逻辑可能变得难以管理且容易出错，例如有如下 JSON 代码：

```
{
  "name": "John Smith",
  "email": "john@example.com"
}
```

我们可以通过调用 json.decode 方法来解码 JSON，使用 JSON 字符串作为参数：

```
Map<String, dynamic> user = json.decode(json);

print('Howdy, ${user['name']}!');
print('We sent the verification link to ${user['email']}.');
```

由于 json.decode() 仅返回一个 Map<String，dynamic>，这意味着直到运行时我们才知道值的类型。通过这种方法，我们失去了大部分静态类型语言特性：类型安全、自动补全和最重要的编译时异常。这样一来，我们的代码可能会变得非常容易出错。例如，当访问 name 或 email 字段时，我们输入得很快，导致字段名打错了。但由于这个 JSON 在 Map 结构中，因此编译器不知道这个错误的字段名，所以编译时不会报错。

其实这个问题在很多平台上都会遇到，也早就有了好的解决方法，即 " JSON Model 化"，具体做法就是通过预定义一些与 JSON 结构对应的 Model 类，然后在请求到数据后再动态根据数据创建出 Model 类的实例。这样一来，在开发阶段我们使用的是 Model 类的实例，而不再是 Map/List，这样访问内部属性时就不会发生拼写错误。例如，我们可以通过引入一个简单的模型类（Model class）来解决前面提到的问题，我们称之为 User。在 User 类内部，我们有：

❑ 一个 User.fromJson 构造函数，用于从一个 Map 构造出一个 User 实例 map 结构。

❑ 一个 toJson 方法，将 User 实例转化为一个 Map。

这样，调用代码现在可以具有类型安全、自动补全字段（name 和 email）以及编译时异常。如果将拼写错误字段视为 int 类型而不是 String，那么我们的代码就不会通过编译，而不是在运行时崩溃。

user.dart 文件

```
class User {
  final String name;
  final String email;

  User(this.name, this.email);
```

```
User.fromJson(Map<String, dynamic> json)
    : name = json['name'],
      email = json['email'];

Map<String, dynamic> toJson() =>
  <String, dynamic>{
    'name': name,
    'email': email,
  };
}
```

现在，序列化逻辑移到了模型本身内部。采用这种新方法，我们可以非常容易地反序列化 user。

```
Map userMap = json.decode(json);
var user = User.fromJson(userMap);

print('Howdy,${user.name}!');
print('We sent the verification link to ${user.email}.');
```

要序列化一个 user，我们只是将该 User 对象传递给该 json.encode 方法。我们不需要手动调用 toJson 这个方法，因为 'JSON.encode 内部会自动调用。

```
String json = json.encode(user);
```

这样，调用代码时就不用担心 JSON 序列化了，但是 Model 类还是必需的。在实践中，User.fromJson 和 User.toJson 方法都需要单元测试到位，以验证正确的行为。

另外，在实际场景中，JSON 对象很少会这么简单，嵌套的 JSON 对象并不罕见，如果有什么能为我们自动处理 JSON 序列化，那将会非常好。幸运的是，有！

2. 自动生成 Model

尽管还有其他库可用，但在本书中，我们介绍一下官方推荐的 json_serializable package 包。它是一个自动化的源代码生成器，可以在开发阶段为我们生成 JSON 序列化模板，这样一来，由于序列化代码不再由我们手写和维护，我们将运行时产生 JSON 序列化异常的风险降至最低。

（1）在项目中设置 json_serializable

要包含 json_serializable 到我们的项目中，我们需要一个常规依赖项和两个开发依赖项。简而言之，开发依赖项是不包含在我们的应用程序源代码中的依赖项，它是开发过程中的一些辅助工具、脚本，和节点中的开发依赖项相似。

```
pubspec.yaml
dependencies:
  json_annotation: <最新版本>

dev_dependencies:
  build_runner: <最新版本>
  json_serializable: <最新版本>
```

在你的项目根文件夹中运行 flutter packages get（或者在编辑器中点击 Packages Get）以

在项目中使用这些新的依赖项。

（2）以 json_serializable 的方式创建 model 类

让我们看看如何将 User 类转换为一个 json_serializable。为了简单起见，我们使用前面示例中的简化 JSON Model。

user.dart

```
import 'package:json_annotation/json_annotation.dart';

// user.g.dart 将在我们运行生成命令后自动生成
part 'user.g.dart';

// 这个标注是告诉生成器，这个类是需要生成 Model 类的
@JsonSerializable()
class User{
  User(this.name, this.email);

  String name;
  String email;
  // 不同的类使用不同的 mixin 即可
  factory User.fromJson(Map<String, dynamic> json) => _$UserFromJson(json);
  Map<String, dynamic> toJson() => _$UserToJson(this);
}
```

有了上面的设置，源码生成器将生成用于序列化 name 和 email 字段的 JSON 代码。

如果需要，自定义命名策略也很容易。例如，如果我们正在使用的 API 返回带有 _snake_case_ 的对象，但我们想在模型中使用 _lowerCamelCase_，那么可以使用 @JsonKey 标注：

```
// 显式关联 JSON 字段名与 Model 属性的对应关系
@JsonKey(name: 'registration_date_millis')
final int registrationDateMillis;
```

（3）运行代码生成程序

json_serializable 第一次创建类时，会显示与图 11-4 类似的错误。

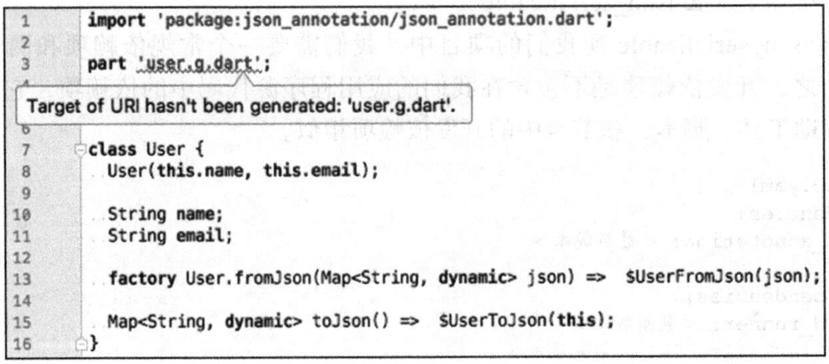

图 11-4 IDE 错误提示

这些错误是完全正常的，这是因为 Model 类的生成代码还不存在。为了解决这个问题，我们必须运行代码生成器来为我们生成序列化模板。有两种运行代码生成器的方法：

❑ 一次性生成

在我们的项目根目录下运行：

```
flutter packages pub run build_runner build
```

这触发了一次性构建，我们可以在需要时为 Model 生成 JSON 序列化代码，它通过我们的源文件找出需要生成 Model 类的源文件（包含 @JsonSerializable 标注的）来生成对应的 .g.dart 文件。一个好的建议是将所有 Model 类放在一个单独的目录下，然后在该目录下执行命令。

虽然这非常方便，但如果我们不需要每次在 Model 类中进行更改时都要手动运行构建命令的话会更好。

❑ 持续生成

使用 _watcher_ 可以使源代码生成的过程更加方便。它会监视我们项目中文件的变化，并在需要时自动构建必要的文件，可以通过 flutter packages pub run build_runner watch 在项目根目录下运行来启动 _watcher_。只需启动一次观察器，然后它就会在后台运行，这是安全的。

11.7.2　一句命令实现 JSON 转 Dart 类

1. 实现

上面的方法中有一个最大的问题，就是要为每一个 JSON 写模板，这是比较枯燥的。如果有一个工具可以直接根据 JSON 文本生成模板，那我们就能彻底解放双手了。笔者自己用 Dart 实现了一个脚本，它可以自动生成模板，并直接将 JSON 转为 Model 类，下面我们看看怎么做。

1）定义一个"模板的模板"，名为 template.dart，代码如下：

```
import 'package:json_annotation/json_annotation.dart';
%t
part '%s.g.dart';

@JsonSerializable()
class %s {
  %s();

  %s
  factory %s.fromJson(Map<String,dynamic> json) => _$%sFromJson(json);
  Map<String,dynamic> toJson() => _$%sToJson(this);
}
```

模板中的 %t、%s 为占位符，将在脚本运行时被动态替换为合适的导入头和类名。

2）写一个自动生成模板的脚本（mo.dart），它可以根据指定的 JSON 目录遍历生成模板，在生成时我们定义一些规则：

- □ 如果 JSON 文件名以下划线 "_" 开始，则忽略此 JSON 文件。
- □ 复杂的 JSON 对象往往会出现嵌套，我们可以通过一个特殊标志来手动指定嵌套的对象（后面举例）。

我们通过 Dart 来写脚本，源代码如下：

```dart
import 'dart:convert';
import 'dart:io';
import 'package:path/path.dart' as path;

const TAG = "\$";
const SRC = "./json"; //JSON 目录
const DIST = "lib/models/"; // 输出 model 目录

void walk() {
  //遍历 JSON 目录生成模板
  var src = Directory(SRC);
  var list = src.listSync();
  var template = File("./template.dart").readAsStringSync();
  File file;
  list.forEach((f) {
    if (FileSystemEntity.isFileSync(f.path)) {
      file = File(f.path);
      var paths = path.basename(f.path).split(".");
      String name = paths.first;
      if (paths.last.toLowerCase() != "json" || name.startsWith("_")) return;
      if (name.startsWith("_")) return;
      //下面生成模板
      var map = json.decode(file.readAsStringSync());
      //为了避免重复导入相同的包，我们用 Set 来保存生成的 import 语句
      var set = Set<String>();
      StringBuffer attrs = StringBuffer();
      (map as Map<String, dynamic>).forEach((key, v) {
        if (key.startsWith("_")) return;
        //所有字段都定义为可空
        attrs.write(getType(v, set, name)+"?");
        attrs.write(" ");
        attrs.write(key);
        attrs.writeln(";");
        attrs.write("      ");
      });
      String className = name[0].toUpperCase() + name.substring(1);
      var dist = format(template, [
        name,
        className,
        className,
        attrs.toString(),
        className,
        className,
        className
      ]);
      var _import = set.join(";\r\n");
      _import += _import.isEmpty ? "" : ";";
      dist = dist.replaceFirst("%t", _import);
      //将生成的模板输出
```

```
      File("$DIST$name.dart").writeAsStringSync(dist);
    }
  });
}

String changeFirstChar(String str, [bool upper = true]) {
  return (upper ? str[0].toUpperCase() : str[0].toLowerCase()) +
      str.substring(1);
}

// 将 JSON 类型转为对应的 Dart 类型
String getType(v, Set<String> set, String current) {
  current = current.toLowerCase();
  if (v is bool) {
    return "bool";
  } else if (v is num) {
    return "num";
  } else if (v is Map) {
    return "Map<String,dynamic>";
  } else if (v is List) {
    return "List";
  } else if (v is String) {
    // 处理特殊标志
    if (v.startsWith("$TAG[]")) {
      var className = changeFirstChar(v.substring(3), false);
      if (className.toLowerCase() != current) {
        set.add('import "$className.dart"');
      }
      return "List<${changeFirstChar(className)}>";
    } else if (v.startsWith(TAG)) {
      var fileName = changeFirstChar(v.substring(1), false);
      if (fileName.toLowerCase() != current) {
        set.add('import "$fileName.dart"');
      }
      return changeFirstChar(fileName);
    }
    return "String";
  } else {
    return "String";
  }
}

// 替换模板占位符
String format(String fmt, List<Object> params) {
  int matchIndex = 0;
  String replace(Match m) {
    if (matchIndex < params.length) {
      switch (m[0]) {
        case "%s":
          return params[matchIndex++].toString();
      }
    } else {
      throw Exception("Missing parameter for string format");
    }
    throw Exception("Invalid format string: " + m[0].toString());
```

```
  }
  return fmt.replaceAllMapped("%s", replace);
}

void main() {
  walk();
}
```

3）写一个 shell(mo.sh)，将生成模板和生成 Model 类串起来：

```
dart mo.dart
flutter packages pub run build_runner build --delete-conflicting-outputs
```

至此，我们的脚本写好了，在根目录下新建一个 json 目录，然后把 user.json 移进去，然后在 lib 目录下创建一个 models 目录，用于保存最终生成的 Model 类。现在我们只需要一句命令即可生成 Model 类了：

```
./mo.sh
```

运行后，一切都将自动执行。但是上面的脚本只是处理简单 JSON 的情况，还不能很好地处理 JSON 嵌套和数组。

2. 嵌套 JSON 处理

我们创建一个 person.json 文件，内容如下：

```
{
  "name": "John Smith",
  "email": "john@example.com",
  "mother":{
    "name": "Alice",
    "email":"alice@example.com"
  },
  "friends":[
    {
      "name": "Jack",
      "email":"Jack@example.com"
    },
    {
      "name": "Nancy",
      "email":"Nancy@example.com"
    }
  ]
}
```

每个 Person 都有 name 、email 、mother 和 friends 四个字段，因为 mother 也是一个 Person，朋友是多个 Person（数组），所以我们期望生成的 Model 是下面这样的：

```
import 'package:json_annotation/json_annotation.dart';
part 'person.g.dart';

@JsonSerializable()
class Person {
```

```
    Person();

    String? name;
    String? email;
    Person? mother;
    List<Person>? friends;

    factory Person.fromJson(Map<String,dynamic> json) => _$PersonFromJson(json);
    Map<String, dynamic> toJson() => _$PersonToJson(this);
}
```

这时，我们只需要简单修改一下 JSON，添加一些特殊标志，重新运行 mo.sh 即可：

```
{
  "name": "John Smith",
  "email": "john@example.com",
  "mother":"$person",
  "friends":"$[]person"
}
```

我们使用美元符"$"作为特殊标识符（如果与内容冲突，可以修改 mo.dart 中的 TAG 常量，自定义标识符），脚本在遇到特殊标识符后会先把相应字段转为相应的对象或对象数组，对象数组需要在标识符后面添加数组符"[]"，符号后面接具体的类型名，此例中是 person。其他类型同理，加入我们给 User 添加一个 Person 类型的 boss 字段：

```
{
  "name": "John Smith",
  "email": "john@example.com",
  "boss":"$person"
}
```

重新运行 mo.sh，生成的 user.dart 如下：

```
import 'package:json_annotation/json_annotation.dart';
import "person.dart";
part 'user.g.dart';

@JsonSerializable()

class User {
    User();

    String? name;
    String? email;
    Person? boss;

    factory User.fromJson(Map<String,dynamic> json) => _$UserFromJson(json);
    Map<String, dynamic> toJson() => _$UserToJson(this);
}
```

可以看到，boss 字段已自动添加，并自动导入了 person.dart。

3. Json_model 包

我们上面实现的脚本还有很多功能不支持，比如默认生成的变量都是可控类型，不支

持导入其他 dart 文件，不支持生成注释，等等，为此，笔者专门发布了一个功能完整的
Json_model 包，具备灵活的配置和自定义功能，开发者把该包加入开发依赖后，便可以用
一条命令，根据 JSON 文件生成 Dart 类，下面是一个简单的功能演示：

　　JSON 文件如下：

```
{
  "@meta": { // @meta 可以定制单个 JSON 的生成规则，默认使用全局配置
    "import": [
      "test_dir/profile.dart" //导入其他文件
    ],
    "comments": {
      "name": " 名字 " //给 name 字段添加注释
    },
    "nullable": false, //字段默认非可空，会生成 late
    "ignore": false //是否跳过当前 JSON 的 Model 类生成
  },
  "@JsonKey(ignore: true) Profile?": "profile",
  "@JsonKey(name: '+1') int?": "loved",
  "name": "wendux",
  "father": "$user",
  "friends": "$[]user",
  "keywords": "$[]String",
  "age?": 20 //指定 age 字段可空
}
```

　　生成的 Model 类如下：

```
import 'package:json_annotation/json_annotation.dart';
import 'test_dir/profile.dart';
part 'user.g.dart';

@JsonSerializable()
class User {
  User();

  @JsonKey(ignore: true) Profile? profile;
  @JsonKey(name: '+1') int? loved;
  //名字
  late String name;
  late User father;
  late List<User> friends;
  late List<String> keywords;
  num? age;

  factory User.fromJson(Map<String,dynamic> json) => _$UserFromJson(json);
  Map<String, dynamic> toJson() => _$UserToJson(this);
}
```

11.7.3　使用 IDE 插件生成 model

　　目前 Android Studio（或 IntelliJ）有几个插件，可以将 JSON 文件转成 Model 类，但插件质量参差不齐，甚至还有一些沾染上了抄袭风波，故笔者在此不做优先推荐，读者有兴

趣可以自行了解。但是，我们还是要了解一下 IDE 插件和 Json_model 的优劣：

- ❑ Json_model 需要单独维护一个存放 JSON 文件的文件夹，如果有改动，只需修改 JSON 文件便可重新生成 Model 类；而 IDE 插件一般需要用户手动将 JSON 内容复制到一个输入框中，这样生成之后 JSON 文件没有存档的话，再要改动就需要手动调整。
- ❑ Json_model 可以手动指定某个字段引用的其他 Model 类，这样可以避免生成重复的类；而 IDE插件一般会为每一个JSON文件中所有嵌套对象都单独生成一个Model类，即使这些嵌套对象可能在其他 Model 类中已经生成过。
- ❑ Json_model 提供了命令行转化方式，可以方便集成到 CI 等非 UI 环境的场景。

11.7.4 FAQ

很多人可能会问 Flutter 中有没有像 Java 开发中的 Gson/Jackson 一样的 JSON 序列化类库？答案是没有！因为这样的库需要使用运行时反射，这在 Flutter 中是禁用的。运行时反射会干扰 Dart 的 tree shaking，使用 _tree shaking_，可以在 release 版中"去除"未使用的代码，这可以显著优化应用程序的大小。由于反射会默认应用到所有代码，因此 _tree shaking_ 会很难工作，因为在启用反射时很难知道哪些代码未被使用，因此冗余代码很难剥离，所以 Flutter 中禁用了 Dart 的反射功能，而正因如此，也就无法实现动态转化 Model 的功能。

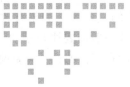

Chapter 12 | 第 12 章

Flutter 扩展

12.1　包和插件

本节将会介绍 Flutter 中的包（Package）和插件，然后介绍一些常用的包，但本节不会阐述具体内容。

12.1.1　包

第 2 章中已经讲过如何使用包，我们知道通过包可以复用模块化代码，一个最小的包包括：

- 一个 pubspec.yaml 文件：声明了包的名称、版本、作者等的元数据文件。
- 一个 lib 文件夹：包括包中公开（public）的代码，最少应有一个 <package-name>.dart 文件。

Flutter 包分为两类：

- Dart 包：其中一些可能包含 Flutter 的特定功能，因此对 Flutter 框架具有依赖性，这种包仅用于 Flutter，例如 fluro 包。
- 插件包：一种专用的 Dart 包，其中包含用 Dart 代码编写的 API，以及针对 Android（使用 Java 或 Kotlin）和针对 iOS（使用 OC 或 Swift）平台的特定实现，也就是说插件包括原生代码，一个具体的例子是 battery 插件包。

12.1.2　插件

Flutter 本质上只是一个 UI 框架，运行在宿主平台之上，Flutter 本身无法提供一些系统能力，比如使用蓝牙、相机、GPS 等，因此要在 Flutter 中调用这些能力，就必须和原生平台进行通信。目前 Flutter 已经支持 iOS、Android、Web、macOS、Windows、Linux 等众多平台，要调用特定平台 API 就需要写插件。插件是一种特殊的包，和纯 Dart 包的主要区别是插件中除了 dart 代码，还包括特定平台的代码，比如 image_picker 插件可以在 iOS 和 Android 设备上访问相册和摄像头。

1. 插件实现原理

我们知道一个完整的 Flutter 应用程序实际上包括原生代码和 Flutter 代码两部分。Flutter 中提供了平台通道（platform channel）用于 Flutter 和原生平台的通信，平台通道正是 Flutter 和原生平台之间通信的桥梁，它也是 Flutter 插件的底层基础设施。

Flutter 与原生平台之间的通信本质上是一个远程调用（RPC），通过消息传递实现：

❏ 应用的 Flutter 部分通过平台通道将调用消息发送到宿主应用。

❏ 宿主监听平台通道并接收该消息。然后它会调用该平台的 API，并将响应发送回 Flutter。

由于插件编写涉及具体平台的开发知识，比如 image_picker 插件需要开发者在 iOS 和 Android 平台上分别实现图片选取和拍摄的功能，因此需要开发者熟悉原生开发，而本书主要聚焦 Flutter，因此不做过多介绍，不过插件的开发也并不复杂，感兴趣的读者可以查看官方的插件开发示例。

2. 如何获取平台信息

有时，在 Flutter 中我们想根据宿主平台添加一些差异化的功能，因此 Flutter 中提供了一个全局变量 defaultTargetPlatform 来获取当前应用的平台信息，defaultTargetPlatform 定义在 platform.dart 中，它的类型是 TargetPlatform，这是一个枚举类，定义如下：

```
enum TargetPlatform {
  android,
  fuchsia,
  iOS,
  ...
}
```

可以看到目前 Flutter 只支持这三个平台。我们可以通过如下代码判断平台：

```
if(defaultTargetPlatform == TargetPlatform.android){
  // 是 Android 系统
  ...
}
...
```

由于不同平台有各自的交互规范，Flutter Material 库中的一些组件都针对相应的平台做了一些适配，比如路由组件 MaterialPageRoute，它在 Android 和 iOS 中会应用各自平台规范的切换动画。那如果想让我们的 App 在所有平台上表现一致，比如希望在所有平台上的路由切换动画都采用 iOS 平台一致的左右滑动切换风格该怎么做？Flutter 中提供了一种覆盖默认平台的机制，我们可以通过显式指定 debugDefaultTargetPlatformOverride 全局变量的值来指定应用平台。比如：

```
debugDefaultTargetPlatformOverride=TargetPlatform.iOS;
print(defaultTargetPlatform); // 会输出 TargetPlatform.iOS
```

上面的代码在 Android 中运行后，Flutter App 就会认为当前系统是 iOS，Material 组件库中所有组件的交互方式都会和 iOS 平台对齐，defaultTargetPlatform 的值也会变为 TargetPlatform.iOS。

3. 常用的插件

Flutter 官方提供了一系列常用的插件，如访问相机 / 相册、本地存储、播放视频等，完整列表见 https://github.com/flutter/plugins/tree/master/packages，读者可以自行查看。除了官方维护的插件，Flutter 社区也有不少现成插件，读者可以在 https://pub.dev/ 上查找。

12.2 Flutter Web

12.2.1 简介

Flutter 目前已经支持 macOS、Windows、Linux、Android、iOS、Web 等多个平台，这些平台中只有 Web 平台比较特殊，因为除了它，其余平台都是操作系统，而 Web 并不是操作系统，Web 应用程序是运行在浏览器中的，而浏览器是运行在操作系统之上，因此"平台"一词指的是某种"运行环境"，并不等同于"操作系统"，浏览器和操作系统都是应用程序运行的环境而已。

传统的 Web 应用都是基于 JavaScript+Html+CSS 开发的，运行在浏览器之上，因此天然具备跨平台优势，而 Flutter 的目标是实现高性能的跨端 UI 框架，所以支持 Web 平台将有助于 Flutter 技术扩大应用场景，实现一次编码，各处运行（write once，run anywhere）。为此，Flutter 团队从 1.0 开始一直在尝试让 Flutter 支持 Web 平台，第一个支持 Web 平台的稳定版是 2.0，在 2.0 之后 Flutter 对 Web 平台的支持也一直在优化，现在也有一些公司将 Flutter 应用应用到生产环境。

12.2.2 Web 应用的特殊性

因为 Web 应用是在浏览器中运行的，而浏览器是运行在操作系统之上的，因此 Web 应用不能直接调用操作系统 API，Web 应用能调用哪些操作系统能力取决于它的宿主——浏览器是否暴露相关的操作系统 API。而浏览器出于安全考虑，会提供一个沙箱环境——开放一些安全、可控的系统能力，同时限制一部分敏感的操作，具体表现在：

❑ 浏览器允许 Web 应用访问网络，但有严格的"同源策略"限制。

❑ 浏览器允许 JavaScript 读取用户手动选择的本地文件（文件上传场景），但不允许 JavaScript 主动访问本地文件系统，同时在任何情况下，浏览器都不允许 JavaScript 直接往本地文件系统中写文件，因此 dart:io 包在 Web 应用中是不能用的。

❑ 浏览器对 Web 应用访问系统硬件权限有自身策略，比如访问 Wifi、GPS、摄像头等。

因此，如果用 Flutter 开发 Web 应用，以上这些限制将会生效，所以会出现和其他平台不一致的情况，常见的两个场景是：不能在 Web 应用中发起非同源请求、不能在 Web 应用中直接读取文件。

"同源策略"是浏览器出于安全考虑对 Web 应用访问网络的一套限制策略，"同源"表示一个网页中 JavaScript 发起网络请求的地址和当前网页地址中协议、域名、端口全部相同，如果有其中之一不同，则为"非同源"，如果不进行特殊处理，浏览器会禁止非同源请求。关于"同源策略"的详细内容以及如何访问非同源请求，读者可以自己上网搜索，这在 Web 开发中是一个非常基础的知识点，网上资料很多，不再赘述。

12.2.3 Web 渲染器

Flutter 中提供了两种不同的渲染器来运行和构建 Web 应用，分别是 HTML 渲染器和 CanvasKit 渲染器。

1. HTML 渲染器

由于浏览器有一套自身的布局标准（HTML+CSS），Flutter 在生成 Web 应用时可以编译为符合浏览器标准的文件，包括使用 HTML、CSS、Canvas 和 SVG 元素来渲染。

使用 HTML 渲染器的优点是应用体积相对较小，缺点是使用 HTML 渲染器时大多数 UI 并不是 Flutter 引擎绘制的，所以可能会存在跨浏览器跨时 UI 出现不一致的情况。

2. CanvasKit 渲染器

我们知道 Flutter 的优势是提供一套自绘的 UI 框架，可以保证多端 UI 的一致性。Flutter 在支持其他平台时，都是将引擎的 C++ 代码编译为相应平台的代码来实现移植的（运行在操作系统之上）。但是在 Web 平台，Web 应用是运行在浏览器之上的，而现代浏览器都实现了对 WebAssembly 的支持，简单来讲，在之前 W3C 规范中只要求浏览器能够支持 JavaScript 语言，这样的话很多其他语言的代码想在浏览器中运行就必须改写为 JavaScript，而 WebAssembly 是一种标准的、可移植的二进制文件格式规范，文件扩展名为 .wasm，现在浏览器都支持 WebAssembly，这也就意味着其他语言是按照 WebAssembly 规范编译的应用，可以在浏览器中运行！因此，Flutter 将引擎编译成 WebAssembly 格式，并使用 WebGL 渲染，这种渲染方式的渲染器官方称为 CanvasKit 渲染器。

CanvasKit 渲染器的优点是可以保证跨端 UI 绘制的一致性，有更好的性能，以及降低不同浏览器渲染效果不一致的风险，但缺点是应用的大小会增加大约 2MB。

12.2.4 在浏览器中运行

命令行参数

--web-renderer 可选参数值为 auto、html 或 canvaskit。

❑ auto（默认）：自动选择渲染器。移动端浏览器选择 HTML，桌面端浏览器选择 CanvasKit。
❑ html：强制使用 HTML 渲染器。
❑ canvaskit：强制使用 CanvasKit 渲染器。

此选项适用于 run 和 build 命令。例如：

```
flutter run -d chrome --web-renderer html
flutter build web --web-renderer canvaskit
```

如果运行 / 构建目标是非浏览器设备（即移动设备或桌面设备），这个选项会被忽略。

12.2.5　Flutter Web 使用场景

Web 开发已有完整且强大的开发及生态体系，Flutter Web 并不适用 Web 开发的所有场景，目前 Flutter Web 主要关注以下三个应用场景：

❑ 渐进式 Web 应用（Progressive Web App，PWA）。

❑ 单页应用（Single Page App，SPA），一般一个应用只有一个 HTML 文件，只需进行一次加载，后续与服务端动态互传数据。

❑ 将现有 Flutter 移动应用拓展到 Web，在两个平台共享代码。

注
意　PWA 和 SPA 应用在 Web 开发中是两种基本的应用类型，Web 开发者会比较熟悉，如果读者不了解可以自行查找相关资料，不再赘述。

现在阶段，Flutter 对于富文本和瀑布流类型的 Web 页面并不是很适合，例如博客，它是典型的"以文档为中心"的模式，而不是像 Flutter 这样的 UI 框架可以提供的"以应用为中心"的服务。以文档为中心的应用通常各个页面之间相互独立，很少有关联，也就不需要跨页面的状态共享，而以应用为中心的服务，通常各个页面之间是有状态关联的，不同页面组成一个完整的功能。

最后，有关如何在 Web 上使用 Flutter 的更多信息请参考官方文档。

国　际　化

13.1　让 App 支持多语言

13.1.1　简介

如果我们的应用要支持多种语言，那么需要"国际化"它。这意味着我们在开发时需要为应用程序支持的每种语言环境设置"本地化"的一些值，如文本和布局。Flutter SDK 已经提供了一些组件和类来帮助我们实现国际化，下面介绍一下 Flutter 中实现国际化的步骤。

接下来我们以 MaterialApp 类为入口的应用来说明如何支持国际化。

大多数应用程序都以 MaterialApp 为入口，但根据低级别的 WidgetsApp 类为入口编写的应用程序也可以使用相同的类和逻辑进行国际化。MaterialApp 实际上也是 WidgetsApp 的一个包装。

> **注意** "本地化的值和资源"是指我们针对不同语言准备的不同资源，这些资源一般是指文案（字符串），当然也会有一些其他的资源会根据不同语言地区而不同，比如我们需要显示一个 App 上的国旗图片，那么对不同区域就需要提供不同的国旗图片。

13.1.2　支持国际化

默认情况下，Flutter SDK 中的组件仅提供美国英语本地化资源（主要是文本）。要添加对其他语言的支持，应用程序须添加一个名为 flutter_localizations 的包依赖，然后还需要在 MaterialApp 中进行一些配置。要使用 flutter_localizations 包，首先需要添加依赖到 pubspec.yaml 文件中：

```
dependencies:
```

```
flutter:
  sdk: flutter
flutter_localizations:
  sdk: flutter
```

接下来，下载 flutter_localizations 库，然后指定 MaterialApp 的 localizationsDelegates 和 supportedLocales，代码如下：

```
import 'package:flutter_localizations/flutter_localizations.dart';

MaterialApp(
  localizationsDelegates: [
    // 本地化的代理类
    GlobalMaterialLocalizations.delegate,
    GlobalWidgetsLocalizations.delegate,
  ],
  supportedLocales: [
    const Locale('en','US'),// 美国英语
    const Locale('zh','CN'),// 中文简体
    // 其他 Locales
  ],
  // ...
)
```

与以 MaterialApp 类为入口的应用不同，对以 WidgetsApp 类为入口的应用程序进行国际化时，不需要使用 GlobalMaterialLocalizations.delegate。

localizationsDelegates 列表中的元素是生成本地化值集合的工厂类。

GlobalMaterialLocalizations.delegate 为 Material 组件库提供本地化的字符串和其他值，它可以使 Material 组件支持多语言。

GlobalWidgetsLocalizations.delegate 定义组件默认的文本方向，从左到右或从右到左，这是因为有些语言的阅读习惯并不是从左到右，比如阿拉伯语就是从右向左书写的。

supportedLocales 也接收一个 Locale 数组，表示我们的应用支持的语言列表，在本例中我们的应用只支持美国英语和中文简体两种语言。

13.1.3 获取当前区域 Locale

Locale 类是用来标识用户的语言环境的，它包括语言和国家两个标志，例如：

```
const Locale('zh','CN') // 中文简体
```

我们始终可以通过以下方式来获取应用的当前区域 Locale：

```
Locale myLocale = Localizations.localeOf(context);
```

Localizations 组件一般位于 Widget 树中其他业务组件的顶部，其作用是定义区域 Locale 以及设置子树依赖的本地化资源。如果系统的语言环境发生变化，则会使用对应语言的本地化资源。

13.1.4 监听系统语言切换

当我们更改系统语言设置时，App 中的 Localizations 组件会重新构建，Localizations. localeOf(context) 获取的 Locale 就会更新，最终界面会重新构建达到切换语言的效果。但是这个过程是隐式地完成的，我们并没有主动去监听系统语言切换，但是有时我们需要在系统语言发生改变时做一些事，比如系统语言切换为一种我们的 App 不支持的语言时，需要设置一种默认的语言，这时就需要监听 Locale 改变事件。

我们可以通过 localeResolutionCallback 或 localeListResolutionCallback 回调来监听 Locale 改变的事件，先看一看 localeResolutionCallback 的回调函数签名：

```
Locale Function(Locale locale,Iterable<Locale> supportedLocales)
```

❑ 参数 Locale 的值为当前的系统语言设置，当应用启动时或用户动态改变系统语言设置时，此 Locale 即为系统的当前 Locale。当开发者手动指定 App 的 Locale 时，那么此 Locale 参数代表开发者指定的 Locale，此时将忽略系统 Locale，例如：

```
MaterialApp(
  ...
  locale: const Locale('en','US'),// 手动指定 Locale 参数
  ...
)
```

上面的例子中手动指定了应用 Locale 为美国英语，指定后即使设备当前语言是中文简体，应用中的 Locale 也依然是美国英语。如果 Locale 为 null，则表示 Flutter 未能获取到设备的 Locale 信息，所以在使用 Locale 之前一定要先判空。

❑ supportedLocales 为当前应用支持的 Locale 列表，是开发者在 MaterialApp 中通过 supportedLocales 属性注册的。

❑ 返回值是一个 Locale，此 Locale 为 Flutter App 最终使用的 Locale。通常在不支持的语言区域返回一个默认的 Locale。

localeListResolutionCallback 和 localeResolutionCallback 唯一的不同就在于第一个参数类型，前者接收的是一个 Locale 列表，而后者接收的是单个 Locale。

```
Locale Function(List<Locale> locales,
  Iterable<Locale> supportedLocales)
```

在较新的 Android 系统中，用户可以设置一个语言列表，这样一来，支持多语言的应用就会得到这个列表。应用通常的处理方式就是按照列表的顺序依次尝试加载相应的 Locale，如果某一种语言加载成功则会停止。图 13-1 是 Android 系统中设置语言列表的截图。

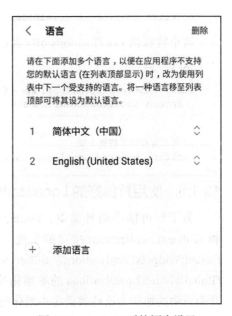

图 13-1 Android 系统语言设置

在 Flutter 中，应该优先使用 localeListResolutionCallback，当然你不必担心 Android 系统的差异性，如果是在低版本的 Android 系统中，Flutter 会自动处理这种情况，这时 Locale 列表只会包含一项。

13.1.5 Localizations 组件

Localizations 组件用于加载和查找应用当前语言下的本地化值或资源。应用程序通过 Localizations.of(context,type) 来引用这些对象。如果设备的 Locale 区域设置发生更改，则 Localizations 组件会自动加载新区域的 Locale 值，然后重新构建使用（依赖）了它们的组件。之所以会这样，是因为 Localizations 内部使用了 InheritedWidget，我们在介绍该组件时讲过：当子组件的 build 函数引用了 InheritedWidget 时，会创建对 InheritedWidget 的隐式依赖关系。因此，当 InheritedWidget 发生更改时，即 Localizations 的 Locale 设置发生更改时，将重建所有依赖它的子组件。

本地化值由 Localizations 的 LocalizationsDelegates 列表加载。每个委托必须定义一个异步 load() 方法，以生成封装了一系列本地化值的对象。通常这些对象为每个本地化值定义一个方法。

在大型应用程序中，不同模块或 Package 可能会与自己的本地化值捆绑在一起。这就是为什么要用 Localizations 管理对象表。要使用由 LocalizationsDelegate 的 load 方法之一产生的对象，可以指定一个 BuildContext 和对象的类型来找到它。例如，Material 组件库的本地化字符串由 MaterialLocalizations 类定义，此类的实例由 MaterialApp 类提供的 LocalizationDelegate 创建，它们可以用如下方式获取到：

```
Localizations.of<MaterialLocalizations>(context, MaterialLocalizations);
```

这个特殊的 Localizations.of() 表达式会经常使用，所以 MaterialLocalizations 类提供了一个便捷方法：

```
static MaterialLocalizations of(BuildContext context) {
  return Localizations.of<MaterialLocalizations>(context, MaterialLocalizations);
}

// 可以直接调用便捷方法
tooltip: MaterialLocalizations.of(context).backButtonTooltip,
```

13.1.6 使用打包好的 LocalizationsDelegates

为了尽可能小而且简单，Flutter 软件包中仅提供美国英语值的 MaterialLocalizations 和 WidgetsLocalizations 接口的实现。这些实现类分别称为 DefaultMaterialLocalizations 和 DefaultWidgetsLocalizations。flutter_localizations 包包含 GlobalMaterialLocalizations 和 GlobalWidgetsLocalizations 的本地化接口的多语言实现，国际化的应用程序必须按照本节开头说明的那样为这些类指定本地化的代理类。

上述的 GlobalMaterialLocalizations 和 GlobalWidgetsLocalizations 只是 Material 组件库

的本地化实现，如果要让自己的布局支持多语言，就需要实现自己的 Localizations，我们将在下一节介绍其具体的实现方式。

13.2 实现 Localizations

前面介绍了 Material 组件库如何支持国际化，本节我们将介绍一下自己的 UI 中如何支持多语言。根据上节所述，我们需要实现两个类：一个 Delegate 类和一个 Localizations 类。下面我们通过一个实例说明。

13.2.1 实现 Localizations 类

我们已经知道 Localizations 类中主要实现提供了本地化值，如文本：

```
//Locale 资源类
class DemoLocalizations {
  DemoLocalizations(this.isZh);
  //是否为中文
  bool isZh = false;
  // 为了使用方便，我们定义一个静态方法
  static DemoLocalizations of(BuildContext context) {
    return Localizations.of<DemoLocalizations>(context, DemoLocalizations);
  }
  //Locale 相关值，title 为应用标题
  String get title {
    return isZh ? "Flutter 应用 " : "Flutter App";
  }
  //... 其他的值
}
```

DemoLocalizations 中会根据当前的语言来返回不同的文本，如 title，我们可以将所有需要支持多语言的文本都在此类中定义。DemoLocalizations 的实例将会在 Delegate 类的 load 方法中创建。

13.2.2 实现 Delegate 类

Delegate 类的职责是在 Locale 改变时加载新的 Locale 资源，所以它有一个 load 方法。Delegate 类需要继承自 LocalizationsDelegate 类，实现相应的接口，示例代码如下：

```
//Locale 代理类
class DemoLocalizationsDelegate extends LocalizationsDelegate<DemoLocalizations> {
  const DemoLocalizationsDelegate();

  // 是否支持某个 Local
  @override
  bool isSupported(Locale locale) => ['en', 'zh'].contains(locale.languageCode);

  //Flutter 会调用此类加载相应的 Locale 资源类
  @override
```

```
Future<DemoLocalizations> load(Locale locale) {
  print("$locale");
  return SynchronousFuture<DemoLocalizations>(
      DemoLocalizations(locale.languageCode == "zh")
  );
}

@override
bool shouldReload(DemoLocalizationsDelegate old) => false;
}
```

shouldReload 的返回值决定当 Localizations 组件重新构建时，是否调用 load 方法重新加载 Locale 资源。一般情况下，Locale 资源只应该在 Locale 切换时加载一次，不需要每次在 Localizations 重新构建时都加载，所以返回 false 即可。可能有些人会担心返回 false 的话，在 App 启动后用户再改变系统语言时 load 方法将不会被调用，所以 Locale 资源将不会被加载。事实上，每当 Locale 改变时，Flutter 都会再调用 load 方法加载新的 Locale，无论 shouldReload 返回 true 还是 false。

13.2.3 添加多语言支持

和上一节中介绍的相同，我们现在需要先注册 DemoLocalizationsDelegate 类，然后再通过 DemoLocalizations.of(context) 来动态获取当前 Locale 文本。

只需要在 MaterialApp 或 WidgetsApp 的 localizationsDelegates 列表中添加我们的 Delegate 实例即可完成注册：

```
localizationsDelegates: [
  // 本地化的代理类
  GlobalMaterialLocalizations.delegate,
  GlobalWidgetsLocalizations.delegate,
  // 注册我们的 Delegate
  DemoLocalizationsDelegate()
],
```

接下来可以在 Widget 中使用 Locale 值，代码如下：

```
return Scaffold(
  appBar: AppBar(
    // 使用 Locale title
    title: Text(DemoLocalizations.of(context).title),
  ),
  ... // 省略无关代码
  )
```

这样，当在美国英语和中文简体之间切换系统语言时，App 的标题将会分别为"Flutter App"和"Flutter 应用"。

13.2.4 小结

本节我们通过一个简单的示例说明了 Flutter 应用国际化的基本过程及原理。但是上面的实例还有一个严重的不足，就是我们需要在 DemoLocalizations 类中获取 title 时手动判断当前语言 Locale，然后返回合适的文本。试想一下，当我们要支持的语言不是 2 种而是 8 种甚至 20 种时，如果为每个文本属性都分别去判断到底是哪种 Locale，从而获取相应语言的文本，将会是一件非常复杂的事。还有，通常情况下翻译人员并不是开发人员，能不能像 i18n 或 l10n 标准那样可以将翻译单独保存为一个 arb 文件交由翻译人员去翻译，翻译好之后开发人员再通过工具将 arb 文件转为代码？答案是肯定的！我们将在下一节介绍如何通过 Dart intl 包来实现这些。

13.3　使用 Intl 包

13.3.1　添加依赖

使用 Intl 包不仅可以非常轻松地实现国际化，也可以将字符串文本分离成单独的文件，方便开发人员和翻译人员分工协作。为了使用 Intl 包，我们需要添加两个依赖：

```
dependencies:
  ...# 省略无关项
  intl: ^0.17.0
dev_dependencies:
  ...# 省略无关项
  intl_generator:  0.2.1
```

intl_generator 包主要包含了一些工具，它在开发阶段的主要作用是从代码中提取要国际化的字符串到单独的 arb 文件和根据 arb 文件生成对应语言的 Dart 代码，而 Intl 包主要引用和加载 intl_generator 生成后的 Dart 代码。下面我们将一步步来说明如何使用。

13.3.2　第一步：创建必要目录

首先，在项目根目录下创建一个 l10n-arb 目录，该目录用于保存我们接下来通过 intl_generator 命令生成的 arb 文件。一个简单的 arb 文件内容如下：

```
{
  "@@last_modified": "2018-12-10T15:46:20.897228",
  "@@locale":"zh_CH",
  "title": "Flutter 应用 ",
  "@title": {
    "description": "Title for the Demo application",
    "type": "text",
    "placeholders": {}
  }
}
```

我们根据 @@locale 字段可以看出这个 arb 对应的是中文简体的翻译，里面的 title 字段对应的正是我们应用标题的中文简体翻译。@title 字段是对 title 的一些描述信息。

接下来，我们在 lib 目录下创建一个 l10n 的目录，该目录用于保存从 arb 文件生成的 Dart 代码文件。

13.3.3 第二步：实现 Localizations 和 Delegate 类

和 13.2 节中的步骤类似，我们仍然要实现 Localizations 和 Delegate 类，不同的是，现在我们在实现时要使用 Intl 包的一些方法（有些是动态生成的）。

下面我们在 lib/l10n 目录下新建一个 localization_intl.dart 文件，文件内容如下：

```
import 'package:flutter/material.dart';
import 'package:intl/intl.dart';
import 'messages_all.dart'; //1

class DemoLocalizations {
  static Future<DemoLocalizations> load(Locale locale) {
    final String name = locale.countryCode.isEmpty ? locale.languageCode :
      locale.toString();
    final String localeName = Intl.canonicalizedLocale(name);
    //2
    return initializeMessages(localeName).then((b) {
      Intl.defaultLocale = localeName;
      return DemoLocalizations();
    });
  }

  static DemoLocalizations of(BuildContext context) {
    return Localizations.of<DemoLocalizations>(context, DemoLocalizations);
  }

  String get title {
    return Intl.message(
      'Flutter App',
      name: 'title',
      desc: 'Title for the Demo application',
    );
  }
}

//Locale 代理类
class DemoLocalizationsDelegate extends LocalizationsDelegate<DemoLocalizations> {
  const DemoLocalizationsDelegate();

  // 是否支持某个 Local
  @override
  bool isSupported(Locale locale) => ['en', 'zh'].contains(locale.languageCode);

  //Flutter 会调用此类加载相应的 Locale 资源类
  @override
  Future<DemoLocalizations> load(Locale locale) {
    //3
    return DemoLocalizations.load(locale);
  }

  // 当 Localizations Widget 重新构建时，是否调用 load 重新加载 Locale 资源
  @override
  bool shouldReload(DemoLocalizationsDelegate old) => false;
}
```

> 注
> 意
> 注释 1 的 messages_all.dart 文件是通过 intl_generator 工具从 arb 文件生成的代码，
> 所以在第一次运行生成命令之前，此文件不存在。注释 2 处的 initializeMessages()
> 方法和 messages_all.dart 文件一样，是同时生成的。注释 3 处和上一节示例代码不
> 同，这里我们直接调用 DemoLocalizations.load() 即可。

13.3.4 第三步：添加需要国际化的属性

现在我们可以在 DemoLocalizations 类中添加需要国际化的属性或方法，如上面示例代码
中的 title 属性，这时就要用到 Intl 库提供的一些方法，这些方法可以帮助我们轻松地实现不
同语言的一些语法特性，比如复数语境。举个例子，有一个电子邮件列表页，需要在顶部显
示未读邮件的数量，在未读数量不同时，我们展示的文本可能会不同，如表 13-1 所示。

表 13-1 不同属性值对应的提示信息不同

未读邮件数	提示语
0	There are no emails left
1	There is 1 email left
n（n>1）	There are n emails left

我们可以通过 Intl.plural(...) 来实现：

```
remainingEmailsMessage(int howMany) => Intl.plural(howMany,
  zero: 'There are no emails left',
  one: 'There is $howMany email left',
  other: 'There are $howMany emails left',
  name: "remainingEmailsMessage",
  args: [howMany],
  desc: "How many emails remain after archiving.",
  examples: const {'howMany': 42, 'userName': 'Fred'});
```

可以看到通过 Intl.plural 方法可以在 howMany 值不同时输出不同的提示信息。
Intl 包还有一些其他方法，读者可以自行查看其文档，本书不再赘述。

13.3.5 第四步：生成 arb 文件

现在我们可以通过 intl_generator 包的工具来提取代码中的字符串到一个 arb 文件，运
行如下命令：

```
flutter pub pub run intl_generator:extract_to_arb --output-dir=l10n-arb \ lib/
l10n/localization_intl.dart
```

运行此命令后，会将我们之前通过 Intl API 标识的属性和字符串提取到 l10n-arb/intl_
messages.arb 文件中，我们看看其内容：

```
{
  "@@last_modified": "2018-12-10T17:37:28.505088",
```

```
  "title": "Flutter App",
  "@title": {
    "description": "Title for the Demo application",
    "type": "text",
    "placeholders": {}
  },
  "remainingEmailsMessage": "{howMany,plural, =0{There are no emails
    left}=1{There is {howMany} email left}other{There are {howMany} emails
    left}}",
  "@remainingEmailsMessage": {
    "description": "How many emails remain after archiving.",
    "type": "text",
    "placeholders": {
      "howMany": {
        "example": 42
      }
    }
  }
}
```

这个是默认的 Locale 资源文件，如果现在要支持中文简体，只需要在该文件同级目录创建一个 intl_zh_CN.arb 文件，然后将 intl_messages.arb 的内容复制到 intl_zh_CN.arb 文件，接下来将英文翻译为中文即可，翻译后的 intl_zh_CN.arb 文件内容如下：

```
{
  "@@last_modified": "2018-12-10T15:46:20.897228",
  "@@locale":"zh_CN",
  "title": "Flutter 应用 ",
  "@title": {
    "description": "Title for the Demo application",
    "type": "text",
    "placeholders": {}
  },
  "remainingEmailsMessage": "{howMany,plural, =0{ 没有未读邮件 }=1{ 有 {howMany} 封未
    读邮件 }other{ 有 {howMany} 封未读邮件 }}",
  "@remainingEmailsMessage": {
    "description": "How many emails remain after archiving.",
    "type": "text",
    "placeholders": {
      "howMany": {
        "example": 42
      }
    }
  }
}
```

我们必须翻译 title 和 remainingEmailsMessage 字段，description 是该字段的说明，通常给翻译人员看，代码中不会用到。

有三点需要说明：

❑ 如果某个特定的 arb 中缺失某个属性，那么应用将会加载默认的 arb 文件（intl_messages.arb）中的相应属性，这是 Intl 的托底策略。

❑ 每次运行提取命令时，intl_messages.arb 都会根据代码重新生成，但其他 arb 文件不

会，所以当要添加新的字段或方法时，其他 arb 文件是增量的，不用担心会覆盖。

❑ arb 文件是标准的，其格式规范可以自行了解。通常会将 arb 文件交给翻译人员，当完成翻译后，我们再通过下面的步骤根据 arb 文件生成最终的 Dart 代码。

13.3.6 第五步：生成 Dart 代码

最后一步就是根据 arb 生成 Dart 文件：

```
flutter pub pub run intl_generator:generate_from_arb --output-dir=lib/l10n --no-
    use-deferred-loading lib/l10n/localization_intl.dart l10n-arb/intl_*.arb
```

这句命令在首次运行时会在 lib/l10n 目录下生成多个文件，对应多种 Locale，这些代码便是最终要使用的 Dart 代码。

13.3.7 小结

至此，我们将使用 Intl 包对 App 进行国际化的流程介绍完了，可以发现，其中第一步和第二步只在第一次执行时需要，而我们开发时的主要工作都是在第三步。因为最后两步在第三步完成后每次也都需要，所以可以将最后两步放在一个 shell 脚本里，当完成第三步或完成 arb 文件翻译后，只需要分别执行该脚本即可。我们在根目录下创建一个 intl.sh 的脚本，内容为：

```
flutter pub run intl_generator:extract_to_arb --output-dir=l10n-arb lib/l10n/
    localization_intl.dart
flutter pub run intl_generator:generate_from_arb --output-dir=lib/l10n --no-use-
    deferred-loading lib/l10n/localization_intl.dart l10n-arb/intl_*.arb
```

然后授予执行权限：

```
chmod +x intl.sh
```

执行 intl.sh：

```
./intl.sh
```

13.4 国际化常见问题

本节主要解答一下在国际化中常见的问题。

13.4.1 默认语言区域不对

在一些通过非官方渠道购买的 Android 和 iOS 设备中，会出现默认的 Locale 不是中文简体的情况。这属于正常现象，但是为了防止设备获取的 Locale 与实际的地区不一致，所有的支持多语言的 App 都必须提供一个手动选择语言的入口。

13.4.2 如何对应用标题进行国际化

MaterialApp 有一个 title 属性，用于指定 App 的标题。在 Android 系统中，App 的标题

会出现在任务管理器中，所以也需要对 title 进行国际化。但是问题是很多国际化的配置都是在 MaterialApp 上设置的，我们无法在构建 MaterialApp 时通过 Localizations.of 来获取本地化资源，代码如下：

```
MaterialApp(
  title: DemoLocalizations.of(context).title, //不能正常工作
  localizationsDelegates: [
    //本地化的代理类
    GlobalMaterialLocalizations.delegate,
    GlobalWidgetsLocalizations.delegate,
    DemoLocalizationsDelegate() //设置 Delegate
  ],
);
```

上面的代码运行后，DemoLocalizations.of(context).title 是会报错的，原因是 Localizations.of 会从当前的 context 沿着 Widget 树向顶部查找 DemoLocalizations，但是我们在 MaterialApp 中设置完 DemoLocalizationsDelegate 后，实际上 DemoLocalizations 是在当前 context 的子树中的，所以 DemoLocalizations.of(context) 会返回 null，报错。那么我们该如何处理这种情况呢？其实很简单，只需要设置一个 onGenerateTitle 回调即可，代码修改如下：

```
MaterialApp(
  onGenerateTitle: (context){
    //此时 context 在 Localizations 的子树中
    return DemoLocalizations.of(context).title;
  },
  localizationsDelegates: [
    DemoLocalizationsDelegate(),
    ...
  ],
);
```

13.4.3　如何为英语系的国家指定同一个地区

英语系的国家非常多，如美国、英国、澳大利亚等，这些英语系国家虽然都说英语，但也会有一些区别。如果我们的 App 只想提供一种英语（如美国英语）供所有英语系国家使用，可以在前面介绍的 localeListResolutionCallback 中来做兼容，代码如下：

```
localeListResolutionCallback:
    (List<Locale> locales, Iterable<Locale> supportedLocales) {
  //判断当前地区是否为英语系国家，如果是则直接返回 Locale('en', 'US')
}
```

Flutter 核心原理

14.1　Flutter UI 框架

14.1.1　什么是 UI 框架

在本书的开始，我们讲过 Flutter 从上到下分为框架层、引擎层和嵌入层三层。也说过开发者基本上都是与框架层打交道，本章将深入介绍 Flutter 框架层的原理，在此之前，我们先看一看更广义的 UI 框架指的是什么，解决了什么问题。

术语 UI 框架（UI Framework）特指基于一个平台，在此平台上实现一个能快速开发 GUI（图形用户接口）的框架，这里的平台主要指操作系统和浏览器。通常来讲，平台只提供非常基础的图形 API，比如画线、画几何图形等，在大多数平台中，这些基础的图形 API 通常会被封装在一个 Canvas 对象中来集中管理。可以想象一下，如果没有 UI 框架的封装而直接用 Canvas 来构建用户界面将会是怎样的一种体验！所以，简单来讲，UI 框架解决的主要问题就是：如何基于基础的图形 API（Canvas）来封装一套可以高效创建 UI 的框架。

我们说过各个平台 UI 框架的实现原理基本是相通的，也就是说无论是 Android 还是 iOS，它们将一个用户界面展示到屏幕的流程是相似的，所以，在介绍 Flutter UI 框架之前，我们先看一看平台图形处理的基本原理，这样可以帮助读者对操作系统和系统底层 UI 逻辑有一个清晰的认识。

14.1.2　硬件绘图基本原理

提到原理，我们要从屏幕显示图像的基本原理谈起。我们知道显示器（屏幕）是由一个个物理显示单元组成的，每一个单元可以称之为一个物理像素点，而每一个像素点可以发出多种颜色，显示器成像的原理就是在不同的物理像素点上显示不同的颜色，最终构成完整的图像。

一个像素点能发出的所有颜色总数是显示器的一个重要指标,比如我们所说的 1600 万色的屏幕就是指一个像素点可以显示出 1600 万种颜色,而显示器颜色由 RGB 三基色组成,所以 1600 万即 2^{24},即每个基本色(R、G、B)深度扩展至 8 bit(位),颜色深度越深,所能显示的色彩越丰富靓丽。

为了更新显示画面,显示器会以固定的频率刷新(从 GPU 取数据),比如有一部手机屏幕的刷新频率是 60Hz。当一帧(frame)图像绘制完毕后准备绘制下一帧时,显示器会发出一个垂直同步信号(如 vsync),60Hz 的屏幕就会一秒内发出 60 次这样的信号。而这个信号主要是用于同步 CPU、GPU 和显示器的。一般来说,计算机系统中,CPU、GPU 和显示器以一种特定的方式协作:CPU 将计算好的显示内容提交给 GPU,GPU 渲染后放入帧缓冲区,然后视频控制器按照同步信号从帧缓冲区取帧数据传递给显示器显示。

CPU 和 GPU 的任务是各有偏重的,CPU 主要用于基本数学和逻辑计算,而 GPU 主要执行和图形处理相关的复杂的数学计算,如矩阵变化和几何计算,GPU 的主要作用就是确定最终输送给显示器的各个像素点的色值。

14.1.3 操作系统绘制 API 的封装

由于最终的图形计算和绘制都是由相应的硬件来完成的,而直接操作硬件的指令通常都会有操作系统屏蔽,应用开发者通常不会直接面对硬件,操作系统屏蔽了这些底层硬件操作后会提供一些封装后的 API 供操作系统之上的应用调用,但是对于应用开发者来说,直接调用这些操作系统提供的 API 是比较复杂和低效的,因为操作系统提供的 API 往往比较基础,直接调用需要了解 API 的很多细节。正是基于这个原因,几乎所有用于开发 GUI 程序的编程语言都会在操作系统之上再封装一层,将操作系统原生 API 封装在一个编程框架和模型中,然后定义一种简单的开发规则来开发 GUI 应用程序,而这一层抽象,正是我们所说的 "UI 框架",如 Android SDK 正是封装了 Android 操作系统 API,提供了一个 "UI 描述文件 XML+Java/Kotlin 操作 DOM" 的 UI 框架,而 iOS 的 UIKit 对 View 的抽象也是一样的,它们都将操作系统 API 抽象成一个基础对象(如用于 2D 图形绘制的 Canvas),然后再定义一套规则来描述 UI,如 UI 树结构,UI 操作的单线程原则等。

14.1.4 Flutter UI 框架

我们可以看到,无论是 Android SDK 还是 iOS 的 UIKit 的职责都是相同的,它们只是语言载体和底层的系统不同而已。那么可不可以实现这样一个 UI 框架:可以使用同一种编程语言开发,然后针对不同操作系统 API 抽象一个对上接口一致,对下适配不同操作系统的中间层,然后在打包编译时再使用相应的中间层代码?如果可以做到,那么就可以使用同一套代码编写跨平台的应用了。而 Flutter 的原理正是如此,它提供了一套 Dart API,然后在底层通过 OpenGL 这种跨平台的绘制库(内部会调用操作系统 API)实现了一套代码跨多端。因为 Dart API 也是调用操作系统 API,所以它的性能接近原生。这里有两点需要注意:

□ 虽然 Dart 是先调用了 OpenGL，OpenGL 才会调用操作系统 API，但是这仍然是原生渲染，因为 OpenGL 只是操作系统 API 的一个封装库，它并不像 WebView 渲染那样需要 JavaScript 运行环境和 CSS 渲染器，所以不会有性能损失。

□ Flutter 早期版本底层会调用 OpenGL 这样的跨平台库，但在 iOS 设备上苹果提供了专门的图形库 Metal，使用 Metal 可以在 iOS 上获得比 OpenGL 更好的绘图性能，因此 Flutter 后来在 iOS 上会优先调用 Metal，只有当 Metal 不可用时才会降级到 OpenGL。不过 Flutter 底层调用的到底是哪个库，应用开发者是不需要关注的，我们只需要知道调用的是原生的绘图接口，能够保证高性能即可。

至此，我们已经介绍了 Flutter UI 框架和操作系统交互的这一部分原理，现在需要介绍一些它对应用开发者定义的开发标准。其实在前面的章节中，我们已经对这个标准非常熟悉了，简单概括就是组合和响应式。我们要开发一个 UI 界面，需要通过组合其他 Widget 来实现。Flutter 中，一切都是 Widget，当 UI 要发生变化时，我们不去直接修改 DOM，而是通过更新状态，让 Flutter UI 框架来根据新的状态来重新构建 UI。

讲到这里，读者可能发现 Flutter UI 框架和 Flutter Framework 的概念是差不多的，的确如此，之所以用"UI 框架"，是因为其他平台中可能不这么叫，我们只是为了使概念统一，便于描述，读者不必纠结于概念本身。

在接下来的小节中，我们先详细介绍一下 Element、RenderObject，它们是组成 Flutter UI 框架的基石。最后我们再分析一下 Flutter 的应用启动、更新流程。

14.2 Element、BuildContext 和 RenderObject

14.2.1 Element

在 2.2 节，我们介绍了 Widget 和 Element 的关系，我们知道最终的 UI 树其实是由一个个独立的 Element 节点构成的。我们也说过组件最终的 Layout、渲染都是通过 RenderObject 来完成的，从创建到渲染的大体流程是：根据 Widget 生成 Element，然后创建相应的 RenderObject 并关联到 Element.renderObject 属性上，最后再通过 RenderObject 来完成布局排列和绘制。

Element 就是 Widget 在 UI 树具体位置的一个实例化对象，大多数 Element 只有唯一的 renderObject，但还有一些 Element 会有多个子节点，如继承自 RenderObjectElement 的一些类，比如 MultiChildRenderObjectElement。最终所有 Element 的 RenderObject 构成一棵树，我们称之为 Render Tree，即"渲染树"。总结一下，我们可以认为 Flutter 的 UI 系统包含三棵树：Widget 树、Element 树、RenderObject 树。它们的依赖关系是：Element 树根据 Widget 树生成，而渲染树又依赖于 Element 树，如图 14-1 所示。

现在我们重点看一下 Element，Element 的生命周期如下：

□ Framework 调用 Widget.createElement 创建一个 Element 实例，记为 element。

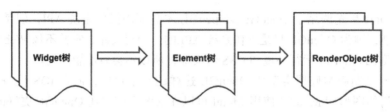

图 14-1 Flutter 中的三棵树

☐ Framework 调用 element.mount(parentElement,newSlot)，mount 方法中首先调用 element 所对应 Widget 的 createRenderObject 方法创建与 element 相关联的 RenderObject 对象，然后调用 element.attachRenderObject 方法将 element. renderObject 添加到渲染树中插槽指定的位置（这一步不是必需的，一般发生在 Element 树结构发生变化时才需要重新添加）。插入渲染树后的 element 就处于 active 状态，处于 active 状态后就可以显示在屏幕上了（可以隐藏）。

☐ 当有父 Widget 的配置数据改变时，同时其 State.build 返回的 Widget 结构与之前不同，此时就需要重新构建对应的 Element 树。为了进行 Element 复用，在 Element 重新构建前会先尝试是否可以复用旧树上相同位置的 element，element 节点在更新前都会调用其对应 Widget 的 canUpdate 方法，如果返回 true，则复用旧 Element，旧的 Element 会使用新 Widget 配置数据更新，反之则会创建一个新的 Element。Widget. canUpdate 主要是判断 newWidget 与 oldWidget 的 runtimeType 和 key 是否同时相等，如果同时相等就返回 true，否则就会返回 false。根据这个原理，当我们需要强制更新一个 Widget 时，可以通过指定不同的 key 来避免复用。

☐ 当有祖先 Element 决定移除 element 时（如 Widget 树结构发生了变化，导致 element 对应的 Widget 被移除），这时该祖先 Element 就会调用 deactivateChild 方法来移除它，移除后 element.renderObject 也会被从渲染树中移除，然后 Framework 会调用 element.deactivate 方法，这时 element 状态变为 inactive 状态。

☐ inactive 态的 element 将不会再显示到屏幕。为了避免在一次动画执行过程中反复创建、移除某个特定 element，inactive 状态的 element 在当前动画最后一帧结束前都会保留，如果在动画执行结束后它还未能重新变成 active 状态，Framework 就会调用其 unmount 方法将其彻底移除，这时 element 的状态为 defunct，它将永远不会再被插入到树中。

☐ 如果 element 要重新插入 Element 树的其他位置，如 element 或 element 的祖先拥有一个 GlobalKey（用于全局复用元素），那么 Framework 会先将 element 从现有位置移除，然后再调用其 activate 方法，并将其 RenderObject 重新添加到渲染树。

看完 Element 的生命周期，可能有些读者会有疑问，开发者会直接操作 Element 树吗？其实对于开发者来说，大多数情况下只需要关注 Widget 树，Flutter 框架已经将对 Widget 树的操作映射到了 Element 树上，这可以极大地降低复杂度，提高开发效率。但是了解 Element 对理解整个 Flutter UI 框架是至关重要的，Flutter 正是通过 Element 这个纽带将 Widget 和 RenderObject 关联起来，了解 Element 层不仅会帮助读者对 Flutter UI 框架有清晰的认识，也会提高自己的抽象能力和设计能力。另外在有些时候，我们必须直接使用 Element 对象来完成一些操作，比如获取主题（Theme）数据，具体细节将在下文介绍。

14.2.2　BuildContext

我们已经知道，StatelessWidget 和 StatefulWidget 的构建方法都会传一个 BuildContext 对象：

```
Widget build(BuildContext context) {}
```

我们也知道，在很多时候我们都需要使用这个 context 做一些事，比如：

```
Theme.of(context) //获取主题
Navigator.push(context, route) //入栈新路由
Localizations.of(context, type) //获取 Local
context.size //获取上下文大小
context.findRenderObject() //查找当前或最近的一个祖先 RenderObject
```

那么 BuildContext 到底是什么呢？查看其定义，发现其是一个抽象接口类：

```
abstract class BuildContext {
  ...
}
```

那这个 context 对象对应的实现类到底是谁呢？我们发现 build 调用是发生在 StatelessWidget 和 StatefulWidget 对应的 StatelessElement 和 StatefulElement 的 build 方法中，以 StatelessElement 为例，代码如下：

```
class StatelessElement extends ComponentElement {
  ...
  @override
  Widget build() => widget.build(this);
  ...
}
```

发现 build 传递的参数是 this，很明显！这个 BuildContext 就是 StatelessElement。同样，我们发现 StatefulWidget 的 context 是 StatefulElement。但 StatelessElement 和 StatefulElement 本身并没有实现 BuildContext 接口，继续跟踪代码，发现它们间接继承自 Element 类，然后查看 Element 类定义，发现 Element 类果然实现了 BuildContext 接口：

```
class Element extends DiagnosticableTree implements BuildContext {
  ...
}
```

至此真相大白，BuildContext 就是 Widget 对应的 Element，所以可以通过 context 在 StatelessWidget 和 StatefulWidget 的 build 方法中直接访问 Element 对象。我们获取主题数据的代码 Theme.of(context) 内部正是调用了 Element 的 dependOnInheritedWidgetOfExactType() 方法。

思考题 为什么 build 方法的参数不定义成 Element 对象，而要定义成 BuildContext？

进阶

可以看到 Element 是 Flutter UI 框架内部连接 Widget 和 RenderObject 的纽带，大多数时候开发者只需要关注 Widget 层即可，但是 Widget 层有时并不能完全屏蔽 Element 细节，所以 Framework 在 StatelessWidget 和 StatefulWidget 中通过 build 方法参数又将 Element 对象也传递给了开发者，这样一来，开发者便可以在需要时直接操作 Element 对象。那么现在笔者提两个问题：

❏ 问题 1：如果没有 Widget 层，单靠 Element 层是否可以搭建起一个可用的 UI 框架？如果可以，应该是什么样子？

❏ 问题 2：Flutter UI 框架能不做成响应式吗？

对于问题 1，答案当然是肯定的，因为我们之前说过 Widget 树只是 Element 树的映射，我们完全可以直接通过 Element 来搭建一个 UI 框架。下面举一个例子：

我们通过纯粹的 Element 来模拟一个 StatefulWidget 的功能，假设有一个页面，该页面有一个按钮，按钮的文本是一个 9 位数，点击一次按钮，则对 9 个数随机排一次序。代码如下：

```
class HomeView extends ComponentElement{
  HomeView(Widget widget) : super(widget);
  String text = "123456789";

  @override
  Widget build() {
    Color primary=Theme.of(this).primaryColor; //1
    return GestureDetector(
      child: Center(
        child: TextButton(
          child: Text(text, style: TextStyle(color: primary),),
          onPressed: () {
            var t = text.split("")..shuffle();
            text = t.join();
            markNeedsBuild(); // 点击后将该 Element 标记为 dirty, Element 将会重构
          },
        ),
      ),
    );
  }
}
```

❏ 上面的 build 方法不接收参数，这一点和在 StatelessWidget 和 StatefulWidget 中的 build(BuildContext) 方法不同。代码中需要用到 BuildContext 的地方直接用 this 代替即可，如代码注释 1 处 Theme.of(this) 参数直接传 this 即可，因为当前对象本身就是 Element 实例。

❑ 当text发生改变时，我们调用markNeedsBuild()方法将当前Element标记为dirty即可，标记为 dirty 的 Element 会在下一帧中重建。实际上，State.setState() 在内部调用的也是 markNeedsBuild() 方法。

❑ 上面代码中 build 方法返回的仍然是一个 Widget，这是由于 Flutter 框架中已经有了 Widget 这一层，并且组件库都已经是以 Widget 的形式提供了，如果在 Flutter 框架中所有组件都像示例的 HomeView 一样以 Element 形式提供，那么就可以用纯 Element 来构建 UI 了，HomeView 的 build 方法返回值的类型就可以是 Element 了。

如果需要将上面代码在现有 Flutter 框架中运行起来，那么还是要提供一个 "适配器" Widget 将 HomeView 结合到现有框架中，下面 CustomHome 就相当于 "适配器"，代码实现如下：

```
class CustomHome extends Widget {
  @override
  Element createElement() {
    return HomeView(this);
  }
}
```

现在就可以将 CustomHome 添加到 Widget 树了，我们在一个新路由页创建它，最终效果如图 14-2 和图 14-3（点击后）所示。

图 14-2 自定义 UI 框架 1

图 14-3 自定义 UI 框架 2

点击按钮，则按钮文本会随机排序。

对于问题 2，答案当然也是肯定的，Flutter 引擎提供的 API 是原始且独立的，这与操作系统提供的 API 类似，上层 UI 框架设计成什么样完全取决于设计者，完全可以将 UI 框架设计成 Android 风格或 iOS 风格，但这些事 Google 不会再去做，我们也没必要做，这是因为响应式的思想本身是很棒的，之所以提出这个问题，是因为笔者认为做与不做是一回事，但知道能不能做是另一回事，这能反映出我们对知识的理解程度。

14.2.3 RenderObject

在上一节我们介绍过每个 Element 都对应一个 RenderObject，可以通过 Element. renderObject 来获取。并且我们也说过 RenderObject 的主要职责是布局和绘制，所有的 RenderObject 会组成一棵渲染树（Render Tree）。本节我们将重点介绍一下 RenderObject 的作用。

RenderObject 就是渲染树中的一个对象，它的主要作用是实现事件响应以及渲染管线中除过 build 的执行过程（build 部分由 Element 实现），即包括布局、绘制、层合成以及上屏，这些将在后面的章节介绍。

RenderObject 拥有一个 parent 和一个 parentData 属性，parent 指向渲染树中自己的父节点，而 parentData 是一个预留变量，在父组件的布局过程中会确定其所有子组件的布局信息（如位置信息，即相对于父组件的偏移），而这些布局信息需要在布局阶段保存起来，因为布局信息在后续的绘制阶段还需要被使用（用于确定组件的绘制位置），而 parentData 属性的主要作用就是保存布局信息，比如在 Stack 布局中，RenderStack 就会将子元素的偏移数据存储在子元素的 parentData 中（具体可以查看 Positioned 实现）。

RenderObject 类本身实现了一套基础的布局和绘制协议，但是并没有定义子节点模型（如一个节点可以有几个子节点，一个？两个？或者更多？还是没有子节点？）。它也没有定义坐标系统（如子节点定位是在笛卡儿坐标中还是极坐标中）和具体的布局协议（是通过宽高还是通过 constraint 和 size 布局，或者是否由父节点在子节点布局之前或之后设置子节点的大小和位置等）。

为此，Flutter 框架提供了一个 RenderBox 和一个 RenderSliver 类，它们都继承自 RenderObject，布局坐标系统采用笛卡儿坐标系，屏幕的 (top，left) 是原点。而 Flutter 基于这两个类分别实现了基于 RenderBox 的盒模型布局和基于 Sliver 的按需加载模型，这个在前面章节中介绍过。

14.2.4 小结

本节详细介绍了 Element 的生命周期，以及它与 Widget、BuildContext 的关系，最后介绍了 Flutter UI 框架中另一个重要的角色 RenderObject，下一节我们将重点介绍 Flutter 渲染管线中的布局流程。

14.3 Flutter 启动流程和渲染管线

本节我们会先介绍 Flutter 的启动流程，然后介绍 Flutter 的渲染管线（rendering pipeline）。

14.3.1　应用启动

Flutter 的入口在 lib/main.dart 的 main() 函数中，它是 Dart 应用程序的起点。在 Flutter 应用中，main() 函数最简单的实现如下：

```
void main() => runApp(MyApp());
```

可以看到 main() 函数只调用了一个 runApp() 方法，我们看一看 runApp() 方法中都做了什么：

```
void runApp(Widget app) {
  WidgetsFlutterBinding.ensureInitialized()
    ..attachRootWidget(app)
    ..scheduleWarmUpFrame();
}
```

参数 app 是一个 Widget，它是 Flutter 应用启动后要展示的第一个组件。而 Widgets-FlutterBinding 正是绑定 Widget 框架和 Flutter 引擎的桥梁，定义如下：

```
class WidgetsFlutterBinding extends BindingBase with GestureBinding,
  ServicesBinding, SchedulerBinding, PaintingBinding, SemanticsBinding,
  RendererBinding, WidgetsBinding {
  static WidgetsBinding ensureInitialized() {
    if (WidgetsBinding.instance == null)
      WidgetsFlutterBinding();
    return WidgetsBinding.instance;
  }
}
```

可以看到 WidgetsFlutterBinding 继承自 BindingBase 并混入了很多 Binding，在介绍这些 Binding 之前我们先介绍一下 Window，下面是关于 Window 的官方解释：

The most basic interface to the host operating system's user interface.

很明显，Window 正是 Flutter Framework 连接宿主操作系统的接口。我们看一下 Window 类的部分定义：

```
class Window {

  // 当前设备的 DPI，即一个逻辑像素显示多少物理像素，数字越大，显示效果就越精细保真
  //DPI 是设备屏幕的固件属性，如 Nexus 6 的屏幕 DPI 为 3.5
  double get devicePixelRatio => _devicePixelRatio;

  //Flutter UI 绘制区域的大小
  Size get physicalSize => _physicalSize;

  // 当前系统默认的语言 Locale
  Locale get locale;

  // 当前系统字体缩放比例
  double get textScaleFactor => _textScaleFactor;

  // 当绘制区域大小改变回调
  VoidCallback get onMetricsChanged => _onMetricsChanged;
```

```
//Locale 发生变化回调
VoidCallback get onLocaleChanged => _onLocaleChanged;
// 系统字体缩放变化回调
VoidCallback get onTextScaleFactorChanged => _onTextScaleFactorChanged;
// 绘制前回调，一般会受显示器的垂直同步信号 VSync 驱动，当屏幕刷新时就会被调用
FrameCallback get onBeginFrame => _onBeginFrame;
// 绘制回调
VoidCallback get onDrawFrame => _onDrawFrame;
// 点击或指针事件回调
PointerDataPacketCallback get onPointerDataPacket => _onPointerDataPacket;
// 调度 Frame，该方法执行后，onBeginFrame 和 onDrawFrame 将紧接着在合适时机被调用
// 此方法会直接调用 Flutter engine 的 Window_scheduleFrame 方法
void scheduleFrame() native 'Window_scheduleFrame';
// 更新应用在 GPU 上的渲染，此方法会直接调用 Flutter engine 的 Window_render 方法
void render(Scene scene) native 'Window_render';

// 发送平台消息
void sendPlatformMessage(String name,
                         ByteData data,
                         PlatformMessageResponseCallback callback) ;
// 平台通道消息处理回调
PlatformMessageCallback get onPlatformMessage => _onPlatformMessage;

... // 其他属性及回调

}
```

可以看到 Window 类包含了当前设备和系统的一些信息以及 Flutter Engine 的一些回调。现在我们再回来看一看 WidgetsFlutterBinding 混入的各种 Binding。通过查看这些 Binding 的源码，我们可以发现这些 Binding 中基本都是监听并处理 Window 对象的一些事件，然后将这些事件按照 Framework 的模型包装、抽象，之后分发。可以看到 WidgetsFlutterBinding 正是黏连 Flutter engine 与上层 Framework 的"胶水"。

- ❑ GestureBinding：提供了 window.onPointerDataPacket 回调，绑定 Framework 手势子系统，是 Framework 事件模型与底层事件的绑定入口。
- ❑ ServicesBinding：提供了 window.onPlatformMessage 回调，用于绑定平台消息通道（message channel），主要处理原生和 Flutter 通信。
- ❑ SchedulerBinding：提供了 window.onBeginFrame 和 window.onDrawFrame 回调，监听刷新事件，绑定 Framework 绘制调度子系统。
- ❑ PaintingBinding：绑定绘制库，主要用于处理图片缓存。
- ❑ SemanticsBinding：语义化层与 Flutter engine 的桥梁，主要为辅助功能提供底层支持。
- ❑ RendererBinding：提供了 window.onMetricsChanged 、window.onTextScaleFactorChanged 等回调。它是渲染树与 Flutter engine 的桥梁。
- ❑ WidgetsBinding：提供了 window.onLocaleChanged、onBuildScheduled 等回调。它是 Flutter widget 层与 engine 的桥梁。

WidgetsFlutterBinding.ensureInitialized() 负责初始化一个 WidgetsBinding 的全局单例，紧接着会调用 WidgetsBinding 的 attachRootWidget 方法，该方法负责将根 Widget 添加到

RenderView 上，代码如下：

```
void attachRootWidget(Widget rootWidget) {
  _renderViewElement = RenderObjectToWidgetAdapter<RenderBox>(
    container: renderView,
    debugShortDescription: '[root]',
    child: rootWidget
  ).attachToRenderTree(buildOwner, renderViewElement);
}
```

注意，代码中有 renderView 和 renderViewElement 两个变量，renderView 是一个 RenderObject，它是渲染树的根，而 renderViewElement 是 renderView 对应的 Element 对象，可见该方法主要完成了根 Widget 到根 RenderObject 再到根 Element 的整个关联过程。我们看一看 attachToRenderTree 的源代码实现，如下所示：

```
RenderObjectToWidgetElement<T> attachToRenderTree(BuildOwner owner,
  [RenderObjectToWidgetElement<T> element]) {
  if (element == null) {
    owner.lockState(() {
      element = createElement();
      assert(element != null);
      element.assignOwner(owner);
    });
    owner.buildScope(element, () {
      element.mount(null, null);
    });
  } else {
    element._newWidget = this;
    element.markNeedsBuild();
  }
  return element;
}
```

该方法负责创建根 Element，即 RenderObjectToWidgetElement，并且将 Element 与 Widget 进行关联，即创建出 Widget 树对应的 Element 树。如果 Element 已经创建过了，则将根 Element 中关联的 Widget 设为新的，由此可以看出 Element 只会创建一次，后面会进行复用。那么 BuildOwner 是什么呢？其实它就是 Widget framework 的管理类，它跟踪哪些 Widget 需要重新构建。

组件树在构建（build）完毕后，回到 runApp 的实现中，当调用完 attachRootWidget 后，最后一行会调用 WidgetsFlutterBinding 实例的 scheduleWarmUpFrame() 方法，该方法的实现在 SchedulerBinding 中，它被调用后会立即进行一次绘制，在此次绘制结束前，该方法会锁定事件分发，也就是说在本次绘制结束完成之前 Flutter 将不会响应各种事件，这可以保证在绘制过程中不会再触发新的重绘。

14.3.2 渲染管线

1. Frame

一次绘制过程，我们称其为一帧（frame）。我们之前说的 Flutter 可以实现 60fps（frame

per-second）就是指一秒钟最多可以触发 60 次重绘，fps 值越大，界面就越流畅。这里需要说明的是 Flutter 中 的 frame 概念并不等同于屏幕刷新帧，因为 Flutter UI 框架的帧并不是每次屏幕刷新时都会触发，这是因为如果 UI 在一段时间内不变，那么每次屏幕刷新都重新进行一遍渲染流程是不必要的，因此，Flutter 在第一帧渲染结束后会采取一种主动请求 frame 的方式来实现，只有当 UI 可能改变时才会重新进行渲染流程。

- ❑ Flutter 在 window 上注册一个 onBeginFrame 和一个 onDrawFrame 回调，在 onDrawFrame 回调中最终会调用 drawFrame。
- ❑ 当我们调用 window.scheduleFrame() 方法之后，Flutter 引擎会在合适的时机（可以认为是在屏幕下一次刷新之前，具体取决于 Flutter 引擎的实现）来调用 onBeginFrame 和 onDrawFrame。

可以看到，只有主动调用 scheduleFrame()，才会执行 drawFrame。所以，我们在 Flutter 中提到 frame 时，如果没有特别说明，则是和 drawFrame() 的调用对应，而不是和屏幕的刷新频率对应。

2. Flutter 调度过程 SchedulerPhase

Flutter 应用执行过程简单来讲，分为 idle 和 frame 两种状态，idle 状态代表没有 frame 处理，如果应用状态改变需要刷新 UI，则需要通过 scheduleFrame() 去请求新的 frame，当 frame 到来时，就进入了 frame 状态，整个 Flutter 应用生命周期就是在 idle 和 frame 两种状态间切换。

frame 处理流程

当有新的 frame 到来时，具体处理过程就是依次执行四个任务队列：transientCallbacks、midFrameMicrotasks、persistentCallbacks、postFrameCallbacks，当四个任务队列执行完毕后当前 frame 结束。综上，Flutter 将整个生命周期分为五种状态，通过 SchedulerPhase 枚举类来表示它们，代码如下：

```
enum SchedulerPhase {

  // 空闲状态，并没有 frame 在处理。这种状态代表页面未发生变化，并不需要重新渲染
  // 如果页面发生变化，需要调用 'scheduleFrame()' 来请求 frame
  // 注意，空闲状态只是指没有 frame 在处理，通常微任务、定时器回调或者用户事件回调都可能被执行，
  //  比如监听了 tap 事件，用户点击后，onTap 回调就是在 idle 阶段被执行的
  idle,

  // 执行"临时"回调任务，"临时"回调任务只能被执行一次，执行后会被移出"临时"任务队列
  // 典型的代表就是动画回调会在该阶段执行
  transientCallbacks,

  // 在执行临时任务时可能会产生一些新的微任务，比如在执行第一个临时任务时创建了一个 Future，且
  //  这个 Future 在所有临时任务执行完毕前就已经 resolve 了，这种情况下 Future 的回调将在
  //  [midFrameMicrotasks] 阶段执行
  midFrameMicrotasks,

  // 执行一些持久的任务（每一个 frame 都要执行的任务），比如渲染管线（构建、布局、绘制）就是在该任
  //  务队列中执行的
```

```
    persistentCallbacks,

    // 在当前 frame 结束之前将会执行 postFrameCallbacks, 通常进行一些清理工作和请求新的 frame
    postFrameCallbacks,
}
```

需要注意，我们接下来要重点介绍的渲染管线就是在 persistentCallbacks 中执行的。

3. 渲染管线（rendering pipeline）

当新的 frame 到来时，调用到 WidgetsBinding 的 drawFrame() 方法，我们来看一看它的实现，代码如下：

```
@override
void drawFrame() {
    ...// 省略无关代码
    try {
      buildOwner.buildScope(renderViewElement); // 先执行构建
      super.drawFrame(); // 然后调用父类的 drawFrame 方法
    }
}
```

实际上关键的代码只有两行：先重新构建（build），然后再调用父类的 drawFrame 方法，我们将父类的 drawFrame 方法展开后，代码如下：

```
void drawFrame() {
    buildOwner!.buildScope(renderViewElement!); // 1. 重新构建 Widget 树
    // 下面展开 super.drawFrame() 方法
    pipelineOwner.flushLayout(); // 2. 更新布局
    pipelineOwner.flushCompositingBits(); //3. 更新 "层合成" 信息
    pipelineOwner.flushPaint(); // 4. 重绘
    if (sendFramesToEngine) {
      renderView.compositeFrame(); // 5. 上屏，会将绘制出的 bit 数据发送给 GPU
      ...
    }
}
```

可以看到主要做了 5 件事：

❑ 重新构建 Widget 树。

❑ 更新布局。

❑ 更新 "层合成" 信息。

❑ 重绘。

❑ 上屏：将绘制的效果显示在屏幕上。

我们称上面的 5 步为 rendering pipeline，中文翻译为 "渲染流水线" 或 "渲染管线"。而渲染管线的这 5 个步骤的具体过程便是本章重点要介绍的。下面我们以 setState 的执行更新流程为例，先对整个更新流程有一个大概的印象。

4. setState 执行流

setState 调用后：

❑ 首先调用当前 element 的 markNeedsBuild 方法，将当前 element 标记为 dirty。

❑ 接着调用 scheduleBuildFor，将当前 element 添加到 pipelineOwner 的 dirtyElements 列表。

❑ 最后请求一个新的 frame，随后会绘制新的 frame：onBuildScheduled->ensure-VisualUpdate->scheduleFrame()。当新的 frame 到来时执行渲染管线，代码如下：

```
void drawFrame() {
  buildOwner!.buildScope(renderViewElement!); //重新构建 widget 树
  pipelineOwner.flushLayout(); // 更新布局
  pipelineOwner.flushCompositingBits(); // 更新合成信息
  pipelineOwner.flushPaint(); // 更新绘制
  if (sendFramesToEngine) {
    renderView.compositeFrame(); // 上屏，会将绘制出的位数据发送给 GPU
    pipelineOwner.flushSemantics(); // this also sends the semantics to the OS.
    _firstFrameSent = true;
  }
}
```

● 重新构建 Widget 树：如果 dirtyElements 列表不为空，则遍历该列表，调用每一个 element 的 rebuild 方法重新构建新的 Widget（树），因为新的 Widget（树）使用新的状态构建，所以可能导致 Widget 布局信息（占用的空间和位置）发生变化，如果发生变化，则会调用其 renderObject 的 markNeedsLayout 方法，该方法会从当前节点向父级查找，直到找到一个 relayoutBoundary 的节点，然后会将它添加到一个全局的 nodesNeedingLayout 列表中；如果直到根节点也没有找到 relayoutBoundary，则将根节点添加到 nodesNeedingLayout 列表中。

● 更新布局：遍历 nodesNeedingLayout 数组，对每一个 renderObject 重新布局（调用其 layout 方法），确定新的大小和偏移。layout 方法中会调用 markNeedsPaint，该方法和 markNeedsLayout 方法功能类似，也会从当前节点向父级查找，直到找到一个 isRepaintBoundary 属性为 true 的父节点，然后将它添加到一个全局的 nodesNeedingPaint 列表中；因为根节点（RenderView）的 isRepaintBoundary 为 true，所以必会找到一个。查找过程结束后会调用 buildOwner.requestVisualUpdate 方法，该方法最终会调用 scheduleFrame，该方法中会先判断是否已经请求过新的 frame，如果没有，则请求一个新的 frame。

● 更新合成信息：先忽略，详细介绍参考 14.8 节。

● 更新绘制：遍历 nodesNeedingPaint 列表，调用每一个节点的 paint 方法进行重绘，绘制过程会生成 Layer。需要说明一下，Flutter 中绘制结果是保存在 Layer 中的，也就是说只要 Layer 不释放，那么绘制的结果就会被缓存，因此，Layer 可以跨 frame 来缓存绘制结果，避免不必要的重绘开销。Flutter 框架绘制过程中，遇到 isRepaintBoundary 为 true 的节点时，才会生成一个新的 Layer。可见 Layer 和 renderObject 不是一一对应关系，父子节点可以共享，这会在随后的一个试验中来验证。当然，如果是自定义组件，我们可以在 renderObject 中手动添加任意多个 Layer，这通常用于只需一次绘制而随后不会发生变化的绘制元素的缓存场景，这个随后我们也会通过一个例子来演示。

- 上屏：绘制完成后，我们得到的是一棵 Layer 树，最后我们需要将 Layer 树中的绘制信息在屏幕上显示。知道 Flutter 是自实现的渲染引擎，因此，需要将绘制信息提交给 Flutter engine，而 renderView.compositeFrame 正是完成了这个使命。

以上，便是 setState 调用到 UI 的大概更新过程，实际流程会更复杂一些，比如在构建过程中是不允许再调用 setState 的，框架需要做一些检查。又比如在 frame 中会涉及动画的调度、在上屏时会将所有的 Layer 添加到场景（Scene）对象后，再渲染 Scene。上面的流程读者先有个印象即可，我们将在后面的小节中详细介绍。

5. setState 执行时机问题

setState 会触发 build，而 build 是在执行 persistentCallbacks 的阶段执行的，因此只要不是在该阶段执行 setState 就绝对安全，但是这样的粒度太粗，比如在 transientCallbacks 和 midFrameMicrotasks 阶段，如果应用状态发生变化，最好的方式是只将组件标记为 dirty，而不用再去请求新的 frame，因为当前 frame 还没有执行到 persistentCallbacks，因此后面执行到后就会在当前帧渲染管线中刷新 UI。因此，setState 在标记完 dirty 后会先判断一下调度状态，如果是 idle 或执行 postFrameCallbacks 阶段才会去请求新的 frame：

```
void ensureVisualUpdate() {
  switch (schedulerPhase) {
    case SchedulerPhase.idle:
    case SchedulerPhase.postFrameCallbacks:
      scheduleFrame(); // 请求新的 frame
      return;
    case SchedulerPhase.transientCallbacks:
    case SchedulerPhase.midFrameMicrotasks:
    case SchedulerPhase.persistentCallbacks: // 注意这一行
      return;
  }
}
```

上面的代码在大多数情况下是没有问题的，但是如果我们在 build 阶段又调用 setState 的话还是会有问题，因为如果我们在 build 阶段又调用 setState，就又会导致 build，这样将导致循环调用，因此 Flutter 框架发现在 build 阶段调用 setState 的话就会报错，代码如下：

```
@override
Widget build(BuildContext context) {
  return LayoutBuilder(
    builder: (context, c) {
      // build 阶段不能调用 setState，会报错
      setState(() {
        ++index;
      });
      return Text('xx');
    },
  );
}
```

运行后会报错，控制台会打印：

```
==== Exception caught by widgets library ====
The following assertion was thrown building LayoutBuilder:
setState() or markNeedsBuild() called during build.
```

需要注意，如果直接在 build 中调用 setState，代码如下：

```
@override
Widget build(BuildContext context) {
  setState(() {
    ++index;
  });
  return Text('$index');
}
```

运行后是不会报错的，原因是在执行 build 时当前组件的 dirty 状态（对应的 element 中）为 true，只有 build 执行完后才会被设置为 false。而 setState 执行时会先判断当前 dirty 值，如果为 true 则会直接返回，因此不会报错。

上面我们只讨论了在 build 阶段调用 setState 会导致错误，实际上在整个构建、布局和绘制阶段都不能同步调用 setState，这是因为在这些阶段调用 setState 都有可能请求新的 frame，都可能会导致循环调用，因此如果要在这些阶段更新应用状态，都不能直接调用 setState。

安全更新

现在我们知道在 build 阶段不能调用 setState 了，实际上在组件的布局阶段和绘制阶段也都不能直接再同步请求重新布局或重绘，道理是相同的，那在这些阶段正确的更新方式是什么呢？我们以 setState 为例，可以通过如下方式更新：

```
// 在 build、布局、绘制阶段安全更新
void update(VoidCallback fn) {
  SchedulerBinding.instance.addPostFrameCallback((_) {
    setState(fn);
  });
}
```

注意，update 函数只应该在 frame 执行 persistentCallbacks 时执行，其他阶段直接调用 setState 即可。因为 idle 状态会是一个特例，如果在 idle 状态调用 update 的话，需要手动调用 scheduleFrame() 请求新的 frame，否则 postFrameCallbacks 在下一个 frame（其他组件请求的 frame）到来之前不会被执行，因此可以将 update 修改一下：

```
void update(VoidCallback fn) {
  final schedulerPhase = SchedulerBinding.instance.schedulerPhase;
  if (schedulerPhase == SchedulerPhase.persistentCallbacks) {
    SchedulerBinding.instance.addPostFrameCallback((_) {
      setState(fn);
    });
  } else {
    setState(fn);
  }
}
```

至此，我们封装了一个可以安全更新状态的 update 函数。

现在我们回想一下，在 10.6 节中，为了执行动画，我们在绘制完成之后通过如下代码请求重绘：

```
SchedulerBinding.instance.addPostFrameCallback((_) {
  ...
  markNeedsPaint();
});
```

我们并没有直接调用 markNeedsPaint()，而原因正如上面所述。

14.3.3　小结

本节介绍了 Flutter App 从启动到显示到屏幕上的主流程，重点是 Flutter 的渲染流程，如图 14-4 所示。

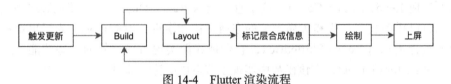

图 14-4　Flutter 渲染流程

需要说明的是 Build 过程和 Layout 过程是可以交替执行的，这在介绍 LayoutBuilder 时已经解释过了。读者需要对整个渲染流程有个大概印象了，后面我们会详细介绍，不过在深入介绍渲染管线之前，得仔细了解一下 Element 、BuildContext 和 RenderObject 三个类。

14.4　布局过程

布局（Layout）过程主要是确定每一个组件的布局信息（大小和位置），Flutter 的布局过程如下：

1）父节点向子节点传递约束（constraint）信息，限制子节点的最大和最小宽高。

2）子节点根据约束信息确定自己的大小（size）。

3）父节点根据特定布局规则（不同布局组件会有不同的布局算法）确定每一个子节点在父节点布局空间中的位置，用偏移 offset 表示。

4）递归整个过程，确定出每一个节点的大小和位置。

可以看到，组件的大小是由自身决定的，而组件的位置是由父组件决定的。

Flutter 中的布局类组件很多，根据孩子数量可以分为单子组件和多子组件，下面我们先通过分别自定义一个单子组件和多子组件来直观理解一下 Flutter 的布局过程，之后会介绍一下布局更新过程和 Flutter 中的约束。

14.4.1　单子组件布局示例（CustomCenter）

我们实现一个单子组件 CustomCenter，功能基本和 Center 组件对齐，通过这个实例我们演示一下布局的主要流程。

　　首先，我们定义组件，为了介绍布局原理，我们不采用组合的方式来实现组件，而是直接通过定制 RenderObject 的方式来实现。因为居中组件需要包含一个子节点，所以直接继承 SingleChildRenderObjectWidget。

```
class CustomCenter extends SingleChildRenderObjectWidget {
  const CustomCenter2({Key? key, required Widget child})
      : super(key: key, child: child);

  @override
  RenderObject createRenderObject(BuildContext context) {
    return RenderCustomCenter();
  }
}
```

　　接着实现 RenderCustomCenter。这里直接继承 RenderObject 会更接近底层一点，但这需要我们自己手动实现一些和布局无关的东西，比如事件分发等逻辑。为了更聚焦布局本身，我们选择继承自 RenderShiftedBox，它会帮我们实现布局之外的一些功能，这样我们只需要重写 performLayout，在该函数中实现子节点居中算法即可。

```
class RenderCustomCenter extends RenderShiftedBox {
  RenderCustomCenter({RenderBox? child}) : super(child);

  @override
  void performLayout() {
    //1. 先对子组件进行布局，随后获取它的 size
    child!.layout(
      constraints.loosen(), // 将约束传递给子节点
      parentUsesSize: true, // 因为我们接下来要使用 child 的 size，所以不能为 false
    );
    //2. 根据子组件的大小确定自身的大小
    size = constraints.constrain(Size(
      constraints.maxWidth == double.infinity
          ? child!.size.width
          : double.infinity,
      constraints.maxHeight == double.infinity
          ? child!.size.height
          : double.infinity,
    ));

    // 3. 根据父节点子节点的大小，算出子节点在父节点中居中之后的偏移，然后将这个偏移保存在子节
    //    点的 parentData 中，在后续的绘制阶段会用到
    BoxParentData parentData = child!.parentData as BoxParentData;
    parentData.offset = ((size - child!.size) as Offset) / 2;
  }
}
```

布局过程请参考注释，在此需要额外说明三点：

❑ 在对子节点进行布局时，constraints 是 CustomCenter 的父组件传递给自己的约束信息，我们传递给子节点的约束信息是 constraints.loosen()，下面看一下 loosen 的实现

源代码：

```
BoxConstraints loosen() {
  return BoxConstraints(
    minWidth: 0.0,
    maxWidth: maxWidth,
    minHeight: 0.0,
    maxHeight: maxHeight,
  );
}
```

很明显，CustomCenter 约束子节点最大宽高不超过自身的最大宽高。

❑ 子节点在父节点（CustomCenter）的约束下，确定自己的宽高；此时 CustomCenter
会根据子节点的宽高确定自己的宽高，上面代码的逻辑是，如果 CustomCenter 父节
点传递给它的最大宽高约束是无限大时，它的宽高会设置为其子节点的宽高。注意，
如果这时将 CustomCenter 的宽高也设置为无限大就会有问题，因为在一个无限大的
范围内自己的宽高也是无限大的话，那么实际上的宽高到底是多大，它的父节点会
不明确！屏幕的大小是固定的，这显然不合理。如果 CustomCenter 父节点传递给它
的最大宽高约束不是无限大，那么是可以指定自己的宽高为无限大的，因为在一个
有限的空间内，子节点如果说自己无限大，那么最大也就是父节点的大小。所以，
简而言之，CustomCenter 会尽可能让自己填满父元素的空间。

❑ CustomCenter 确定了自己的大小和子节点大小之后就可以确定子节点的位置了，根
据居中算法，将子节点的原点坐标算出后保存在子节点的 parentData 中，在后续的
绘制阶段会用到，具体怎么用，我们看一下 RenderShiftedBox 中默认的 paint 实现：

```
@override
void paint(PaintingContext context, Offset offset) {
  if (child != null) {
    final BoxParentData childParentData = child!.parentData! as BoxParentData;
    // 从 child.parentData 中取出子节点相对当前节点的偏移，加上当前节点在屏幕中的偏移，便是子
      节点在屏幕中的偏移
    context.paintChild(child!, childParentData.offset + offset);
  }
}
```

performLayout 流程

可以看到，布局的逻辑是在 performLayout 方法中实现的。我们梳理一下 performLayout
中具体做的事：

❑ 如果有子组件，则对子组件进行递归布局。
❑ 确定当前组件的大小（size），通常会依赖子组件的大小。
❑ 确定子组件在当前组件中的起始偏移。

在 Flutter 组件库中，有一些常用的单子组件，比如 Align、SizedBox、DecoratedBox 等，
都可以打开源码去看看其实现。

下面我们看一个多子组件的例子。

14.4.2 多子组件布局示例（LeftRightBox）

实际开发中我们会经常用到贴边左－右布局，现在就来实现一个 LeftRightBox 组件来实现左－右布局，因为 LeftRightBox 有两个孩子，用一个 Widget 数组来保存子组件。

首先，我们定义组件，与单子组件不同的是多子组件需要继承自 MultiChildRender-ObjectWidget，代码如下：

```
class LeftRightBox extends MultiChildRenderObjectWidget {
  LeftRightBox({
    Key? key,
    required List<Widget> children,
  }) : assert(children.length == 2,"只能传两个 children"),
        super(key: key, children: children);

  @override
  RenderObject createRenderObject(BuildContext context) {
    return RenderLeftRight();
  }
}
```

接下来，需要实现 RenderLeftRight，在其 performLayout 中我们实现左－右布局算法，代码如下：

```
class LeftRightParentData extends ContainerBoxParentData<RenderBox> {}

class RenderLeftRight extends RenderBox
    with
        ContainerRenderObjectMixin<RenderBoxk,LeftRightParentData>,
        RenderBoxContainerDefaultsMixin<RenderBox,LeftRightParentData> {

  // 初始化每一个 child 的 parentData
  @override
  void setupParentData(RenderBox child) {
    if (child.parentData is! LeftRightParentData)
      child.parentData = LeftRightParentData();
  }


  @override
  void performLayout() {
    final BoxConstraints constraints = this.constraints;
    RenderBox leftChild = firstChild!;

    LeftRightParentData childParentData =
        leftChild.parentData! as LeftRightParentData;

    RenderBox rightChild = childParentData.nextSibling!;

    // 我们限制右孩子宽度不超过总宽度的一半
    rightChild.layout(
      constraints.copyWith(maxWidth: constraints.maxWidth / 2),
      parentUsesSize: true,
```

```
  );

  // 调整右子节点的offset
  childParentData = rightChild.parentData! as LeftRightParentData;
  childParentData.offset = Offset(
    constraints.maxWidth - rightChild.size.width,
    0,
  );

  // 布局左子节点
  // 左子节点的offset默认为（0，0），为了确保左子节点始终能显示，我们不修改它的offset
  leftChild.layout(
    // 左侧剩余的最大宽度
    constraints.copyWith(
      maxWidth: constraints.maxWidth - rightChild.size.width,
    ),
    parentUsesSize: true,
  );

  // 设置LeftRight自身的size
  size = Size(
    constraints.maxWidth,
    max(leftChild.size.height,rightChild.size.height),
  );
}

@override
void paint(PaintingContext context,Offset offset) {
  defaultPaint(context, offset);
}

@override
bool hitTestChildren(BoxHitTestResult result,{required Offset position}) {
  return defaultHitTestChildren(result,position: position);
}
}
```

可以看到，实际布局流程和单子节点并没有太大区别，只不过多子组件需要同时对多个子节点进行布局。另外和 RenderCustomCenter 不同的是，RenderLeftRight 是直接继承自 RenderBox 的，同时混入了 ContainerRenderObjectMixin 和 RenderBoxContainerDefaultsMixin 两个 mixin，这两个 mixin 实现了通用的绘制和事件处理相关逻辑（现在先不用关注，后面章节中会介绍）。

14.4.3 关于 ParentData

上面两个例子中我们在实现相应的 RenderObject 时都用到了子节点的 parentData 对象（将子节点的 offset 信息保存其中），可以看到 parentData 虽然属于 child 的属性，但它从设置（包括初始化）到使用都在父节点中，这也是为什么起名叫 parentData。实际上在 Flutter 框架中，parentData 这个属性主要就是为了在布局阶段保存组件布局信息而设计的。

> 注 "parentData 用于保存节点的布局信息"只是一个约定，我们定义组件时完全可以将
> 意 子节点的布局信息保存在任意位置，也可以保存非布局信息。但是还是强烈建议大
> 家遵循 Flutter 的规范，这样我们的代码会更容易被他人看懂，也会更容易维护。

14.4.4 布局更新

理论上，某个组件的布局变化后，就可能会影响其他组件的布局，所以当有组件布局发生变化后，最笨的办法是对整棵组件树重新布局（relayout）！但是对所有组件进行重新布局的成本还是太大，所以我们需要探索一下降低重新布局成本的方案。实际上，在一些特定场景下，组件发生变化后我们只需要对部分组件进行重新布局即可（而无须对整棵树重新布局）。

1. 布局边界（relayoutBoundary）

假如有一个页面的组件树结构如图 14-5 所示。

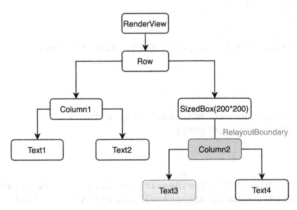

图 14-5 组件树结构示意图

假如 Text3 的文本长度发生变化，则会导致 Text4 的位置和 Column2 的大小也会变化；又因为 Column2 的父组件 SizedBox 已经限定了大小，所以 SizedBox 的大小和位置都不会变化。所以最终我们需要进行重新布局的组件是 Text3、Column2，这里需要注意：

- ❑ Text4 是不需要重新布局的，因为 Text4 的大小没有发生变化，只是位置发生变化，而它的位置是在父组件 Column2 布局时确定的。
- ❑ 很容易发现：假如 Text3 和 Column2 之间还有其他组件，那么这些组件也都是需要重新布局的。

在本例中，Column2 就是 Text3 的 relayoutBoundary（重新布局的边界节点）。每个组件的 renderObject 中都有一个 _relayoutBoundary 属性指向自身的布局边界节点，如果当前节点布局发生变化后，自身到其布局边界节点路径上的所有节点都需要 relayout。

那么，一个组件是否是 relayoutBoundary 的条件是什么呢？这里有一个原则和四个场景，原则是"组件自身的大小变化不会影响父组件"，如果一个组件满足以下四种情况之一，

那么它便是 relayoutBoundary：

- 当前组件父组件的大小不依赖当前组件大小；这种情况下父组件在布局时会调用子组件布局函数，并会给子组件传递一个 parentUsesSize 参数，该参数为 false 时表示父组件的布局算法不会依赖子组件的大小。
- 组件的大小只取决于父组件传递的约束，而不会依赖后代组件的大小。这样的话后代组件的大小变化就不会影响自身的大小了，这种情况下组件的 sizedByParent 属性必须为 true（具体情况我们后面会介绍）。
- 父组件传递给自身的约束是一个严格约束（固定宽高，下面会讲）；这种情况下即使自身的大小依赖后代元素，也不会影响父组件。
- 组件为根组件；Flutter 应用的根组件是 RenderView，它的默认大小是当前设备屏幕的大小。

对应的代码实现如下：

```
// parent is! RenderObject 为 true 时表示当前组件是根组件，因为只有根组件没有父组件
if (!parentUsesSize || sizedByParent || constraints.isTight || parent is!
  RenderObject) {
  _relayoutBoundary = this;
} else {
  _relayoutBoundary = (parent! as RenderObject)._relayoutBoundary;
}
```

代码中 if 里的判断条件和上面的四条一一对应，其中除了第二个条件之外（sizedByParent 为 true），其他的都很直观，我们会在后面专门介绍一下第二个条件。

2. markNeedsLayout

当组件布局发生变化时，它需要调用 markNeedsLayout 方法来更新布局，它的功能主要有两个：

- 将自身到其 relayoutBoundary 路径上的所有节点标记为"需要布局"。
- 请求新的 frame；在新的 frame 中会对标记为"需要布局"的节点重新布局。

我们看一看其核心源代码：

```
void markNeedsLayout() {
  _needsLayout = true;
  if (_relayoutBoundary != this) { // 如果不是布局边界节点
    markParentNeedsLayout(); // 递归调用前节点到其布局边界节点路径上所有节点的方法
      markNeedsLayout
  } else {// 如果是布局边界节点
    if (owner != null) {
      // 将布局边界节点加入 pipelineOwner._nodesNeedingLayout 列表中
      owner!._nodesNeedingLayout.add(this);
      owner!.requestVisualUpdate();// 该函数最终会请求新的 frame
    }
  }
}
```

3. flushLayout()

markNeedsLayout 执行完毕后，就会将其 relayoutBoundary 节点添加到 pipelineOwner._

nodesNeedingLayout 列表中，然后请求新的 frame，新的 frame 到来时就会执行 drawFrame
方法（可以参考上一节）：

```
void drawFrame() {
  pipelineOwner.flushLayout(); // 重新布局
  pipelineOwner.flushCompositingBits();
  pipelineOwner.flushPaint();
  ...
}
```

flushLayout() 中会对之前添加到 _nodesNeedingLayout 中的节点重新布局，我们看一下
其核心源代码：

```
void flushLayout() {
  while (_nodesNeedingLayout.isNotEmpty) {
    final List<RenderObject> dirtyNodes = _nodesNeedingLayout;
    _nodesNeedingLayout = <RenderObject>[];
    // 按照节点在树中的深度从小到大排序后再重新 layout
    for (final RenderObject node in dirtyNodes..sort((a,b) => a.depth - b.depth)) {
      if (node._needsLayout && node.owner == this)
        node._layoutWithoutResize(); // 重新布局
    }
  }
}
```

再看一下 _layoutWithoutResize 的代码实现：

```
void _layoutWithoutResize() {
  performLayout(); // 重新布局；会递归布局后代节点
  _needsLayout = false;
  markNeedsPaint(); // 布局更新后，UI 也是需要更新的
}
```

代码很简单，不再赘述。

思考题 为什么 flushLayout() 中刷新布局时要先对 dirtyNodes 根据在树中的深度按照从小到
大排序？从大到小排序不行吗？

---

4. Layout 流程

如果组件有子组件，则在 performLayout 中需要调用子组件的 layout 方法先对子组件进
行布局，我们看一下布局的核心流程，代码如下：

```
void layout(Constraints constraints, { bool parentUsesSize = false }) {
  RenderObject? relayoutBoundary;
  // 先确定当前组件的布局边界
  if (!parentUsesSize || sizedByParent || constraints.isTight || parent is!
    RenderObject) {
    relayoutBoundary = this;
  } else {
    relayoutBoundary = (parent! as RenderObject)._relayoutBoundary;
  }
```

```
//_needsLayout 表示当前组件是否被标记为需要布局
//_constraints 是上次布局时父组件传递给当前组件的约束
//_relayoutBoundary 为上次布局时当前组件的布局边界
// 所以，当当前组件没有被标记为需要重新布局，且父组件传递的约束没有发生变化，
// 布局边界也没有发生变化时，不需要重新布局，直接返回即可
if (!_needsLayout && constraints == _constraints && relayoutBoundary == _
  relayoutBoundary) {
    return;
}
// 如果需要布局，缓存约束和布局边界
_constraints = constraints;
_relayoutBoundary = relayoutBoundary;

// 后面解释
if (sizedByParent) {
    performResize();
}
// 执行布局
performLayout();
// 布局结束后将 _needsLayout 置为 false
_needsLayout = false;
// 将当前组件标记为需要重绘（因为布局发生变化后，需要重新绘制）
markNeedsPaint();
}
```

简单来讲，布局过程分以下几步：

1）确定当前组件的布局边界。

2）判断是否需要重新布局，如果没必要则会直接返回，反之才需要重新布局。不需要布局时需要同时满足三个条件：

❑ 当前组件没有被标记为需要重新布局。

❑ 父组件传递的约束没有发生变化。

❑ 当前组件的布局边界也没有发生变化。

3）调用 performLayout() 进行布局，因为 performLayout() 中又会调用子组件的 layout 方法，所以这是一个递归的过程，递归结束后整个组件树的布局也就完成了。

4）请求重绘。

14.4.5 sizedByParent

在 layout 方法中，有如下逻辑：

```
if (sizedByParent) {
    performResize(); // 重新确定组件大小
}
```

上面我们说过 sizedByParent 为 true 时，表示当前组件的大小只取决于父组件传递的约束，而不会依赖后代组件的大小。前面我们说过，performLayout 中确定当前组件的大小时通常会依赖子组件的大小，如果 sizedByParent 为 true，则当前组件的大小就不依赖子组件大小了，为了使逻辑清晰，Flutter 框架中约定，当 sizedByParent 为 true 时，确定当前组件

大小的逻辑应抽离到 performResize() 中，这种情况下 performLayout 主要的任务便只有两个：对子组件进行布局和确定子组件在当前组件中的布局起始位置偏移。

下面我们通过一个 AccurateSizedBox 示例来演示一下 sizedByParent 为 true 时我们应该如何布局。

AccurateSizedBox

Flutter 中的 SizedBox 组件会将其父组件的约束传递给其子组件，这也就意味着，如果父组件限制了最小宽度为 100，即使我们通过 SizedBox 指定宽度为 50，那也是没用的，因为 SizedBox 的实现中会让 SizedBox 的子组件先满足 SizedBox 父组件的约束。还记得之前我们想在 AppBar 中限制 loading 组件大小的例子吗：

```
AppBar(
    title: Text(title),
    actions: <Widget>[
      SizedBox( // 尝试使用 SizedBox 定制 loading 宽高
        width: 20,
        height: 20,
        child: CircularProgressIndicator(
          strokeWidth: 3,
          valueColor: AlwaysStoppedAnimation(Colors.white70),
        ),
      )
    ],
  )
```

代码运行结果如图 14-6 所示。

图 14-6 尺寸限制 "失效"

之所以不生效，是因为父组件限制了最小高度，当然我们也可以使用 UnconstrainedBox + SizedBox 来实现想要的效果，但是这里我们希望通过一个组件就能实现，为此我们自定义一个 AccurateSizedBox 组件，它和 SizedBox 的主要区别是 AccurateSizedBox 自身会遵守其父组件传递的约束，而不是让其子组件去满足 AccurateSizedBox 父组件的约束，具体如下：

❏ AccurateSizedBox 自身大小只取决于父组件的约束和用户指定的宽高。

❏ AccurateSizedBox 确定自身大小后，限制其子组件大小。

```
class AccurateSizedBox extends SingleChildRenderObjectWidget {
  const AccurateSizedBox({
    Key? key,
    this.width = 0,
    this.height = 0,
    required Widget child,
  }) : super(key: key, child: child);

  final double width;
  final double height;
```

```dart
  @override
  RenderObject createRenderObject(BuildContext context) {
    return RenderAccurateSizedBox(width, height);
  }

  @override
  void updateRenderObject(context, RenderAccurateSizedBox renderObject) {
    renderObject
      ..width = width
      ..height = height;
  }
}

class RenderAccurateSizedBox extends RenderProxyBoxWithHitTestBehavior
  {RenderAccurateSizedBox(this.width, this.height);

  double width;
  double height;

  // 当前组件的大小只取决于父组件传递的约束
  @override
  bool get sizedByParent => true;


  //performResize 中会调用
  @override
  Size computeDryLayout(BoxConstraints constraints) {
    // 设置当前元素的宽高，遵守父组件的约束
    return constraints.constrain(Size(width, height));
  }

  // @override
  // void performResize() {
  //   //default behavior for subclasses that have sizedByParent = true
  //   size = computeDryLayout(constraints);
  //   assert(size.isFinite);
  // }

  @override
  void performLayout() {
    child!.layout(
      BoxConstraints.tight(
          Size(min(size.width, width), min(size.height, height))),
      // 父容器是固定大小，子元素大小改变时不影响父元素
      //parentUseSize 为 false 时，子组件的布局边界会是它自身，子组件布局发生变化后不会影响当
      //  前组件
      parentUsesSize: false,
    );
  }
}
```

上面的代码中有三点需要注意：

❑ 我们的 RenderAccurateSizedBox 不再直接继承自 RenderBox，而是继承自 Render
  ProxyBoxWithHitTestBehavior，RenderProxyBoxWithHitTestBehavior 是间接继承自

RenderBox 的，包含默认的命中测试和绘制相关逻辑，继承自它后就不用我们再手动实现了。

☐ 我们将确定当前组件大小的逻辑挪到了 computeDryLayout 方法中，因为 RenderBox 的 performResize 方法会调用 computeDryLayout，并将返回结果作为当前组件的大小。按照 Flutter 框架的约定，我们应该重写 computeDryLayout 方法而不是 performResize 方法，就像在布局时我们应该重写 performLayout 方法而不是 layout 方法；不过这只是一个约定，并非强制，但我们应该尽可能遵守这个约定，除非你清楚地知道自己在干什么并且能确保之后维护你代码的人也清楚。

☐ RenderAccurateSizedBox 在调用子组件 layout 时，将 parentUsesSize 设置为 false，这样的话子组件就会变成一个布局边界。

下面我们测试一下：

```
class AccurateSizedBoxRoute extends StatelessWidget {
  const AccurateSizedBoxRoute({Key? key}) : super(key: key);

  @override
  Widget build(BuildContext context) {
    final child = GestureDetector(
      onTap: () => print("tap"),
      child: Container(width: 300, height: 300, color: Colors.red),
    );
    return Row(
      children: [
        ConstrainedBox(
          constraints: BoxConstraints.tight(Size(100, 100)),
          child: SizedBox(
            width: 50,
            height: 50,
            child: child,
          ),
        ),
        Padding(
          padding: const EdgeInsets.only(left: 8),
          child: ConstrainedBox(
            constraints: BoxConstraints.tight(Size(100, 100)),
            child: AccurateSizedBox(
              width: 50,
              height: 50,
              child: child,
            ),
          ),
        ),
      ],
    );
  }
}
```

代码运行效果如图 14-7 所示。

可以发现，当父组件约束子组件宽高是 100 时，

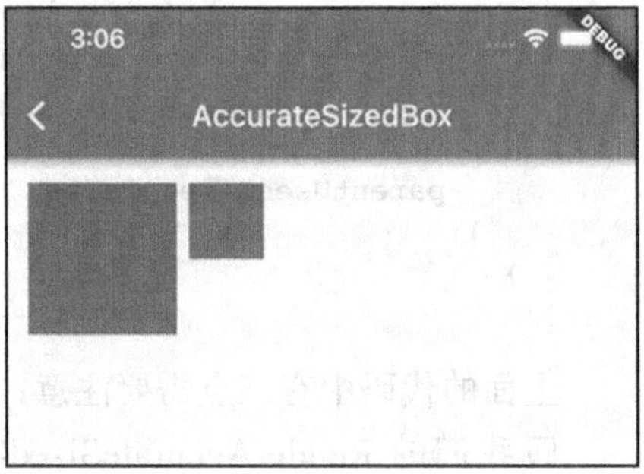

图 14-7 AccurateSizedBox 示例

我们通过 SizedBox 指定 Container 的 大小为 50×50 是不能成功的，而执行 AccurateSized 时成功了。

这里需要提醒一下读者，如果一个组件的 sizedByParent 为 true，那它在布局子组件时也是能将 parentUsesSize 置为 true 的，sizedByParent 为 true 表示自己是布局边界，而将 parentUsesSize 置为 true 或 false 决定的是子组件是否是布局边界，两者并不矛盾，这个不要混淆了。顺便提一点，Flutter 自带的 OverflowBox 组件的实现中，它的 sizedByParent 为 true，在调用子组件 layout 方法时，parentUsesSize 传的是 true，详情读者可以查看 OverflowBox 的实现源码。

14.4.6　AfterLayout

我们在第 4 章中介绍过 AfterLayout（在 9.4 节中也使用过它），现在我们就来看一看它的实现原理。

AfterLayout 可以在布局结束后拿到子组件的代理渲染对象（RenderAfterLayout），RenderAfterLayout 对象会代理子组件渲染对象，因此，通过 RenderAfterLayout 对象也就可以获取到子组件渲染对象上的属性，比如件大小、位置等。

AfterLayout 的实现代码如下：

```
class AfterLayout extends SingleChildRenderObjectWidget {
  AfterLayout({
    Key? key,
    required this.callback,
    Widget? child,
  }) : super(key: key, child: child);

  @override
  RenderObject createRenderObject(BuildContext context) {
    return RenderAfterLayout(callback);
  }

  @override
  void updateRenderObject(
      BuildContext context, RenderAfterLayout renderObject) {
    renderObject..callback = callback;
  }
  // 组件树布局结束后会被触发，注意，并不是当前组件布局结束后触发
  final ValueSetter<RenderAfterLayout> callback;
}

class RenderAfterLayout extends RenderProxyBox {
  RenderAfterLayout(this.callback);

  ValueSetter<RenderAfterLayout> callback;

  @override
  void performLayout() {
    super.performLayout();
    // 不能直接回调，原因是当前组件布局完成后可能还有其他组件未完成布局
```

```
    // 如果回调中又触发了 UI 更新（比如调用了 setState），则会报错。因此，我们在 frame 结束的时
    // 候再去触发回调。
    SchedulerBinding.instance
        .addPostFrameCallback((timeStamp) => callback(this));
  }

  // 组件在屏幕坐标中的起始点坐标（偏移）
  Offset get offset => localToGlobal(Offset.zero);
  // 组件在屏幕上占有的矩形空间区域
  Rect get rect => offset & size;
}
```

上面的代码中有三点需要注意：

☐ callback 调用时机不是在子组件完成布局后就立即调用，原因是子组件布局完成后可能还有其他组件未完成布局，如果此时调用 callback，一旦 callback 中存在触发更新的代码（比如调用了 setState）则会报错。因此我们在 frame 结束的时候再去触发回调。

☐ RenderAfterLayout 的 performLayout 方法中直接调用了父类 RenderProxyBox 的 performLayout 方法：

```
void performLayout() {
  if (child != null) {
    child!.layout(constraints, parentUsesSize: true);
    size = child!.size;
  } else {
    size = computeSizeForNoChild(constraints);
  }
}
```

可以看到是直接将父组件传给自身的约束传递给子组件，并将子组件的大小设置为自身大小。也就是说 RenderAfterLayout 的大小和其子组件大小是相同的。

☐ 我们定义了 offset 和 rect 两个属性，它们是组件相对于屏幕的位置偏移和占用的矩形空间范围。但是实战中，我们经常需要获取的是子组件相对于某个父级组件的坐标和矩形空间范围，这时我们可以调用 RenderObject 的 localToGlobal 方法，比如下面的代码展示了 Stack 中某个子组件获取相对于 Stack 的矩形空间范围。

```
...
Widget build(context){
  return Stack(
    alignment: AlignmentDirectional.topCenter,
    children: [
      AfterLayout(
        callback: (renderAfterLayout){
          // 我们需要获取的是 AfterLayout 子组件相对于 Stack 的 Rect
          _rect = renderAfterLayout.localToGlobal(
            Offset.zero,
            // 找到 Stack 对应的 RenderObject 对象
            ancestor: context.findRenderObject(),
          ) & renderAfterLayout.size;
        },
        child: Text('Flutter@wendux'),
```

```
    ),
  ]
);
}
```

14.4.7 再论 Constraints

Constraints（约束）主要描述了最小和最大宽高的限制，理解组件在布局过程中如何根据约束确定自身或子节点的大小对我们理解组件的布局行为有很大帮助，现在我们就通过一个实现 200×200 的红色 Container 的例子来说明。为了排除干扰，我们让根节点（RenderView）作为 Container 的父组件，代码是：

```
Container(width: 200, height: 200, color: Colors.red)
```

但在实际运行之后，你会发现整个屏幕都变成了红色！为什么呢？我们看一看 RenderView 的布局实现：

```
@override
void performLayout() {
  //configuration.size 为当前设备屏幕
  _size = configuration.size;
  if (child != null)
    child!.layout(BoxConstraints.tight(_size)); // 强制子组件和屏幕一样大
}
```

这里需要介绍一下两种常用的约束：

❑ 宽松约束：不限制最小宽高（为 0），只限制最大宽高，可以通过 BoxConstraints. loose(Size size) 来快速创建。

❑ 严格约束：限制为固定大小，即最小宽度等于最大宽度，最小高度等于最大高度，可以通过 BoxConstraints.tight(Size size) 来快速创建。

可以发现，RenderView 中给子组件传递的是一个严格约束，即强制子组件大小等于屏幕大小，所以 Container 便撑满了屏幕。那我们怎么才能让指定的大小生效呢？标准答案就是**引入一个中间组件，让这个中间组件遵守父组件的约束，然后对子组件传递新的约束**。对于这个例子来讲，最简单的方式是用一个 Align 组件来包裹 Container：

```
@override
Widget build(BuildContext context) {
  var container = Container(width: 200, height: 200, color: Colors.red);
  return Align(
    child: container,
    alignment: Alignment.topLeft,
  );
}
```

Align 会遵守 RenderView 的约束，让自身撑满屏幕，然后会给子组件传递一个宽松约束（最小宽高为 0，最大宽高为 200），这样 Container 的尺寸就可以变成 200×200 了。

当然我们还可以使用其他组件来代替 Align，比如 UnconstrainedBox，但原理是相同的，读者可以查看源码验证。

14.4.8　小结

通过学习本节，相信你已经对 Flutter 的布局流程非常熟悉了，现在我们看一张 Flutter 官网的图，如图 14-8 所示。

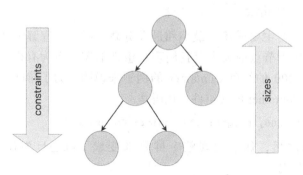

图 14-8　Flutter 布局示意图

现在我们再来看一下官网中关于 Flutter 布局的解释：

"在进行布局的时候，Flutter 会以 DFS（深度优先遍历）方式遍历渲染树，并将限制以自上而下的方式 从父节点传递给子节点。子节点若要确定自己的大小，则必须遵循父节点传递的限制。子节点的响应方式是在父节点建立的约束内将大小以自下而上的方式 传递给父节点。"

是不是理解得更透彻了一些！

14.5　绘制一：绘制原理及 Layer

14.5.1　Flutter 绘制原理

Flutter 中和绘制相关的对象有三个，分别是 Canvas、Layer 和 Scene：

❑ Canvas：封装了 Flutter Skia 的各种绘制指令，比如画线、画圆、画矩形等。

❑ Layer：分为容器类和绘制类两种；暂时可以理解为是绘制产物的载体，比如调用 Canvas 的绘制 API 后，相应的绘制产物被保存在 PictureLayer.picture 对象中。

❑ Scene：屏幕上将要要显示的元素。在上屏前，我们需要将 Layer 中保存的绘制产物关联到 Scene 上。

Flutter 绘制流程：

1）构建一个 Canvas，用于绘制；同时还需要创建一个绘制指令记录器，因为绘制指令最终是要传递给 Skia 的，而 Canvas 可能会连续发起多条绘制指令，指令记录器用于收集 Canvas 在一段时间内所有的绘制指令，因此 Canvas 构造函数第一个参数必须传递一个 PictureRecorder 实例。

2）Canvas 绘制完成后，通过 PictureRecorder 获取绘制产物，然后将其保存在 Layer 中。

3）构建 Scene 对象，将 Layer 的绘制产物和 Scene 关联起来。

4）上屏；调用 window.render API 将 Scene 上的绘制产物发送给 GPU。

下面我们通过一个实例来演示整个绘制流程：

还记得之前绘制棋盘的例子吗，之前无论是通过 CustomPaint 还是自定义 RenderObject 绘制，都是在 Flutter 的 Widget 框架模型下进行的，实际上，最终到底层 Flutter 都会按照上述流程去完成绘制，既然如此，那么我们也可以直接在 main 函数中调用这些底层 API 来完成，下面演示一下在 main 函数中如何实现在屏幕中绘制棋盘。

```
void main() {
  //1.创建绘制记录器和 Canvas
  PictureRecorder recorder = PictureRecorder();
  Canvas canvas = Canvas(recorder);
  //2.在指定位置区域绘制
  var rect = Rect.fromLTWH(30, 200, 300,300 );
  drawChessboard(canvas,rect); // 画棋盘
  drawPieces(canvas,rect);// 画棋子
  //3.创建 Layer，将绘制的产物保存在 Layer 中
  var pictureLayer = PictureLayer(rect);
  //recorder.endRecording() 获取绘制产物
  pictureLayer.picture = recorder.
    endRecording();
  var rootLayer = OffsetLayer();
  rootLayer.append(pictureLayer);
  //4.上屏，将绘制的内容显示在屏幕上
  final SceneBuilder builder = SceneBuilder();
  final Scene scene = rootLayer.
    buildScene(builder);
  window.render(scene);
}
```

代码运行效果如图 14-9 所示。

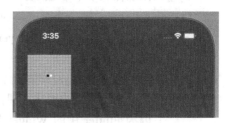

图 14-9 棋盘

14.5.2 Picture

上面我们说过 PictureLayer 的绘制产物是 Picture，关于 Picture 有两点需要阐明：

❑ Picture 实际上是一系列的图形绘制操作指令，这一点可以参考 Picture 类源码的注释。

❑ Picture 要显示在屏幕上，必然会经过光栅化，随后 Flutter 会将光栅化后的位图信息缓存起来，也就是说同一个 Picture 对象，其绘制指令只会执行一次，执行完成后绘制的位图就会被缓存起来。

综合以上两点，我们可以看到 PictureLayer 的"绘制产物"一开始是一系列"绘图指令"，当第一次绘制完成后，位图信息就会被缓存，绘制指令也就不会再被执行了，所以这时"绘制产物"就是位图了。为了便于理解，后续我们可以认为指的就是绘制好的位图。

Canvas 绘制的位图转图片

既然 Picture 中保存的是绘制产物，那么它也应该能提供一个方法将绘制产物导出，实际上，Picture 有一个 toImage 方法，可以根据指定的大小导出 Image。

```
// 将图片导出为 Uint8List
```

```
final Image image = await pictureLayer.picture.toImage();
final ByteData? byteData = await image.toByteData(format: ImageByteFormat.png);
final Uint8List pngBytes = byteData!.buffer.asUint8List();
print(pngBytes);
```

14.5.3 Layer

现在我们思考一个问题：Layer 作为绘制产物的持有者有什么作用？ 答案就是：

❑ 可以在不同的 frame 之间复用绘制产物（如果没有发生变化）。

❑ 划分绘制边界，缩小重绘范围。

下面我们来研究一下 Flutter 中 Layer 具体是怎样工作的，不过在此之前，我们先要补充一些前置知识。

1. Layer 类型

本节开始的示例中，我们定义了两个 Layer 对象：

❑ OffsetLayer：根 Layer，它继承自 ContainerLayer，而 ContainerLayer 继承自 Layer 类，我们将直接继承自 ContainerLayer 类的 Layer 称为**容器类 Layer**，容器类 Layer 可以添加任意多个子 Layer。

❑ PictureLayer：保存绘制产物的 Layer，它直接继承自 Layer 类。我们将可以直接承载（或关联）绘制结果的 Layer 称为**绘制类 Layer**。

2. 容器类 Layer

上面介绍了容器类 Layer 的概念，那么它的作用和具体使用场景是什么呢？

❑ 将组件树的绘制结构组成一棵树。

　　因为 Flutter 中的 Widget 是树状结构，那么相应的 RenderObject 对应的绘制结构也应该是树状结构，Flutter 会根据一些 "特定的规则"（后面解释）为组件树生成一棵 Layer 树，而容器类 Layer 就可以组成树状结构（父 Layer 可以包含任意多个子 Layer，子 Layer 又可以包含任意多个子 Layer）。

❑ 可以对多个 Layer 整体应用一些变换效果。

　　容器类 Layer 可以对其子 Layer 整体做一些变换效果，比如剪裁效果（ClipRectLayer、ClipRRectLayer、ClipPathLayer）、过滤效果（ColorFilterLayer、ImageFilterLayer）、矩阵变换（TransformLayer）、透明变换（OpacityLayer）等。

虽然 ContainerLayer 并非抽象类，开发者可以直接创建 ContainerLayer 类的示例，但实际上很少会这么做，相反，在需要使用 ContainerLayer 时直接使用其子类即可，比如在当前的 Flutter 源码中，笔者没有搜到有直接创建 ContainerLayer 类的地方。如果我们确实不需要任何变换效果，那么就使用 OffsetLayer，不用担心会有额外性能开销，它的底层（Skia 中）实现是非常高效的。

🔘 约定　后续我们提到 ContainerLayer 时，如无特别说明，它可以代指任意容器类组件。因为我们基本不会直接创建 ContainerLayer 实例，所以基本不会有歧义。

---

3. 绘制类 Layer

下面我们重点介绍一下 PictureLayer 类，它是 Flutter 中最常用的一种绘制类 Layer。

我们知道最终显示在屏幕上的是位图信息，而位图信息正是由 Canvas API 绘制的。实际上，Canvas 的绘制产物是 Picture 对象表示，而当前版本的 Flutter 中只有 PictureLayer 才拥有 picture 对象，换句话说，Flutter 中通过 Canvas 绘制自身及其子节点的组件的绘制结果最终会落在 PictureLayer 中。

 Flutter 中还有两个 Layer 类，分别是 TextureLayer 和 PlatformViewLayer，读者可以自己研究一下它们的功能及适用场景。

4. 变换效果实现方式的选择

上面说过 ContainerLayer 可以对其子 Layer 整体进行一些变换，实际上，在大多数 UI 系统的 Canvas API 中也都有一些变换相关的 API，那么也就意味着一些变换效果我们既可以通过 ContainerLayer 来实现，也可以通过 Canvas 来实现。比如，要实现平移变换，我们既可以使用 OffsetLayer，也可以直接使用 Canva.translate API。既然如此，那么我们选择实现方式的原则是什么呢？

现在，我们先了解一下容器类 Layer 实现变换效果的原理。容器类 Layer 的变换在底层是通过 Skia 来实现的，不需要 Canvas 处理。具体的原理是，有变换功能的容器类 Layer 会对应一个 Skia 引擎中的 Layer，为了和 Flutter framework 中 Layer 的加以区分，Flutter 中将 Skia 的 Layer 称为 engine layer。而有变换功能的容器类 Layer 在添加到 Scene 之前就会构建一个 engine layer，我们以 OffsetLayer 为例，看看其相关实现代码：

```
@override
void addToScene(ui.SceneBuilder builder, [ Offset layerOffset = Offset.zero ]) {
  // 构建 engine layer
  engineLayer = builder.pushOffset(
    layerOffset.dx + offset.dx,
    layerOffset.dy + offset.dy,
    oldLayer: _engineLayer as ui.OffsetEngineLayer?,
  );
  addChildrenToScene(builder);
  builder.pop();
}
```

OffsetLayer 对其子节点整体做偏移变换的功能是在 Skia 中实现支持的。Skia 可以支持多层渲染，但并不是层越多越好，engineLayer 会占用一定的资源，Flutter 自带组件库中涉及到变换效果的都是优先使用 Canvas 来实现，如果 Canvas 实现起来非常困难或实现不了时才会用 ContainerLayer 来实现。

那么什么场景下变换效果通过 Canvas 实现起来会非常困难，需要用 ContainerLayer 来实现？一个典型的场景是，我们需要对组件树中的某个子树整体做变换，且子树中有多个 PictureLayer。这是因为一个 Canvas 往往对应一个 PictureLayer，不同 Canvas 之间是相互隔离的，只有子树中所有组件都通过同一个 Canvas 绘制时才能通过该 Canvas 对所有子节点进行整体变换，否则就只能通过 ContainerLayer 实现。那什么时候子节点会复用同一个 PictureLayer，什么时候又会创建新的 PictureLayer，这在下一节介绍。

📷 注 　Canvas 对象中也有名为 ...layer 相关的 API，如 Canvas.saveLayer，它和本节介绍的
意 　Layer 含义不同。Canvas 对象中的 layer 主要是提供一种在绘制过程中缓存中间绘制
　　结果的手段，为了在绘制复杂对象时方便多个绘制元素之间分离绘制而设计，更多关
　　于 Canvas layer 相关 API 读者可以查阅相关文档，我们可以简单认为不管 Canvas 对
　　创建多少个 layer，这些 layer 都是在同一个 PictureLayer 上（当然具体 Canvas API 底
　　层实现方式还是由 Flutter 团队决定，但是作为应用开发者，理解到这里就够了）。

好了，有了这些前置知识，下一节我们就可以研究 Flutter 框架中组件树的绘制流程了。

14.6　绘制二：组件树绘制流程

绘制相关实现在渲染对象 RenderObject 中，RenderObject 中和绘制相关的主要属性有：
- ❑ layer
- ❑ isRepaintBoundary（类型 bool）
- ❑ needsCompositing（类型 bool，在后面的章节中介绍）

为了便于描述，我们先定义一下"绘制边界节点"的概念：

我们将 isRepaintBoundary 属性值为 true 的 RenderObject 节点称为绘制边界节点（本节中可以省略"绘制"二字，没有歧义，即本节中的"边界节点"指的就是绘制边界节点）。

14.6.1　RepaintBoundary

Flutter 自带了一个 RepaintBoundary 组件，它的功能其实就是向组件树中插入一个绘制边界节点。

14.6.2　组件树绘制流程

我们先讲一下 Flutter 绘制组件树的一般流程，注意，并非完整流程，因为我们暂时会忽略子树中需要"层合成"（Compositing）的情况，这部分我们会在后面讲到。下面是大致流程：

Flutter 第一次绘制时，会从上到下开始递归地绘制子节点，每当遇到一个边界节点，则判断如果该边界节点的 layer 属性为空（类型为 ContainerLayer），就会创建一个新的 OffsetLayer 并赋值给它；如果不为空，则直接使用它。然后会将边界节点的 layer 传递给子节点，接下来有三种情况：

- ❑ 如果子节点不是边界节点，且需要绘制，则会在第一次绘制时：
  - 创建一个 Canvas 对象和一个 PictureLayer，然后将它们绑定，后续调用 Canvas 进行绘制都会落到和其绑定的 PictureLayer 上。

- 接着将这个 PictureLayer 加入边界节点的 layer 中。
- ❑ 如果不是第一次绘制,则复用已有的 PictureLayer 和 Canvas 对象。
- ❑ 如果子节点是边界节点,则对子节点递归上述过程。当子树的递归完成后,就要将子节点的 layer 添加到父级 layer 中。

整个流程执行完后就生成了一棵 Layer 树。下面我们通过一个例子来理解整个过程:图 14-10a 是 Widget 树,图 14-10b 是最终生成的 Layer 树。我们看一下生成过程:

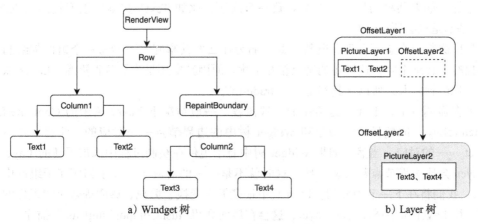

图 14-10　Widget 树与 Layer 树 1

- ❑ RenderView 是 Flutter 应用的根节点,绘制会从它开始,因为它是一个绘制边界节点,在第一次绘制时,会为它创建一个 OffsetLayer,我们记为 OffsetLayer1,接下来 OffsetLayer1 会传递给 Row。
- ❑ 由于 Row 是一个容器类组件且不需要绘制自身,那么接下来它会绘制自己的孩子。它有两个孩子,先绘制第一个孩子 Column1,将 OffsetLayer1 传给 Column1,而 Column1 也不需要绘制自身,那么它又会将 OffsetLayer1 传递给第一个子节点 Text1。
- ❑ Text1 需要绘制文本,它会使用 OffsetLayer1 进行绘制,因为 OffsetLayer1 是第一次绘制,所以会新建一个 PictureLayer1 和一个 Canvas1,然后将 Canvas1 和 PictureLayer1 绑定,接下来文本内容通过 Canvas1 对象绘制,Text1 绘制完成后,Column1 又会将 OffsetLayer1 传给 Text2。
- ❑ Text2 也需要使用 OffsetLayer1 绘制文本,但是此时 OffsetLayer1 已经不是第一次绘制,所以会复用之前的 Canvas1 和 PictureLayer1,调用 Canvas1 来绘制文本。
- ❑ Column1 的子节点绘制完成后,PictureLayer1 上承载的是 Text1 和 Text2 的绘制产物。
- ❑ 接下来 Row 完成了 Column1 的绘制后,开始绘制第二个子节点 RepaintBoundary,Row 会将 OffsetLayer1 传递给 RepaintBoundary,由于它是一个绘制边界节点,且是第一次绘制,因此会为它创建一个 OffsetLayer2,接下来 RepaintBoundary 会将 OffsetLayer2 传递给Column2,和 Column1 不同的是,Column2 会使用 OffsetLayer2

去绘制 Text3 和 Text4，绘制过程同 Column1，在此不再赘述。

❑ 当 RepaintBoundary 的子节点绘制完时，要将 RepaintBoundary 的 Layer（OffsetLayer2）添加到父级 Layer（OffsetLayer1）中。

至此，整棵组件树绘制完成。需要说明的是 PictureLayer1 和 OffsetLayer2 是兄弟关系，它们都是 OffsetLayer1 的孩子。通过上面的例子我们至少可以发现一点：同一个 Layer 是可以多个组件共享的，比如 Text1 和 Text2 共享 PictureLayer1。

等等，如果共享的话，会不会导致一个问题，比如 Text1 文本发生变化需要重绘时，Text2 是不是也必须重绘？

是！这貌似有点不合理，既然如此，那为什么要共享呢？不能每一个组件都绘制在一个单独的 Layer 上吗？这样还能避免相互干扰。原因其实还是为了节省资源，Layer 太多时 Skia 会比较耗资源，所以这其实是一个 trade-off。

再次强调一下，上面只是绘制的一般流程。一般情况下 Layer 树中的 ContainerLayer 和 PictureLayer 的数量和结构是和 Widget 树中的边界节点一一对应的，注意，并不是和 Widget 一一的对应。当然，如果 Widget 树中有子组件在绘制过程中添加了新的 Layer，那么 Layer 会比边界节点数量多一些，这时就不是一一的对应了。关于如何在子组件中使用 Layer，我们将在下一节中介绍。Flutter 中很多拥有变换、剪裁、透明等效果的组件的实现中都会往 Layer 树中添加新的 Layer，这会在后面介绍 flushCompositingBits 时描述。

14.6.3　发起重绘

RenderObject 是通过调用 markNeedsRepaint 来发起重绘请求的，在介绍 markNeedsRepaint 具体做了什么之前，我们根据上面介绍的 Flutter 绘制流程先猜一下它应该做些什么？

我们知道绘制过程存在 Layer 共享，所以重绘时，需要重绘所有共享同一个 Layer 的组件。比如上面的例子中，Text1 发生了变化，那么除了 Text1 也要重绘 Text2；如果 Text3 发生了变化，那么也要重绘 Text4；那该如何实现呢？

因为 Text1 和 Text2 共享的是 OffsetLayer1，那 OffsetLayer1 的拥有者是谁呢？找到它让它重绘不就行了！可以很容易发现 OffsetLayer1 的拥有者是根节点 RenderView，它同时也是 Text1 和 Text2 的第一个父级绘制边界节点。同样地，OffsetLayer2 也正是 Text3 和 Text4 的第一个父级绘制边界节点，所以我们可以得出一个结论：**当一个节点需要重绘时，我们得找到离它最近的第一个父级绘制边界节点，然后让它重绘即可**，而 markNeedsRepaint 正是完成了这个过程，当一个节点调用了它时，具体的步骤如下：

1）会从当前节点一直往父级查找，直到找到一个绘制边界节点时终止查找，然后会将该绘制边界节点添加到其 PiplineOwner 的 _nodesNeedingPaint 列表中（保存需要重绘的绘制边界节点）。

2）在查找的过程中，会将自己到绘制边界节点路径上所有节点的 _needsPaint 属性设置为 true，表示需要重新绘制。

3）请求新的 frame，执行重绘流程。

markNeedsRepaint 删减后的核心源代码如下：

```
void markNeedsPaint() {
  if (_needsPaint) return;
  _needsPaint = true;
  if (isRepaintBoundary) { // 如果当前节点是边界节点
      owner!._nodesNeedingPaint.add(this); // 将当前节点添加到需要重新绘制的列表中
      owner!.requestVisualUpdate(); // 请求新的 frame, 该方法最终会调用
                                          scheduleFrame()
  } else if (parent is RenderObject) { // 若不是边界节点且存在父节点
    final RenderObject parent = this.parent! as RenderObject;
    parent.markNeedsPaint(); // 递归调用父节点的 markNeedsPaint
  } else {
    // 如果是根节点, 直接请求新的 frame 即可
    if (owner != null)
      owner!.requestVisualUpdate();
  }
}
```

值得一提的是，在当前版本的 Flutter 中是永远不会走到最后一个 else 分支的，因为当前版本中根节点是一个 RenderView，而该组件的 isRepaintBoundary 属性为 true，所以如果调用 renderView.markNeedsPaint()，是会走到 isRepaintBoundary 为 true 的分支的。

请求新的 frame 后，下一个 frame 到来时就会走 drawFrame 流程，drawFrame 中和绘制相关的涉及 flushCompositingBits、flushPaint 和 compositeFrame 三个函数，而重新绘制的流程在 flushPaint 中，所以我们先重点看一下 flushPaint 的流程，关于 flushCompositingBits，它涉及组件树中 Layer 的合成，会在后面的小节介绍，而 compositeFrame 会在本节后面介绍。

14.6.4　flushPaint 流程

下面我们通过源码看一看具体是如何实现的。注意，flushPaint 执行流程的源码还是比较多的，为了便于读者理解核心流程，笔者会将源代码删减后列出关键步骤。

首先遍历需要绘制的节点列表，然后逐个开始绘制。

```
final List<RenderObject> dirtyNodes = nodesNeedingPaint;
for (final RenderObject node in dirtyNodes){
  PaintingContext.repaintCompositedChild(node);
}
```

这里需要提醒一点，我们在介绍 stateState 流程一节说过，组件树中某个节点要更新自己时会调用 markNeedsRepaint 方法，而该方法会从当前节点一直往上查找，直到找到一个 isRepaintBoundary 为 true 的节点，然后会将该节点添加到 nodesNeedingPaint 列表中。因此，nodesNeedingPaint 中的节点的 isRepaintBoundary 必然为 true，换句话说，能被添加到 nodesNeedingPaint 列表中的节点都是绘制边界，那么这个边界究竟是如何起作用的，我们继续看 PaintingContext.repaintCompositedChild 函数的实现。

```
static void repaintCompositedChild( RenderObject child, PaintingContext?
  childContext) {
```

```
    assert(child.isRepaintBoundary); // 断言: 能走到这里, 其 isRepaintBoundary 必定为 true
    OffsetLayer? childLayer = child.layer;
    if (childLayer == null) { // 如果边界节点没有 layer, 则为其创建一个 OffsetLayer
      final OffsetLayer layer = OffsetLayer();
      child.layer = childLayer = layer;
    } else { // 如果边界节点已经有 layer 了 (之前绘制时已经为其创建过 layer 了), 则清空其子节点
      childLayer.removeAllChildren();
    }
    // 通过其 layer 构建一个 paintingContext, 之后 layer 便和 childContext 绑定, 这意味着通过同一个
    //paintingContext 的 canvas 绘制的产物属于同一个 layer。
    paintingContext ??= PaintingContext(childLayer, child.paintBounds);

    // 调用节点的 paint 方法, 绘制子节点 (树)
    child.paint(paintingContext, Offset.zero);
    childContext.stopRecordingIfNeeded();// 这行后面解释
  }
```

可以看到，在绘制边界节点时会首先检查其是否有 layer，如果没有，就会创建一个新的 OffsetLayer 给它，随后会根据该 offsetLayer 构建一个 PaintingContext 对象（记为 context），之后子组件在获取 context 的 Canvas 对象时会创建一个 PictureLayer，然后再创建一个 Canvas 对象和新创建的 PictureLayer 关联起来，这意味着后续通过同一个 paintingContext 的 Canvas 绘制的产物属于同一个 PictureLayer。下面我们看看相关源代码：

```
    Canvas get canvas {
      // 如果 canvas 为空, 则是第一次获取
      if (_canvas == null) _startRecording();
      return _canvas!;
    }
    // 创建 PictureLayer 和 canvas
    void _startRecording() {
      _currentLayer = PictureLayer(estimatedBounds);
      _recorder = ui.PictureRecorder();
      _canvas = Canvas(_recorder!);
      // 将 pictureLayer 添加到 _containerLayer (是绘制边界节点的 Layer) 中
      _containerLayer.append(_currentLayer!);
    }
```

下面我们再来看一看 child.paint 方法的实现，该方法需要节点自己实现，用于绘制自身，节点类型不同，绘制算法一般也不同，不过功能是差不多的，即如果是容器组件，要绘制孩子和自身（当然，容器自身也可能没有绘制逻辑，这种情况下只绘制孩子即可，比如Center 组件），如果不是容器类组件，则绘制自己（比如 Image）。

```
    void paint(PaintingContext context, Offset offset) {
      //... 自身的绘制
      if(hasChild){ // 如果该组件是容器组件, 则绘制子节点
        context.paintChild(child, offset)
      }
      //... 自身的绘制
    }
```

接下来我们看一下 context.paintChild 方法。它的主要逻辑是：如果当前节点是边界节点且需要重新绘制，则先调用上面解析过的 repaintCompositedChild 方法，该方法执行完毕

后，会将当前节点的 Layer 添加到父边界节点的 Layer 中；如果当前节点不是边界节点，则调用 paint 方法：

```
// 绘制孩子
void paintChild(RenderObject child, Offset offset) {
  // 如果子节点是边界节点，则递归调用 repaintCompositedChild
  if (child.isRepaintBoundary) {
    if (child._needsPaint) { // 需要重绘时再重绘
      repaintCompositedChild(child);
    }
    // 将孩子节点的 layer 添加到 Layer 树中
    final OffsetLayer childOffsetLayer = child.layer! as OffsetLayer;
    childOffsetLayer.offset = offset;
    // 将当前边界节点的 layer 添加到父边界节点的 layer 中
    appendLayer(childOffsetLayer);
  } else {
    // 如果不是边界节点，则直接绘制自己
    child.paint(this, offset);
  }
}
```

这里需要注意三点：
- 在绘制孩子节点时，如果遇到边界节点且当其不需要重绘（_needsPaint 为 false）时，会直接复用该边界节点的 Layer，而无须重绘！这就是边界节点能跨 frame 复用的原理。
- 因为边界节点的 Layer 类型是 ContainerLayer，所以可以给它添加子节点。
- 注意是将当前边界节点的 Layer 添加到**父边界节点**，而不是父节点。

按照上面的流程执行完毕后，最终所有边界节点的 Layer 就会相连起来组成一棵 Layer 树。

14.6.5　创建新的 PictureLayer

现在，我们在本节最开篇示例的基础上给 Row 添加第三个子节点 Text5，如图 14-11 所示，那么它的 Layer 树会变成什么样子？

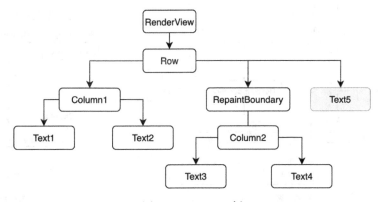

图 14-11　Widget 树

因为 Text5 是在 RepaintBoundary 绘制完成后才会绘制，上例中当 RepaintBoundary 的子

节点绘制完时，将 RepaintBoundary 的 layer（OffsetLayer2）添加到父级 Layer（OffsetLayer1）中后发生了什么？答案在我们上面介绍的 repaintCompositedChild 的最后一行：

```
...
childContext.stopRecordingIfNeeded();
```

我们看看其删减后的核心代码：

```
void stopRecordingIfNeeded() {
  _currentLayer!.picture = _recorder!.endRecording();// 将 canvas 绘制产物保存在 PictureLayer 中
  _currentLayer = null;
  _recorder = null;
  _canvas = null;
}
```

当绘制完 RepaintBoundary 并执行到 childContext.stopRecordingIfNeeded() 时，childContext 对应的 Layer 是 OffsetLayer1，而 _currentLayer 是 PictureLayer1，_canvas 对应的是 Canvas1。我们看到实现很简单，先将 Canvas1 的绘制产物保存在 PictureLayer1 中，然后将一些变量都置空。

接下来在绘制 Text5 时，要先通过 context.canvas 来绘制，根据 canvas getter 的实现源码，此时会执行到 _startRecording() 方法，该方法我们在上面介绍过，它会重新生成一个 PictureLayer 和一个新的 Canvas，代码如下：

```
Canvas get canvas {
  // 如果 canvas 为空，则是第一次获取
  if (_canvas == null) _startRecording();
  return _canvas!;
}
```

之后，我们将新生成的 PictureLayer 和 Canvas 记为 PictureLayer3 和 Canvas3，Text5 的绘制会落在 PictureLayer3 上，所以最终的 Layer 树如图 14-12 所示。

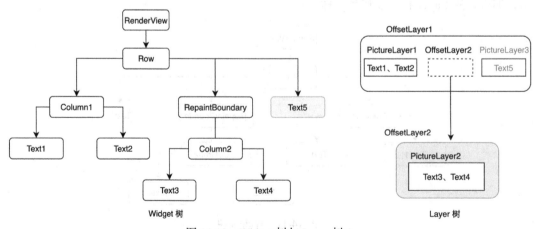

图 14-12　Widget 树与 Layer 树 2

我们总结一下：父节点在绘制子节点时，如果子节点是绘制边界节点，则在绘制完子

节点后会生成一个新的 PictureLayer，后续其他子节点会在新的 PictureLayer 上绘制。原理我们理解了，但是为什么要这么做呢？直接复用之前的 PictureLayer1 有问题吗？这个问题，笔者当时也比较疑惑，后来在用到 Stack 组件时才明白。先说结论，答案是：在当前的示例中是不会有问题的，但是在层叠布局的场景中就会有问题，下面我们看一个例子，结构图如图 14-13 所示。

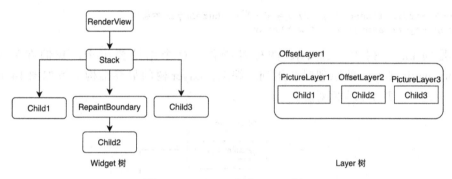

图 14-13　Widget 树与 Layer 树 3

左边是一个 Stack 布局，右边是对应的 Layer 树结构；我们知道 Stack 布局中会根据其子组件的加入顺序进行层叠绘制，最先加入的孩子在最底层，最后加入的孩子在最上层。可以设想一下如果绘制 Child3 时复用了 PictureLayer1，则会导致 Child3 被 Child2 遮住，这显然不符合预期，但如果新建一个 PictureLayer 再添加到 OffsetLayer 最后面，则可以获得正确的结果。

现在我们再来深入思考一下：如果 Child2 的父节点不是 RepaintBoundary，那么是否就意味着 Child3 和 Child1 可以共享同一个 PictureLayer？

答案是否定的！如果将 Child2 的父组件改为一个自定义的组件，在这个自定义的组件中我们希望对子节点在渲染时进行一些举证变化，为了实现这个功能，我们创建一个新的 TransformLayer 并指定变换规则，然后我们把它传递给 Child2，Child2 绘制完成后，我们需要将 TransformLayer 添加到 Layer 树中（不添加到 Layer 树中是不会显示的），则组件树和最终的 Layer 树结构如图 14-14 所示。

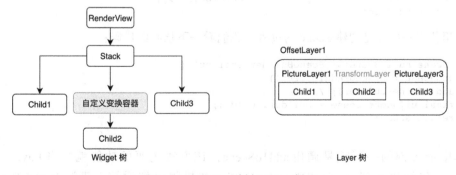

图 14-14　Widget 树与 Layer 树 4

可以发现这种情况本质上和上面使用 RepaintBoudary 的情况是一样的，Child3 仍然不应该复用 PictureLayer1，那么现在我们可以总结一个一般规律了：只要一个组件需要往 Layer 树中添加新的 Layer，就必须结束当前 PictureLayer 的绘制。这也是为什么 PaintingContext 中需要往 Layer 树中添加的新 Layer 的方法（比如 pushLayer、addLayer）中都有如下两行代码：

```
stopRecordingIfNeeded(); // 先结束当前 PictureLayer 的绘制
appendLayer(Layer);// 再添加到 Layer 树
```

这是向 Layer 树中添加 Layer 的标准操作。这个结论要牢记，我们在后面介绍 flushCompositingBits() 的原理时会用到。综上，Layer 树的最终结构大致如图 14-15 所示（随便一个例子，并不和本例对应）。

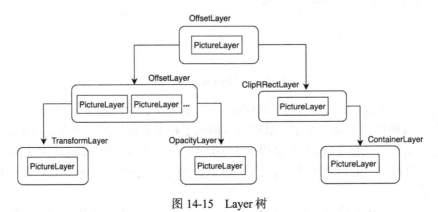

图 14-15　Layer 树

14.6.6　compositeFrame

创建好 Layer 后，接下来就需要上屏展示了，而这部分工作是由 renderView.compositeFrame 方法完成的。实际上它的实现逻辑很简单：先通过 layer 构建 Scene，最后再通过 window.render API 来渲染：

```
final ui.SceneBuilder builder = ui.SceneBuilder();
final ui.Scene scene = layer!.buildScene(builder);
window.render(scene);
```

这里值得一提的是构建 Scene 的过程，我们看一下核心源代码：

```
ui.Scene buildScene(ui.SceneBuilder builder) {
  updateSubtreeNeedsAddToScene();
  addToScene(builder); // 关键
  final ui.Scene scene = builder.build();
  return scene;
}
```

其中最关键的一行就是调用 addToScene，该方法主要的功能就是将 Layer 树中每一个 layer 传给 Skia（最终会调用 Native API，如果想了解详情，建议查看 OffsetLayer

和 PictureLayer 的 addToScene 方法），这是上屏前的最后一个准备动作，最后就是调用
window.render 将绘制数据发给 GPU，渲染出来了！

14.6.7 小结

本节主要介绍了 Flutter 的渲染流程和 Layer 树，以及相关的类 Picture、Layer、Painting-
Context，下一节我们将会通过一个实例来帮助读者在实践中加深理解。

14.7 绘制三：Layer 实例

本节通过优化之前绘制棋盘的示例来展示如何在自定义组件中使用 Layer。

14.7.1 通过 Layer 实现绘制缓存

我们之前绘制棋盘示例时使用的是 CustomPaint 组件，然后在 painter 的 paint 方法中同
时实现了绘制棋盘和棋子，实际上这里可以有一个优化，因为棋盘是不会变化的，所以理
想的方式就是当绘制区域不发生变化时，棋盘只需要绘制一次，当棋子发生变化时，每次
只需要绘制棋子信息即可。

> **注意** 在实际开发中，要实现上述功能，还是优先使用 Flutter 建议的 Widget 组合的方式：
> 比如棋盘和棋子分别绘制在两个 Widget 中，然后包上 RepaintBoundary 组件后把它
> 们添加到 Stack 中，这样做到分层渲染。不过，本节主要是为了说明 Flutter 自定义
> 组件中如何使用 Layer，所以我们采用自定义 RenderObject 的方式来实现。

1）首先定义一个 ChessWidget，因为它并非容器类组件，所以继承自 LeafRender-
ObjectWidget。

```
class ChessWidget extends LeafRenderObjectWidget {
  @override
  RenderObject createRenderObject(BuildContext context) {
    // 返回 Render 对象
    return RenderChess();
  }
  //... 省略 updateRenderObject 函数实现
}
```

由于自定义的 RenderChess 对象不接受任何参数，因此在 ChessWidget 中不用实现
updateRenderObject 方法。

2）实现 RenderChess；我们先直接实现一个未缓存棋盘的原始版本，随后再一点点添
加代码，直到把它改造成可以缓存棋盘的对象。

```
class RenderChess extends RenderBox {
  @override
  void performLayout() {
```

```
    // 确定 ChessWidget 的大小
    size = constraints.constrain(
      constraints.isTight ? Size.infinite : Size(150, 150),
    );
  }

  @override
  void paint(PaintingContext context,Offset offset) {
    Rect rect = offset & size;
    drawChessboard(canvas, rect); // 绘制棋盘
    drawPieces(context.canvas, rect);// 绘制棋子
  }
}
```

3）需要实现棋盘缓存，思路是：

首先，创建一个 Layer 专门绘制棋盘，然后缓存。

然后，当重绘触发时，如果绘制区域发生了变化，则重新绘制棋盘并缓存；如果绘制区域未变，则直接使用之前的 Layer。

为此，我们需要定义一个 PictureLayer 来缓存棋盘，然后添加一个 _checkIfChessboard-NeedsUpdate 函数来实现上述逻辑：

```
// 保存之前的棋盘大小
Rect _rect = Rect.zero;
PictureLayer _layer = PictureLayer()

_checkIfChessboardNeedsUpdate(Rect rect) {
  // 如果绘制区域的大小没发生变化，则无须重绘棋盘
  if (_rect == rect) return;

  // 绘制区域发生了变化，需要重新绘制并缓存棋盘
  _rect = rect;
  print("paint chessboard");

  // 新建一个 PictureLayer，用于缓存棋盘的绘制结果，并添加到 layer 中
  ui.PictureRecorder recorder = ui.PictureRecorder();
  Canvas canvas = Canvas(recorder);
  drawChessboard(canvas, rect); // 绘制棋盘
  // 将绘制产物保存在 pictureLayer 中
  _layer = PictureLayer(Rect.zero)..picture = recorder.endRecording();
}

@override
void paint(PaintingContext context, Offset offset) {
  Rect rect = offset & size;
  // 检查棋盘大小是否需要变化，如果变化，则需要重新绘制棋盘并缓存
  _checkIfChessboardNeedsUpdate(rect);
  // 将缓存棋盘的 layer 添加到 context 中，每次重绘都要调用，原因后面会解释
  context.addLayer(_layer);
  // 再画棋子
  print("paint pieces");
  drawPieces(context.canvas, rect);
}
```

　　具体的实现逻辑参见注释，这里不再赘述，需要特别解释的是在 paint 方法中，每次重绘都需要调用 context.addLayer(_layer) 将棋盘 layer 添加到当前的 Layer 树中，通过上一节的介绍我们知道，实际上是添加到了当前节点的第一个绘制边界节点的 Layer 中。可能会有读者疑惑，如果棋盘不变的话，添加一次不就行了，为什么每次重绘都要添加？实际上这个问题我们上一节已经解释过了，因为重绘是当前节点的第一个父级向下发起的，每次重绘前，该节点都会先清空所有的孩子，代码见 PaintingContext.repaintCompositedChild 方法，所以我们需要每次重绘时都添加一下。

 思考题　为什么父级绘制边界节点每次重绘前都要先清空其 layer 的所有孩子？

　　现在我们已经实现了棋盘缓存，下面我们来验证一下。

　　4）我们创建一个测试示例来验证一下。创建一个 ChessWidget 和一个 ElevatedButton，因为 ElevatedButton 在点击时会执行水波动画，所以会发起一连串的重绘请求，而根据上一节的知识，我们知道 ChessWidget 和 ElevatedButton 会在同一个 Layer 上绘制，所以 ElevatedButton 重绘也会导致 ChessWidget 的重绘。另外，我们在绘制棋子和棋盘时都加了日志，所以只需要点击 ElevatedButton，然后查看日志就能验证棋盘缓存是否生效。

 注意　在当前版本（3.0）的 Flutter 中，ElevatedButton 的实现中并没有添加 RepaintBoundary，所以它才会和 ChessWidget 在同一个 Layer 上渲染，如果后续 Flutter SDK 中给 ElevatedButton 添加了 RepaintBoundary，则不能通过本例来验证。

```
class PaintTest extends StatefulWidget {
  const PaintTest({Key? key}) : super(key: key);

  @override
  State<PaintTest> createState() => _PaintTestState();
}

class _PaintTestState extends State<PaintTest> {
  ByteData? byteData;

  @override
  Widget build(BuildContext context) {
    return Center(
      child: Column(
        mainAxisSize: MainAxisSize.min,
        children: [
          ChessWidget(),
          ElevatedButton(
            onPressed: () {
              setState(() => null);
            },
            child: Text("setState"),
          ),
```

```
        ],
      ),
    );
  }
}
```

点击按钮后发现，棋盘、棋子都可以正常显示，如图14-16
所示。

同时日志面板输出了很多 paint pieces，并没有 paint
chessboard，可见棋盘缓存生效了。

好的，貌似我们预期的功能已经实现了，但是别高
兴得太早，上面的代码还有内存泄露的问题，我们在
LayerHandle 部分介绍。

14.7.2　LayerHandle

在上面的 RenderChess 实现中，我们将棋盘绘制信息
缓存到了 layer 中，因为 layer 中保存的绘制产物是需要
调用 dispose 方法释放的，如果 ChessWidget 销毁时没有
释放，则会发生内存泄露。所以需要在组件销毁时手动释
放一下，给 RenderChess 中添加如下代码：

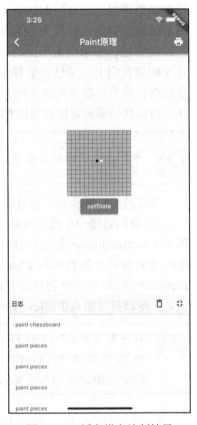

图 14-16　缓存棋盘绘制结果

```
@override
void dispose() {
  _layer.dispose();
  super.dispose();
}
```

上面的场景比较简单，实际上，在 Flutter 中一个
layer 可能会反复被添加到多个容器类 Layer 中，或从容器中移除，这样一来，有些时候
我们可能会不清楚一个 layer 是否还被使用。为了解决这个问题，Flutter 中定义了一个
LayerHandle 类来专门管理 layer，内部是通过引用计数的方式来跟踪 layer 是否还有使用
者，一旦没有使用者，会自动调用 layer.dispose 来释放资源。为了符合 Flutter 规范，强烈
建议读者在需要使用 layer 的时候通过 LayerHandle 来管理它。现在我们修改一下上面的代
码，RenderChess 中定义了一个 layerHandle，然后将 _layer 全部替换为 layerHandle.layer，
代码如下：

```
//定义一个新的 layerHandle
final layerHandle = LayerHandle<PictureLayer>();

_checkIfChessboardNeedsUpdate(Rect rect) {
    ...
    layerHandle.layer = PictureLayer(Rect.zero)..picture = recorder.endRecording();
  }
```

```
@override
void paint(PaintingContext context, Offset offset) {
    ...
    // 将缓存棋盘的 layer 添加到 context 中
    context.addLayer(layerHandle.layer!);
    ...
}

@override
void dispose() {
    //layer 通过引用计数的方式来跟踪自身是否还被 layerHandle 持有,
    // 如果不被持有则会释放资源, 所以必须手动置空, 该 set 操作会
    // 解除 layerHandle 对 layer 的持有
    layerHandle.layer = null;
    super.dispose();
}
```

这样就很好了! 不过先别急着庆祝, 现在我们再来回想一下上一节介绍的内容, 每一个 RenderObject 都有一个 layer 属性, 我们能否直接使用它来保存棋盘 layer 呢? 下面我们看一看 RenderObject 中关于 layer 的定义, 代码如下:

```
@protected
set layer(ContainerLayer? newLayer) {
  _layerHandle.layer = newLayer;
}

final LayerHandle<ContainerLayer> _layerHandle = LayerHandle<ContainerLayer>();
```

可以发现, RenderObject 中已经定义了一个 _layerHandle 了, 它会去管理 layer; 同时 layer 是一个 setter, 会自动将新 layer 赋值到 _layerHandle 上, 那么我们是否可以在 RenderChess 中直接使用父类定义好的 _layerHandle, 这样的话就无须再自定义一个 layerHandle 了。读者可以先结合上一节的内容思考一分钟, 然后我们再往下看。

答案是: 取决于当前节点的 isRepaintBoundary 属性是否为 true (即当前节点是否为绘制边界节点), 如果为 true 则不可以, 如果不为 true, 则可以。上一节中讲过, Flutter 在执行 flushPaint 重绘时遇到绘制边界节点:

❑ 先检查其 layer 是否为空, 如果不为空, 则会先清空该 layer 的孩子节点, 然后会使用该 layer 创建一个 PaintingContext, 传递给 paint 方法。

❑ 如果其 layer 为空, 会创建一个 OffsetLayer 给它。

如果我们要将棋盘 layer 保存到预定义的 layer 变量中的话, 得先创建一个 ContainerLayer, 然后将绘制棋盘的 PictureLayer 作为子节点添加到新创建的 ContainerLayer 中, 然后赋值给 layer 变量。这样一来:

❑ 如果我们设置 RenderChess 的 isRepaintBoundary 为 true, 那么在每次重绘时, Flutter 框架都会将 layer 子节点清空, 这样的话, 棋盘 Picturelayer 就会被移除, 接下来就会触发异常。

❑ 如果 RenderChess 的 isRepaintBoundary 为 false (默认值), 那么在重绘过程中

Flutter 框架不会使用到 layer 属性，这种情况没有问题。

虽然本例中 RenderChess 的 isRepaintBoundary 为 false，直接使用 layer 是可以的，但笔者不建议这么做，原因有二：

❑ RenderObject 中的 layer 字段在 Flutter 框架中是专门为绘制流程而设计的，如果 Flutter 的绘制流发生变化，比如也开始使用非绘制边界节点的 layer 字段，那么我们的代码将会出问题。

❑ 如果要使用 Layer，也需要先创建一个 ContainerLayer，既然如此，还不如直接创建一个 LayerHandle，这样会更方便。

现在考虑最后一个问题，在上面的示例中，我们点击按钮后，虽然棋盘不会重绘了，但棋子还是会重绘，这并不合理，我们希望棋盘区域不受外界干扰，只有有新的落子行为时（如点击在棋盘区域）再重绘棋子。相信看到这里，解决方案就呼之欲出了，我们有两种选择：

❑ RenderChess 的 isRepaintBoundary 返回 true；将当前节点变为一个绘制边界，这样 ChessWidget 就会和按钮分别在不同的 layer 上绘制，也就不会相互影响。

❑ 在使用 ChessWidget 时，给它套一个 RepaintBoundary 组件，和 1 的原理差不多的，只不过这种方式是将 ChessWidget 的父节点（RepaintBoundary）变为了绘制边界（而不是自身），这样也会创建一个新的 layer 来隔离按钮的绘制。

具体应该选择哪种要根据情况而定，第二种方案会更灵活，但第一种方案的实际效果往往会比较好，因为如果我们封装的复杂自绘控件中没有设置 isRepaintBoundary 为 true，将很难保证使用者在使用时会给空间添加 RepaintBoundary，所以对于使用者来说还是屏蔽掉这些细节会比较好。

14.8 绘制四：Compositing

本节我们介绍一下 flushCompositingBits()。现在，我们再来回顾一下 Flutter 的渲染管线：

```
void drawFrame(){
  pipelineOwner.flushLayout();
  pipelineOwner.flushCompositingBits();
  pipelineOwner.flushPaint();
  renderView.compositeFrame()
  ...// 省略
}
```

其中只有 flushCompositingBits() 还没有介绍过，这是因为要理解 flushCompositingBits()，就必须了解 Layer 是什么，以及 Layer 树构建的过程。为了更容易理解它，我们先看一个示例。

14.8.1 CustomRotatedBox

我们实现一个 CustomRotatedBox，它的功能是将其子元素放倒（顺时针旋转 90 度），要实现个效果，可以直接使用 Canvas 的变换功能，下面是核心代码：

```
class CustomRotatedBox extends SingleChildRenderObjectWidget {
  CustomRotatedBox({Key? key, Widget? child}) : super(key: key, child: child);

  @override
  RenderObject createRenderObject(BuildContext context) {
    return CustomRenderRotatedBox();
  }
}

class CustomRenderRotatedBox extends RenderBox
    with RenderObjectWithChildMixin<RenderBox> {

  @override
  void performLayout() {
    _paintTransform = null;
    if (child != null) {
      child!.layout(constraints, parentUsesSize: true);
      size = child!.size;
      // 根据子组件大小计算出旋转矩阵
      _paintTransform = Matrix4.identity()
        ..translate(size.width / 2.0, size.height / 2.0)
        ..rotateZ(math.pi / 2) // 旋转 90 度
        ..translate(-child!.size.width / 2.0, -child!.size.height / 2.0);
    } else {
      size = constraints.smallest;
    }
  }

  @override
  void paint(PaintingContext context, Offset offset) {
    if(child!=null){
      // 根据偏移，需要调整一下旋转矩阵
      final Matrix4 transform =
        Matrix4.translationValues(offset.dx, offset.dy, 0.0)
          ..multiply(_paintTransform!)
          ..translate(-offset.dx, -offset.dy);
      _paint(context, offset, transform);
    } else {
      //...
    }
  }

  void _paint(PaintingContext context,Offset offset,Matrix4 transform ){
    // 为了不干扰其他和自己在同一个 layer 上绘制的节点，需要先调用 save，然后在子元素绘制完后再
    //   调用 restore 显示，对 save/restore 有兴趣的读者可以查看 Canvas API doc
    context.canvas
      ..save()
      ..transform(transform.storage);
    context.paintChild(child!, offset);
    context.canvas.restore();
  }
  ... // 省略无关代码
}
```

下面我们写一个示例测试一下，代码如下：

```
class CustomRotatedBoxTest extends StatelessWidget {
  const CustomRotatedBoxTest({Key? key}) : super(key: key);

  @override
  Widget build(BuildContext context) {
    return Center(
      child: CustomRotatedBox(
        child: Text(
          "A",
          textScaleFactor: 5,
        ),
      ),
    );
  }
}
```

代码运行效果如图 14-17 所示，A 被成功放倒了。

现在我们给 CustomRotatedBox 添加一个 RepaintBoundary 再试一试，代码如下：

```
@override
Widget build(BuildContext context) {
  return Center(
    child: CustomRotatedBox(
      child: RepaintBoundary( // 添加一个 RepaintBoundary
        child: Text(
          "A",
          textScaleFactor: 5,
        ),
      ),
    ),
  );
}
```

代码运行后效果如图 14-18 所示。A 怎么又站起来了？

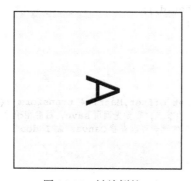

图 14-17　被放倒的 A

图 14-18　站起来的 A

我们来分析一下原因：根据上一节的知识，可以很容易地画出添加 RepaintBoundary 之前和之后的 Layer 树结构，如图 14-19 所示。

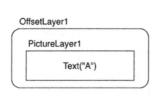
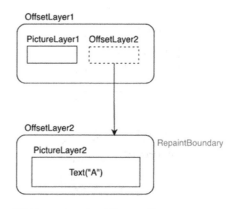

添加 RepaintBoundary 后的 Layer 树

图 14-19　Layer 树

添加 RepaintBoundary 后，CustomRotatedBox 中持有的还是 OffsetLayer1：

```
void _paint(PaintingContext context,Offset offset,Matrix4 transform ){
    context.canvas // 该 Canvas 对应的是 PictureLayer1
      ..save()
      ..transform(transform.storage);
    // 子节点是绘制边界节点，会在新的 OffsetLayer2 中的 PictureLayer2 上绘制
    context.paintChild(child!, offset);
    context.canvas.restore();
  }
  ... // 省略无关代码
}
```

很显然，CustomRotatedBox 中进行旋转变换的 Canvas 对应的是 PictureLayer1，而 Text（"A"）的绘制使用的是 PictureLayer2 对应的 Canvas，它们属于不同的 Layer。可以发现父子的 PictureLayer "分离了"，所以 CustomRotatedBox 也就不会对 Text（"A"）起作用。那么如何解决这个问题呢？

我们在前面的小节介绍过，有很多容器类组件都附带变换效果，拥有旋转变换的容器类 Layer 是 TransformLayer，那么我们就可以在 CustomRotatedBox 中绘制子节点之前创建一个 TransformLayer（记为 TransformLayer1）添加到 Layer 树中，接着创建一个新的 PaintingContext 和 TransformLayer1 绑定，子节点通过这个新的 PaintingContext 去绘制。

完成上述操作之后，后代节点绘制所在的 PictureLayer 都会是 TransformLayer 的子节点，因此可以通过 TransformLayer 对所有子节点整体做变换。图 14-20 所示是添加 TransformLayer1 前、后的 Layer 树结构。

这其实就是一个重新进行 Layer 合成（layer compositing）的过程：创建一个新的 ContainerLayer，然后将该 ContainerLayer 传递给子节点，这样后代节点的 Layer 必然属于 ContainerLayer，那么给这个 ContainerLayer 做变换就会对其全部的子孙节点生效。因为 "Layer 合成" 在不同的语境中会有不同的指代，为了便于描述，本节中 "Layer 合成" 特指上述过程。

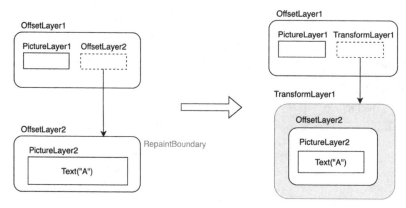

图 14-20　Layer 树示意图

下面我们看具体的代码实现。由于 Layer 的组合是一个标准的过程（唯一的不同是使用哪种 ContainerLayer 来作为父容器），PantingContext 中提供了一个 pushLayer 方法来执行组合过程，我们看一看其实现源代码，如下所示：

```
void pushLayer(ContainerLayer childLayer, PaintingContextCallback painter,
  Offset offset, { Rect? childPaintBounds }) {

  if (childLayer.hasChildren) {
    childLayer.removeAllChildren();
  }
  // 下面两行是向 Layer 树中添加新 Layer 的标准操作，在之前小节中详细介绍过
  stopRecordingIfNeeded();
  appendLayer(childLayer);

  // 通过新 Layer 创建一个新的 childContext 对象
  final PaintingContext childContext =
    createChildContext(childLayer, childPaintBounds ?? estimatedBounds);
  //painter 是绘制子节点的回调，我们需要将新的 childContext 对象传给它
  painter(childContext, offset);
  // 子节点绘制完成后获取绘制产物，将其保存到 PictureLayer.picture 中
  childContext.stopRecordingIfNeeded();
}
```

那么，我们只需要创建一个 TransformLayer ，然后指定需要的旋转变换，再直接调用 pushLayer 就可以：

```
// 创建一个持有 TransformLayer 的 handle
final LayerHandle<TransformLayer> _transformLayer = LayerHandle<TransformLayer>();

void _paintWithNewLayer(PaintingContext context, Offset offset, Matrix4 transform) {
  // 创建一个 TransformLayer, 保存在 handle 中
  _transformLayer.layer = _transformLayer.layer ?? TransformLayer();
  _transformLayer.layer!.transform = transform;

  context.pushLayer(
    _transformLayer.layer!,
    _paintChild,// 子节点绘制回调；添加完 Layer 后，子节点会在新的 Layer 上绘制
```

```
      offset,
      childPaintBounds: MatrixUtils.inverseTransformRect(
        transform,
        offset & size,
      ),
    );
  }

  // 子节点绘制回调
  void _paintChild(PaintingContext context, Offset offset) {
    context.paintChild(child!, offset);
  }
```

然后我们需要在 paint 方法中判断一下子节点是否是绘制边界节点。如果是，则需要进行 Layer 组合；如果不是，则需要进行 Layer 合成：

```
  @override
  void paint(PaintingContext context, Offset offset) {
    if (child != null) {
      final Matrix4 transform =
          Matrix4.translationValues(offset.dx, offset.dy, 0.0)
            ..multiply(_paintTransform!)
            ..translate(-offset.dx, -offset.dy);

      if (child!.isRepaintBoundary) { // 添加判断
        _paintWithNewLayer(context, offset, transform);
      } else {
        _paint(context, offset, transform);
      }
    } else {
      _transformLayer.layer = null;
    }
  }
```

为了让代码看起看更清晰，我们将 child 不为空时的绘制逻辑封装在一个 pushTransform 函数里：

```
TransformLayer? pushTransform(
  PaintingContext context,
  bool needsCompositing,
  Offset offset,
  Matrix4 transform,
  PaintingContextCallback painter, {
  TransformLayer? oldLayer,
}) {

  final Matrix4 effectiveTransform =
      Matrix4.translationValues(offset.dx, offset.dy, 0.0)
        ..multiply(transform)
        ..translate(-offset.dx, -offset.dy);

  if (needsCompositing) {
    final TransformLayer layer = oldLayer ?? TransformLayer();
    layer.transform = effectiveTransform;
    context.pushLayer(
```

```
        layer,
        painter,
        offset,
        childPaintBounds: MatrixUtils.inverseTransformRect(
          effectiveTransform,
          context.estimatedBounds,
        ),
      );
      return layer;
    } else {
      context.canvas
        ..save()
        ..transform(effectiveTransform.storage);
      painter(context, offset);
      context.canvas.restore();
      return null;
    }
}
```

然后修改一下 paint 实现，直接调用 pushTransform 方法即可，代码如下：

```
@override
void paint(PaintingContext context, Offset offset) {
  if (child != null) {
    pushTransform(
      context,
      child!.isRepaintBoundary,
      offset,
      _paintTransform!,
      _paintChild,
      oldLayer: _transformLayer.layer,
    );
  } else {
    _transformLayer.layer = null;
  }
}
```

是不是清晰多了，现在我们重新运行一下示例，效果和图 14-17 中一样，A 被成功放倒了！

需要说明的是，其实 PaintingContext 已经帮我们封装好了 pushTransform 方法，我们可以直接使用它，代码如下：

```
@override
void paint(PaintingContext context, Offset offset) {
  if (child != null) {
    context.pushTransform(
      child!.isRepaintBoundary,
      offset,
      _paintTransform!,
      _paintChild,
      oldLayer: _transformLayer.layer,
    );
  } else {
    _transformLayer.layer = null;
  }
}
```

实际上，PaintingContext 针对常见的拥有变换功能的容器类 Layer 的组合都封装好了相应的方法，同时 Flutter 中已经预定了拥有相应变换功能的组件，表 14-1 是一个对应表。

表 14-1　Layer 对应的方法和组件

Layer 的名称	PaintingContext 对应的方法	Widget
ClipPathLayer	pushClipPath	ClipPath
OpacityLayer	pushOpacity	Opacity
ClipRRectLayer	pushClipRRect	ClipRRect
ClipRectLayer	pushClipRect	ClipRect
TransformLayer	pushTransform	RotatedBox、Transform

14.8.2　什么时候需要合成 Layer

1. 合成 Layer 的原则

通过上面的例子我们知道，CustomRotatedBox 的直接子节点是绘制边界节点时，CustomRotatedBox 中就需要合成 Layer。实际上这只是一种特例，还有一些其他情况也需要用 CustomRotatedBox 进行 Layer 合成，那什么时候需要进行 Layer 合成有没有普适原则？有！我们思考一下 CustomRotatedBox 中需要进行 Layer 合成的根本原因是什么？如果 CustomRotatedBox 的所有后代节点都共享同一个 PictureLayer，但是一旦有后代节点创建了新的 PictureLayer，绘制就会脱离了之前的 PictureLayer，因为不同的 PictureLayer 上的绘制是相互隔离的，不能相互影响，所以为了使变换对所有后代节点对应的 PictureLayer 都生效，需要将所有后代节点都添加到同一个 ContainerLayer 中，这时就需要在 CustomRotatedBox 中先进行 Layer 合成。

综上，一个普适原则就呼之欲出了：当后代节点会向 Layer 树中添加新的绘制类 Layer 时，父级的变换类组件中就需要合成 Layer。下面我们验证一下。

修改上面的示例，给 RepaintBoundary 添加一个 Center 父组件：

```
@override
Widget build(BuildContext context) {
  return Center(
    child: CustomRotatedBox(
      child: Center( // 新添加
        child: RepaintBoundary(
          child: Text(
            "A",
            textScaleFactor: 5,
          ),
        ),
      ),
    ),
  );
}
```

因为 CustomRotatedBox 中只判断了其直接子节点的 child!.isRepaintBoundary 为 true 时，才会进行 Layer 合成，而现在它的直接子节点是 Center，所以该判断会是 false，不会进行层

Layer 合成。但是根据上面得出的结论，RepaintBoundary 作为 CustomRotatedBox 的后代节点且会向 Layer 树中添加新 layer 时就需要进行 layer 合成，而本例中是应该合成 layer 而实际上没有合成所以预期是不能将"A"放倒的，运行后发现得到的效果和图 14-18 中相同。

果然"A"并没有被放倒！看来我们的 CustomRotatedBox 还是需要继续修改。解决这个问题并不难，我们在判断是否需要进行 Layer 合成时，要遍历整个子树，看一看否存在绘制边界节点，如果存在则合成，不存在则不合成。为此，我们新定义一个在子树上查找是否存在绘制边界节点的 needCompositing() 方法：

```
// 子树中递归查找是否存在绘制边界
needCompositing() {
  bool result = false;
  _visit(RenderObject child) {
    if (child.isRepaintBoundary) {
      result = true;
      return ;
    } else {
      // 递归查找
      child.visitChildren(_visit);
    }
  }
  // 遍历子节点
  visitChildren(_visit);
  return result;
}
```

然后需要修改一下 paint 实现代码，如下所示：

```
@override
void paint(PaintingContext context, Offset offset) {
  if (child != null) {
    context.pushTransform(
      needCompositing(), // 子树是否存在绘制边界节点
      offset,
      _paintTransform!,
      _paintChild,
      oldLayer: _transformLayer.layer,
    );
  } else {
    _transformLayer.layer = null;
  }
}
```

现在，我们再来运行一下示例，运行后效果和图 14-17 相同。

又成功放倒了！但是还有问题，我们继续往下看。

2. alwaysNeedsCompositing

我们考虑一下这种情况：如果 CustomRotatedBox 的后代节点中没有绘制边界节点，但是有后代节点向 Layer 树中添加了新的 Layer。在这种情况下，按照我们之前得出的结论，CustomRotatedBox 中也是需要进行 Layer 合成的，但实际上并没有。这个问题不好解决，原因是我们在 CustomRotatedBox 中遍历后代节点时，是无法知道非绘制边界节点是否向

Layer 树中添加了新的 Layer。怎么办呢？ Flutter 是通过约定来解决这个问题的：

- ❑ RenderObject 中定义了一个布尔类型的 alwaysNeedsCompositing 属性。
- ❑ 约定：在自定义组件中，如果组件 isRepaintBoundary 为 false，在绘制时会向 Layer 树中添加新的 Layer 的话，要将 alwaysNeedsCompositing 设置为 true。

开发者在自定义组件时应遵守这个规范，根据此规范，CustomRotatedBox 中我们在子树中递归查找时的判断条件就可以改为：

```
child.isRepaintBoundary || child.alwaysNeedsCompositing
```

最终的 needCompositing 实现代码如下：

```
// 子树中递归查找是否存在绘制边界
needCompositing() {
  bool result = false;
  _visit(RenderObject child) {
    // 修改判断条件
    if (child.isRepaintBoundary || child.alwaysNeedsCompositing) {
      result = true;
      return ;
    } else {
      child.visitChildren(_visit);
    }
  }
  visitChildren(_visit);
  return result;
}
```

> 📷 注
> 意　这要求非绘制节点组件在向 Layer 树中添加 Layer 时必须让自身的 alwaysNeedsCompositing 值为 ture。

下面看一下 Flutter 中 Opacity 组件的实现。

3. Opacity 解析

Opacity 可以对子树进行透明度控制，这个效果通过 Canvas 是很难实现的，所以 Flutter 中直接使用了 OffsetLayer 合成的方式来实现，代码如下：

```
class RenderOpacity extends RenderProxyBox {

  // 本组件是非绘制边界节点，但会在部分透明的情况下向 Layer 树中添加新的 Layer，所以部分透明时要返回 true
  @override
  bool get alwaysNeedsCompositing => child != null && (_alpha != 0 && _alpha != 255);

    @override
  void paint(PaintingContext context, Offset offset) {
    if (child != null) {
      if (_alpha == 0) {
        // 完全透明，则没必要再绘制子节点了
        layer = null;
        return;
      }
      if (_alpha == 255) {
```

```
    // 完全不透明，则不需要变换处理，直接绘制子节点即可
    layer = null;
    context.paintChild(child!, offset);
    return;
  }
  // 部分透明，需要通过 OffsetLayer 来处理，会向 layer 树中添加新 layer
  layer = context.pushOpacity(offset, _alpha, super.paint, oldLayer: layer as
    OpacityLayer?);
    }
  }
}
```

4. 优化

注意，上面我们通过 CustomRotatedBox 演示了变换类组件的核心原理，不过还有一些可优化的地方，比如：

- 变换类组件中，遍历子树以确定是否需要进行 Layer 合成是变换类组件的通用逻辑，不需要在每个组件里都实现一遍。
- 不是每一次重绘都需要去遍历子树，比如可以在初始化时遍历一次，然后将结果缓存，如果后续有变化，再重新遍历更新即可，此时直接使用缓存的结果。

Flutter 也考虑到了这个问题，于是便有了 flushCompositingBits 方法，下面正式介绍它。

14.8.3　flushCompositingBits

每一个节点（RenderObject 中）都有一个 _needsCompositing 字段，该字段用于缓存当前节点在绘制子节点时是否需要合成 Layer。flushCompositingBits 的功能就是在节点树初始化和子树中合成信息发生变化时重新遍历节点树，更新每一个节点的 _needsCompositing 值。可以发现：

- 递归遍历子树的逻辑抽到了 flushCompositingBits 中，不需要组件单独实现。
- 不需要每一次重绘都遍历子树，只需要在初始化和发生变化时重新遍历。

这完美地解决了我们之前提出的问题，下面看一下具体实现，代码如下：

```
void flushCompositingBits() {
  // 对需要更新合成信息的节点按照节点在节点树中的深度排序
  _nodesNeedingCompositingBitsUpdate.sort((a,b) => a.depth - b.depth);
  for (final RenderObject node in _nodesNeedingCompositingBitsUpdate) {
    if (node._needsCompositingBitsUpdate && node.owner == this)
      node._updateCompositingBits(); // 更新合成信息
  }
  _nodesNeedingCompositingBitsUpdate.clear();
}
```

RenderObject 的 _updateCompositingBits 方法的功能就是递归地遍历子树，确定每一个节点的 _needsCompositing 值，代码如下：

```
void _updateCompositingBits() {
  if(!_needsCompositingBitsUpdate)
    return;
  final bool oldNeedsCompositing = _needsCompositing;
```

```
  _needsCompositing = false;
  // 递归遍历查找子树，如果有子节点 needsCompositing 为 true，则更新  _needsCompositing 的值
  visitChildren((RenderObject child) {
    child._updateCompositingBits(); // 递归执行
    if (child.needsCompositing)
      _needsCompositing = true;
  });
  // 这行我们上面讲过
  if (isRepaintBoundary || alwaysNeedsCompositing)
    _needsCompositing = true;
  if (oldNeedsCompositing != _needsCompositing)
    markNeedsPaint();
  _needsCompositingBitsUpdate = false;
}
```

　　代码执行完毕后，每一个节点的 _needsCompositing 就确定了，在绘制时只需要判断一下当前的 needsCompositing（一个 getter，会直接返回 _needsCompositing ）就能知道子树是否存在剥离 Layer 了。这样的话，可以再优化一下 CustomRenderRotatedBox 的实现，最终的代码实现如下：

```
class CustomRenderRotatedBox extends RenderBox
    with RenderObjectWithChildMixin<RenderBox> {
  Matrix4? _paintTransform;

  @override
  void performLayout() {
    _paintTransform = null;
    if (child != null) {
      child!.layout(constraints, parentUsesSize: true);
      size = child!.size;
      // 根据子组件大小计算出旋转矩阵
      _paintTransform = Matrix4.identity()
        ..translate(size.width / 2.0, size.height / 2.0)
        ..rotateZ(math.pi / 2)
        ..translate(-child!.size.width / 2.0, -child!.size.height / 2.0);
    } else {
      size = constraints.smallest;
    }
  }

  final LayerHandle<TransformLayer> _transformLayer =
  LayerHandle<TransformLayer>();

  void _paintChild(PaintingContext context, Offset offset) {
    print("paint child");
    context.paintChild(child!, offset);
  }


  @override
  void paint(PaintingContext context, Offset offset) {
    if (child != null) {
      _transformLayer.layer = context.pushTransform(
        needsCompositing, //pipelineOwner.flushCompositingBits(); 执行后这个值就能确定
```

```
      offset,
      _paintTransform!,
      _paintChild,
      oldLayer: _transformLayer.layer,
    );
  } else {
    _transformLayer.layer = null;
  }
}


@override
void dispose() {
  _transformLayer.layer = null;
  super.dispose();
}

@override
void applyPaintTransform(RenderBox child, Matrix4 transform) {
  if (_paintTransform != null) transform.multiply(_paintTransform!);
  super.applyPaintTransform(child, transform);
}

}
```

是不是简洁清晰了很多!

再论 flushCompositingBits

现在，我们思考一下引入 flushCompositingBits 的根本原因是什么。假如我们在变换类容器中始终采用合成 Layer 的方式来对子树应用变换效果，也就是说不再使用 Canvas 进行变换，这样的话 flushCompositingBits 也就没必要存在了，为什么一定要有 flushCompositingBits 呢？根本原因就是：如果在变换类组件中一刀切地使用合成 Layer 方式的话，每遇到一个变换类组件则至少会再创建一个 Layer，这样的话，最终 Layer 树上的 Layer 数量就会变多。我们之前说过，对子树应用的变换效果既能通过 Canvas 实现，也能通过容器类 Layer 实现时，建议使用 Canvas。这是因为每新建一个 Layer 都会有额外的开销，所以我们只应该在无法通过 Canvas 来实现子树变化效果时再通过 Layer 合成的方式来实现。综上，我们可以发现引入 flushCompositingBits 的根本原因其实是为了减少 Layer 的数量。

另外，flushCompositingBits 的执行过程只是做标记，并没有进行层的合成，真正的合成是在绘制时（组件的 paint 方法中）进行的。

14.8.4　小结

❑ 只有组件树中有变换类容器时，才有可能需要重新合成 Layer；如果没有变换类组件，则不需要。

❑ 当变换类容器的后代节点会向 Layer 树中添加新的绘制类 Layer 时，则变换类组件中就需要合成 Layer。

❑ 引入 flushCompositingBits 的根本原因是为了减少 Layer 的数量。

实 例 篇

- 第15章 一个完整的Flutter应用

Chapter 15 第 15 章

一个完整的 Flutter 应用

15.1 GitHub 客户端示例

本章将新建一个 Flutter 工程，实现一个简单的 GitHub 客户端。这个实例的主要目标有两个：

❑ 带领读者了解如何使用 Flutter 来开发一个完整 App，了解 Flutter 应用开发的流程及工程结构等。

❑ 对前面章节所学的内容加以应用及总结。

需要注意的是，由于 GitHub 本身功能非常多，我们的焦点并不是去实现 GitHub 的所有业务功能。因此，我们只需要实现一个 App 的骨架，能达到上面这两点即可。要实现的功能如下：

❑ 实现 GitHub 账号登录、退出登录功能。

❑ 登录后可以查看自己的项目主页。

❑ 支持换肤。

❑ 支持多语言。

❑ 登录状态可以持久化。

要实现上面这些功能，会涉及如下技术点：

❑ 网络请求；需要请求 GitHub API。

❑ JSON 转 Dart Model 类。

❑ 全局状态管理；语言、主题、登录状态等都需要全局共享。

❑ 持久化存储；保存登录信息、用户信息等。

❑ 支持国际化、Intl 包的使用。

现在目标已经确定，在接下来的章节中，我们将分模块一步一步实现上述功能。

15.2 Flutter App 代码结构

先创建一个全新的 Flutter 工程，命名为 github_client_app；创建新工程的步骤视读者使用的编辑器而定，都比较简单，在此不再赘述。创建完成后，工程结构如下：

```
github_client_app
├── android
├── ios
├── lib
└── test
```

由于我们需要使用外部图片和 Icon 资源，因此在项目根目录下分别创建 imgs 和 fonts 文件夹，前者用于保存图片，后者用于保存 Icon 文件。关于图片和 Icon，读者可以参考第 3 章中相应的内容。

由于在网络数据传输和持久化时，需要通过 JSON 来传输、保存数据，但是在应用开发时又需要将 JSON 转成 Dart Model 类，现在我们使用 11.7 节中介绍的方案，需要在根目录下再创建一个用于保存 Json 文件的 jsons 文件夹。

多语言支持我们使用第 13 章中介绍的方案，所以还需要在根目录下创建一个 l10n 文件夹，用于保存各国语言对应的 arb 文件。

现在工程目录变为：

```
github_client_app
├── android
├── fonts
├── l10n-arb
├── imgs
├── ios
├── jsons
├── lib
└── test
```

由于我们的 Dart 代码都在 lib 文件夹下，笔者根据技术选型和经验在 lib 文件下创建了如下目录：

```
lib
├── common
├── l10n
├── models
├── states
├── routes
└── widgets
```

文件夹的内容如表 15-1 所示。

表 15-1 Lib 下子文件夹的内容和作用

文件夹	作用
common	一些工具类，如通用方法类、网络接口类、保存全局变量的静态类等
l10n	国际化相关的类都在此目录下

（续）

文件夹	作用
models	JSON 文件对应的 Dart Model 类会在此目录下
states	保存 App 中需要跨组件共享的状态类
routes	存放所有路由页面类
widgets	App 内封装的一些 Widget 组件都在该目录下

注意，使用不同的框架或技术选型会对代码有不同的组织方式，因此，本节介绍的代码组织结构并不是固定或者"最佳"的，在实战中，读者可以根据情况调整源码结构。但是无论采取何种源码组织结构，清晰和解耦都是一个通用原则，我们应该让自己的代码结构清晰，以便交流和维护。

15.3　Model 类定义

本节我们先梳理一下 App 中将用到的数据，然后生成相应的 Dart Model 类。JSON 文件转 Dart Model 的方案采用前面介绍过的 json_model 包方案，因此在生成 Model 类之前，会修改部分 JSON 字段，比如添加 "?" 表示该字段可空，关于 json_model 的更多信息请参考其文档。

15.3.1　GitHub 账号信息

登录 GitHub 后，需要获取当前登录者的 GitHub 账号信息，GitHub API 返回的 JSON 结构如下：

```
{
  "login": "octocat", //用户登录名
  "avatar_url": "https://github.com/images/error/octocat_happyjpeg", //用户头像地址
  "type": "User",//用户类型，可能是组织
  "name?": "monalisa octocat", //用户名字
  "company?": "GitHub", //公司
  "blog?": "https://github.com/blog", //博客地址
  "location?": "San Francisco", //用户所处地理位置
  "email?": "octocat@github.com", //邮箱
  "hireable?": false,
  "bio?": "There once was...", //用户简介
  "public_repos": 2, //公开项目数
  "followers": 20, //关注该用户的人数
  "following": 0, //该用户关注的人数
  "created_at": "2008-01-14T04:33:35Z", //账号创建时间
  "updated_at": "2008-01-14T04:33:35Z", //账号信息更新时间
  "total_private_repos": 100, //该用户总的私有项目数（包括参与的其他组织的私有项目）
  "owned_private_repos": 100 //该用户自己的私有项目数
  ... //省略其他字段
}
```

我们在 jsons 目录下创建一个 user.json 文件保存上述信息。

15.3.2　API 缓存策略信息

由于 GitHub 服务器在国内访问速度较慢，我们对 GitHub API 应用一些简单的缓存策略。在 jsons 目录下创建一个 cacheConfig.json 文件缓存策略信息，定义如下：

```
{
  "enable":true, // 是否启用缓存
  "maxAge":1000, // 缓存的最长时间，单位（秒）
  "maxCount":100 // 最大缓存数
}
```

15.3.3　用户信息

用户信息（Profile）应包括如下信息：

❑ GitHub 账号信息；因为我们的 App 可以切换账号登录，且登录后再次打开则不需要登录，所以需要对用户账号信息和登录状态进行持久化。

❑ 应用使用配置信息；每一个用户都应有自己的 App 配置信息，如主题、语言以及数据缓存策略等。

❑ 用户注销登录后，为了便于在退出 App 前再次登录，我们需要记住上次登录的用户名。

需要注意的是，目前 GitHub 有三种登录方式，分别是账号密码登录、Oauth 授权登录、二次认证登录；这三种登录方式的安全性依次加强，但是在本示例中，为了简单起见，我们使用账号密码登录，因此需要保存用户的密码。

注意 在这里需要提醒读者，在登录场景中，保护用户账号安全是一个非常重要且永恒的话题，在实际开发中应严格杜绝直接明文存储用户账号和密码的行为。

我们在 jsons 目录下创建一个 profile.json 文件，结构如下：

```
{
  "user?":"$user", //GitHub 账号信息，结构见 user.json
  "token?":"", // 登录用户的 Token(Oauth) 或密码
  "theme":0, // 主题索引
  "cache?":"$cacheConfig", // 缓存策略信息，结构见 cacheConfig.json
  "lastLogin?":"", // 最近一次注销登录的用户名
  "locale?":"" //App 语言信息
}
```

15.3.4　项目信息

由于 App 主页要显示其所有项目信息，我们在 jsons 目录下创建一个 repo.json 文件保存项目信息。通过参考 GitHub 获取项目信息的 API 文档，定义出最终的 repo.json 文件结构，代码如下：

```
{
  "id": 1296269,
  "name": "Hello-World", // 项目名称
```

```
  "full_name": "octocat/Hello-World", // 项目完整名称
  "owner": "$user", // 项目拥有者，结构见 user.json
  "parent?":"$repo", // 如果是 fork 的项目，则此字段表示 fork 的父项目信息
  "private": false, // 是否私有项目
  "description": "This your first repo!", // 项目描述
  "fork": false, // 该项目是否为 fork 的项目
  "language?": "JavaScript",// 该项目的主要编程语言
  "forks_count": 9, //fork 了该项目的数量
  "stargazers_count": 80, // 该项目的 star 数量
  "size": 108, // 项目占用的存储空间大小
  "default_branch": "master", // 项目的默认分支
  "open_issues_count": 2, // 该项目当前打开的 issue 数量
  "pushed_at": "2011-01-26T19:06:43Z",
  "created_at": "2011-01-26T19:01:12Z",
  "updated_at": "2011-01-26T19:14:43Z",
  "subscribers_count?": 42, // 订阅（关注）该项目的人数
  "license?": { // 该项目的开源许可证
    "key": "mit",
    "name": "MIT License",
    "spdx_id": "MIT",
    "url": "https://api.github.com/licenses/mit",
    "node_id": "MDc6TGljZW5zZW1pdA=="
  }
  ...// 省略其他字段
}
```

15.3.5 生成 Dart Model 类

现在，我们需要的 JSON 数据已经定义完毕，现在只需要运行 json_model package 提供的命令来通过 JSON 文件生成相应的 Dart 类：

```
flutter packages pub run json_model
```

命令执行成功后，可以看到 lib/models 文件夹下会生成相应的 Dart Model 类：

```
├── models
│   ├── cacheConfig.dart
│   ├── cacheConfig.g.dart
│   ├── index.dart
│   ├── profile.dart
│   ├── profile.g.dart
│   ├── repo.dart
│   ├── repo.g.dart
│   ├── user.dart
│   └── user.g.dart
```

15.3.6 数据持久化

我们使用 shared_preferences 包来对登录用户的 Profile 信息进行持久化。shared_preferences 是一个 Flutter 插件，它通过 Android 和 iOS 平台提供的机制来实现数据持久化。由于 shared_preferences 的使用非常简单，读者可以自行查看其文档，在此不再赘述。

15.4　全局变量及共享状态

应用程序中通常会包含一些贯穿 App 生命周期的变量信息，这些信息在 App 大多数地方可能都会被用到，比如当前用户信息、Local 信息等。在 Flutter 中我们把需要全局共享的信息分为两类：全局变量和共享状态。全局变量就是单纯指会贯穿整个 App 生命周期的变量，用于单纯的保存一些信息，或者封装一些全局工具和方法的对象。而共享状态则是指哪些需要跨组件或跨路由共享的信息，这些信息通常也是全局变量，而共享状态和全局变量的不同在于前者发生改变时需要通知所有使用该状态的组件，而后者不需要。为此，我们将全局变量和共享状态分开单独管理。

15.4.1　全局变量——Global 类

我们在 lib/common 目录下创建一个 Global 类，它主要管理 App 的全局变量，定义如下：

```dart
// 提供 5 套可选主题色
const _themes = <MaterialColor>[
  Colors.blue,
  Colors.cyan,
  Colors.teal,
  Colors.green,
  Colors.red,
];

class Global {
  static late SharedPreferences _prefs;
  static Profile profile = Profile();
  // 网络缓存对象
  static NetCache netCache = NetCache();

  // 可选的主题列表
  static List<MaterialColor> get themes => _themes;

  // 是否为 release 版
  static bool get isRelease => bool.fromEnvironment("dart.vm.product");

  // 初始化全局信息，会在 App 启动时执行
  static Future init() async {
    WidgetsFlutterBinding.ensureInitialized();
    _prefs = await SharedPreferences.getInstance();
    var _profile = _prefs.getString("profile");
    if (_profile != null) {
      try {
        profile = Profile.fromJson(jsonDecode(_profile));
      } catch (e) {
        print(e);
      }
    }else{
      // 默认主题索引为 0，代表蓝色
      profile= Profile()..theme=0;
    }

    // 如果没有缓存策略，设置默认缓存策略
```

```
    profile.cache = profile.cache ?? CacheConfig()
      ..enable = true
      ..maxAge = 3600
      ..maxCount = 100;

    // 初始化网络请求相关配置
    Git.init();
  }

  // 持久化 Profile 信息
  static saveProfile() =>
      _prefs.setString("profile", jsonEncode(profile.toJson()));
}
```

Global 类的各个字段的意义都有注释，在此不再赘述，需要注意的是 init() 需要在 App 启动时执行，所以应用的 main 方法如下：

```
void main() => Global.init().then((e) => runApp(MyApp()));
```

在此，一定要确保 Global.init() 方法不能抛出异常，否则根本执行不到 runApp(MyApp())。

15.4.2 共享状态

有了全局变量，我们还需要考虑如何跨组件共享状态。当然，如果我们将要共享的状态全部用全局变量替代也是可以的，但是这在 Flutter 开发中并不是一个好主意，因为组件的状态和 UI 相关，而在状态改变时我们会期望依赖该状态的 UI 组件会自动更新，如果使用全局变量，那么必须手动处理状态变动通知、接收机制以及变量和组件的依赖关系。因此，在本实例中，我们使用前面介绍过的 Provider 包来实现跨组件状态共享，因此需要定义相关的 Provider。在本实例中，需要共享的状态有登录用户信息、App 主题信息、App 语言信息。由于这些信息改变后都要立即通知其他依赖该信息的 Widget 更新，因此应该使用 ChangeNotifierProvider，另外，这些信息改变后都是需要更新 Profile 信息并进行持久化的。综上所述，我们可以定义一个 ProfileChangeNotifier 基类，然后让需要共享的 Model 继承该类即可，ProfileChangeNotifier 定义如下：

```
class ProfileChangeNotifier extends ChangeNotifier {
  Profile get _profile => Global.profile;

  @override
  void notifyListeners() {
    Global.saveProfile(); // 保存 Profile 变更
    super.notifyListeners(); // 通知依赖的 Widget 更新
  }
}
```

1. 用户状态

用户状态在登录状态发生变化时更新，通知其依赖项，定义如下：

```
class UserModel extends ProfileChangeNotifier {
  User get user => _profile.user;
```

```
//App 是否登录（如果有用户信息，则证明登录过）
bool get isLogin => user != null;

// 用户信息发生变化，更新用户信息并通知依赖它的子孙 Widget 更新
set user(User user) {
  if (user?.login != _profile.user?.login) {
    _profile.lastLogin = _profile.user?.login;
    _profile.user = user;
    notifyListeners();
  }
}
}
```

2. App 主题状态

主题状态在用户更换 App 主题时更新、通知其依赖项，定义如下：

```
class ThemeModel extends ProfileChangeNotifier {
  // 获取当前主题，如果未设置主题，则默认使用蓝色主题
  ColorSwatch get theme => Global.themes
      .firstWhere((e) => e.value == _profile.theme, orElse: () => Colors.blue);

  // 主题改变后，通知其依赖项，新主题会立即生效
  set theme(ColorSwatch color) {
    if (color != theme) {
      _profile.theme = color[500].value;
      notifyListeners();
    }
  }
}
```

3. App 语言状态

当 App 语言选为跟随系统（Auto）时，在系统语言改变时，App 语言会更新；当用户在 App 中选定了具体语言时（美国英语或中文简体），App 会一直使用用户选定的语言，不会再随系统语言而变。语言状态类定义如下：

```
class LocaleModel extends ProfileChangeNotifier {
  // 获取当前用户的 App 语言配置 Locale 类，如果为 null，则语言跟随系统语言
  Locale getLocale() {
    if (_profile.locale == null) return null;
    var t = _profile.locale.split("_");
    return Locale(t[0], t[1]);
  }

  // 获取当前 Locale 的字符串表示
  String get locale => _profile.locale;

  // 用户改变 App 语言后，通知依赖项更新，新语言会立即生效
  set locale(String locale) {
    if (locale != _profile.locale) {
      _profile.locale = locale;
      notifyListeners();
    }
  }
}
```

15.5 网络请求封装

本节我们会基于前面介绍过的 dio 网络库封装 App 中用到的网络请求接口,并同时应用一个简单的网络请求缓存策略。下面先介绍网络接口的缓存原理,然后再封装 App 的业务请求接口。

15.5.1 网络接口缓存

由于在国内访问 GitHub 服务器速度较慢,因此我们应用一些简单的缓存策略:将请求的 URL 作为 key,对请求的返回值在一个指定时间段类内进行缓存,另外设置一个最大缓存数,当超过最大缓存数后移除最早的一条缓存。但是也得提供一种针对特定接口或请求决定是否启用缓存的机制,这种机制可以指定哪些接口或哪次请求不应用缓存,这种机制是很有必要的,比如登录接口就不应该缓存,又比如用户在下拉刷新时不应该再应用缓存。在实现缓存之前我们先定义保存缓存信息的 CacheObject 类,代码如下:

```
class CacheObject {
  CacheObject(this.response)
      : timeStamp = DateTime.now().millisecondsSinceEpoch;
  Response response;
  int timeStamp; // 缓存创建时间

  @override
  bool operator ==(other) {
    return response.hashCode == other.hashCode;
  }

  // 将请求 URI 作为缓存的 key
  @override
  int get hashCode => response.realUri.hashCode;
}
```

接下来需要实现具体的缓存策略,因为我们使用的是 dio package,所以可以直接通过拦截器来实现缓存策略,代码如下:

```
import 'dart:collection';
import 'package:dio/dio.dart';
import '../index.dart';

class CacheObject {
  CacheObject(this.response)
      : timeStamp = DateTime.now().millisecondsSinceEpoch;
  Response response;
  int timeStamp;

  @override
  bool operator ==(other) {
    return response.hashCode == other.hashCode;
  }

  @override
```

```dart
    int get hashCode => response.realUri.hashCode;
}

class NetCache extends Interceptor {
  // 为确保迭代器顺序和对象插入时间顺序一致，我们使用 LinkedHashMap
  var cache = LinkedHashMap<String, CacheObject>();

  @override
  onRequest(RequestOptions options, RequestInterceptorHandler handler) async {
    if (!Global.profile.cache!.enable) {
      return handler.next(options);
    }
    //refresh 标记是否是"下拉刷新"
    bool refresh = options.extra["refresh"] == true;
    // 如果是下拉刷新，则先删除相关缓存
    if (refresh) {
      if (options.extra["list"] == true) {
        // 如果是列表，则只要将 URL 中包含当前 path 的缓存全部删除即可（简单实现，并不精准）
        cache.removeWhere((key, v) => key.contains(options.path));
      } else {
        // 如果不是列表，则只删除 URI 相同的缓存
        delete(options.uri.toString());
      }
      return handler.next(options);
    }
    if (options.extra["noCache"] != true &&
        options.method.toLowerCase() == 'get') {
      String key = options.extra["cacheKey"] ?? options.uri.toString();
      var ob = cache[key];
      if (ob != null) {
        // 若缓存未过期，则返回缓存内容
        if ((DateTime.now().millisecondsSinceEpoch - ob.timeStamp) / 1000 <
            Global.profile.cache!.maxAge) {
          return handler.resolve(ob.response);
        } else {
          // 若已过期，则删除缓存，继续向服务器请求
          cache.remove(key);
        }
      }
    }
    handler.next(options);
  }

  @override
  onResponse(Response response, ResponseInterceptorHandler handler) async {
    // 如果启用缓存，将返回结果保存到缓存
    if (Global.profile.cache!.enable) {
      _saveCache(response);
    }
    handler.next(response);
  }

  _saveCache(Response object) {
    RequestOptions options = object.requestOptions;
    if (options.extra["noCache"] != true &&
        options.method.toLowerCase() == "get") {
```

```
    // 如果缓存数量超过最大数量限制，则先移除最早的一条记录
    if (cache.length == Global.profile.cache!.maxCount) {
      cache.remove(cache[cache.keys.first]);
    }
    String key = options.extra["cacheKey"] ?? options.uri.toString();
    cache[key] = CacheObject(object);
  }
}

void delete(String key) {
  cache.remove(key);
}
}
```

关于代码的解释都在注释中了，在此需要说明的是 dio 包的 option.extra 是专门用于扩展请求参数的，我们通过定义 refresh 和 noCache 两个参数实现了"针对特定接口或请求决定是否启用缓存的机制"，这两个参数的含义如表 15-2 所示。

表 15-2　通过参数请求缓存的机制

参数名	类型	解释
refresh	bool	如果为 true，则本次请求不使用缓存，但新的请求结果依然会被缓存
noCache	bool	本次请求禁用缓存，请求结果也不会被缓存

15.5.2　封装网络请求

一个完整的 App，可能会涉及很多网络请求，为了便于管理、收敛请求入口，工程上最好的做法就是将所有网络请求放到同一个源码文件中。因为我们的接口都是请求的 GitHub 开发平台提供的 API，所以我们定义一个 Git 类，专门用于 GitHub API 调用。另外，在调试过程中，通常需要一些工具来查看网络请求、响应报文，使用网络代理工具来调试网络数据问题是主流方式。配置代理需要在应用中指定代理服务器的地址和端口，另外，GitHub API 是 HTTPS 协议，所以在配置完代理后还应该禁用证书校验，这些配置我们在 Git 类初始化时执行（init() 方法）。下面是 Git 类的源代码：

```
import 'dart:async';
import 'dart:convert';
import 'dart:io';
import 'package:dio/adapter.dart';
import 'package:dio/dio.dart';
import '../index.dart';
export 'package:dio/dio.dart' show DioError;

class Git {
  // 在网络请求过程中可能会需要使用当前的 context 信息，比如在请求失败时
  // 打开一个新路由，而打开新路由需要 context 信息
  Git([this.context]) {
    _options = Options(extra: {"context": context});
  }

  BuildContext? context;
  late Options _options;
```

```
static Dio dio = new Dio(BaseOptions(
  baseUrl: 'https://api.github.com/',
  headers: {
    HttpHeaders.acceptHeader: "application/vnd.github.squirrel-girl-preview,"
        "application/vnd.github.symmetra-preview+json",
  },
));

static void init() {
  // 添加缓存插件
  dio.interceptors.add(Global.netCache);
  // 设置用户 token（可能为 null，代表未登录）
  dio.options.headers[HttpHeaders.authorizationHeader] = Global.profile.token;

  // 在调试模式下需要抓包调试，所以我们使用代理，并禁用 HTTPS 证书校验
  if (!Global.isRelease) {
    (dio.httpClientAdapter as DefaultHttpClientAdapter).onHttpClientCreate =
        (client) {
      // client.findProxy = (uri) {
      //   return 'PROXY 192.168.50.154:8888';
      // };
      // 代理工具会提供一个抓包的自签名证书，这样无法通过证书校验，所以我们禁用证书校验
      client.badCertificateCallback =
          (X509Certificate cert, String host, int port) => true;
    };
  }
}

// 登录接口，登录成功后返回用户信息
Future<User> login(String login, String pwd) async {
  String basic = 'Basic ' + base64.encode(utf8.encode('$login:$pwd'));
  var r = await dio.get(
    "/user",
    options: _options.copyWith(headers: {
      HttpHeaders.authorizationHeader: basic
    }, extra: {
      "noCache": true, // 本接口禁用缓存
    }),
  );
  // 登录成功后更新公共头（authorization），此后的所有请求都会带上用户身份信息
  dio.options.headers[HttpHeaders.authorizationHeader] = basic;
  // 清空所有缓存
  Global.netCache.cache.clear();
  // 更新 profile 中的 token 信息
  Global.profile.token = basic;
  return User.fromJson(r.data);
}

// 获取用户项目列表
Future<List<Repo>> getRepos({
  Map<String, dynamic>? queryParameters, //query 参数，用于接收分页信息
  refresh = false,
}) async {
  if (refresh) {
    // 列表下拉刷新，需要删除缓存（拦截器中会读取这些信息）
    _options.extra!.addAll({"refresh": true, "list": true});
```

```
    }
    var r = await dio.get<List>(
      "user/repos",
      queryParameters: queryParameters,
      options: _options,
    );
    return r.data!.map((e) => Repo.fromJson(e)).toList();
  }
}
```

可以看到我们在 init() 方法中判断了是否是调试环境，然后做了一些针对调试环境的网络配置（设置代理和禁用证书校验）。而 Git.init() 方法是应用启动时被调用的（Global.init() 方法中会调用 Git.init()）。

另外需要注意，所有的网络请求是通过同一个 dio 实例（静态变量）发出的，在创建该 dio 实例时我们将 GitHub API 的基地址和 API 支持的 Header 进行了全局配置，这样所有通过该 dio 实例发出的请求都会默认使用这些配置。

在本实例中，我们只用到了登录接口和获取用户项目的接口，所以在 Git 类中只定义了 login(...) 和 getRepos(...) 方法，如果读者要在本实例的基础上扩充功能，可以将 GitHub 的接口请求方法添加到 Git 类中，这样便实现了网络请求接口在代码层面的集中管理和维护。

15.6　App 入口及主页

本节介绍一下 App 入口及主页。

15.6.1　App 入口

main 函数为 App 入口函数，代码实现如下：

```
void main() => Global.init().then((e) => runApp(MyApp()));
```

初始化完成后才会加载 UI（MyApp），MyApp 是应用的入口 Widget，代码实现如下：

```
class MyApp extends StatelessWidget {
  @override
  Widget build(BuildContext context) {
    return MultiProvider(
      providers: [
        ChangeNotifierProvider(create: (_) => ThemeModel()),
        ChangeNotifierProvider(create: (_) => UserModel()),
        ChangeNotifierProvider(create: (_) => LocaleModel()),
      ],
      child: Consumer2<ThemeModel, LocaleModel>(
        builder: (BuildContext context, themeModel, localeModel, child) {
          return MaterialApp(
            theme: ThemeData(
              primarySwatch: themeModel.theme,
            ),
            onGenerateTitle: (context){
```

```
                  return GmLocalizations.of(context).title;
               },
               home: HomeRoute(),
               locale: localeModel.getLocale(),
               // 我们只支持美国英语和中文简体
               supportedLocales: [
                 const Locale('en', 'US'), // 美国英语
                 const Locale('zh', 'CN'), // 中文简体
                 // 其他 Locales
               ],
               localizationsDelegates: [
                 // 本地化的代理类
                 GlobalMaterialLocalizations.delegate,
                 GlobalWidgetsLocalizations.delegate,
                 GmLocalizationsDelegate()
               ],
               localeResolutionCallback: (_locale, supportedLocales) {
                 if (localeModel.getLocale() != null) {
                   // 如果已经选定语言，则不跟随系统
                   return localeModel.getLocale();
                 } else {
                   // 跟随系统
                   Locale locale;
                   if (supportedLocales.contains(_locale)) {
                     locale= _locale!;
                   } else {
                     // 如果系统语言不是中文简体或美国英语，则默认使用美国英语
                     locale= Locale('en','US');
                   }
                   return locale;
                 }
               },
               // 注册路由表
               routes: <String, WidgetBuilder>{
                 "login": (context) => LoginRoute(),
                 "themes": (context) => ThemeChangeRoute(),
                 "language": (context) => LanguageRoute(),
               },
             );
           },
         ),
       );
     }
   }
```

在上面的代码中：

❑ 我们的根 Widget 是 MultiProvider，它将主题、用户、语言三种状态绑定到了应用的
根上，如此一来，任何路由中都可以通过 Provider.of() 来获取这些状态，也就是说
这三种状态是全局共享的。

❑ HomeRoute 是应用的主页。

❑ 在构建 MaterialApp 时，我们配置了 App 支持的语言列表，并监听了系统语言改变
事件；另外 MaterialApp 消费（依赖）了 ThemeModel 和 LocaleModel，所以当 App

主题或语言改变时 MaterialApp 会重新构建。

□ 我们注册了命名路由表，以便在 App 中可以直接通过路由名跳转。

□ 为了支持多语言（本 App 中我们支持美国英语和中文简体两种语言），我们实现了一个 GmLocalizationsDelegate，子 Widget 中都可以通过 GmLocalizations 来动态获取 App 当前语言对应的文案。关于 GmLocalizationsDelegate 和 GmLocalizations 的实现方式，读者可以参考第 13 章中的介绍，此处不再赘述。

15.6.2 主页

为了简单起见，当 App 启动后，如果之前已登录了 App，则显示该用户项目列表；如果之前未登录，则显示一个登录按钮，点击后跳转到登录页。另外，我们实现一个抽屉菜单，里面包含当前用户头像及 App 的菜单。下面先看一看要实现的效果，如图 15-1 和图 15-2 所示。

图 15-1　主页（未登录）

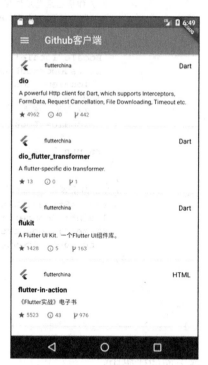

图 15-2　主页（已登录）

我们在 lib/routes 下创建一个 home_page.dart 文件，代码实现如下：

```
class HomeRoute extends StatefulWidget {
  @override
  _HomeRouteState createState() => _HomeRouteState();
}

class _HomeRouteState extends State<HomeRoute> {
```

```
static const loadingTag = "##loading##"; // 表尾标记
var _items = <Repo>[Repo()..name = loadingTag];
bool hasMore = true; // 是否还有数据
int page = 1; // 当前请求的是第几页

@override
Widget build(BuildContext context) {
  return Scaffold(
    appBar: AppBar(
      title: Text(GmLocalizations.of(context).home),
    ),
    body: _buildBody(), // 构建主页面
    drawer: MyDrawer(), // 抽屉菜单
  );
}
...// 省略
}
```

上面的代码中，主页的标题（title）是通过 GmLocalizations.of(context).home 来获得的，GmLocalizations 是我们提供的一个 Localizations 类，用于支持多语言，因此当 App 语言改变时，凡是使用 GmLocalizations 动态获取的文案都会是相应语言的文案，这在第 13 章中已经介绍过，读者可以前翻查阅。

我们通过 _buildBody() 方法来构建主页内容，_buildBody() 方法的实现代码如下：

```
Widget _buildBody() {
  UserModel userModel = Provider.of<UserModel>(context);
  if (!userModel.isLogin) {
    // 用户未登录，显示登录按钮
    return Center(
      child: ElevatedButton(
        child: Text(GmLocalizations.of(context).login),
        onPressed: () => Navigator.of(context).pushNamed("login"),
      ),
    );
  } else {
    // 已登录，则显示项目列表
    return ListView.separated(
      itemCount: _items.length,
      itemBuilder: (context, index) {
        // 如果到了表尾
        if (_items[index].name == loadingTag) {
          // 不足 100 条，继续获取数据
          if (hasMore) {
            // 获取数据
            _retrieveData();
            // 加载时显示 loading
            return Container(
              padding: const EdgeInsets.all(16.0),
              alignment: Alignment.center,
              child: SizedBox(
                width: 24.0,
                height: 24.0,
                child: CircularProgressIndicator(strokeWidth: 2.0),
```

```
          ),
        );
      } else {
        // 已经加载了 100 条数据，不再获取数据
        return Container(
          alignment: Alignment.center,
          padding: EdgeInsets.all(16.0),
          child: Text(
            "没有更多了",
            style: TextStyle(color: Colors.grey),
          ),
        );
      }
    }
    // 显示单词列表项
    return RepoItem(_items[index]);
  },
  separatorBuilder: (context, index) => Divider(height: .0),
);
}
}
```

上面代码的注释很清楚：如果用户未登录，则显示登录按钮；如果用户已登录，则展示项目列表。

_retrieveData() 方法用于获取项目列表，具体逻辑是：每次请求获取 20 条，当获取成功时，先判断是否还有数据（根据本次请求的项目条数是否等于期望的 20 条来判断还有没有更多数据），然后将新获取的数据添加到 _items 中，再更新状态，具体代码如下：

```
// 请求数据
void _retrieveData() async {
  var data = await Git(context).getRepos(
    queryParameters: {
      'page': page,
      'page_size': 20,
    },
  );
  // 如果返回的数据小于指定的条数，则表示没有更多数据，反之则有
  hasMore = data.length > 0 && data.length % 20 == 0;
  // 把请求到的新数据添加到 items 中
  setState(() {
    _items.insertAll(_items.length - 1, data);
    page++;
  });
}
```

在此需要注意，Git(context).getRepos(...) 方法中需要 refresh 参数来判断是否使用缓存。

itemBuilder 为列表项的构建器（builder），我们需要在该回调中构建每一个列表项 Widget。由于列表项构建逻辑较复杂，因此我们单独封装一个 RepoItem Widget 专门用于构建列表项 UI。RepoItem 实现如下：

```
import '../index.dart';
```

```
class RepoItem extends StatefulWidget {
  // 将 'repo.id' 作为 RepoItem 的默认 key
  RepoItem(this.repo) : super(key: ValueKey(repo.id));

  final Repo repo;

  @override
  _RepoItemState createState() => _RepoItemState();
}

class _RepoItemState extends State<RepoItem> {
  @override
  Widget build(BuildContext context) {
    var subtitle;
    return Padding(
      padding: const EdgeInsets.only(top: 8.0),
      child: Material(
        color: Colors.white,
        shape: BorderDirectional(
          bottom: BorderSide(
            color: Theme.of(context).dividerColor,
            width: .5,
          ),
        ),
        child: Padding(
          padding: const EdgeInsets.only(top: 0.0, bottom: 16),
          child: Column(
            crossAxisAlignment: CrossAxisAlignment.start,
            children: <Widget>[
              ListTile(
                dense: true,
                leading: gmAvatar(
                  // 项目拥有者头像
                  widget.repo.owner.avatar_url,
                  width: 24.0,
                  borderRadius: BorderRadius.circular(12),
                ),
                title: Text(
                  widget.repo.owner.login,
                  textScaleFactor: .9,
                ),
                subtitle: subtitle,
                trailing: Text(widget.repo.language??'--'),
              ),
              // 构建项目标题和简介
              Padding(
                padding: const EdgeInsets.symmetric(horizontal: 16.0),
                child: Column(
                  crossAxisAlignment: CrossAxisAlignment.start,
                  children: <Widget>[
                    Text(
                      widget.repo.fork
                          ? widget.repo.full_name
                          : widget.repo.name,
                      style: TextStyle(
                        fontSize: 15,
```

```
                              fontWeight: FontWeight.bold,
                              fontStyle: widget.repo.fork
                                  ? FontStyle.italic
                                  : FontStyle.normal,
                          ),
                      ),
                      Padding(
                        padding: const EdgeInsets.only(top: 8, bottom: 12),
                        child: widget.repo.description == null
                            ? Text(
                                GmLocalizations.of(context).noDescription,
                                style: TextStyle(
                                    fontStyle: FontStyle.italic,
                                    color: Colors.grey[700]),
                              )
                            : Text(
                                widget.repo.description!,
                                maxLines: 3,
                                style: TextStyle(
                                  height: 1.15,
                                  color: Colors.blueGrey[700],
                                  fontSize: 13,
                                ),
                              ),
                      ),
                    ],
                  ),
                ),
                // 构建卡片底部信息
                _buildBottom()
              ],
            ),
          ),
        ),
      ),
    );
  }

  // 构建卡片底部信息
  Widget _buildBottom() {
    const paddingWidth = 10;
    return IconTheme(
      data: IconThemeData(
        color: Colors.grey,
        size: 15,
      ),
      child: DefaultTextStyle(
        style: TextStyle(color: Colors.grey, fontSize: 12),
        child: Padding(
          padding: const EdgeInsets.symmetric(horizontal: 16),
          child: Builder(builder: (context) {
            var children = <Widget>[
              Icon(Icons.star),
              Text(" " +
                  widget.repo.stargazers_count
                      .toString()
                      .padRight(paddingWidth)),
```

```
            Icon(Icons.info_outline),
            Text(" " +
                widget.repo.open_issues_count
                    .toString()
                    .padRight(paddingWidth)),

            Icon(MyIcons.fork), // 我们的自定义图标
            Text(widget.repo.forks_count.toString().padRight(paddingWidth)),
          ];

          if (widget.repo.fork) {
            children.add(Text("Forked".padRight(paddingWidth)));
          }

          if (widget.repo.private == true) {
            children.addAll(<Widget>[
              Icon(Icons.lock),
              Text("private".padRight(paddingWidth))
            ]);
          }
          return Row(children: children);
        }),
      ),
    ),
  );
}
}
```

上面的代码中有两点需要注意：

❑ 在构建项目拥有者头像时调用了 gmAvatar(...) 方法，该方法是一个全局工具函数，专门用于获取头像图片，实现如下：

```
Widget gmAvatar(String url, {
  double width = 30,
  double? height,
  BoxFit? fit,
  BorderRadius? borderRadius,
}) {
  var placeholder = Image.asset(
      "imgs/avatar-default.png", // 头像占位图
      width: width,
      height: height
  );
  return ClipRRect(
    borderRadius: borderRadius ?? BorderRadius.circular(2),
    child: CachedNetworkImage(
      imageUrl: url,
      width: width,
      height: height,
      fit: fit,
      placeholder: (context, url) =>placeholder,
      errorWidget: (context, url, error) =>placeholder,
    ),
  );
}
```

代码中调用的 CachedNetworkImage 是 cached_network_image 包中提供的一个 Widget，它不仅可以在图片加载过程中指定一个占位图，还可以对网络请求的图片进行缓存，更多详情读者可以自行查阅其文档。

❑ 由于 Flutter 的 Material 图标库中没有 fork 图标，因此我们在 iconfont.cn 上找了一个 fork 图标，然后根据 3.3 节中介绍的使用自定义字体图标的方法集成到了我们的项目中。

15.6.3 抽屉菜单

抽屉菜单分为两部分：顶部头像和底部功能菜单项。当用户未登录时，抽屉菜单顶部会显示一个默认的灰色占位图，若用户已登录，则会显示用户的头像。抽屉菜单底部有"换肤"和"语言"两个固定菜单，若用户已登录，则会多一个"注销"菜单。用户点击"换肤"和"语言"两个菜单项，会进入相应的设置页面。我们的抽屉菜单效果如图 15-3 和图 15-4 所示。

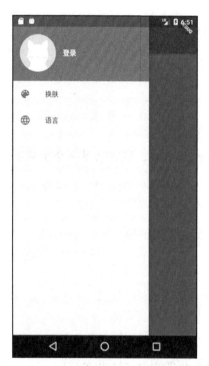

图 15-3 抽屉菜单（未登录）

图 15-4 抽屉菜单（已登录）

代码实现如下：

```
class MyDrawer extends StatelessWidget {
  const MyDrawer({
    Key? key,
  }) : super(key: key);

  @override
```

```dart
Widget build(BuildContext context) {
  return Drawer(
    child: MediaQuery.removePadding(
      context: context,
      // 移除顶部 padding.
      removeTop: true,
      child: Column(
        crossAxisAlignment: CrossAxisAlignment.start,
        children: <Widget>[
          _buildHeader(), // 构建抽屉菜单头部
          Expanded(child: _buildMenus()), // 构建功能菜单
        ],
      ),
    ),
  );
}

Widget _buildHeader() {
  return Consumer<UserModel>(
    builder: (BuildContext context, UserModel value, Widget? child) {
      return GestureDetector(
        child: Container(
          color: Theme.of(context).primaryColor,
          padding: EdgeInsets.only(top: 40, bottom: 20),
          child: Row(
            children: <Widget>[
              Padding(
                padding: const EdgeInsets.symmetric(horizontal: 16.0),
                child: ClipOval(
                  // 如果已登录，则显示用户头像；如果未登录，则显示默认头像
                  child: value.isLogin
                      ? gmAvatar(value.user!.avatar_url, width: 80)
                      : Image.asset(
                          "imgs/avatar-default.png",
                          width: 80,
                        ),
                ),
              ),
              Text(
                value.isLogin
                    ? value.user!.login
                    : GmLocalizations.of(context).login,
                style: TextStyle(
                  fontWeight: FontWeight.bold,
                  color: Colors.white,
                ),
              )
            ],
          ),
        ),
        onTap: () {
          if (!value.isLogin) Navigator.of(context).pushNamed("login");
        },
      );
    },
  );
```

```
    }

    //构建菜单项
    Widget _buildMenus() {
      return Consumer<UserModel>(
        builder: (BuildContext context, UserModel userModel, Widget? child) {
          var gm = GmLocalizations.of(context);
          return ListView(
            children: <Widget>[
              ListTile(
                leading: const Icon(Icons.color_lens),
                title: Text(gm.theme),
                onTap: () => Navigator.pushNamed(context, "themes"),
              ),
              ListTile(
                leading: const Icon(Icons.language),
                title: Text(gm.language),
                onTap: () => Navigator.pushNamed(context, "language"),
              ),
              if (userModel.isLogin)
                ListTile(
                  leading: const Icon(Icons.power_settings_new),
                  title: Text(gm.logout),
                  onTap: () {
                    showDialog(
                      context: context,
                      builder: (ctx) {
                        //退出账号前先弹两次确认窗
                        return AlertDialog(
                          content: Text(gm.logoutTip),
                          actions: <Widget>[
                            TextButton(
                              child: Text(gm.cancel),
                              onPressed: () => Navigator.pop(context),
                            ),
                            TextButton(
                              child: Text(gm.yes),
                              onPressed: () {
                                //该赋值语句会触发 MaterialApp 重构
                                userModel.user = null;
                                Navigator.pop(context);
                              },
                            ),
                          ],
                        );
                      },
                    );
                  },
                ),
            ],
          );
        },
      );
    }
  }
```

用户点击"注销"按钮，userModel.user 会被置空，此时所有依赖 userModel 的组件都会被重构，如主页会恢复成未登录的状态。

本节我们介绍了 App 入口 MaterialApp 的一些配置，然后实现了 App 的首页。后面我们将展示登录页、换肤页和语言切换页。

15.7 登录页

我们说过 GitHub 有多种登录方式，为了简单起见，我们只实现通过用户名和密码登录。在实现登录页时有四点需要注意：

❑ 可以自动填充上次登录的用户名。

❑ 为了防止密码输入错误，密码框中应该有开关可以看明文。

❑ 用户名或密码字段在调用登录接口前有本地合法性校验（比如不能为空）。

❑ 登录成功后需更新用户信息。

🔳 **注**
意 GitHub 官方为了保证安全，现在已经不允许直接使用密码登录，取而代之的是用户需要去 GitHub 上生成一个登录 token，然后通过账号和 token 登录，如何创建 token 请参考 GitHub 官方指南。为了便于描述，本实例中的文案"密码"特指用户 token。

代码实现如下：

```
import '../index.dart';

class LoginRoute extends StatefulWidget {
  @override
  _LoginRouteState createState() => _LoginRouteState();
}

class _LoginRouteState extends State<LoginRoute> {
  TextEditingController _unameController = TextEditingController();
  TextEditingController _pwdController = TextEditingController();
  bool pwdShow = false;
  GlobalKey _formKey = GlobalKey<FormState>();
  bool _nameAutoFocus = true;

  @override
  void initState() {
    // 自动填充上次登录的用户名，填充后将焦点定位到密码输入框
    _unameController.text = Global.profile.lastLogin ?? "";
    if (_unameController.text.isNotEmpty) {
      _nameAutoFocus = false;
    }
    super.initState();
  }

  @override
  Widget build(BuildContext context) {
```

```
  var gm = GmLocalizations.of(context);
  return Scaffold(
    appBar: AppBar(title: Text(gm.login)),
    body: Padding(
      padding: const EdgeInsets.all(16.0),
      child: Form(
        key: _formKey,
        autovalidateMode: AutovalidateMode.onUserInteraction,
        child: Column(
          children: <Widget>[
            TextFormField(
                autofocus: _nameAutoFocus,
                controller: _unameController,
                decoration: InputDecoration(
                  labelText: gm.userName,
                  hintText: gm.userName,
                  prefixIcon: Icon(Icons.person),
                ),
                // 校验用户名（不能为空）
                validator: (v) {
                  return v==null||v.trim().isNotEmpty ? null : gm.userNameRequired;
                }),
            TextFormField(
              controller: _pwdController,
              autofocus: !_nameAutoFocus,
              decoration: InputDecoration(
                labelText: gm.password,
                hintText: gm.password,
                prefixIcon: Icon(Icons.lock),
                suffixIcon: IconButton(
                  icon: Icon(
                      pwdShow ? Icons.visibility_off : Icons.visibility),
                  onPressed: () {
                    setState(() {
                      pwdShow = !pwdShow;
                    });
                  },
                )),
              obscureText: !pwdShow,
              // 校验密码（不能为空）
              validator: (v) {
                return v==null||v.trim().isNotEmpty ? null : gm.passwordRequired;
              },
            ),
            Padding(
              padding: const EdgeInsets.only(top: 25),
              child: ConstrainedBox(
                constraints: BoxConstraints.expand(height: 55.0),
                child: ElevatedButton(
                  //color: Theme.of(context).primaryColor,
                  onPressed: _onLogin,
                  // textColor: Colors.white,
                  child: Text(gm.login),
                ),
              ),
```

```
          ),
        ],
      ),
    ),
  );
}

void _onLogin() async {
  // 先验证各个表单字段是否合法
  if ((_formKey.currentState as FormState).validate()) {
    showLoading(context);
    User? user;
    try {
      user = await Git(context)
          .login(_unameController.text, _
          pwdController.text);
      // 因为登录页返回后，会构建首页，所以我们传入
      false，这样更新 user 后便不会触发更新
      Provider.of<UserModel>(context, listen:
      false).user = user;
    } on DioError catch( e) {
      // 登录失败则提示
      if (e.response?.statusCode == 401) {
        showToast(GmLocalizations.of(context).
          userNameOrPasswordWrong);
      } else {
        showToast(e.toString());
      }
    } finally {
      // 隐藏 loading 框
      Navigator.of(context).pop();
    }
    // 登录成功则返回
    if (user != null) {
      Navigator.of(context).pop();
    }
  }
}
```

图 15-5　登录页

代码很简单，关键之处都有注释，不再赘述，下面我们看一下运行效果，如图 15-5 所示。

15.8　多语言和多主题

本实例 App 中语言和主题都是可以设置的，而两者都是通过 ChangeNotifierProvider 来实现的：我们在 main 函数中使用了 Consumer2，依赖了 ThemeModel 和 LocaleModel，因此，当我们在语言和主题设置页更改当前的配置后，Consumer2 的 builder 都会重新执行，构建一个新的 MaterialApp，所以修改会立即生效。下面看一下语言和主题设置页的实现。

15.8.1 语言选择页

App 语言选择页提供三个选项：中文简体、美国英语、跟随系统。我们将当前 App 使用的语言高亮显示，并且在后面添加一个"对号"图标，代码实现如下：

```
import '../index.dart';

class LanguageRoute extends StatelessWidget {
  @override
  Widget build(BuildContext context) {
    var color = Theme.of(context).primaryColor;
    var localeModel = Provider.of<LocaleModel>(context);
    var gm = GmLocalizations.of(context);
    Widget _buildLanguageItem(String lan, value) {
      return ListTile(
        title: Text(
          lan,
          // 对 App 的当前语言进行高亮显示
          style: TextStyle(color: localeModel.locale == value ? color : null),
        ),
        trailing:
            localeModel.locale == value ? Icon(Icons.done, color: color) : null,
        onTap: () {
          // 此行代码会通知 MaterialApp 重新构建
          localeModel.locale = value;
        },
      );
    }

    return Scaffold(
      appBar: AppBar(
        title: Text(gm.language),
      ),
      body: ListView(
        children: <Widget>[
          _buildLanguageItem("中文简体", "zh_CN"),
          _buildLanguageItem("English", "en_US"),
          _buildLanguageItem(gm.auto, null),
        ],
      ),
    );
  }
}
```

上面代码的逻辑很简单，唯一需要注意的是我们在 build(...) 方法里面定义了 _buildLanguageItem(...) 方法，它和在 LanguageRoute 类中定义该方法的区别就在于：在 build(...) 内定义的方法可以共享 build(...) 方法上下文中的变量，本例中是共享了 localeModel。当然，如果 _buildLanguageItem(...) 的实现复杂一些，则不建议这样做，此时最好是将其作为 LanguageRoute 类的方法。该页面的运行效果如图 15-6 和图 15-7 所示。

切换语言后立即生效。

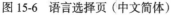

图 15-6　语言选择页（中文简体）

图 15-7　语言选择页（英文）

15.8.2　主题选择页

一个完整的主题包括很多选项，这些选项在 ThemeData 中定义。本实例为了简单起见，只配置主题颜色。提供几种默认预定义的主题色供用户选择，用户点击一种色块后则更新主题。主题选择页的代码实现如下：

```
class ThemeChangeRoute extends StatelessWidget{
  @override
  Widget build(BuildContext context) {
    return Scaffold(
      appBar: AppBar(
        title: Text(GmLocalizations.of(context).theme),
      ),
      body: ListView( // 显示主题色块
        children: Global.themes.map<Widget>((e) {
          return GestureDetector(
            child: Padding(
              padding: const EdgeInsets.symmetric(vertical: 5, horizontal: 16),
              child: Container(
                color: e,
                height: 40,
              ),
            ),
            onTap: () {
              // 主题更新后，MaterialApp 会重新构建
```

```
                    Provider.of<ThemeModel>(context, listen: false).theme = e;
                },
            );
        }).toList(),
        ),
    );
    }
}
```

代码运行效果如图 15-8 所示。

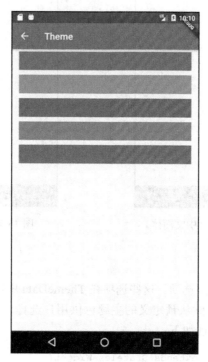

图 15-8 主题切换页（见彩插）

点击其他主题色块后，App 的主题色立刻切换生效。

推 荐 阅 读

❑ React Native 官网：https://facebook.github.io/react-native/

❑ Weex：https://weex.apache.org/zh/guide/introduction.html

❑ 快应用：https://www.quickapp.cn/

❑ QT for Mobile：https://www.qt.io/mobile-app-development/

❑ Flutter 官网：https://flutter.dev/

❑ Flutter 中文网社区：https://flutterchina.club/docs/

❑ Dart Packages 官网：https://pub.dev/

❑ Flutter 中文开发者社区开源项目：https://github.com/flutterchina

❑ Material Design：https://material.io/

❑ GitHub 开发者中心官网：https://developer.github.com/v3/

❑ Android 开发者中心官网：https://developer.android.google.cn/

❑ Apple 开发者中心官网：https://developer.apple.com/

推荐阅读

推 荐 阅 读

Unity3D高级编程:主程手记

978-7-111-69819-7

Unity3D游戏开发领域里程碑之作,上市公司资深游戏主程多年工作经验结晶。

层层拆解Unity3D游戏客户端架构,深入剖析各个模块技术方案,详细讲解游戏客户端的渲染原理。

百万在线:大型游戏服务端开发

978-7-111-68755-9

使用Skynet引擎开发对战游戏,直面各类工程难题!

与《Unity3D网络游戏实战(第2版)》互补,一同构建完整的"客户端+服务端"游戏开发技术体系!

Unity AR/VR开发:实战高手训练营

978-7-111-68499-2

畅销书作者撰写,让小白读者也能轻松上手AR/VR开发!

实战为王,详解AR/VR开发必须掌握的Unity3D技能,以及如何应用多种主流AR/VR设备、平台与技术

推荐阅读

嵌入式深度学习：算法和硬件实现技术

作者：[比] 伯特·穆恩斯 [美] 丹尼尔·班克曼 [比] 玛丽安·维赫尔斯特

ISBN：978-7-111-68807-5 定价：99.00元

　　本书是入门嵌入式深度学习算法及其硬件技术实现的经典书籍。在供能受限的嵌入式平台上部署深度学习应用，能耗是最重要的指标，书中详细介绍如何在应用层、算法层、硬件架构层和电路层进行设计和优化，以及跨层次的软硬件协同设计，以使深度学习应用能以最低的能耗运行在电池容量受限的可穿戴设备上。同时，这些方法也有助于降低深度学习算法的计算成本。